2023 年版

全国二级建造师执业资格考试一次通关

建设工程施工管理

品思文化专家委员会　组织编写

许名标　主　编

张少帅　副主编

中国建筑工业出版社

图书在版编目（CIP）数据

建设工程施工管理一次通关 / 品思文化专家委员会
组织编写；许名标主编；张少帅副主编. —北京：中
国建筑工业出版社，2022.12
2023 年版全国二级建造师执业资格考试一次通关
ISBN 978-7-112-28313-2

Ⅰ. ①建…　Ⅱ. ①品…②许…③张…　Ⅲ. ①建筑工
程－施工管理－资格考试－自学参考资料　Ⅳ. ①TU71

中国国家版本馆 CIP 数据核字（2023）第 017431 号

责任编辑：田立平　李笑然
责任校对：姜小莲

2023 年版全国二级建造师执业资格考试一次通关
建设工程施工管理一次通关
品思文化专家委员会　组织编写
许名标　主　编
张少帅　副主编
*
中国建筑工业出版社出版、发行（北京海淀三里河路 9 号）
各地新华书店、建筑书店经销
北京建筑工业印刷厂制版
北京云浩印刷有限责任公司印刷
*
开本：787 毫米×1092 毫米　1/16　印张：26¾　字数：618 千字
2023 年 2 月第一版　　2023 年 2 月第一次印刷
定价：**75.00 元**
ISBN 978-7-112-28313-2
（40240）

品思文化专家委员会

（按姓氏笔画排序）

王　洋　龙炎飞　吕亮亮　刘　丹　许名标

张少帅　张少华　胡宗强　董美英

前　言

为了更好地帮助广大考生复习应考，提高考试通过率，我们专门组织国内顶级名师，依据最新版考试大纲和考试用书的要求，对各门课程的历年考情、核心考点、考题设计等进行了全面的梳理和剖析，精心编写了二级建造师执业资格考试一次通关辅导丛书，丛书共分五册，分别为《建设工程施工管理一次通关》《建设工程法规及相关知识一次通关》《建筑工程管理与实务一次通关》《机电工程管理与实务一次通关》《市政公用工程管理与实务一次通关》。本套丛书在体例上独树一帜，能够帮助考生轻松掌握所有核心考点，非常适合没有充足时间学习考试用书的考生。

《建设工程施工管理一次通关》主要包括以下四个部分：

1. "导学篇"——分析了2020—2022年度真题考点及分值分布、核心考点及可考性提示、命题规律、题型分析、复习方法及答题技巧，为考生提供清晰的复习思路，突出重点、把握规律，帮助制定系统全面的复习计划。

2. "核心考点升华篇"——①"考情分析"：归纳各章节近三年核心考点及分值分布，让考生清晰了解知识点；②"核心考点分析"：按照章节顺序，提炼每节核心考点提纲，针对各个核心考点，结合真题或模拟题，总结各种典型考法，深入剖析核心考点，使考生全面了解考试命题意图、明晰解题思路；③"经典真题及模拟强化练习"：针对每个核心考点，以单选、多选分别罗列的形式，按照教材章节顺序，精选若干典型真题及模拟题，使考生全面扎实掌握各个知识点。

3. "近年真题篇"——提供了2022年、2021年考试真题，让考生全面了解考试内容，提前体验考试场景，尽快进入考试状态。

4. "模拟预测篇"——以最新考试大纲要求和最新命题信息为导向，参考历年试题核心考点分布情况，精编2套全真模拟试卷。两套试题覆盖全部核心考点，力求预测2023年命题新趋势，帮助广大考生准确把握考试命题规律。

本系列丛书具有以下三大特点：

1. "全"——对历年的二建考试真题进行了全面梳理和精选，对2020—2022年核心考点进行了全面归纳和剖析，点睛考点，总结考法，指明思路；每个核心考点都配套了历年典型真题和模拟题，帮助考生消化考点内容，加深对知识点的理解，拓宽解题思路，提高答题技巧；结合核心考点，精心编写模拟预测试卷并对难点进行解析，帮助考生进一步巩固知识点。

2. "新"——严格依据最新版考试大纲和考试用书，充分体现2023年考试趋势；体例新颖，每一核心考点均总结各种考法，并对其进行精准剖析，理清解题思路，提炼答题技巧，每章附经典真题及模拟强化练习并逐一解析，使考生能举一反三，尽快适应2023年的考试要求。

3."简"——核心知识点罗列清晰，在涵盖所有考点的前提下，简化考试用书内容，使考生一目了然，帮助考生在短时间内将考试用书由厚变薄、轻松掌握考点，节省了时间。

本书在编写过程中得到了诸多行内专家的指点，在此一并表示感谢！由于时间仓促、水平有限，书中难免有疏漏和不当之处，敬请广大考生批评指正。

愿我们的努力能够帮助大家顺利通过考试！

目 录

导 学 篇

核心考点升华篇

近年真题篇

模拟预测篇

导 学 篇

一、近三年考点分值统计

2022 年考点题型题量分值分析

内容	单选题		多选题		合计
	数量	分值	数量	分值	
施工管理	10	10	4	8	18
施工成本管理	12	12	4	8	20
施工进度管理	10	10	4	8	18
施工质量管理	11	11	4	8	19
施工职业健康安全与环境管理	10	10	4	8	18
施工合同管理	15	15	5	10	25
施工信息管理	2	2	0	0	2
小计	70题	70分	25题	50分	120分

2021 年考点题型题量分值分析

内容	单选题		多选题		合计
	数量	分值	数量	分值	
施工管理	10	10	4	8	18
施工成本管理	17	17	4	8	25
施工进度管理	7	7	4	8	15
施工质量管理	13	13	4	8	21
施工职业健康安全与环境管理	9	9	3	6	15
施工合同管理	12	12	6	12	24
施工信息管理	2	2	0	0	2
小计	70题	70分	25题	50分	120分

2020 年考点题型题量分值分析

内容	单选题		多选题		合计
	数量	分值	数量	分值	
施工管理	12	12	4	8	20
施工成本管理	14	14	4	8	22
施工进度管理	9	9	4	8	17

内容	单选题		多选题		合计
	数量	分值	数量	分值	
施工质量管理	12	12	4	8	20
施工职业健康安全与环境管理	9	9	3	6	15
施工合同管理	13	13	5	10	23
施工信息管理	1	1	1	2	3
小计	70题	70分	25题	50分	120分

二、核心考点及可考性提示

核心知识		核心考点	可考性提示
2Z101000 施工管理（分值预估18~20分）	2Z101010 施工方的项目管理	项目管理的内涵	★
		项目管理"五方"的目标和任务	★★
		施工总承包方、施工总承包管理方、建设项目工程总承包的特点	★★★★
	2Z101020 施工管理的组织	系统目标与系统组织的关系	★
		组织论和组织工具	★★★
		项目结构分析	★★
		组织工具之"四图"的区别	★★
		三种组织结构的特点及应用	★★
		工作任务分工的特点	★★★★
		管理职能分工的特点	★★★★
		三种工作流程组织	★★
	2Z101030 施工组织设计的内容和编制方法	施工组织设计的基本内容	★★★
		施工组织设计的分类及其内容	★★★
		施工组织总设计的编制程序	★★★★★
	2Z101040 建设工程项目目标的动态控制	动态控制原理	★★★
		项目目标动态控制的纠偏措施	★★★★★
		项目目标事前控制和过程控制的区别	★
		动态控制方法在施工管理中的应用	★

核心知识		核心考点	可考性提示
2Z101000 施工管理（分值预估18~20分）	2Z101050 施工项目经理的任务和责任	项目经理的相关规定	★★★★★
		项目经理的管理权力	★
		项目管理目标责任书	★★★★
		项目经理的职责与权限	★★★★★
		项目经理的责任	★
	2Z101060 施工风险管理	风险管理计划的内容	★★
		风险量	★★
		施工风险的类型	★★
		施工风险管理的任务和方法	★★★★
	2Z101070 建设工程监理的工作任务和工作方法	监理的工作性质	★
		建设工程质量管理条例	★★
		建设工程安全生产管理条例	★★
		几个主要阶段监理的工作任务	★★★
		监理的工作方法	★★
		监理规划和监理实施细则	★★★★
		旁站监理	★★★★
2Z102000 施工成本管理（分值预估22~25分）	2Z102010 建筑安装工程费用项目的组成与计算	按费用构成要素划分的建筑安装工程费用项目组成	★★★★
		按造价形成划分的建筑安装工程费用项目组成	★★★★
		建筑安装工程费的计算	★★
		建筑业增值税的计算方法	★★
	2Z102020 建设工程定额	按编制程序和用途分类	★★
		人工定额的编制	★★★
		材料消耗定额的编制	★
		周转性材料消耗定额的编制	★★★
		施工机械台班使用定额的编制	★★★
	2Z102030 工程量清单计价	工程量清单计价的方法	★★★★
		投标报价的编制方法	★
		合同价款的约定	★

核心知识		核心考点	可考性提示
2Z102000 施工成本管理（分值预估22～25分）	2Z102040 计量与支付	工程计量	★
		合同价款调整	★★★
		工程变更价款的确定	★
		索赔与现场签证	★★★★
		预付款及期中支付	★
		竣工结算款支付	★
		质量保证金的处理	★
	2Z102050 施工成本管理任务、程序和措施	施工成本的组成	★★★
		成本管理的基础工作	★
		成本管理的任务	★★★
		成本管理的程序	★
		施工成本管理的措施	★★★★★
	2Z102060 施工成本计划和成本控制	施工成本计划的类型	★★
		施工图预算和施工预算的对比	★★
		施工成本计划的编制依据和程序	★
		施工成本计划的编制方法	★★★★
		施工成本控制的依据和程序	★★
		赢得值法	★★★★★
		成本偏差分析	★★
	2Z102070 施工成本核算、成本分析和成本考核	成本核算的原则、范围和程序	★★
		成本核算的方法	★★★
		施工成本分析的依据和步骤	★
		成本分析的基本方法	★★
		综合成本的分析方法	★★★
		成本项目的分析方法	★
		专项成本分析方法	★★
		成本考核的依据和方法	★★

核心知识		核心考点	可考性提示
2Z103000 施工进度管理（分值预估15～17分）	2Z103010 建设工程项目进度控制的目标和任务	项目总进度目标的内涵	★★★
		项目总进度目标的论证	★★★
		项目进度计划系统的类型	★★★★
		项目进度控制的任务	★★★★
	2Z103020 施工进度计划的类型及其作用	企业生产计划与施工进度计划的关系	★★
		控制性施工进度计划的内容和编制目的	★★★
		实施性施工进度计划的内容和主要作用	★★★★
	2Z103030 施工进度计划的编制方法	横道图的特点	★
		双、单代号网络计划的基本概念	★★★
		双、单代号网络计划的绘图规则	★★★
		双代号网络计划时间参数的计算	★★★★★
		单代号网络计划时间参数的计算	★★★★★
		关键工作和关键线路的概念	★★★
	2Z103040 施工进度控制的任务和措施	施工进度控制的主要工作环节	★★
		施工进度计划的检查与调整	★★
		施工进度控制的措施	★★★★★
2Z104000 施工质量管理（分值预估20～21分）	2Z104010 施工质量管理与施工质量控制	施工质量的内涵	★
		影响施工质量的五大因素	★★★★
		施工质量控制的特点	★★★★
		施工质量控制的责任	★★★
	2Z104020 施工质量管理体系	施工质量保证体系的内容	★★★★★
		施工质量保证体系的运行	★★
		施工质量管理的原则	★★
		企业质量管理体系文件的构成	★★★★
		企业质量管理体系的建立	★
		企业质量管理体系的认证和监督	★★
	2Z104030 施工质量控制的内容和方法	施工质量控制的基本环节	★
		施工现场质量检查	★★

核心知识		核心考点	可考性提示
2Z104000 施工质量管理（分值预估20～21分）	2Z104030 施工质量控制的内容和方法	施工准备的质量控制	★★★
		施工过程的质量控制	★
		施工质量验收	★★
	2Z104040 施工质量事故预防与处理	质量事故的分类	★★★★★
		施工质量事故的预防	★
		施工质量事故处理的程序	★★★★
		施工质量问题和事故处理的基本方法	★★★
	2Z104050 建设行政管理部门对施工质量的监督管理	施工质量监督的性质、权限和内容	★★★
		施工质量监督管理的实施	★★★
2Z105000 施工职业健康安全与环境管理（分值预估15分）	2Z105010 职业健康安全管理体系与环境管理体系	安全与环境管理体系标准	★
		职业健康安全与环境管理的目的与要求	★★
		安全管理体系与环境管理体系的建立和运行	★★★
	2Z105020 施工安全生产管理	安全生产管理制度	★★★★★
		危险源的分类和控制方法	★★
		安全隐患的处理原则	★★
	2Z105030 生产安全事故应急预案和事故处理	生产安全事故应急预案的内容	★★★
		生产安全事故应急预案的管理	★★★
		职业健康安全事故的分类	★★★★★
		建设工程安全事故的处理	★★★★
	2Z105040 施工现场文明施工和环境保护的要求	施工现场文明施工的措施	★★★
		施工现场环境保护的技术措施	★★
		施工现场环境污染的处理措施	★★★★
2Z106000 施工合同管理（分值预估23～25分）	2Z106010 施工发承包模式	三种发承包模式的特点比较	★★★
		施工总承包管理与施工总承包模式的比较	★★
		施工总承包管理模式的优点	★★★
		施工招标	★★★★
		施工投标	★★★★

核心知识		核心考点	可考性提示
2Z106000 施工合同管理（分值预估23～25分）	2Z106020 施工合同与物资采购合同	发包人和承包人的责任义务	★★★
		进度控制和质量控制的主要条款	★★★★★
		工程进度付款的规定	★
		竣工验收、缺陷责任与保修责任	★★★★
		专业分包合同的内容	★★★★★
		劳务分包合同的内容	★★★★★
		物资采购合同的主要内容	★
	2Z106030 施工合同计价方式	单价合同	★★★★
		总价合同	★★★★
		成本加酬金合同	★★★★
	2Z106040 施工合同执行过程的管理	施工合同跟踪与控制	★★
		施工合同变更管理	★★★★
	2Z106050 施工合同的索赔	索赔的证据及其基本要求	★★
		承包商可以提起索赔的事件	★★
		索赔成立的前提条件	★★★★
		施工合同索赔的程序	★★★★★
	2Z106060 建设工程施工合同风险管理、工程保险和工程担保	施工合同风险管理	★★★
		工程保险	★
		工程担保	★★★
2Z107000 施工信息管理（分值预估2～3分）	2Z107010 施工信息管理的任务和方法	施工信息管理的任务	★★
		工程管理信息化	★★
	2Z107020 施工文件归档管理	施工单位在建设工程档案管理中的职责	★
		施工文件档案管理的主要内容	★★
		施工文件的立卷	★★
		施工文件的归档	★★

三、命题规律

1. 紧扣考纲

每年的全国二级建造师执业资格考试大纲是确定考试内容的唯一依据，而考试教材是对考试大纲的具体细化。试题不会超出考试大纲和考试教材的范围，更不会出现与现行法律、法规、规范相冲突的内容。

2. 挖掘陷阱

主要表现为三个方面：（1）在题干中设置隐含陷阱，教材中以肯定形式表达的内容，命题者以否定形式提问；教材中从正面角度阐述的内容，命题者从反面角度提问；（2）命题者喜欢将教材中某些知识点的关键字拉出来设置其他干扰项；（3）题干和选项同时设置陷阱，命题者会同时选择两个以上的知识点来迷惑考生。

3. 体现关联

某些多项选择题可能涉及两个以上知识点，回答问题时要依据教材所阐述的概念、方法、公式，注重不同知识点之间的关联性，多方面多角度考虑、慎重选择。

4. 注重实务

全国二级建造师执业资格考试的目的是考查考生运用基本理论知识和基本技能综合分析解决问题的能力，考试试题更趋向于涉及施工现场的质量、安全、成本、进度、环保和职业健康等实务性方面，越来越全面细致，越来越注重题干的复杂性、干扰性、迷惑性，回答问题时，要善于利用相关理论，同时结合工程实际，来分析和解答试题。

四、题型分析

1. 概念型选择题

此类选择题主要依据基本概念来出题，对基本概念的特点、原因、分类、原则、内容、作用、结果等进行选择，经常出现的主要标志性措辞有"性质是""内容是""特点是""标志是""准确地理解是"等。在各备选项的表述上，命题者一般会采用混淆、偷梁换柱、以偏概全、以末代本、因果倒置等手法。

2. 否定型选择题

也称为逆向选择题，此题型题干部分采用否定式的提示或限制，如"无""不是""没有""不包括""无关的""不正确""错误的""不属于"等提示语。

3. 因果型选择题

此类选择题即考查原因和结果的选择题，其基本结构一般有两种形式：一种是题干列出了原因，各备选项列出结果，在试题中常出现的标志性词语有"影响""结果"等；另一种是题干列出了结果，而各备选项列出了原因，在试题中常出现的标志性词语有"原因是""目的是""是为了"等。

4. 计算型选择题

对于计算型的选择题，一般计算量不会很大，需要我们熟记一些计算公式，如果考生对解决该有问题的计算方法很明白，就可轻而易举地作答，而且备选项还可以起到验算的作用。

5. 比较型选择题

比较型选择题是把具有可比性的内容放在一起，让考生通过分析、比较，归纳出其相同点或不同点。此类题在题干中一般会出现"相同点""不同点""共同""相似"等标志性词语，有些题也有反映程度性的词语，如"最大的不同点""最根本的不同""本质上的相似之处"等，主要考查考生的分析、归纳和比较能力。

6. 组合型选择题

此类选择题是将同类选项按一定关系进行组合，并冠之以数字序号，然后分解组成各选项作为备选项。解答组合型选择题的关键是要有准确牢固的基础知识，同时由于此题型的逻辑性较强，所以考生还应具备一定的分析能力。

五、复习方法

1. 依纲靠本

我们首先要根据考试大纲的要求，确保有充足的时间理解教材中的知识点，尤其是核心知识点；然后，我们要明白，考试时所有的试题和标准答案均来自考试指定教材，答题时必须严格按考试指定教材的内容、观点和要求去回答每个问题。

2. 提前准备

根据经验，教材至少要通读三遍。第一遍要仔细地看，不放过任何一个要点、难点、关键词；第二遍要快速地看，主要针对核心考点和第一遍中不理解的内容；第三遍要飞快地看，主要是看第二遍没有看懂或者没有彻底掌握的核心考点。复习前，要制定一个切实可行的学习计划，杜绝先松后紧、突击复习造成精神紧张甚至失眠。很多考生临考前总会抱怨"再给我一周时间，肯定能够过关"，与其考后后悔，不如笨鸟先飞，提前准备。

3. 紧抓核心

复习时，要特别注意知识点之间的内在联系，有些知识点可能跨越好几页，而这些知识点往往是多项选择题的出题点，要留意层级关系，深刻把握，举一反三，以不变应万变。复习中，必须把握重点，避免平均分配。本书提供的核心考点几乎囊括了该课程所有出题点，建议考生严格按照本书顺序和逻辑，好好复习，大幅提高效率。

4. 学会总结

我们要做到一边看书，一边做总结性标记，罗列要点、难点，将书由厚变薄。要注意准确把握文字背后的复杂含义，要注意不同章节之间的内在联系。本书是作者多年教学辅导经验的结晶，总结了该课程所有的核心考点，同时非常注意章节之间的联系，可以带领大家快速掌握教材内容。

5. 精选资料

复习资料不宜过多，多了浪费时间，难以取舍、增加压力。备考过程中，适当做一些真题和模拟题，但千万不要舍本逐末，以题代学，杜绝题海战术。本书针对每个核心考点，都详细讲解了命题思路、考试方法，配套了例题、历年真题和强化模拟题，相信在此书能让大家达到事半功倍的效果。

六、答题技巧

1. 控制情绪

考试前一定要休息好，考试过程中，要学会控制自己的情绪，不要急躁，如果心里紧张，深呼吸几口气，做到心平气和，面对不会的题，善于跳跃，千万不要被命题者一开始就来个下马威，更加要杜绝心里想的是答案 A 却涂成答案 C 的情况。

2. 稳步推进

单项选择题难度较小，答题要稍快，同时注意准确率；多项选择题可以稍慢一点，但要求稳。一定要耐着性子把题目中每个字读完，提高准确率，杜绝心急。根据考试时间的分配，单项选择题按照每题 1 分钟、多项选择题按照每题 1.5 分钟的速度稳步推进，效果良好。

3. 讲究方法

针对上述 6 类题型，可以采用不同的答题方法。概念性选择题采用逻辑推理法，解题的关键是要注意一些隐性的限制词，结合相关的理论知识来判断选项是否符合题意。否定性选择题可以采用排除法、推理法、直选法等方式进行。因果性选择题要正确理解有关概念的含义，注意相互之间的内在联系，全面分析和把握影响的各种因素，准确把握题干与各备选项之间的逻辑关系，弄清二者之间谁因谁果。计算性选择题可以采用估算法、代入法、比例法、极端法来作答。程度性选择题主要运用优选法，逐个比较、分析备选项，找出最佳答案。比较性选择题一般都是对教材内容的重新整合，要善于运用理论进行分析判断，采用排除法，从同中找异，从异中求同。组合性选择题可以采用肯定筛选法和否定筛选法，肯定筛选法是先根据试题要求分析各个选项，确定一个正确的选项，排除不包含此选项的组合，然后——筛选，最后得出正确答案。否定筛选法即确定一个或两个不符合题意的选项，排除包含这些选项的组合，得出正确答案。

4. 回头检查

按照上述时间稳步推进，至少可以预留 15～20 分钟的回头检查时间。考试过程中，把不太肯定或不会做的题目在题号位置标记一个符号，回头主要对这些题进行检查，做到心中有数、有的放矢。

核心考点升华篇

2Z101000　施工管理

本章考情分析

近 3 年核心考点及分值分布　　　　　表 2Z101000

本章节次	本章条目		2020 年		2021 年		2022 年	
			单选	多选	单选	多选	单选	多选
2Z101010	2Z101011	建设工程项目管理的类型	1					
	2Z101012	施工方项目管理的目标和任务	1		1		1	
2Z101020	2Z101021	项目结构分析在项目管理中的应用		2	1			
	2Z101022	组织结构在项目管理中的应用	1		1		1	
	2Z101023	工作任务分工在项目管理中的应用			1			2
	2Z101024	管理职能分工在项目管理中的应用						
	2Z101025	工作流程组织在项目管理中的应用	1			2	1	
2Z101030	2Z101031	施工组织设计的内容	1	2	1	2		2
	2Z101032	施工组织设计的编制方法	1				1	
2Z101040	2Z101041	项目目标动态控制的方法	1			2	1	
	2Z101042	动态控制方法在施工管理中的应用	1				1	
2Z101050	2Z101051	施工项目经理的任务	1	2		2		2
	2Z101052	施工项目经理的责任	1	2	1		2	
2Z101060	2Z101061	风险和风险量	1					
	2Z101062	施工风险的类型						
	2Z101063	施工风险管理的任务和方法			1		1	
2Z101070	2Z101071	建设工程监理的工作任务	1		1			2
	2Z101072	建设工程监理的工作方法	1			2	1	
合　　计			13	8	10	8	10	8
			21		18		18	

本章核心考点分析

2Z101010 施工方的项目管理

核 心 考 点 提 纲

2Z101010　施工方的项目管理 { 2Z101011　建设工程项目管理的类型
2Z101012　施工方项目管理的目标和任务

核 心 考 点 剖 析

2Z101011　建设工程项目管理的类型

核心考点一　项目管理的内涵

1. 项目管理的核心任务：项目的目标控制。

2. 项目管理的内涵：自项目开始至项目完成，通过项目策划和项目控制，以使项目的费用、进度和质量目标得以实现。

3. 自项目开始至项目完成指的是项目的实施期。项目策划指的是项目目标控制前的一系列筹划和准备工作。费用目标对业主而言是投资目标，对施工方而言是成本目标。

4. 项目决策阶段的主要任务是确定项目的定义，项目实施阶段管理的主要任务是通过管理使项目目标得以实现。

5. 项目全寿命期包括项目的决策阶段、实施阶段和使用阶段，其中实施阶段包括设计准备阶段、设计阶段、施工阶段、动用前准备阶段和保修期五个子阶段。如图 2Z101011 所示。

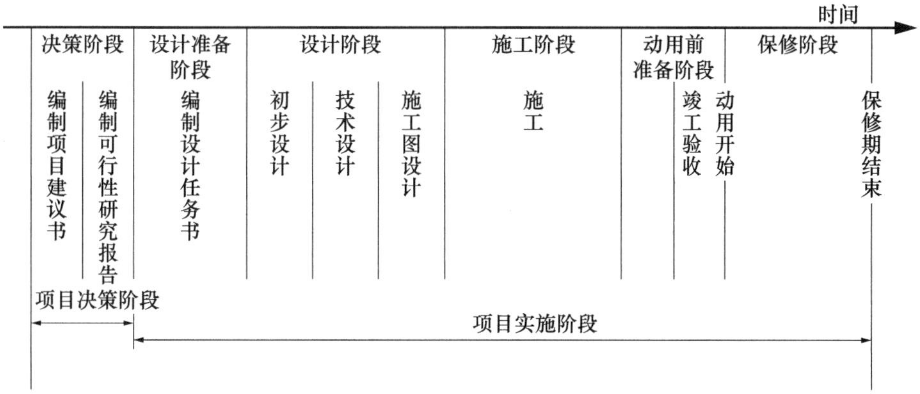

图 2Z101011　建设工程项目的决策阶段和实施阶段

◆ **考法 1：项目管理的内涵**

【例题·2017 年真题·单选题】对施工方而言，建设工程项目管理的"费用目标"是指项目的（　　）。

A. 投资目标   B. 成本目标

C. 财务目标   D. 经营目标

【答案】B

【解析】费用目标对业主而言是投资目标，对施工方而言是成本目标。

◆ **考法 2：项目决策阶段和实施阶段工作内容**

【例题·2016 年真题·单选题】项目设计准备阶段的工作包括（　　）。

A. 编制项目建议书   B. 编制项目设计任务书

C. 编制项目可行性研究报告   D. 编制项目初步设计

【答案】B

【解析】决策阶段的工作包括编制项目建议书和项目可行性研究报告。设计准备阶段的工作包括编制项目设计任务书。设计阶段的工作包括初步设计、技术设计和施工图设计。

◆ **考法 3：项目决策阶段和实施阶段的主要任务**

【例题·2020 年真题·单选题】建设工程项目决策期管理工作的主要任务是（　　）。

A. 确定项目的定义   B. 组建项目管理团队

C. 实现项目的投资目标   D. 实现项目的使用功能

【答案】A

【解析】项目决策期管理工作的主要任务是确定项目的定义。

核心考点二　项目管理"五方"的目标和任务

五方	利益	目标	阶段	任务
业主方	自身的利益	项目的投资目标、进度目标、质量目标	实施阶段全过程	三控三管（投资、进度、质量控制，安全、合同、信息管理，下同）—组织协调
设计方	自身的利益，项目的整体利益	设计的成本目标、进度目标、质量目标，项目的投资目标	主要在设计阶段，也涉及实施阶段的其他四个子阶段	三控三管—组织协调
供货方	自身的利益，项目的整体利益	供货的成本目标、进度目标、质量目标	主要在施工阶段，也涉及实施阶段的其他四个子阶段	三控三管—组织协调
施工方	自身的利益，项目的整体利益	施工的成本目标、进度目标、质量目标	主要在施工阶段，也涉及实施阶段的其他四个子阶段	三控三管—组织协调
建设项目工程总承包方	自身的利益，项目的整体利益	项目的投资目标、进度目标、质量目标，总包的成本目标	实施阶段全过程	三控三管＋风险、资源管理

1. 业主方是建设工程项目生产过程的总集成者和总组织者，也是项目管理的核心。

2. 业主的投资目标是指项目的总投资目标。

3. 业主的进度目标是指项目动用、交付使用的时间目标，如工厂建成投产、道路建成通车、办公室启用。

4. 业主的质量目标不仅涉及施工的质量，还包括设计质量、材料质量、设备质量和影响项目运行或运营的环境质量等。质量目标包括满足相应的技术规范和技术标准的规定，以及满足业主方相应的质量要求。

5. 项目管理的任务中安全管理是项目管理最重要的任务，因为安全管理关系到人身的健康与安全。

6. 建设项目工程总承包方的管理工作涉及项目设计管理、项目采购管理、项目施工管理、项目试运行管理和项目收尾等。

◆ **考法：项目管理"五方"的目标和任务**

【例题1·2018年真题·单选题】EPC工程总承包方的项目管理工作涉及的阶段是（   ）。

A. 决策－设计－施工－动用前准备

B. 决策－施工－动用前准备－保修期

C. 设计前准备－设计－施工－动用前准备

D. 设计前准备－设计－施工－动用前准备－保修期

【答案】D

【解析】建设项目工程总承包方管理涉及实施阶段全过程。

【例题2·2021年真题·单选题】下列建设工程项目管理的类型中，属于施工方项目管理的是（   ）。

A. 投资方的项目管理　　　　　　　B. 开发方的项目管理

C. 分包方的项目管理　　　　　　　D. 供货方的项目管理

【答案】C

【解析】A选项、B选项属于业主方的项目管理，D选项属于供货方的项目管理。

2Z101012　施工方项目管理的目标和任务

核心考点：施工总承包方、施工总承包管理方、建设项目工程总承包的特点

1. 施工总承包方是工程施工的总执行者和总组织者，它除了完成自己的施工任务以外，还负责组织和指挥自行分包和指定分包的施工，并为分包单位提供施工条件。反之，自行分包和指定分包必须接受施工总承包或施工总承包管理的指令，服从其管理。

2. 一般情况下，施工总承包管理方不承担施工任务，它主要进行施工的总体管理和协调。若要承担施工任务，可通过投标获得。

3. 一般情况下，施工总承包管理方不与分包方和供货方直接签合同，这些合同由业主直接签订。业主也可能要求其负责整个施工的招标发包工作。

4. 施工总承包管理方和施工总承包方承担相同的管理任务和责任，即整个工程的施工安全控制、进度控制、质量控制和组织与协调。

5. 建设项目工程总承包的基本出发点是借鉴工业生产组织的经验,实现建设生产过程的组织集成化,以克服由于设计与施工的分离导致的投资增加和影响建设进度等弊病。

6. 建设项目工程总承包的主要意义不在于总价包干,也不是"交钥匙",其核心目的是通过设计与施工组织集成为项目建设增值。

◆ 考法 1:施工总承包方的管理任务

【例题·2019 年真题·单选题】施工总承包模式下,业主甲与其指定的分包施工单位丙单独签订了合同,则关于施工总承包方乙与丙关系的说法,正确的是( )。

A. 乙负责组织和管理丙的施工

B. 乙只负责甲与丙之间的索赔工作

C. 乙不参与对丙的组织管理工作

D. 乙只负责对丙的结算支付,不负责组织其施工

【答案】A

【解析】施工总承包方应负责指挥它自行分包的分包施工单位和业主指定的分包施工单位的施工,并为分包施工单位提供和创造必要的施工条件。

◆ 考法 2:施工总承包管理方的主要特征

【例题 1·2019 年真题·单选题】关于施工总承包管理方主要特征的说法,正确的是( )。

A. 在平等条件下可通过竞标获得施工任务并参与施工

B. 不能参与业主的招标和发包工作

C. 对于业主选定的分包方,不承担对其的组织和管理责任

D. 只承担质量、进度和安全控制方面的管理任务和责任

【答案】A

【解析】B 选项错误,施工总承包管理方应业主方要求,协助业主参与施工的招标和发包工作;C 选项错误,对于业主选定的分包方,施工总承包管理方承担组织和管理责任;D 选项错误,施工总承包管理方还负责组织和指挥分包施工单位的施工。

【例题 2·2020 年真题·单选题】在施工总承包管理模式中,与分包单位直接签订施工合同的单位一般是( )。

A. 业主方　　　　　　　　　　B. 监理方

C. 施工总承包方　　　　　　　D. 施工总承包管理方

【答案】A

【解析】一般情况下,施工总承包管理方不与分包方和供货方直接签订施工合同,这些合同都由业主方直接签订。

【例题 3·2021 年真题·单选题】施工总承包管理模式中,对业主选定的分包方承担组织和管理责任的是( )。

A. 业主方　　　　　　　　　　B. 工程监理方

C. 施工总承包管理方　　　　　D. 分包方

【答案】C

【解析】施工总承包管理模式中，施工总承包管理方对业主选定的分包方承担组织和管理责任。

◆ **考法 3：建设项目工程总承包的特点**

【例题·2015年真题·单选题】建设项目总承包的核心意义在于（　　）。

A. 合同总价包干降低成本
B. 总承包方负责"交钥匙"
C. 设计与施工的责任明确
D. 为项目建设增值

【答案】D

【解析】建设项目工程总承包的主要意义并不在于总价包干，也不是"交钥匙"，其核心是为项目建设增值。

2Z101020　施工管理的组织

核 心 考 点 提 纲

$$
2Z101020 \quad 施工管理的组织 \begin{cases} 2Z101021 & 项目结构分析在项目管理中的应用 \\ 2Z101022 & 组织结构在项目管理中的应用 \\ 2Z101023 & 工作任务分工在项目管理中的应用 \\ 2Z101024 & 管理职能分工在项目管理中的应用 \\ 2Z101025 & 工作流程组织在项目管理中的应用 \end{cases}
$$

核 心 考 点 剖 析

核心考点一：系统目标与系统组织的关系

影响一个系统目标实现的因素包括组织、人、方法与工具。

系统目标决定系统组织，组织是目标能否实现的决定性因素。

人的因素包括管理人员和生产人员的数量和质量。方法与工具包括管理及生产的方法与工具。

◆ **考法：影响系统目标实现的主要因素**

【例题·2021年真题·单选题】影响建设工程项目目标实现的决定性因素是（　　）。

A. 组织
B. 资源
C. 方法
D. 工具

【答案】A

【解析】系统的目标决定了系统的组织，而组织是目标能否实现的决定性因素。

核心考点二：组织论和组织工具

组织论是一门学科，它主要研究系统的组织结构模式、组织分工和工作流程组织，（如图2Z101020所示）。

（1）组织结构模式反映一个组织系统中各子系统之间或各元素（各工作部门或各管理人员）之间的指令关系。

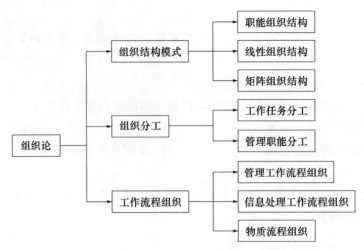

图 2Z101020　组织论的基本内容

（2）组织分工反映一个组织系统中各子系统或各元素的工作任务分工和管理职能分工。

（3）组织结构模式和组织分工都是一种相对静态的组织关系。工作流程组织反映一个组织系统中各项工作之间的逻辑关系，是一种动态关系。

组织工具是组织论的应用手段，用图或表等形式表示各种组织关系，它包括：

（1）项目结构图；（2）组织结构图；（3）工作任务分工表；（4）管理职能分工表；（5）工作流程图；（6）合同结构图。

◆ **考法：组织论和组织工具**

【例题1·单选题】关于组织论及组织工具的说法，正确的是（　　）。

A. 管理职能分工反映的是一种动态组织关系

B. 工作流程图是反映工作间静态逻辑关系的工具

C. 组织结构模式和组织分工都是一种相对的静态组织关系

D. 组织结构模式反映一个组织系统中的工作任务分工和管理职能分工

【答案】C

【例题2·2020年真题·多选题】下列图表中，属于组织工具的有（　　）。

A. 项目结构图　　　　　　　　　B. 工作任务分工表

C. 工作流程图　　　　　　　　　D. 管理职能分工表

E. 因果分析图

【答案】A、B、C、D

【解析】组织工具包括：（1）项目结构图；（2）组织结构图；（3）工作任务分工表；（4）管理职能分工表；（5）工作流程图；（6）合同结构图。

2Z101021　项目结构分析在项目管理中的应用

核心考点：项目结构分析

1. 项目结构图是通过树状图方式对一个项目的结构逐层分解，以反映组成项目的所有工作任务。项目结构图中，矩形框表示工作任务，矩形框之间用直线连接。

2. 同一个建设工程项目可有不同的项目结构的分解方法，项目结构的分解应和整个工程实施的部署相结合，并和将采用的合同结构相结合。

3. 项目结构的编码依据是项目结构图。项目结构图和项目结构编码是投资控制、进度控制、质量控制、合同管理和信息管理即三控三管编码的基础。

◆ 考法1：项目结构图

【例题1·2021年真题·单选题】项目结构图反映的是组成该项目的（　　　）。

A. 各子系统之间的关系　　　　　　　B. 各部门的职责分工

C. 各参与方之间的关系　　　　　　　D. 所有工作任务

【答案】D

【解析】项目结构图通过树状图的方式对一个项目的结构进行逐层分解，以反映组成该项目的所有工作任务。

【例题2·2021年真题·单选题】下列组织工具中，可通过树状图方式分解工程项目的所有工作任务的是（　　　）。

A. 项目结构图　　　　　　　　　　　B. 组织结构图

C. 工作流程图　　　　　　　　　　　D. 合同结构图

【答案】A

【解析】项目结构图反映组成该项目的所有工作任务。

◆ 考法2：项目结构的编码

【例题·2016年真题·多选题】承包商对工程的成本控制、进度控制、质量控制、合同管理和信息管理等管理工作进行编码的基础有（　　　）。

A. 项目结构的编码　　　　　　　　　B. 工作任务分工表

C. 管理职能分工表　　　　　　　　　D. 工作流程图

E. 项目结构图

【答案】A、E

【解析】项目结构图和项目结构编码是投资控制、进度控制、质量控制、合同管理和信息管理即三控三管编码的基础。

2Z101022　组织结构在项目管理中的应用

核心考点一：组织工具之"四图"的区别

组织工具	图示	表达的含义	矩形框内容	矩形框连接
项目结构图		对一个项目的结构进行逐层分解，以反映组成该项目的所有工作任务（该项目的组成部分）	工作任务	直线

组织工具	图示	表达的含义	矩形框内容	矩形框连接
组织结构图	工作部门〔图示：工作部门层级结构图〕	反映一个组织系统中各组成部门（组成元素）之间的组织关系（指令关系）	工作部门	单向箭线
合同结构图	业主—项目总承包单位—分包1 分包2 …… 分包n〔图示〕	反映一个建设项目参与单位之间的合同关系	参与单位	双向箭线
工作流程图	（a）（b）〔图示：工作1、工作2、工作3、判别条件、工作n、工作n+1 等流程图〕	反映一个组织系统中各项工作之间的逻辑关系	工作和工作执行者	单向箭线

◆ **考法 1：组织结构图**

【例题·2021 年真题·单选题】能够反映一个组织系统中各工作部门之间指令关系的组织工具是（　　）。

A. 组织结构图 B. 项目结构图

C. 合同结构图 D. 工作流程图

【答案】A

【解析】组织结构图反映一个组织系统中各组成部门（组成元素）之间的组织关系（指令关系）。

◆ **考法 2：工作流程图**

【例题·2020 年真题·单选题】在工作流程图中，菱形框表示的是（　　）。

A. 工作 B. 工作执行者

C. 逻辑关系 D. 判别条件

【答案】D

【解析】工作流程图用矩形框表示工作，箭线表示工作之间的逻辑关系，菱形框表示判别条件，也可用两个矩形框分别表示工作和工作的执行者。

核心考点二：三种组织结构的特点及应用

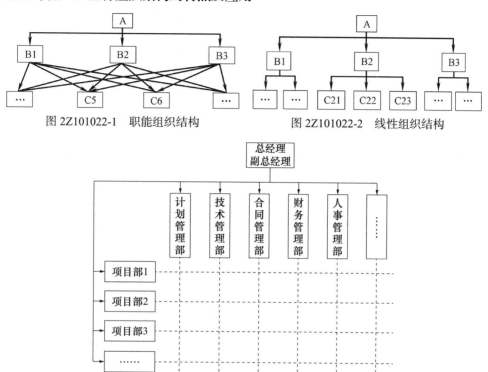

图2Z101022-1 职能组织结构　　　　图2Z101022-2 线性组织结构

图2Z101022-3 矩阵组织结构

类型	指令源	特点	弊端	应用
职能组织结构	多个	一个上级多个下级，一个下级多个上级	严重影响项目管理机制的运行和目标的实现	企业、学校、事业单位
线性组织结构	一个	一个下级只有一个上级	指令路径过长	国际上常用
矩阵组织结构	两个	纵向、横向两个指令	指令源矛盾时影响工作	适合大的组织系统

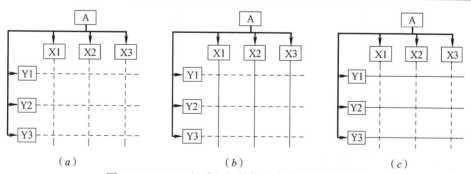

图2Z101022-4 矩阵组织结构解决矛盾的三种方式

（a）矩阵组织结构；（b）以纵向工作部门指令为主的矩阵组织结构；（c）以横向工作部门指令为主的矩阵组织结构

在矩阵组织结构中，当纵向和横向工作部门的指令发生矛盾时，可以由该组织的最高指挥者进行协调或决策（a图），也可以采用以纵向工作部门指令为主（b图）或横向工作部门指令为主（c图）的矩阵组织结构模式。

◆ **考法 1：职能组织结构**

【例题1·2020年真题·单选题】某项目管理机构设立了合同部、工程部和物资部等部门，其中物资部下设采购组和保管组，合同部、工程部均可对采购组下达工作指令，则该组织结构模式是（　　）。

A. 强矩阵组织结构
B. 弱矩阵组织结构
C. 职能组织结构
D. 线性组织结构

【答案】C

【解析】在职能组织结构中，一个上级多个下级，一个下级多个上级，它就会有多个矛盾的指令源。

【例题2·2019年真题·单选题】某建设工程项目设立了采购部、生产部、后勤保障部等部门，但在管理中采购部和生产部均可在职能范围内直接对后勤保障部下达工作指令，则该组织结构模式为（　　）。

A. 职能组织结构
B. 线性组织结构
C. 强矩阵组织结构
D. 弱矩阵组织结构

【答案】A

【解析】职能式组织结构是最传统的组织结构模式，具有多个矛盾指令源。

◆ **考法 2：线性组织结构**

【例题·2021年真题·多选题】施工项目部采用线性组织结构模式如下图所示，图中A、B、C表示不同终端的工作部门，关于下达工作指令的说法，正确的有（　　）。

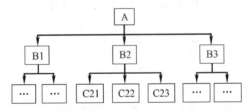

A. 部门 B2 可以对部门 C21 下达指令
B. 部门 A 可以对部门 C21 下达指令
C. 部门 A 可以对部门 B3 下达指令
D. 部门 B3 可以对部门 C23 下达指令
E. 部门 B2 可以对部门 C23 下达指令

【答案】A、C、E

【解析】在线性组织结构中，每一个工作部门只能对其直接的下属部门下达工作指令，每一个工作部门也只有一个直接的上级部门，因此，每一个工作部门只有唯一一个指令源，避免了由于矛盾的指令而影响组织系统的运行。

◆ **考法 3：矩阵组织结构**

【例题·2021年真题·单选题】具有两个工作指令源，指令分别来自于纵向和横向两个工作部门的组织结构模式是（　　）。

A. 职能组织结构
B. 矩阵组织结构
C. 网络组织结构
D. 线性组织结构

【答案】B

【解析】矩阵组织结构是一种较新型的组织结构模式。在矩阵组织结构最高指挥者（部门）下设纵向和横向两种不同类型的工作部门。

2Z101023　工作任务分工在项目管理中的应用

核心考点：工作任务分工的特点

1. 业主方和项目各参与方都有各自的项目管理的任务，各方都应该编制各自的项目管理任务分工表，项目管理任务分工表是组织设计文件的一部分。

2. 编制任务分工表前应结合项目特点，首先对项目实施各阶段的管理任务进行分解，从而明确项目经理和主管工作部门或主管人员的工作任务，最后编制工作任务分工表。

3. 工作任务分工表的特点：（1）每一个任务，都有至少一个主办工作部门。（2）运营部和物业开发部参与整个项目实施过程，不是在竣工前才介入。

◆ **考法：工作任务分工的特点**

【例题·2021年真题·单选题】关于编制项目管理工作任务分工的说法，正确的是（　　）。

A. 项目各参与方应编制统一的项目管理任务分工表

B. 首先要明确项目经理的工作任务

C. 已经确定的工作任务表在项目实施过程中不能调整

D. 需要明确各工作部门的工作任务

【答案】D

【解析】A选项错误，项目各参与方都应该编制各自的项目管理任务分工表；B选项错误，为了编制项目管理任务分工表，首先应对项目实施的各阶段的费用（投资或成本）控制、进度控制、质量控制、合同管理、信息管理和组织与协调等管理任务进行详细分解；C选项错误，在项目的进展过程中，应视必要性对工作任务分工表进行调整。

2Z101024　管理职能分工在项目管理中的应用

核心考点：管理职能分工的特点

1. 管理是由多个环节组成的过程，如图2Z101024所示。

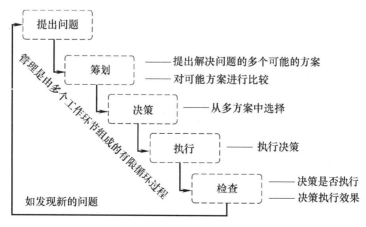

图2Z101024　管理职能

即：（1）提出问题；（2）筹划；（3）决策；（4）执行；（5）检查。

管理环节就是管理职能，不同职能可由不同部门承担。

2. 业主方和项目各参与方都应编制各自的管理职能分工表。管理职能分工表反映各工作部门（各工作岗位）对各项工作任务的项目管理职能分工。管理职能分工表也可用于企业管理。

3. 我国多数企业和建设项目的指挥或管理机构，习惯用岗位责任描述书来描述每一个工作部门、岗位的工作任务。在建设项目管理中应用管理职能分工表，可使管理职能的分工更清晰和更严谨，并会暴露仅用岗位责任描述书时所掩盖的矛盾。如果使用管理职能分工表还不足以明确每个工作部门的管理职能，则可辅以使用管理职能分工描述书。

◆ **考法：管理职能分工的特点**

【例题·2019年真题·多选题】关于建设工程项目进度管理职能各个环节工作的说法，正确的有（   ）。

A. 对进度计划值和实际值比较，发现进度推迟是提出问题环节

B. 落实夜班施工条件并组织施工是决策环节的工作

C. 提出多个加快进度的方案并进行比较是筹划环节的工作

D. 检查增加夜班施工的决策能否被执行是检查环节的工作

E. 增加夜班施工执行的效果评价是执行环节的工作

【答案】A、C、D

【解析】B选项错误，落实夜班施工条件并组织施工是执行环节的工作。E选项错误，增加夜班施工执行的效果评价是检查环节的工作。

2Z101025 工作流程组织在项目管理中的应用

核心考点：三种工作流程组织

（1）管理工作流程组织，如投资控制、进度控制、合同管理、付款和设计变更等流程。

（2）信息处理工作流程组织，如与生成月度进度报告有关的数据处理流程。

（3）物质流程组织，如钢结构深化设计工作流程，弱电工程物资采购工作流程，外立面施工工作流程等。

◆ **考法：工作流程组织**

【例题1·2017年真题·单选题】某项目部根据项目特点制定了投资控制、进度控制、合同管理、付款和设计变更等工作流程，这些工作流程组织属于（   ）。

A. 物质流程组织　　　　　　　　　B. 管理工程流程组织

C. 信息处理工程流程组织　　　　　D. 施工工作流程组织

【答案】B

【解析】管理流程组织，如：投资控制、进度控制、合同管理、付款和设计变更等流程。

【例题2·2021年真题·多选题】下列项目管理属于管理工作流程组织的有（   ）。

A. 投资控制工作流程　　　　　　　B. 进度控制工作流程

C. 合同管理工作流程　　　　　　　　　D. 钢结构深化设计流程

E. 弱电工程物资采购工作流程

【答案】A、B、C

【解析】管理流程组织，如：投资控制、进度控制、合同管理、付款和设计变更等流程。D选项和E选项属于物质流程组织。

2Z101030　施工组织设计的内容和编制方法

核心考点提纲

2Z101030　施工组织设计的内容和编制方法 $\begin{cases} 2Z101031 & 施工组织设计的内容 \\ 2Z101032 & 施工组织设计的编制方法 \end{cases}$

核心考点剖析

2Z101031　施工组织设计的内容

核心考点一：施工组织设计的基本内容

1. 工程概况

包括劳动力、机具、材料、构件等资源供应情况。

2. 施工部署及施工方案

包括全面部署施工任务，合理安排施工顺序，确定主要工程施工方案。

3. 施工进度计划

反映了最佳施工方案在时间上的安排，编制相应的人力和时间安排计划、资源需求计划、施工准备计划。

4. 施工平面图

是施工方案及施工进度计划在空间上的全面安排，使整个现场有组织地进行文明施工。

5. 主要技术经济指标

◆ 考法：施工组织设计的基本内容

【例题1·2017年真题·单选题】把施工所需的各种资源、生成、生活活动场地及各种临时设施合理地布置在施工现场，使整个现场能有组织地进行文明施工，属于施工组织设计中（　　）的内容。

A. 施工部署　　　　　　　　　　　　　B. 施工方案

C. 安全施工专项方案　　　　　　　　　D. 施工平面图

【答案】D

【解析】施工平面图是施工方案及施工进度计划在空间上的全面安排，使整个现场有组织的进行文明施工。

【例题2·2021年真题·单选题】施工顺序的安排属于工程项目施工组织设计基本内

27

容中的（　　　）。

    A. 施工进度计划   B. 施工平面图

    C. 施工部署和施工方案   D. 工程概况

【答案】C

【解析】施工部署及施工方案：合理安排施工顺序，确定主要工程的施工方案。

核心考点二：施工组织设计的分类及其内容

1. 施工组织设计的分类及编制对象

分类	对象
施工组织总设计	以整个项目为对象，如一个工厂、一个机场、一个居住小区
单位工程施工组织设计	以单位工程为对象，如一栋楼房、一个烟囱、一段道路
分部（分项）工程施工组织设计	针对重要的、复杂的、新的分部（分项）工程，或采用新工艺、新技术施工的分部（分项）工程，如深基础、高大模板、无粘结预应力混凝土、特大构件的吊装、定向爆破工程

2. 三种施工组织设计内容的比较——总无措施，分无方案、无指标。

	施工组织总设计	单位工程施工组织设计	分部分项施工组织设计
1	建设项目的工程概况	工程概况及特点分析	工程概况及特点分析
2	施工部署及其核心工程的施工方案	施工方案的选择	施工方法和施工机械的选择
3	全场性施工准备工作计划	单位工程施工准备工作计划	分部分项施工准备工作计划
4	施工总进度计划	单位工程进度计划	分部分项施工进度计划
5	各项资源需求量计划	各项资源需求量计划	各项资源需求量计划
6	全场性施工总平面图设计	单位工程施工总平面图设计	作业区施工平面布置图设计
7	主要技术经济指标	主要技术经济指标	
8		技术、质量、安全措施	技术、质量、安全措施

◆ **考法 1：施工组织设计的分类**

【例题 1·2020 年真题·多选题】根据《建筑施工组织设计规范》，施工组织设计按编制对象可分为（　　　）。

    A. 施工组织总设计   B. 单位工程施工组织设计

    C. 生产用施工组织设计   D. 分部工程施工组织设计

    E. 投标用施工组织设计

【答案】A、B、D

【解析】根据施工组织设计编制的广度、深度和作用的不同，可分为：施工组织总设计；单位工程施工组织设计；分部（分项）工程施工组织设计［或称分部（分项）工程作业设计］。

【例题 2·2021 年真题·多选题】根据编制广度、深度和作用的不同，施工组织设计可分为（   ）。

    A. 单项施工组织设计
    B. 施工组织总设计

    C. 危大工程施工组织设计
    D. 单位工程施工组织设计

    E. 分部（分项）工程施工组织设计

【答案】B、D、E

【解析】根据施工组织设计编制的广度、深度和作用的不同，可分为：施工组织总设计；单位工程施工组织设计；分部（分项）工程施工组织设计。

◆ **考法 2：施工组织设计的编制对象**

【例题 1·2019 年真题·单选题】针对建设工程项目中的深基础工程编制的施工组织设计属于（   ）。

    A. 施工组织总设计
    B. 单项工程施工组织设计

    C. 单位工程施工组织设计
    D. 分部工程组织设计

【答案】D

【解析】分部分项工程施工组织设计是针对某些特别重要的、技术复杂的，或采用新工艺、新技术施工分部分项工程，如深基础、无粘结预应力混凝土、特大构件吊装、大量土石方工程、定向爆破工程等为对象编制的。

【例题 2·2021 年真题·多选题】下列工程中，需要编制分部（分项）工程施工组织设计的有（   ）。

    A. 深基坑工程
    B. 高大模板工程

    C. 无粘结预应力混凝土工程
    D. 砌筑工程

    E. 住宅小区绿化工程

【答案】A、B、C

【解析】分部（分项）工程施工组织设计［也称为分部（分项）工程作业设计，或称分部（分项）工程施工设计］是针对某些特别重要的、技术复杂的，或采用新工艺新技术施工的分部（分项）工程，如深基础、无粘结预应力混凝土、特大构件的吊装、大量土石方工程、定向爆破工程等为对象编制的，其内容具体、详细可操作性强，是直接指导分部（分项）工程施工的依据。

◆ **考法 3：施工组织设计的内容**

【例题·多选题】分部（分项）工程施工组织设计应包括的内容（   ）。

    A. 施工方案的选择
    B. 施工方法和施工机械的选择

    C. 主要技术经济指标
    D. 工程概况

    E. 技术组织措施

【答案】B、D、E

【解析】分部（分项）工程施工组织设计的主要内容如下：（1）工程概况及施工特点分析；（2）施工方法和施工机械的选择；（3）分部（分项）工程的施工准备工作计划；（4）分部（分项）工程的施工进度计划；（5）各项资源需求量计划；（6）技术组织措施、质量保证措施和安全施工措施；（7）作业区施工平面布置图设计。

2Z101032 施工组织设计的编制方法

核心考点：施工组织总设计的编制程序

施工组织总设计的编制通常采用如下程序：

（1）收集和熟悉编制施工组织总设计所需的资料和图纸，调研项目特点和施工条件；

（2）计算主要工种工程的工程量；

（3）确定施工总体部署；

（4）拟定施工方案；

（5）编制施工总进度计划；

（6）编制资源需求量计划；

（7）编制施工准备计划；

（8）施工总平面图设计；

（9）计算主要技术经济指标。

以上顺序中有些顺序不可逆转，如：

（1）拟订施工方案后才可编制施工总进度计划；

（2）编制施工总进度计划后才可编制资源需求量计划。

即（4）、（5）、（6）三步顺序不可逆转：先方案，后进度，再资源。

◆ **考法：施工组织设计的编制程序**

【例题1·2021年真题·单选题】根据施工组织总设计的编制程序，编制施工总进度计划前应完成的工作是（　　）

A. 施工总平面图设计　　　　　　B. 编制资源需求量计划

C. 编制施工准备工作计划　　　　D. 拟订施工方案

【答案】D

【解析】施工组织总设计的编制程序：（1）收集和熟悉编制施工组织总设计所需的有关资料和图纸，进行项目特点和施工条件的调查研究。（2）计算主要工种工程的工程量。（3）确定施工的总体部署。（4）拟订施工方案。（5）编制施工总进度计划。（6）编制资源需求量计划。（7）编制施工准备工作计划。（8）施工总平面图设计。（9）计算主要技术经济指标。

【例题2·2020年真题·单选题】编制施工组织总设计时，编制资源需求量计划的紧前工作是（　　）。

A. 拟定施工方案　　　　　　　　B. 编制施工总进度计划

C. 施工总平面图设计　　　　　　D. 编制施工准备工作计划

【答案】B

【解析】施工组织总设计的编制通常采用如下程序：（1）收集和熟悉编制施工组织总设计所需的有关资料和图纸，进行项目特点和施工条件的调查研究。（2）计算主要工种工程的工程量。（3）确定施工的总体部署。（4）拟订施工方案。（5）编制施工总进度计划。（6）编制资源需求量计划。（7）编制施工准备工作计划。（8）施工总平面图设计。（9）计算主要技术经济指标。

【例题3·2019年真题·多选题】施工组织总设计的编制程序中，先后顺序不能改变的有（　　）。

　　A. 先确定施工总体部署，再拟订施工方案

　　B. 先计算主要工种工程的工程量，再拟订施工方案

　　C. 先拟订施工方案，再编制施工总进度计划

　　D. 先计算主要工种工程的工程量，再确定施工总体部署

　　E. 先编制施工总进度计划，再编制资源需求量

【答案】C、E

【解析】施工组织总设计的编制程序：（1）收集和熟悉有关资料和图纸，进行项目特点和施工条件的调查研究；（2）计算主要工种工程的工程量；（3）确定施工的总体部署；（4）拟定施工方案；（5）编制施工总进度计划；（6）编制资源需求量计划；（7）编制施工准备工作计划；（8）施工总平面图设计；（9）计算主要技术经济指标。其中（4）（5）（6）只能串联进行。

2Z101040　建设工程项目目标的动态控制

核 心 考 点 提 纲

2Z101040　建设工程项目目标的动态控制 { 2Z101041　项目目标动态控制的方法
2Z101042　动态控制方法在施工管理中的应用

核 心 考 点 剖 析

2Z101041　项目目标动态控制的方法

核心考点一：动态控制原理

项目目标动态控制工作程序如下：

1. 项目目标动态控制的准备工作

对项目的目标进行分解，以确定用于目标控制的计划值。

2. 在项目实施过程中，对项目目标进行动态跟踪和控制

（1）收集项目目标的实际值；

（2）定期进行项目目标的计划值和实际值的比较；

（3）如有偏差，及时采取纠偏措施。

3. 如有必要（即原定的项目目标不合理，或原定的项目目标无法实现），进行项目目标的调整。

◆ **考法：动态控制原理**

【例题1·2018年真题·单选题】下列建设工程项目目标动态控制的工作中，属于准备工作的是（　　）。

A. 收集项目目标的实际值 　　　B. 对项目目标进行分解

C. 将项目目标的实际值和计划值相比较　D. 对产生的偏差采取纠偏措施

【答案】B

【解析】准备工作：对项目的目标进行分解，以确定用于目标控制的计划值。

【例题2·单选题】项目目标动态控制工作包括：① 确定目标控制的计划值：② 分解项目目标；③ 收集项目目标的实际值；④ 定期比较计划值和实际值；⑤ 纠正偏差。正确的工作流程是（　　）。

A. ①→③→②→⑤→④　　　　B. ②→①→③→④→⑤

C. ③→②→①→④→⑤　　　　D. ①→②→③→④→⑤

【答案】B

核心考点二：项目目标动态控制的纠偏措施

组织措施	组织、人员、部门、分工、流程、会议、责任制、编审调整（进度、工作计划）、生产要素优化配置、定额管理、任务单管理、活劳动、物化劳动、施工调度
管理措施	思想、方法、手段、合同管理、风险管理、网络计划、信息技术（软件、局域网、互联网、数据处理设备）、承发包（采购）模式
经济措施	资金、资源、激励、对成本管理目标进行风险分析；增减账、业主签证
技术措施	设计、施工、换机换料、技术经济分析

◆ **考法：项目目标动态控制的纠偏措施**

【例题1·2021年真题·单选题】某项目因资金缺乏导致总体进度延误，项目经理部采取尽快落实工程资金的方式来解决此问题，该措施属于项目目标控制的（　　）。

A. 组织措施　　　　　　　　B. 管理措施

C. 经济措施　　　　　　　　D. 技术措施

【答案】C

【解析】属于经济措施。分析由于经济的原因而影响项目目标实现的问题，并采取相应的措施，如落实加快工程施工进度所需的资金等。

【例题2·2019年真题·单选题】对建设工程项目目标控制的纠偏措施中，属于技术措施的是（　　）。

A. 调整管理方法和手段　　　　B. 调整项目组织结构

C. 调整资金供给方式　　　　　D. 调整施工方法

【答案】D

【解析】A选项是管理措施，B选项是组织措施，C选项是经济措施。

核心考点三：项目目标事前控制和过程控制的区别

项目目标动态控制的核心是，在项目实施的过程中定期地进行项目目标的计划值和实际值的比较，当发现项目目标偏离时采取纠偏措施。

为避免项目目标偏离的发生，还应重视事前的主动控制，即事前分析可能导致项目目标偏离的各种影响因素，并针对这些影响因素采取有效的预防措施（图2Z101041）。

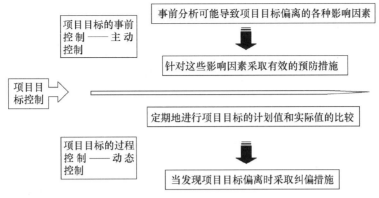

图 2Z101041　项目的目标控制

◆ **考法 1：项目目标动态控制事前控制**

【例题 1·2020 年真题·单选题】下列项目目标动态控制工作中，属于事前控制的是（　　）。

A. 确定目标计划值，同时分析影响目标实现的因素

B. 进行目标计划值和实际值对比分析

C. 跟踪项目计划的实际进展情况

D. 发现原有目标无法实现时，及时调整项目目标

【答案】A

【解析】事前控制即事前分析可能导致项目目标偏离的各种影响因素，并针对这些影响因素采取有效的预防措施。

【例题 2·2019 年真题·单选题】建设工程项目目标事前控制是指（　　）。

A. 事前分析可能导致偏差产生的原因并在产生偏差时采取纠偏措施

B. 事前分析可能导致项目目标偏离的影响因素并针对这些因素采取预防措施

C. 定期进行计划值与实际值比较

D. 发现项目目标偏离时及时采取纠偏措施

【答案】B

【解析】事前控制即事前分析可能导致项目目标偏离的各种影响因素，并针对这些影响因素采取有效的预防措施。

◆ **考法 2：项目目标动态控制的核心**

【例题 1·2021 年真题·单选题】应用动态控制原理控制施工进度的核心是（　　）。

A. 定期比较计划值和实际值，并采取纠偏措施

B. 针对目标影响因素采取有效的预防措施

C. 对进度目标由粗到细进行逐层分解

D. 按照进度控制的要求，收集施工进度实际值

【答案】A

【解析】项目目标动态控制的核心是，在项目实施的过程中定期地进行项目目标的计划值和实际值的比较，当发现项目目标偏离时采取纠偏措施。

【例题 2 · 2021 年真题 · 单选题】在项目管理中，定期进行项目目标的计划值和实际值的比较，属于项目目标控制中的（　　）。

A. 事前控制　　　　　　　　　　B. 动态控制

C. 事后控制　　　　　　　　　　D. 专项控制

【答案】B

【解析】项目目标动态控制的核心是，在项目实施的过程中定期地进行项目目标的计划值和实际值的比较，当发现项目目标偏离时采取纠偏措施。

2Z101042　动态控制方法在施工管理中的应用

核心考点：动态控制方法在施工管理中的应用

1. 图 2Z101042 施工成本的计划值与实际值比较（属于定量比较）包括：

（1）工程合同价与投标价中的相应成本项的比较。

（2）工程合同价与施工成本规划中的相应成本项的比较。

（3）施工成本规划与实际施工成本中的相应成本项的比较。

（4）工程合同价与实际施工成本中的相应成本项的比较。

（5）工程合同价与工程款支付中的相应成本项的比较等。

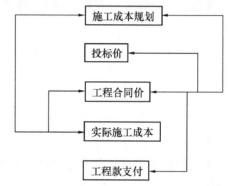

图 2Z101042　施工成本计划值和实际值的比较

2. 按时间先后顺序：投标价、工程合同价、施工成本规划、实际施工成本、工程款支付。因此，相对于工程合同价而言，施工成本规划的成本值是实际值。

3. 计划值与实际值比较的成果：进度跟踪控制报告、成本跟踪控制报告。

4. 施工成本目标分解的目的：通过编制施工成本规划，分析和论证施工成本目标实现的可能性。

5. 运用动态控制原理控制施工质量，其质量目标不仅是各分部分项工程的施工质量，它还包括材料、半成品、成品和有关设备等的质量。

◆ **考法：施工成本计划值与实际值的比较**

【例题 1 · 2021 年真题 · 单选题】在对施工成本目标进行动态跟踪和控制过程中，如工程合同价为计划值，则相对于工程合同价而言，实际值可以是（　　）。

A. 工程概算　　　　　　　　　　B. 工程预算

C. 投标报价　　　　　　　　　　D. 施工成本规划值

【答案】D

【解析】施工成本的计划值和实际值也是相对的，如：相对于工程合同价而言，实际值是施工成本规划值。

【例题 2 · 2020 年真题 · 单选题】施工成本动态控制过程中，在施工准备阶段，相对于工程合同价而言，施工成本实际值可以是（　　）。

    A. 施工成本规划的成本值　　　　B. 投标价中的相应成本项

    C. 最高投标限价中的相应成本项　D. 投资估算中的建安工程费用

【答案】A

【解析】按时间先后顺序：投标价、工程合同价、施工成本规划、实际施工成本、工程款支付。

【例题3·2017年真题·单选题】运用动态控制原理控制施工成本时，相对于实际施工成本，宜作为分析对比的成本计划值为（　　）。

    A. 投标报价　　　　　　　　　　B. 工程支付款

    C. 施工成本规划值　　　　　　　D. 施工决算成本

【答案】C

【解析】按时间先后顺序：投标价、工程合同价、施工成本规划、实际施工成本、工程款支付。

2Z101050　施工项目经理的任务和责任

核心考点提纲

2Z101050　施工项目经理的任务和责任 { 2Z101051　施工项目经理的任务
2Z101052　施工项目经理的责任

核心考点剖析

核心考点：项目经理的相关规定

1. 项目经理必须由取得建造师注册证书的人员担任。取得建造师注册证书是否担任项目经理，由施工企业自主决定。实施建造师执业资格制度后仍然要坚持项目经理岗位责任制，取得建造师执业资格的人员表明其知识和能力符合建造师执业的要求。

2. 建造师是专业人士，项目经理是工作岗位。项目经理，对项目施工过程全面负责，是施工企业法定代表人在项目上的代表人。

3. 项目经理应为合同当事人所确认的人选，并在专用合同条款中明确项目经理的姓名、职称、注册执业证书编号、联系方式及授权范围等事项，项目经理经承包人授权后代表承包人负责履行合同。项目经理应是承包人正式聘用的员工，承包人应向发包人提交项目经理与承包人之间的劳动合同，以及承包人为项目经理缴纳社会保险的有效证明。项目经理应常驻施工现场，且每月在施工现场时间不得少于专用合同条款约定的天数。项目经理不得同时担任其他项目的项目经理。项目经理确需离开施工现场时，应事先通知监理人，并取得发包人的书面同意。

4. 在紧急情况下为确保施工安全和人员安全，项目经理有权采取必要的措施保证人身、财产和工程的安全，但应在48小时内向发包人代表和总监理工程师提交书面报告。

5. 承包人需要更换项目经理的，应提前14天书面通知发包人和监理人，并征得发包人书面同意。

6. 发包人有权书面通知承包人更换其认为不称职的项目经理，通知中应当载明要求更换的理由。承包人应在接到更换通知后14天内向发包人提出书面的改进报告。发包人收到改进报告后仍要求更换的，承包人应在接到第二次更换通知的28天内进行更换。

7. 项目经理因特殊情况授权其下属人员履行其某项工作职责的，应提前7天将上述人员的姓名和授权范围书面通知监理人，并征得发包人书面同意。

◆ **考法：项目经理的相关规定**

【例题1·2021年真题·单选题】关于建造师与施工项目经理的说法，正确的是（　　）。

A. 取得建造师注册证书的人员就是施工项目经理

B. 建造师是管理岗位，施工项目经理是技术岗位

C. 施工项目经理必须由取得建造师注册证书的人员担任

D. 建造师执业资格制度可以替代施工项目经理岗位责任制

【答案】C

【解析】A选项错误，取得建造师注册证书的人员是否担任工程项目施工的项目经理，由企业自主决定。B选项错误，建造师是一种专业人士的名称，而项目经理是一个工作岗位的名称。D选项错误，在全面实施建造师执业资格制度后仍然要坚持落实项目经理岗位责任制。

【例题2·2021年真题·多选题】根据《建设工程施工合同（示范文本）》GF—2017—0201，关于施工项目经理的说法，正确的有（　　）。

A. 项目经理经承包人授权后代表承包人负责履行合同

B. 项目经理每月在施工现场时间可根据现场情况自行决定

C. 承包人应向发包人提交与项目经理的劳动合同以及为其缴纳社会保险的有效证明

D. 发包人书面通知承包人更换其认为不称职的项目经理后，承包人必须更换

E. 一个注册建造师可同时担任数个项目的项目经理

【答案】A、C

【解析】B选项错误，项目经理应常驻施工现场，且每月在施工现场时间不得少于专用合同条款约定的天数。D选项错误，发包人有权书面通知承包人更换其认为不称职的项目经理，通知中应当载明要求更换的理由。承包人应在接到更换通知后14天内向发包人提出书面的改进报告。发包人收到改进报告后仍要求更换的，承包人应在接到第二次更换通知的28天内进行更换，并将新任命的项目经理的注册执业资格、管理经验等资料书面通知发包人。

【例题3·2020年真题·多选题】根据《建设工程施工合同（示范文本）》GF—2017—0201，关于施工企业项目经理的说法，正确的有（　　）。

A. 承包人需要更换项目经理的，应提前14天书面通知发包人和监理人，并征得发包人书面同意

B. 紧急情况下为确保施工安全，项目经理在采取必要措施后，应在48小时内向专业

监理工程师提交书面报告

C. 承包人在接到发包人更换项目经理得书面通知后14天内向发包人提出书面改进报告

D. 发包人收到承包人改进报告后仍要求更换项目经理的，承包人应在接到第二次更换通知的28天内进行更换

E. 项目经理因特殊情况授权给下属人员时，应提前14天将授权人员的相关信息通知监理人

【答案】A、C、D

【解析】B选项错误，在紧急情况下为确保施工安全和人员安全，在无法与发包人代表和总监理工程师及时取得联系时，项目经理有权采取必要的措施保证与工程有关的人身、财产和工程的安全，但应在48小时内向发包人代表和总监理工程师提交书面报告。E选项错误，项目经理因特殊情况授权其下属人员履行其某项工作职责的，该下属人员应具备履行相应职责的能力，并应提前7天将上述人员的姓名和授权范围书面通知监理人，并征得发包人书面同意。

【例题4·2019年真题·单选题】某建设工程项目在施工中发生了紧急性的安全事故，若短时间内无法与发包人代表和总监理工程师取得联系，则项目经理有权采取措施保证与工程有关的人身、财产安全，但应（　　）。

A. 立即向建设主管部门报告

B. 在48小时内向承包人的企业负责人提交书面报告

C. 在24小时内向发包人代表进行口头报告

D. 在48小时内向发包人代表代表提交书面报告

【答案】D

【解析】紧急情况下，无法与发包人代表和总监理工程师取得联系，项目经理为了确保安全，可以先停工，48小时内书面报告监理人或发包人。

【例题5·2020年真题·单选题】关于建造师执业资格制度的说法，正确的是（　　）。

A. 取得建造师注册证书的人员即可担任项目经理

B. 实施建造师执业资格制度后可取消项目经理岗位责任制

C. 建造师是一个工作岗位的名称

D. 取得建造师执业资格的人员表示其知识和能力符合建造师执业的要求

【答案】D

【解析】选项A错误，取得建造师注册证书的人员是否担任工程项目施工的项目经理，由企业自主决定。选项B错误，在全面实施建造师执业资格制度后仍然要坚持落实项目经理岗位责任制。选项C错误，建造师是一种专业人士的名称，项目经理是一个工作岗位的名称。

2Z101051　施工项目经理的任务

核心考点：项目经理的管理权力

项目经理在企业法定代表人授权范围内，行使以下管理权力：

（1）组织项目管理班子。

（2）处理与项目有关的外部关系，签署有关合同。

（3）指挥项目的生产经营活动，调配并管理生产要素。

（4）选择施工作业队伍。

（5）进行合理的经济分配。

（6）其他管理权力。

◆ **考法：项目经理的管理权力**

【例题·2014年真题·单选题】项目经理在承担工程项目施工的管理工程中，其管理权力不包括（　　　）。

A. 组织项目管理班子　　　　　　　B. 指挥项目建设的生产经营活动

C. 签署项目参与人员聘用合同　　　D. 选择施工作业队伍

【答案】C

【解析】项目经理权力包括选项 A、B、D 所列内容，而不包括签署项目参与人员聘任合同。故选 C。

2Z101052　施工项目经理的责任

核心考点一：项目管理目标责任书

1. 编制方法

项目管理目标责任书应在项目实施前，由法定代表人或其授权人与项目经理协商制定。

2. 编制依据

（1）项目合同文件；

（2）组织管理制度；

（3）项目管理规划大纲；

（4）组织经营方针和目标；

（5）项目特点和实施条件与环境。

3. 主要内容

（1）项目管理实施目标；

（2）项目管理机构职责、权限和利益的划分；

（3）项目现场质量、安全、环保、文明、职业健康和社会责任目标；

（4）项目设计、采购、施工、试运行管理的内容和要求；

（5）项目所需资源的获取和核算办法；

（6）法定代表人向项目管理机构负责人委托的相关事项；

（7）项目管理机构负责人和项目管理机构应承担的风险；

（8）项目应急事项和突发事件处理的原则和方法；

（9）项目管理效果和目标实现的评价原则、内容和方法；

（10）项目实施过程中相关责任和问题的认定和处理原则；

（11）项目完成后对项目管理机构负责人的奖惩依据、标准和办法；

（12）项目管理机构负责人解职和项目管理机构解体的条件及办法；

（13）缺陷责任制、质量保修期及之后对项目管理机构负责人的相关要求。

◆ **考法1：项目管理目标责任书的编制方法**

【例题·2020年真题·单选题】根据《建设工程项目管理规范》GB/T 50326—2017，项目管理目标责任书应在项目实施之前，由企业的（　　）与项目经理协商制定。

A. 法定代表人　　　　　　　　　　B. 董事会

C. 技术负责人　　　　　　　　　　D. 股东大会

【答案】A

【解析】项目管理目标责任书应在项目实施之前，由法定代表人或其授权人与项目经理协商制定。

◆ **考法2：项目管理目标责任书的编制依据**

【例题1·2021年真题·单选题】根据《建设工程项目管理规范》GB/T 50326—2017，在项目实施之前，应由法定代表人或其授权人与项目经理协商制定的文件是（　　）。

A. 施工安全管理计划　　　　　　　B. 项目管理目标责任书

C. 项目管理实施规划　　　　　　　D. 工程质量责任承诺书

【答案】B

【解析】项目管理目标责任书应在项目实施之前，由法定代表人或其授权人与项目经理协商制定。

【例题2·2019年真题·多选题】施工企业法定代表人与项目经理协商制定项目管理目标责任书的依据有（　　）。

A. 项目合同文件　　　　　　　　　B. 组织经营方针

C. 项目管理实施规划　　　　　　　D. 项目实施条件

E. 组织管理制度

【答案】A、B、D、E

【解析】编制项目管理目标责任书的依据：（1）项目合同文件；（2）组织管理制度；（3）项目管理规划大纲；（4）组织经营方针和目标；（5）项目特点和实施条件与环境。

◆ **考法3：项目管理目标责任书的主要内容**

【例题·2020年真题·多选题】根据《建设工程项目管理规范》GB/T 50326—2017，项目管理目标责任书的内容宜包括（　　）。

A. 项目管理实施目标

B. 项目合同文件

C. 项目管理机构应承担的风险

D. 项目管理规划大纲

E. 项目管理效果和目标实现的评价原则、内容和方法

【答案】A、C、E

【解析】项目管理目标责任书宜包括下列内容：（1）项目管理实施目标；（2）组织和项

目管理机构职责、权限和利益的划分；（3）项目现场质量、安全、环保、文明、职业健康和社会责任目标；（4）项目设计、采购、施工、试运行管理的内容和要求；（5）项目所需资源的获取和核算办法；（6）法定代表人向项目管理机构负责人委托的相关事项；（7）项目管理机构负责人和项目管理机构应承担的风险；（8）项目应急事项和突发事件处理的原则和方法；（9）项目管理效果和目标实现的评价原则、内容和方法；（10）项目实施过程中相关责任和问题的认定和处理原则；（11）项目完成后对项目管理机构负责人的奖惩依据、标准和办法；（12）项目管理机构负责人解职和项目管理机构解体的条件及办法；（13）缺陷责任制、质量保修期及之后对项目管理机构负责人的相关要求。

核心考点二：项目经理的职责与权限

项目经理的职责	项目经理的权限 （五参与、二授权、一主持、一制定）
（1）组织或参与编制项目管理规划大纲、项目管理实施规划。 （2）完善工程资料，参与工程竣工验收。 （3）主持制定并落实质量、安全技术措施和专项方案。 （4）对各类资源进行质量管控和动态管理。 （5）授权范围内的任务分解和利益分配。 （6）建立各类专业管理制度并组织实施。 （7）制定安全、文明和环保措施并组织实施。 （8）组织或参与评价项目管理绩效。 （9）协助和配合组织项目检查、鉴定和评奖申报。 （10）对进场的机械设备的安全质量进行监控。 （11）接受审计，处理项目管理机构解体的善后工作。	（1）参与项目招标、投标和合同签订。 （2）参与组建项目管理机构。 （3）参与组织对项目各阶段的重大决策。 （4）参与选择并直接管理具有相应资质的分包人。 （5）参与选择大宗资源的供应单位。 （6）授权范围内与项目相关方进行直接沟通。 （7）授权范围内的项目资源使用。 （8）主持项目管理机构工作。 （9）制定项目管理机构管理制度。

◆ **考法：项目经理的职责**

【例题·2021年真题·多选题】根据《建设工程项目管理规范》GB/T 50326—2017，施工项目经理应履行的职责有（　　）。

A. 组织或参与编制项目管理规划大纲

B. 对各类资源进行质量管控和动态管理

C. 主持编制项目管理目标责任书

D. 组织或参与评价项目管理绩效

E. 进行授权范围内的利益分配

【答案】A、B、D、E

【解析】项目经理应履行下列职责：

（1）组织或参与编制项目管理规划大纲、项目管理实施规划。

（2）完善工程资料，参与工程竣工验收。

（3）主持制定并落实质量、安全技术措施和专项方案。

（4）对各类资源进行质量管控和动态管理。

（5）授权范围内的任务分解和利益分配。

（6）建立各类专业管理制度并组织实施。

（7）制定安全、文明和环保措施并组织实施。

（8）组织或参与评价项目管理绩效。

（9）协助和配合组织项目检查、鉴定和评奖申报。

（10）对进场的机械设备的安全质量进行监控。

（11）接受审计，处理项目管理机构解体的善后工作。

核心考点三：项目经理的责任

项目经理由于主观原因或工作失误，可能承担法律责任和经济责任。

政府主要追究法律责任，企业主要追究经济责任。如果项目经理违法，企业也可追究法律责任。

◆ **考法：项目经理的责任**

【例题·2012年真题·单选题】某施工企业项目经理，在组织项目施工中，施工质量控制不严，造成工程返工，直接经济损失达30万元，则施工企业主要追究其（　　）。

A. 法律责任　　　　　　　　　　　B. 经济责任

C. 行政责任　　　　　　　　　　　D. 领导责任

【答案】B

【解析】政府主要追究法律责任，企业主要追究经济责任。如果项目经理违法，企业也可追究法律责任。

2Z101060　施工风险管理

核心考点提纲

$$
2Z101060\ 施工风险管理
\begin{cases}
2Z101061 & 风险和风险量 \\
2Z101062 & 施工风险的类型 \\
2Z101063 & 施工风险管理的任务和方法
\end{cases}
$$

核心考点剖析

核心考点：风险管理计划的内容

风险管理计划包括下列内容：

（1）风险管理目标；

（2）风险管理范围；

（3）可使用的风险管理方法、措施、工具和数据；

（4）风险跟踪的要求；

（5）风险管理的责任和权限；

（6）必须的资源和费用预算。

◆ **考法：风险管理计划的内容**

【例题·单选题】下列选项中，不属于风险管理计划内容的是（　　）。

A. 风险管理目标

B. 风险应对策略

C. 可使用的风险管理方法、措施、工具和数据

D. 必须的资源和费用预算

【答案】B

【解析】风险管理计划的内容：风险管理目标，风险管理范围，可使用的风险管理方法、措施、工具和数据，风险跟踪的要求，风险管理的责任和权限，必须的资源和费用预算。

2Z101061　风险和风险量

核心考点：风险量

1. 风险量指的是不确定的损失程度和损失发生的概率。若某个可能发生的事件可能的损失程度和发生的概率都很大，则其风险量就很大，如图 2Z101061 所示的风险区 A。

2. 若某事件经过风险评估，它处于风险区 A，则应采取措施，降低其概率，以便它移位至风险区 B。或采取措施降低其损失量，以使它移位至风险区 C。风险区 B 和风险区 C 的事件则应采取措施，使其移位至风险区 D。

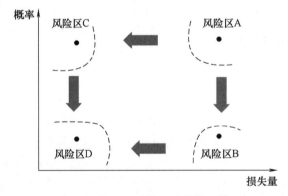

图 2Z101061　事件风险量的区域

风险事件的风险等级由风险发生概率等级和风险损失等级间的关系短阵确定。

◆ 考法：风险量

【例题·2012 年真题·多选题】若某件事经过风险评估，位于事件风险量区域图中的分险区 A，则应采取适当措施降低其（　　　）。

A. 发生概率，使它移位至风险区 D

B. 损失量，使它移位至风险区 C

C. 发生概率，使它移位风险区 C

D. 损失量，使它移位至风险区 B

E. 发生概率，使它移位至风险区 B

【答案】B、E

【解析】降低其概率，移位至风险区 B。降低其损失量，移位至风险区 C。

2Z101062 施工风险的类型

核心考点：施工风险的类型

1. 组织风险

（1）承包商管理人员和一般技工的知识、经验和能力；

（2）施工机械操作人员的知识、经验和能力；

（3）损失控制和安全管理人员的知识、经验和能力。

2. 经济与管理风险

（1）工程资金供应条件；

（2）合同风险；

（3）现场与公用防火设施的可用性和数量；

（4）事故防范措施和计划；

（5）人身安全控制计划；

（6）信息安全控制计划。

3. 工程环境风险

（1）自然灾害；

（2）岩土地质条件和水文地质条件；

（3）气象条件；

（4）引起火灾和爆炸的因素。

4. 技术风险

（1）工程设计文件；

（2）工程施工方案；

（3）工程物资；

（4）工程机械。

◆ **考法：施工风险的类型**

【例题·2021年真题·单选题】某施工企业在项目实施过程中，因部分管理人员缺乏施工经验而造成的风险属于（　　）。

A. 组织风险   B. 经济与管理风险

C. 工程环境风险   D. 技术风险

【答案】A

【解析】组织风险包括：（1）承包商管理人员和一般技工的知识、经验和能力；（2）施工机械操作人员的知识、经验和能力；（3）安全管理人员的知识、经验和能力等。

2Z101063 施工风险管理的任务和方法

核心考点：施工风险管理的任务和方法

施工风险管理过程包括施工全过程的风险识别、风险评估、风险应对和风险监控。

1. 风险识别

（1）收集与施工风险有关的信息；

（2）确定风险因素；

（3）编制施工风险识别报告。

2. 风险评估

（1）分析各种风险因素发生的概率；

（2）分析各种风险的损失量；

（3）根据各种风险发生的概率和损失量，确定各种风险的风险量和风险等级。

3. 风险应对

常用的风险对策包括风险规避、减轻、自留、转移及其组合等策略。对难以控制的风险向保险公司投保是风险转移的一种措施。

4. 风险监控

在施工进展过程中预测可能发生的风险，对其进行监控并提出预警。

◆ 考法 1：风险管理的程序

【例题·2021年真题·单选题】根据《建设工程项目管理规范》GB/T 50326—2017，项目风险管理正确的程序是（   ）。

A. 风险识别→风险评估→风险应对→风险监控

B. 风险计划→风险分析→风险评估→风险应对

C. 风险识别→风险分析→风险应对→风险监控

D. 风险规划→风险评估→风险自留→风险转移

【答案】A

【解析】项目风险管理应包括下列程序：风险识别、风险评估、风险应对、风险监控。

◆ 考法 2：风险管理的方法

【例题·2019年真题·单选题】在建设工程项目施工前，承包人对难以控制的风险向保险公司投保，此行为属于风险应对措施中的（   ）。

A. 风险规避   B. 风险减轻

C. 风险转移   D. 风险保留

【答案】C

【解析】向保险公司投保是风险转移的一种措施。

2Z101070　建设工程监理的工作任务和工作方法

核 心 考 点 提 纲

2Z101070　建设工程监理的工作任务和工作方法 $\begin{cases} 2Z101071 & \text{建设工程监理的工作任务} \\ 2Z101072 & \text{建设工程监理的工作方法} \end{cases}$

核心考点剖析

2Z101071　建设工程监理的工作任务

核心考点一：监理的工作性质

1. 建设工程监理是一种高智能的有偿技术服务，国际上把这类服务归为工程咨询（工程顾问）服务，我国的建设工程监理属于国际上业主方项目管理的范畴。

2. 监理的工作性质

（1）服务性。工程监理机构尽一切努力进行目标控制，但不可能保证目标一定实现，也不可能承担不是它的缘故导致目标失控的责任。

（2）科学性。监理工程师应用科学的思想、组织、方法和手段从事工程监理活动。

（3）独立性。在组织上和经济上不依附于监理工作对象（如承包商、供货商）。

（4）公平性。在维护业主合法权益时，不损害承包商合法权益。

◆ **考法：监理的工作性质**

【例题·单选题】工程建设监理的"公正性"，要求监理方在处理业主和承包商之间的矛盾或者和业主利益发生冲突时应（　　）。

A. 站在绝对公平的立场协调业主和承包商的利益

B. 在维护承包商利益的同时，兼顾业主的利益

C. 尽最大的可能同时维护业主和承包商的利益

D. 在维护业主利益的同时，不损害承包商的利益

【答案】D

【解析】监理的公平性：在维护业主合法权益时，不损害承包商合法权益。

核心考点二：建设工程质量管理条例

1. 未经监理工程师签字，建筑材料、建筑构配件和设备不得在工程上使用或安装，不得进行下一道工序施工。

2. 未经总监理工程师签字，建设单位不拨付工程款，不进行竣工验收。

3. 监理工程师应按照监理规范要求，采取旁站、巡视和平行检验等形式，对建设工程实施监理。

◆ **考法：建设工程质量管理条例**

【例题·2021年真题·单选题】根据《建设工程质量管理条例》，监理工程师对建设工程实施监理采取的主要形式是（　　）。

A. 旁站、验收和平行检验　　　　　　　B. 旁站、验收和专检

C. 旁站、抽检和专检　　　　　　　　　D. 旁站、巡视和平行检验

【答案】D

【解析】监理工程师应当按照工程监理规范的要求，采取旁站、巡视和平行检验等形式，对建设工程实施监理。

核心考点三：建设工程安全生产管理条例

1. 监理单位应审查施工组织设计中的安全技术措施或专项施工方案是否符合工程建设强制性标准。

2. 监理单位在实施监理过程中，发现存在安全事故隐患的，应当要求施工单位整改；情况严重，应当要求施工单位暂时停止施工，并及时报告建设单位。拒不整改或不停止施工，及时向有关主管部门报告。

3. 工程监理单位有下列行为之一的，责令限期改正。逾期未改正的，责令停业整顿，并处 10 万元以上 30 万元以下的罚款。情节严重的，降低资质等级，直至吊销资质证书。造成重大安全事故，构成犯罪的，对直接责任人员，依照刑法有关规定追究刑事责任。造成损失的，依法承担赔偿责任：

（1）未对施工组织设计中的安全技术措施或者专项施工方案进行审查的；

（2）发现安全事故隐患未及时要求施工单位整改或者暂时停止施工的；

（3）施工单位拒不整改或者不停止施工，未及时向有关主管部门报告的；

（4）未依照法律、法规和工程建设强制性标准实施监理的。

◆ **考法：建设工程安全生产管理条例**

【例题 1·2018 年真题·单选题】根据《建设工程安全生产管理条例》，关于工程监理单位安全责任的说法，正确的是（　　）。

A. 在实施监理过程中，发现情况严重的安全事故隐患，应要求施工单位整改

B. 在实施监理过程中，发现情况严重的安全事故隐患，应及时向有关主管部门报告

C. 对于情节严重的安全事故隐患，施工单位拒不整改时应向建设单位报告

D. 应审查专项施工方案是否符合工程建设强制性标准

【答案】D

【解析】监理单位应审查施工组织设计中的安全技术措施或专项施工方案是否符合工程建设强制性标准。监理单位在实施监理过程中，发现存在安全事故隐患的，应当要求施工单位整改；情况严重，应当要求施工单位暂时停止施工，并及时报告建设单位。拒不整改或不停止施工，及时向有关主管部门报告。

【例题 2·2021 年真题·单选题】根据《建设工程安全生产管理条例》，工程监理单位发现安全事故隐患未及时要求施工单位整改，则建设行政主管部门一般采取的处罚是（　　）。

A. 降低资质等级   B. 停业整顿

C. 限期改正   D. 处以 10 万元以上 30 万元以下的罚款

【答案】C

【解析】工程监理单位发现安全事故隐患未及时要求施工单位整改或者暂时停止施工的，责令限期改正。

核心考点四：几个主要阶段监理的工作任务

1. 施工准备阶段

（1）审查施工单位选择的分包单位的资质。

（2）检查施工单位质量保证体系及安全技术措施，完善质量管理程序与制度。

（3）参与设计单位向施工单位的设计交底。

（4）审查施工组织设计。

（5）在单位工程开工前检查复测资料。

（6）对重点工程部位的中线和水平控制进行复查。

（7）审批一般单项、单位工程的开工报告。

2. 施工阶段

（1）质量控制

① 核验施工测量放线，验收隐蔽、分部分项工程，签署质量评定表。

② 进行旁站、巡视和平行检验，发现质量问题及时通知施工单位整改。

③ 审查施工单位报送的材料、构配件、设备的质量证明资料，抽检进场的材料、构配件的质量。

④ 检查仪器设备、度量衡定期检验证明文件。

⑤ 监督施工单位对试件进行抽查。

（2）进度控制

① 监督施工单位严格按照施工合同规定的工期组织施工。

② 审查施工单位提交的施工进度计划，核查施工单位对施工进度计划的调整。

③ 建立进度台账，核对形象进度。

（3）投资控制

① 审核支付申请，签发支付证书。

② 建立计量支付签证台账。

③ 审查工程变更、索赔、争议、结算资料。

（4）安全管理

① 编制安全生产事故的监理应急预案，并参加业主组织的应急预案的演练。

② 审查施工单位的安全生产规章制度、组织机构的建立及专职安全生产管理人员的配备情况。

③ 督促施工单位进行安全自查工作，巡查施工现场安全生产情况。

3. 竣工验收阶段

（1）督促和检查施工单位及时整理竣工文件和验收资料，并提出意见；

（2）审查施工单位提交的竣工验收申请，编写工程质量评估报告；

（3）组织工程预验收，参加业主组织的竣工验收，并签署竣工验收意见；

（4）编制、整理工程监理归档文件并提交给业主。

◆ **考法 1：施工阶段监理的主要任务**

【例题·2020年真题·单选题】项目监理机构在施工阶段进度控制的主要工作是（   ）。

A. 合同执行情况的分析和跟踪管理

B. 定期与施工单位核对签证台账

C. 监督施工单位严格按照合同规定的工期组织施工

D. 审查单位工程施工组织设计

【答案】C

【解析】A选项错误，合同执行情况的分析和跟踪管理是监理在施工合同管理方面的工作。B选项错误，定期与施工单位核对签证台账是监理在施工阶段投资控制的主要工作。D选项错误，审查单位工程施工组织设计是监理在施工准备阶段的主要工作。

◆ **考法 2：竣工验收阶段监理的主要任务**

【例题·2019年真题·单选题】根据《建设工程监理规范》GB/T 50319—2013，竣工验收阶段建设监理工作的主要任务是（   ）。

A. 负责编制工程管理归档文件并提交给政府主管部门

B. 审查施工单位的竣工验收申请并组织竣工验收

C. 参与工程预验收并编写工程质量评估报告

D. 督促和检查施工单位及时整理竣工文件和验收资料，并提出意见

【答案】D

【解析】本题考查竣工验收阶段建设监理工作的主要任务。

2Z101072　建设工程监理的工作方法

核心考点一：监理的工作方法

工程监理人员认为工程施工不符合工程设计要求、施工技术标准和合同约定的，有权要求建筑施工企业改正。

工程监理人员发现工程设计不符合建筑工程质量标准或者合同约定的质量要求的，应当报告建设单位要求设计单位改正。

◆ **考法：施工阶段监理的主要任务**

【例题·2017年真题·单选题】工程监理人员实施监理过程中，发现工程设计不符合工程质量标准或合同约定的质量要求时，应当采取的措施是（   ）。

A. 要求施工单位报告设计单位改正　　　B. 报告建设单位要求设计单位改正

C. 直接与设计单位确认修改工程计划　　D. 要求施工单位改正并报告设计单位

【答案】B

【解析】监理人员发现工程设计不符合建筑工程质量标准或者合同约定的质量要求的，应当报告建设单位要求设计单位改正。

核心考点二：监理规划和监理实施细则

1. 监理规划

（1）监理规划应在签订委托监理合同及收到设计文件后开始编制，在召开第一次工地会议前报送建设单位。

（2）总监理工程师组织专业监理工程师参加编制，总监理工程师签字后由监理单位技术负责人审批。

（3）编制监理规划的依据：① 建设工程的相关法律、法规及项目审批文件；② 与建设工程项目有关的标准、设计文件和技术资料；③ 监理大纲、委托监理合同文件以及建

设项目相关的合同文件。

2. 监理实施细则

（1）采用新材料、新工艺、新技术、新设备的工程，以及专业性较强、危险性较大的分部分项工程，应编制监理实施细则。

（2）监理实施细则应在工程施工开始前由专业监理工程师编制，并报总监理工程师审批。

（3）监理实施细则编制依据：① 监理规划；② 相关标准、工程设计文件；③ 施工组织设计、专项施工方案。

◆ **考法 1：监理规划**

【例题 1·2017 年真题·单选题】根据《建设工程监理规范》GB/T 50319—2013，工程建设监理规划应当在（   ）前报送建设单位。

A. 签订委托监理合同　　　　　　B. 召开第一次工地会议

C. 签发工程开工令　　　　　　　D. 业主组织施工招标

【答案】B

【解析】监理规划应在签订委托监理合同及收到设计文件后开始编制，在召开第一次工地会议前报送建设单位。

【例题 2·2020 年真题·单选题】项目监理规划编制完成后，其审核批准者为（   ）。

A. 业主方驻工地代表　　　　　　B. 总监理工程师

C. 政府质量监督人员　　　　　　D. 监理单位技术负责人

【答案】D

【解析】监理规划由总监理工程师组织专业监理工程师参加编制，总监理工程师签字后由工程监理单位技术负责人审批。

◆ **考法 2：监理实施细则**

【例题·2021 年真题·多选题】根据《建设工程监理规范》GB/T 50319—2013，关于建立实施细则编制的说法，正确的有（   ）。

A. 危险性较大的分部分项工程应编制监理实施细则

B. 编制依据包括施工组织设计和专项施工方案等

C. 编制时间应在相应工程施工开始前

D. 所有的分部分项工程均应编制监理实施细则

E. 由专业监理工程师编制，并报总监理工程师审批

【答案】A、B、C、E

【解析】D 选项错误，采用新材料、新工艺、新技术、新设备的工程，以及专业性较强、危险性较大的分部分项工程，应编制监理实施细则。监理实施细则应在相应工程施工开始前由专业监理工程师编制，并报总监理工程师审批。监理实施细则编制依据：监理规划；相关标准、工程设计文件；施工组织设计、专项施工方案。

核心考点三：旁站监理

1. 施工企业根据监理企业制定的旁站监理方案，在需要实施旁站监理的关键部位、

关键工序进行施工前 24 小时，应当书面通知监理企业派驻工地的项目监理机构。项目监理机构应当安排旁站监理人员按照旁站监理方案实施旁站监理。

2. 旁站监理人员应当认真履行职责，对需要实施旁站监理的关键部位、关键工序在施工现场跟班监督，及时发现和处理旁站监理过程中出现的质量问题，如实准确地做好旁站监理记录。凡旁站监理人员和施工企业现场质检人员未在旁站监理记录上签字的，不得进行下一道工序施工。

3. 旁站监理人员实施旁站监理时，发现施工企业有违反工程建设强制性标准行为的，有权责令施工企业立即整改。发现其施工活动已经或者可能危及工程质量的，应当及时向监理工程师或者总监理工程师报告，由总监理工程师下达局部暂停施工指令或采取其他应急措施。

◆ **考法：书面通知项目监理的时限**

【例题 1·2021 年真题·多选题】关于旁站监理的说法，正确的有（　　）。

A. 旁站监理指项目监理机构对工程关键部位或关键工序的施工安全进行的监督活动

B. 施工单位在需要实施旁站监理的关键部位、关键工序进行施工前 24 小时，书面通知项目监理机构

C. 旁站监理人员的主要职责包括检查施工企业现场特殊工种人员的持证上岗情况

D. 旁站监理人员实施旁站监理时，发现施工企业有违反工程建设强制性标准的行为，有权下达局部暂停施工指令

E. 凡旁站监理人员和施工企业现场管理人员未在旁站监理记录上签字的，不得进行下一道工序施工

【答案】B、C

【解析】A 选项错误，旁站监理是指项目监理机构对工程的关键部位或关键工序的施工质量进行的监督活动。D 选项错误，旁站监理人员实施旁站监理时，发现施工企业有违反工程建设强制性标准行为的，有权责令施工企业立即整改。E 选项错误，凡旁站监理人员和施工企业现场质检人员未在旁站监理记录上签字的，不得进行下一道工序施工的，有权责令施工企业立即整改。

【例题 2·2019 年真题·单选题】根据《建设工程监理规范》GB/T 50319—2013，关于土方回填工程旁站监理的说法，正确的是（　　）。

A. 监理人员实施旁站监理的依据是监理规划

B. 旁站监理人员仅对施工过程跟班监督

C. 承包人应在施工前 24 小时书面通知监理方

D. 旁站监理人员到场未在监理记录上签字，不影响下一道工序

【答案】C

【解析】A 选项错误，正确表述为，监理人员实施旁站监理的依据是监理实施细则。B 选项错误，正确表述为，旁站监理人员对施工过程跟班监督，及时发现和处理出现的质量问题，并做好记录工作。D 选项错误，正确表述为，旁站监理人员到场未在监理记录上签字，不得进行下一道工序施工。

本章经典真题回顾

一、单项选择题（每题 1 分，每题的备选项中，只有 1 个符合题意）

1.【2021 年真题】关于建造师与施工项目经理的说法，正确的是（   ）。

A. 取得建造师注册证书的人员就是施工项目经理

B. 建造师是管理岗位，施工项目经理是技术岗位

C. 施工项目经理必须由取得建造师注册证书的人员担任

D. 建造师执业资格制度可以替代施工项目经理岗位责任制

【答案】C

【解析】A 选项错误，取得建造师注册证书的人员是否担任工程项目施工的项目经理，由企业自主决定。B 选项错误，建造师是一种专业人士的名称，而项目经理是一个工作岗位的名称。D 选项错误，在全面实施建造师执业资格制度后仍然要坚持落实项目经理岗位责任制。

2.【2021 年真题】根据《建设工程项目管理规范》GB/T 50326—2017，在项目实施之前，应由法定代表人或其授权人与项目经理协商制定的文件是（   ）。

A. 施工安全管理计划　　　　　　　B. 项目管理目标责任书

C. 项目管理实施规划　　　　　　　D. 工程质量责任承诺书

【答案】B

【解析】项目管理目标责任书由法定代表人或其授权人与项目经理协商制定。

3.【2020 年真题】关于建造师执业资格制度的说法，正确的是（   ）。

A. 取得建造师注册证书的人员即可担任项目经理

B. 实施建造师执业资格制度后可取消项目经理岗位责任制

C. 建造师是一个工作岗位的名称

D. 取得建造师执业资格的人员表示其知识和能力符合建造师执业的要求

【答案】D

【解析】选项 A 错误，取得建造师注册证书的人员是否担任工程项目施工的项目经理，由企业自主决定。选项 B 错误，在全面实施建造师执业资格制度后仍然要坚持落实项目经理岗位责任制。选项 C 错误，建造师是一种专业人士的名称，项目经理是一个工作岗位的名称。

4.【2020 年真题】根据《建设工程项目管理规范》GB/T 50326—2017，项目管理目标责任书应在项目实施之前，由企业的（   ）与项目经理协商制定。

A. 法定代表人　　　　　　　　　　B. 董事会

C. 技术负责人　　　　　　　　　　D. 股东大会

【答案】A

【解析】项目管理目标责任书由法定代表人或其授权人与项目经理协商制定。

5.【2019 年真题】针对建设工程项目中的深基础工程编制的施工组织设计属于（   ）。

A. 施工组织总设计   B. 单项工程施工组织设计

C. 单位工程施工组织设计   D. 分部工程组织设计

【答案】D

【解析】分部分项工程施工组织设计是针对某些特别重要的、技术复杂的，或采用新工艺、新技术施工分部分项工程，如深基础、无粘结预应力混凝土、特大构件吊装、大量土石方工程、定向爆破工程等为对象编制的。

6.【2019年真题】某建设工程项目在施工中发生了紧急性的安全事故，若短时间内无法与发包人代表和总监理工程师取得联系，则项目经理有权采取措施保证与工程有关的人身、财产安全，但应（   ）。

A. 立即向建设主管部门报告

B. 在48小时内向承包人的企业负责人提交书面报告

C. 在24小时内向发包人代表进行口头报告

D. 在48小时内向发包人代表代表提交书面报告

【答案】D

【解析】紧急情况下，无法与发包人代表和总监理工程师取得联系，项目经理为了确保安全，可以先停工，48小时内书面报告监理人或发包人。

7.【2019年真题】在建设工程项目施工前，承包人对难以控制的风险向保险公司投保，此行为属于风险应对措施中的（   ）。

A. 风险规避   B. 风险减轻

C. 风险转移   D. 风险保留

【答案】C

【解析】向保险公司投保是风险转移的一种措施。

8.【2018年真题】关于施工总承包管理方责任的说法，正确的是（   ）。

A. 承担施工任务并对其质量负责   B. 与分包方和供货方直接签订合同

C. 承担对分包方的组织和管理责任   D. 负责组织和指挥总承包单位的施工

【答案】C

【解析】A选项错误，施工总承包管理单位一般情况下不承担施工任务。B选项错误，施工总承包管理单位一般情况下不与分包方和供货方直接签订合同。C选项正确，D选项错误，施工总承包管理单位负责对所有分包单位的管理及协调。

9.【2018年真题】某施工企业采用矩阵组织结构模式，其横向工作部门可以是（   ）。

A. 合同管理部   B. 计划管理部

C. 财务管理部   D. 项目管理部

【答案】D

【解析】纵向工作部门可以是计划管理、技术管理、合同管理、财务管理和人事管理部门等，横向工作部分可以是项目部。

10.【2018年真题】下列建设工程项目目标动态控制的工作中，属于准备工作的是（   ）。

A. 收集项目目标的实际值   B. 对项目目标进行分解

C. 将项目目标的实际值和计划值相比较   D. 对产生的偏差采取纠偏措施

【答案】B

【解析】动态控制工作程序准备阶段目标分解、确定计划值。

11.【2018年真题】根据《建设工程项目管理规范》GB/T 50326—2017，建设工程实施前由施工企业法定代表人或其授权人与项目经理协商制定的文件是（   ）。

A. 施工组织设计   B. 施工总体规划

C. 工程承包合同   D. 项目管理目标责任书

【答案】D

【解析】项目管理目标责任书由施工企业法定代表人或其授权人与项目经理协商制定。

12.【2017年真题】甲企业为某工程项目的施工总承包方，乙企业为甲企业依法选定的分包方，丙企业为业主依法选定的专业分包方。则关于甲、乙、丙企业在施工及管理中的关系的说法，正确的是（   ）。

A. 甲企业只负责完成自己承担的施工任务

B. 丙企业只听从业主的指令

C. 丙企业只听从乙企业的指令

D. 甲企业负责组织和管理乙企业与丙企业的施工

【答案】D

【解析】业主指定的分包施工单位有可能与业主单独签订合同，也可能与施工总承包方签约，不论采取何种合同模式，施工总承包方应负责组织和管理指定分包单位的施工。

13.【2017年真题】某项目部根据项目特点制定了投资控制、进度控制、合同管理、付款和设计变更等工作流程，这些工作流程组织属于（   ）。

A. 物质流程组织   B. 管理工作流程组织

C. 信息处理工作流程组织   D. 施工工作流程组织

【答案】B

【解析】管理流程组织，如投资控制、进度控制、合同管理、付款和设计变更等流程。

14.【2017年真题】项目部对施工进度滞后问题，提出了落实管理人员责任、优化工作流程、改进施工方法、强化奖惩机制等措施，其中属于技术措施的是（   ）。

A. 落实管理人员责任   B. 优化工作流程

C. 改进施工方法   D. 强化奖惩机制

【答案】C

【解析】技术措施：如调整设计、改进施工方法和改变施工机具等。

15.【2017年真题】运用动态控制原理控制施工成本时，相对于实际施工成本，宜作为分析对比的成本计划值是（   ）。

A. 投标报价   B. 工程支付款

C. 施工成本规划值   D. 施工决算成本

【答案】C

【解析】相对于工程合同价而言，施工成本规划的成本值是实际值，而相对于实际施工成本，则施工成本规划的成本值是计划值。

16.【2017年真题】某施工企业与建设单位采用固定总价方式签订了写字楼项目的施工总承包合同，若合同履行过程中材料价格上涨导致成本增加，这属于施工风险中的（　　）风险。

A. 经济与管理　　　　　　　　　B. 组织

C. 技术　　　　　　　　　　　　D. 工程环境

【答案】A

【解析】经济与管理风险，如：（1）宏观和微观经济情况；（2）工程资金供应的条件；（3）合同风险；（4）现场与公用防火设施的可用性及其数量；（5）事故防范措施和计划；（6）人身安全控制计划；（7）信息安全控制计划等。

二、多项选择题（每题2分，每题的备选项中，有2个或2个以上符合题意，至少有1个错项。错选，本题不得分；少选，所选的每个选项得0.5分）

1.【2021年真题】关于旁站监理的说法，正确的有（　　）。

A. 旁站监理指项目监理机构对工程关键部位或关键工序的施工安全进行的监督活动

B. 施工单位在需要实施旁站监理的关键部位、关键工序进行施工前24小时，书面通知项目监理机构

C. 旁站监理人员的主要职责包括检查施工企业现场特殊工种人员的持证上岗情况

D. 旁站监理人员实施旁站监理时，发现施工企业有违反工程建设强制性标准的行为，有权下达局部暂停施工指令

E. 凡旁站监理人员和施工企业现场管理人员未在旁站监理记录上签字的，不得进行下一道工序施工

【答案】B、C

【解析】A选项错误，旁站监理是指项目监理机构对工程的关键部位或关键工序的施工质量进行的监督活动。D选项错误，旁站监理人员实施旁站监理时，发现施工企业有违反工程建设强制性标准行为的，有权责令施工企业立即整改。E选项错误，凡旁站监理人员和施工企业现场质检人员未在旁站监理记录上签字的，不得进行下一道工序施工的，有权责令施工企业立即整改。

2.【2021年真题】根据《建设工程监理规范》GB/T 50319—2013，关于监理实施细则编制的说法，正确的有（　　）。

A. 危险性较大的分部分项工程应编制监理实施细则

B. 编制依据包括施工组织设计和专项施工方案等

C. 编制时间应在相应工程施工开始前

D. 所有的分部分项工程均应编制监理实施细则

E. 由专业监理工程师编制，并报总监理工程师审批

【答案】A、B、C、E

【解析】D选项错误，采用新材料、新工艺、新技术、新设备的工程，以及专业性较

强、危险性较大的分部分项工程，应编制监理实施细则。监理实施细则应在相应工程施工开始前由专业监理工程师编制，并报总监理工程师审批。监理实施细则编制依据：监理规划；相关标准、工程设计文件；施工组织设计、专项施工方案。

3.【2020年真题】根据《建设工程项目管理规范》GB/T 50326—2017，项目管理目标责任书的内容宜包括（　　　）。

A. 项目管理实施目标

B. 项目合同文件

C. 项目管理机构应承担的风险

D. 项目管理规划大纲

E. 项目管理效果和目标实现的评价原则、内容和方法

【答案】A、C、E

【解析】项目管理目标责任书宜包括下列内容：（1）项目管理实施目标；（2）组织和项目管理机构职责、权限和利益的划分；（3）项目现场质量、安全、环保、文明、职业健康和社会责任目标；（4）项目设计、采购、施工、试运行管理的内容和要求；（5）项目所需资源的获取和核算办法；（6）法定代表人向项目管理机构负责人委托的相关事项；（7）项目管理机构负责人和项目管理机构应承担的风险；（8）项目应急事项和突发事件处理的原则和方法；（9）项目管理效果和目标实现的评价原则、内容和方法；（10）项目实施过程中相关责任和问题的认定和处理原则；（11）项目完成后对项目管理机构负责人的奖惩依据、标准和办法；（12）项目管理机构负责人解职和项目管理机构解体的条件及办法；（13）缺陷责任制、质量保修期及之后对项目管理机构负责人的相关要求。

4.【2019年真题】施工企业法定代表人与项目经理协商制定项目管理目标责任书的依据有（　　　）。

A. 项目合同文件

B. 组织经营方针

C. 项目管理实施规划

D. 项目实施条件

E. 组织管理制度

【答案】A、B、D、E

【解析】编制项目管理目标责任书应依据下列资料：（1）项目合同文件；（2）组织管理制度；（3）项目管理规划大纲；（4）组织经营方针和目标；（5）项目特点和实施条件与环境。

5.【2018年真题】建设工程施工组织总设计的编制依据有（　　　）。

A. 相关规范、法律

B. 合同文件

C. 施工企业资源配置情况

D. 建设地区基础资料

E. 工程施工图纸及标准图

【答案】A、B、D

【解析】施工组织总设计的编制依据主要包括：（1）计划文件；（2）设计文件；（3）合同文件；（4）建设地区基础资料；（5）有关的标准、规范和法律。

6.【2018年真题】关于建设工程项目结构分解的说法，正确的有（　　　）。

A. 项目结构分解应结合项目进展的总体部署

B. 项目结构分解应结合项目合同结构的特点

C. 每一个项目只能有一种项目结构分解方法

D. 项目结构分解应结合项目组织结构的特点

E. 单体项目也可进行项目结构分解

【答案】A、B、D、E

【解析】项目结构分解并没有统一的模式，但应参考以下原则：（1）考虑项目进展的总体部署；（2）考虑项目的组成；（3）有利于项目实施任务的发包和有利于项目实施任务的进行，并结合合同结构；（4）有利于项目目标的控制；（5）结合项目管理的组织结构等。

7.【2017年真题】下列施工组织设计的内容中，属于施工部署与施工方案内容的有（　　）。

A. 安排施工顺序　　　　　　　　　B. 编制资源需求计划

C. 计算主要技术经济指标　　　　　D. 比选施工方案

E. 编制施工准备工作计划

【答案】A、D

【解析】本题考查施工组织设计的内容。

8.【2017年真题】根据《建设工程项目管理规范》GB/T 50326—2006，施工企业项目经理的权限有（　　）。

A. 向外筹集项目建设资金　　　　　B. 参与组建项目经理部

C. 制订项目内部计酬办法　　　　　D. 主持项目经理部工作

E. 自主选择分包人

【答案】B、C、D

【解析】项目经理的权限：（1）参与招标、投标和合同签订；（2）参与组建项目经理部；（3）主持项目经理部工作；（4）授权范围内资金投入和使用；（5）制定内部计酬方法；（6）参与选择分包人；（7）参与选择物资供应单位；（8）授权范围内协调内、外部关系。

本章模拟强化练习

2Z101010　施工方的项目管理

1. 下列工作内容中，属于决策阶段任务的是（　　）。

A. 编制设计任务书　　　　　　　　B. 编制可行性研究报告

C. 施工图设计　　　　　　　　　　D. 技术设计

2. 项目管理的内涵为"自项目开始至项目完成，通过项目策划和项目控制，以使项目的费用、进度和质量目标得以实现"，下列选项中，关于项目管理的描述正确的是（　　）。

A. "自项目开始至项目完成"指的是项目的全寿命周期

B. "项目策划"指的是目标控制过程中的一系列筹划和准备工作

C. "费用目标"对业主而言是成本目标,对施工方而言是投资目标

D. 项目管理的核心任务是目标控制

3. 下列关于业主方项目管理的相关说法中,正确的是( )。

A. 业主方主要在施工阶段进行工作

B. 业主方的进度目标是指项目竣工验收的时间

C. 业主方是项目生产过程的总集成者、总组织者

D. 投资控制是业主方项目管理中最重要的任务

4. 下列关于施工总承包管理模式的说法中,正确的是( )。

A. 对业主早期投资控制有利

B. 可以提前开工,缩短建设周期,有利于进度控制

C. 此种模式下,质量控制主要依赖施工总承包管理单位,对业主方不利

D. 此种模式下,业主签订的合同数量少,对业主合同管理有利

5. 下列关于项目总承包方的项目管理的说法,正确的是( )。

A. 项目总承包方项目管理目标包括总承包方的成本、项目的进度和项目的质量三个目标

B. 项目总承包方项目管理的工作不涉及设计前准备阶段

C. 项目总承包方项目管理模式是通过组织集成化,实现项目的建设增值

D. 项目总承包方的项目管理只服务于总承包本身的利益

6. 下列关于建设工程参建各方管理的目标和任务的说法,正确的有( )。

A. 业主方的项目管理目标包括施工的成本、施工的进度、施工的质量目标

B. 业主方的进度目标指的是项目动用的时间目标,即项目交付使用的时间目标

C. 设计方的项目管理的目标包括设计的成本目标、设计的进度目标和设计的质量目标,以及项目的投资目标

D. 业主方作为项目建设的一个参与方,其项目管理主要服务于项目的整体利益和供货方本身的利益

E. 项目的组织与协调是项目总承包方管理任务之一

2Z101020 施工管理的组织

1. 下列关于组织论及系统的目标和组织的关系的说法,正确的是( )。

A. 系统的组织决定了系统的目标

B. 组织结构模式反映了一个组织系统中各子系统之间或各元素之间的指令关系

C. 组织结构模式和工作流程组织都是一种相对静态的组织关系

D. 组织分工可反映一个组织系统中各项工作之间的逻辑关系,是一种动态关系

2. 下列关于组织工具的说法,正确的是( )。

A. 项目结构图反映一个组织系统中各组成部分之间的组织关系(指令关系)

B. 在组织结构图中，矩形框表示工作部门，上级工作部门对其直接下属工作部门的指令关系用单向箭线表示

C. 合同结构图中矩形框内表达的信息是一个项目的组成部分

D. 项目结构图中矩形框之间的连线为双向箭线

3. 下列关于项目管理工作任务分工表特点的说法，正确的是（　　　）。

A. 编制任务分工表程序为：项目管理任务分解——明确主管人员工作任务——编表

B. 每一个任务只能有一个主办部门

C. 每一个任务只能有一个协办部门和一个配合部门

D. 项目运营部应在项目竣工后介入工作

4. 下列关于管理职能分工表，"执行"环节的描述中，正确的是（　　　）。

A. 从备选方案中确定一个方案安排执行　　B. 制定多项备选方案

C. 落实已选定方案　　　　　　　　　　　D. 检查方案是否被执行

5. 下列关于组织结构图的说法，正确的是（　　　）。

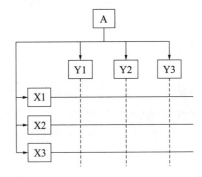

A. 此图为线性组织结构图

B. 此组织结构模式只有一个指令源

C. 此组织结构模式出现矛盾指令时需由最高管理者裁决

D. 此组织结构模式适用于大型管理系统

6. 下列关于项目管理组织结构模式的说法，正确的有（　　　）。

A. 职能组织结构中每一个工作部门可能会收到多个指令源

B. 矩阵组织结构中的横向和纵向指令无法区分主次

C. 特大型线性组织结构模式的缺点是指令路径过长

D. 线性组织结构中可以跨部门下达指令

E. 职能组织结构适用于大型组织系统

7. 工作流程组织可以反映各项工作之间的逻辑关系，下列属于物质流程组织的有（　　　）。

A. 合同管理流程

B. 与生成月度进度报告有关的数据处理流程

C. 钢结构深化设计工作流程

D. 投资控制流程

E. 弱电工程物资采购工作流程

2Z101030 施工组织设计的内容和编制方法

1. 施工组织设计的基本内容包括工程概况、施工部署及施工方案、施工进度计划、施工平面图和主要经济指标，下列关于施工组织设计的说法，正确的是（   ）。

A. 施工进度计划反映了最佳施工方案在空间上的安排

B. 施工部署及施工方案内容为安排施工顺序、确定施工方案

C. 施工平面图反映了施工进度计划及施工方案在时间上的全面安排

D. 施工平面图需确定资源需求计划、施工准备计划

2. 针对建设工程项目中的定向爆破工程编制的施工组织设计属于（   ）。

A. 专项工程组织设计　　　　　　　B. 单项工程施工组织设计

C. 单位工程施工组织设计　　　　　D. 分部工程组织设计

3. 编制施工组织总设计时，编制施工总进度计划的紧前工作是（   ）。

A. 拟定施工方案　　　　　　　　　B. 编制施工总进度计划

C. 施工总平面图设计　　　　　　　D. 编制施工准备工作计划

4. 施工组织总设计的编制程序中有以下几项工作：① 拟订施工方案；② 编制资源需求量计划；③ 编制施工总进度计划；④ 确定施工的总体部署；⑤ 收集和熟悉编制施工组织总设计所需的有关资料和图纸。其正确的排列顺序为（   ）。

A. ①⑤③②④　　　　　　　　　　B. ⑤④①③②

C. ①②③⑤④　　　　　　　　　　D. ⑤④①②③

5. 下列选项中，属于分部分项工程施工组织设计内容的有（   ）。

A. 施工部署及其核心工程的施工方案　B. 主要技术经济指标

C. 全场性施工总平面图　　　　　　D. 各项资源需求量计划

E. 作业区施工平面布置图

2Z101040 建设工程项目目标的动态控制

1. 在项目实施过程中项目目标的动态控制首先应（   ）。

A. 分解目标　　　　　　　　　　　B. 确定计划值

C. 收集实际值　　　　　　　　　　D. 采取纠偏措施

2. 项目目标动态控制工作包括：① 确定目标控制的计划值；② 分解项目目标；③ 收集项目目标的实际值；④ 定期比较计划值和实际值；⑤ 纠正偏差。正确的工作流程是（   ）。

A. ①→③→②→⑤→④　　　　　　B. ②→①→③→④→⑤

C. ③→②→①→④→⑤　　　　　　D. ①→②→③→④→⑤

3. 施工成本动态控制过程中，在施工准备阶段，相对于工程合同价而言，施工成本实际值可以是（   ）。

A. 施工成本规划的成本值　　　　　B. 投标价中的相应成本款项

C. 工程决算款项　　　　　　　　　D. 投资预算中相对应的款项

4. 下列项目目标动态控制措施中，属于组织措施的有（   ）。

A. 调整项目管理班子人员

B. 编制资金使用计划和编制资源使用计划

C. 优化组织结构

D. 改进施工工艺

E. 强化合同管理

5. 关于项目目标动态控制的纠偏措施，下列选项中，属于技术措施的有（　　）。

A. 调整项目组织结构　　　　　　B. 改变施工管理和强化合同管理

C. 落实加快工程施工进度所需的资金　　D. 改变施工机具

E. 改进施工方法

6. 运用动态控制原理控制施工成本时，需要将施工成本的计划值和实际值进行比较，包括（　　）。

A. 工程合同价与投标价中的相应成本项的比较

B. 投标价与实际施工成本中的相应成本项的比较

C. 施工成本规划与实际施工成本中的相应成本项的比较

D. 实际施工成本与工程款支付中的相应成本项的比较

E. 工程合同价与工程款支付中的相应成本项的比较

2Z101050　施工项目经理的任务和责任

1. 下列关于施工项目经理的内涵的说法，正确的是（　　）。

A. 大、中型工程项目施工的项目经理建议由取得建造师注册证书的人员担任

B. 取得建造师注册证书的人员是否担任工程项目施工的项目经理，由企业自主决定

C. 实施建造师执业资格制度后需取消项目经理岗位责任制

D. 建筑施工企业项目经理是建筑施工企业法定代表人

2. 下列关于《建设工程施工合同（示范文本）》GF—2017—0201 中涉及项目经理的时间的表述，错误的是（　　）。

A. 紧急情况下，为确保施工安全和人员安全，在无法与发包人代表和总监理工程师及时取得联系时，项目经理有权采取必要措施保证与工程有关的人身、财产和工程的安全，但应在 48 小时内向发包人和总监理工程师提交书面报告

B. 承包人需要更换项目经理的，应提前 14 天书面通知发包人和监理人，并征得发包人的书面同意

C. 发包人有权书面通知承包人更换其认为不称职的项目经理，通知中应当载明要求更换的理由。承包人应在接到更换通知后 14 天内向发包人提出书面的改进报告

D. 发包人收到改进报告后仍要求更换的，承包人应在接到第二次更换通知的 14 天内进行更换，并将新任命的项目经理的注册执业资格、管理经验等资料书面通知发包人

3. 下列选项中，属于项目管理目标责任书编制依据的有（　　）。

A. 项目合同文件　　　　　　　　B. 项目管理规划大纲

C. 组织的经营方针和目标　　　　　　D. 专项施工方案

E. 组织管理制度

4. 项目经理应是承包人正式聘用的员工，承包人应向发包人提交（　　）。

A. 项目经理的资质证明

B. 项目经理与承包人之间的劳动合同

C. 项目经理的资学历证明

D. 项目经理的个人信息

E. 承包人为项目经理缴纳社会保险的有效证明

5. 根据《建设工程项目管理规范》GB/T 50326—2017 规定，项目管理机构负责人的权限包括（　　）。

A. 参与组织对项目各阶段的重大决策

B. 参与工程竣工验收

C. 制定项目管理机构管理制度

D. 进行授权范围内的任务分解和利益分配

E. 主持项目管理机构工作

2Z101060　施工风险管理

1. 在事件风险量的区域图中，若某事件经过风险评估，处于风险区 A，则应采取措施降低其发生的概率，可使它移位至（　　）。

A. 风险区 B　　　　　　　　　　　　B. 风险区 C

C. 风险区 D　　　　　　　　　　　　D. 风险区 E

2. 建设工程施工风险管理的工作包括：风险识别、风险评估、风险应对、风险监控。下列选项中，属于风险应对的是（　　）。

A. 确定风险量和风险等级　　　　　　B. 确定风险因素

C. 监控并预警风险　　　　　　　　　D. 向保险公司投保

3. 下列建设工程施工风险的因素中，属于经济与管理风险因素的有（　　）。

A. 工程施工方案

B. 现场与公用防火设施的可用性及其数量

C. 信息安全控制计划

D. 引起火灾和爆炸的因素

E. 承包商管理人员和一般技工的知识、经验和能力

4. 下列关于施工风险管理的任务和方法的说法，正确的有（　　）。

A. 收集与施工风险有关的信息、确定风险因素等工作属于风险评估的内容

B. 风险识别包括以下工作：根据各种风险发生的概率和损失量，确定各种风险的风险量和风险等级

C. 常用的风险对策包括风险规避、减轻、自留、转移及其组合等策略

D. 对难以控制的风险向保险公司投保是风险减轻的一种措施

E. 风险监控指的是在施工进展过程中应收集和分析与风险相关的各种信息，预测可能发生的风险，对其进行监控并提出预警

2Z101070 建设工程监理的工作任务和工作方法

1. 工程监理单位应当选派具备相应资格的总监理工程师和监理工程师进驻施工现场，下列选项中属于总监理工程师权限的是（　　）。

A. 未经总监理工程师签字建筑材料、建筑构配件不得在工程上使用

B. 未经总监理工程师签字建设单位不进行竣工验收

C. 未经总监理工程师签字施工单位不得进行下一道工序的施工

D. 未经总监理工程师签字建筑设备不得安装

2. 关于建设监理规划和监理实施细则，下列说法正确的是（　　）。

A. 工程建设监理规划应在签订委托监理合同及收到设计文件前开始编制

B. 工程建设监理规划应由专业监理工程师编制，总监理工程师批准

C. 任何工程均应编制建设监理规划和监理实施细则

D. 工程建设监理实施细则应在工程施工开始前编制完成

3. 根据《中华人民共和国建筑法》，工程监理人发现工程设计不符合建筑工程质量标准或者合同约定的质量要求的，应当（　　）。

A. 报告总监理工程师　　　　　　　　B. 报告建设单位要求设计单位改正

C. 通知施工单位　　　　　　　　　　D. 报告审图机构和建设行政主管部门

4. 根据《建设工程安全管理条例》，下列关于监理工作任务的说法，正确的是（　　）。

A. 工程监理单位在实施监理过程中，发现存在安全事故隐患的，工程监理单位应当及时向有关主管部门报告

B. 工程监理单位在实施监理过程中，发现存在安全事故隐患的，应当要求施工单位整改

C. 工程监理单位在实施监理过程中，发现安全事故情况严重的，应当要求施工单位整改

D. 工程监理单位在实施监理过程中，施工单位拒不整改的，应当要求施工单位暂时停止施工，并及时报告建设单位

5. 下列关于工程监理的工作的说法，错误的是（　　）。

A. 监理工程师应按照工程监理规范的要求采取旁站、巡视、平行检验形式实施监理工作

B. 工程监理单位应审查施工组织设计中的安全技术措施是否符合工程建设强制性标准

C. 施工企业在需要实施旁站监理的关键部位、关键工序进行施工前 3 天，书面通知监理机构

D. 对于使用新材料，新工艺、新技术、新设备的工程以及专业性较强，危险性较大的分部分项工程，应编制工程建设监理实施细则

6. 下列选项中，属于施工准备阶段监理的主要工作任务的有（　　　）。

A. 审查施工单位选择的分包单位的资质

B. 参与设计单位向施工单位的设计交底

C. 在单位工程开工前检查施工单位的复测资料

D. 监督施工单位对混凝土试件按规定进行检查和抽查

E. 组织工程预验收

7. 采用新材料、新工艺、新技术、新设备的工程，以及专业性较强、危险性较大的分部分项工程，应编制监理实施细则。监理实施细则主要内容包括（　　　）。

A. 项目监理机构的组织形式　　　　　　B. 监理工作流程

C. 监理工作要点　　　　　　　　　　　D. 专业工程特点

E. 监理工作方法及措施

★★模拟强化练习答案及解析★★

2Z101010　施工方的项目管理

1.【答案】B

【解析】A 选项属于设计准备阶段，C、D 选项属于设计阶段。

2.【答案】D

【解析】A 选项错误，"自项目开始至项目完成"指的是项目的实施阶段。B 选项错误，"项目策划"指的是目标控制前的一系列筹划和准备工作。C 选项错误，"费用目标"对业主而言是投资目标，对施工方而言是成本目标。

3.【答案】C

【解析】A 选项错误，业主方的工作涉及实施阶段的全过程。B 选项错误，业主方的进度目标是指项目动用或项目使用时间。D 选项目错误，安全管理是业主方项目管理中最重要的任务。

4.【答案】B

【解析】A 选项错误，对业主早期投资控制不利。C 选项错误，施工总承包管理模式，质量控制符合他人控制原则，对业主方有利。D 选项错误，施工总承包管理模式，业主签订的合同数量多，对业主合同管理不利。

5.【答案】C

【解析】A 选项错误，项目总承包方项目管理的目标包括总承包方的成本、项目的进度和项目的质量和项目总投资 4 个目标。B 选项错误，项目总承包方项目管理工作设计实施阶段全过程（设计准备阶段、设计阶段、施工阶段、动用前准备阶段、保修阶段）。D 选项错误，项目总承包方的项目管理服务于总承包本身的利益和项目整体利益。

6.【答案】B、C

【解析】A 选项错误，业主方项目管理服务于业主的利益，其项目管理的目标包括项目的投资目标、进度目标和质量目标。D选项错误，业主方项目管理服务于业主的利益。E选项错误，项目总承包方项目管理的任务包括：（1）项目风险管理；（2）项目进度管理；（3）项目质量管理；（4）项目费用管理；（5）项目安全、职业健康与环境管理；（6）项目资源管理；（7）项目沟通与信息管理；（8）项目合同管理等。

2Z101020　施工管理的组织

1.【答案】B

【解析】A选项错误，系统的目标决定了系统的组织，而组织是目标能否实现的决定性因素。C选项错误，组织结构模式和组织分工都是一种相对静态的组织关系。D选项错误，工作流程组织则可反映一个组织系统中各项工作之间的逻辑关系，是一种动态关系。

2.【答案】B

【解析】A选项错误，项目结构图可以对一个项目的结构进行逐层分解，以反映组成该项目的所有工作任务（该项目的组成部分）。C选项错误，合同结构图中矩形框内表达的信息是一个建设项目的参与单位。D选项错误，项目结构图中矩形框之间的连线为直线。

3.【答案】A

【解析】B选项错误，每一个任务至少有一个主办部门，但可能不止一个。C选项错误，协办部门和配合部门的数量无固定数。D选项错误，物业开发部和运营部门参与整个项目的实施过程，而不是在过程竣工前才介入工作。

4.【答案】C

【解析】选项A是对决策环节的描述，选项B是对筹划环节的描述，选项D是对检查环节的描述。

5.【答案】D

【解析】此图为矩阵组织结构图；两个指令源，适用于大型系统。两个指令均为虚线时，最高管理者裁决两个指令一虚一实时，以实线为准。

6.【答案】A、C

【解析】B选项错误，正确说法是，为避免纵向和横向工作部门指令矛盾对工作的影响，可以采用以纵向工作部门指令为主或以横向工作部门指令为主的矩阵组织结构模式，减轻该组织系统的最高指挥者（部门）的协调工作量。D选项错误，正确的说法是，线性组织机构中不允许跨部门下达指令。E选项错误，正确的说法是，矩阵组织结构适用于大型组织系统。

7.【答案】C、E

【解析】A、D选项属于管理工作流程组织；B选项属于信息处理工作流程组织。

2Z101030　施工组织设计的内容和编制方法

1.【答案】B

【解析】A选项错误，施工进度计划反映了最佳施工方案在时间上的安排。C选项错误，施工平面图反映了施工进度计划及施工方案在空间上的全面安排。D选项错误，资源需求计划、施工准备计划属于施工进度计划的内容。

2.【答案】D

【解析】分部（分项）工程施工组织设计［也称为分部（分项）工程作业设计，或称分部（分项）工程施工设计］是针对某些特别重要的、技术复杂的，或采用新工艺、新技术施工的分部（分项）工程，如深基础、无粘结预应力混凝土、特大构件的吊装、大量土石方工程、定向爆破工程等为对象编制的，其内容具体、详细，可操作性强，是直接指导分部（分项）工程施工的依据。

3.【答案】A

【解析】施工组织总设计的编制通常采用如下程序：（1）收集和熟悉编制施工组织总设计所需的有关资料和图纸，进行项目特点和施工条件的调查研究；（2）计算主要工种工程的工程量；（3）确定施工的总体部署；（4）拟订施工方案；（5）编制施工总进度计划；（6）编制资源需求量计划；（7）编制施工准备工作计划；（8）施工总平面图设计；（9）计算主要技术经济指标。

4.【答案】B

【解析】施工组织总设计的编制通常采用如下程序：（1）收集和熟悉编制施工组织总设计所需的有关资料和图纸，进行项目特点和施工条件的调查研究；（2）计算主要工种工程的工程量；（3）确定施工的总体部署；（4）拟订施工方案；（5）编制施工总进度计划；（6）编制资源需求量计划；（7）编制施工准备工作计划；（8）施工总平面图设计；（9）计算主要技术经济指标。

5.【答案】D、E

【解析】A、C选项属于施工组织总设计，B选项属于施工组织总设计或单位工程施工组织设计。

2Z101040　建设工程项目目标的动态控制

1.【答案】C

【解析】项目目标动态控制的工作程序：（1）准备阶段：目标分解，确定计划值；（2）实施过程：收集实际值、比较、纠偏；（3）目标调整。

2.【答案】B

【解析】项目目标动态控制的工作程序：（1）准备阶段：目标分解，确定计划值；（2）实施过程：收集实际值、比较、纠偏；（3）目标调整。

3.【答案】A

【解析】相对于工程合同价而言，施工成本规划的成本值是实际值，而相对于实际施工成本，施工成本规划的成本值是计划值。

4.【答案】A、C

【解析】B选项属于经济措施，D选项属于技术措施，E选项属于管理措施。

5.【答案】D、E

【解析】A选项属于组织措施，B选项属于管理措施，C选项属于经济措施。

6. 【答案】A、C、E

【解析】施工成本的计划值和实际值的比较包括：（1）工程合同价与投标价中的相应成本项的比较；（2）工程合同价与施工成本规划中的相应成本项的比较；（3）施工成本规划与实际施工成本中的相应成本项的比较；（4）工程合同价与实际施工成本中的相应成本项的比较；（5）工程合同价与工程款支付中的相应成本项的比较等。

2Z101050　施工项目经理的任务和责任

1. 【答案】B

【解析】A选项错误，大、中型工程项目施工的项目经理必须由取得建造师注册证书的人员担任。C选项错误，在全面实施建造师执业资格制度后仍然要坚持落实项目经理岗位责任制。项目经理岗位是保证工程项目建设质量、安全、工期的重要岗位。D选项错误，建筑施工企业项目经理，是指受企业法定代表人委托对工程项目施工过程全面负责的项目管理者，是建筑施工企业法定代表人在工程项目上的代表人。

2. 【答案】D

【解析】发包人收到改进报告后仍要求更换的，承包人应在接到第二次更换通知的28天内进行更换，并将新任命的项目经理的注册执业资格、管理经验等资料书面通知发包人。

3. 【答案】A、B、C、E

【解析】编写项目管理目标责任书的依据：（1）项目合同文件；（2）组织管理制度；（3）项目管理规划大纲；（4）组织的经营方针和目标；（5）项目特点和实施条件与环境。

4. 【答案】B、E

【解析】项目经理应是承包人正式聘用的员工，承包人应向发包人提交项目经理与承包人之间的劳动合同，以及承包人为项目经理缴纳社会保险的有效证明。

5. 【答案】A、C、E

【解析】B、D选项属于项目经理的职责。

2Z101060　施工风险管理

1. 【答案】A

【解析】

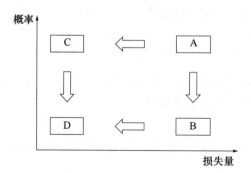

2. 【答案】D

【解析】

风险识别	1. 收集信息；2. 确定因素；3. 编制报告
风险评估	1. 分析概率；2. 分析损失量；3. 确定风险量和风险等级
风险应对	规避、减轻、自留、转移及其组合等策略，投保是转移的一种
风险监控	预测风险，监控并预警

3. 【答案】B、C

【解析】A选项为技术风险，D选项为环境风险，E选项为组织风险。

4. 【答案】C、E

【解析】A、B选项错误，风险识别的工作程序包括：收集与施工风险有关的信息、确定风险因素、编制施工风险识别报告。风险评估需根据各种风险发生的概率和损失量，确定各种风险的风险量和风险等级。D选项错误，常用的风险对策包括风险规避、减轻、自留、转移及其组合等策略。对难以控制的风险向保险公司投保是风险转移的一种措施。

2Z101070　建设工程监理的工作任务和工作方法

1. 【答案】B

【解析】未经监理工程师签字——材料和设备不得使用或者安装，不得进行下一道工序；未经总监理工程师签字——建设单位不拨付工程款，不进行竣工验收。

2. 【答案】D

【解析】A、B选项错误，监理规划应在签订委托监理合同及收到设计文件后开始编制，完成后必须经监理单位技术负责人审核批准，并应在召开第一次工地会议前报送业主；应由总监理工程师主持，专业监理工程师参加编制。C选项错误，采用新材料、新工艺、新技术、新设备的工程，以及专业性较强、危险性较大的分部分项工程，应编制监理实施细则。

3. 【答案】B

【解析】工程监理人员认为工程施工不符合工程设计要求、施工技术标准和合同约定的，有权要求建筑施工企业改正。工程监理人员发现工程设计不符合建筑工程质量标准或者合同约定的质量要求的，应当报告建设单位要求设计单位改正。

4. 【答案】B

【解析】A选项错误，监理单位在实施监理过程中，发现存在安全事故隐患的，应当要求施工单位整改。C选项错误，工程监理单位在实施监理过程中，发现安全事故情况严重的，应当要求施工单位暂时停止施工，并及时报告建设单位。D选项错误，工程监理单位在实施监理过程中，施工单位拒不整改或者不停止施工的，工程监理单位应当及时向有关主管部门报告。

5. 【答案】C

【解析】C选项错误，关键部位、工序施工前24小时书面通知监理机构旁站监理。

6.【答案】A、B、C

【解析】D选项属于施工阶段监理的工作，E选项属于竣工验收阶段监理的工作。

7.【答案】B、C、D、E

【解析】监理实施细则主要内容：（1）专业工程特点；（2）监理工作流程；（3）监理工作要点；（4）监理工作方法及措施。

2Z102000　施工成本管理

微信扫一扫
查看更多考点视频

本章考情分析

近3年核心考点及分值分布　　　　表 2Z102000

2Z102000	本章条目		2020 年		2021 年		2022 年	
			单选	多选	单选	多选	单选	多选
2Z102010	2Z102011	建筑安装工程费用项目组成	1	2			1	2
	2Z102012	建筑安装工程费用计算			2		1	
	2Z102013	增值税计算	1					
2Z102020	2Z102021	建设工程定额的分类			2		1	2
	2Z102022	人工定额的编制	1		1	2	1	
	2Z102023	材料消耗定额的编制	1					
	2Z102024	施工机械台班使用定额的编制		2				
2Z102030	2Z102031	工程量清单计价的方法	1		1	2	1	
	2Z102032	投标报价的编制方法	1				1	
	2Z102033	合同价款的约定			1			
2Z102040	2Z102041	工程计量						
	2Z102042	合同价款调整		2	2			
	2Z102043	工程变更价款的确定					1	
	2Z102044	索赔与现场签证			1	2		2
	2Z102045	预付款及期中支付	1		1			
	2Z102046	竣工结算与支付						
	2Z102047	质量保证金的处理	1					
	2Z102048	合同解除的价款结算与支付						

2Z102000	本章条目	2020年		2021年		2022年	
		单选	多选	单选	多选	单选	多选
2Z102050	2Z102051 施工成本管理的任务和程序	1		1	2	1	2
	2Z102052 施工成本管理的措施	1	2	1		1	
2Z102060	2Z102061 施工成本计划的类型	1					
	2Z102062 施工成本计划的编制依据和程序						
	2Z102063 施工成本计划的编制方法			1		1	
	2Z102064 施工成本控制的依据和程序	1					
	2Z102065 施工成本控制的方法			1		1	
2Z102070	2Z102071 施工成本核算的原则、依据、范围和程序	1					
	2Z102072 施工成本核算的方法						
	2Z102073 施工成本分析的依据、内容和步骤				1		
	2Z102074 施工成本分析的方法	1		1		1	
	2Z102075 施工成本考核的依据和方法						
合　计		14	8	17	8	12	8
		22		25		20	

本章核心考点分析

2Z102010 建筑安装工程费用项目的组成与计算

核心考点提纲

2Z102010 建筑安装工程费用项目的组成与计算
- 2Z102011 建筑安装工程费用项目组成
- 2Z102012 建筑安装工程费用计算
- 2Z102013 增值税的计算

核 心 考 点 剖 析

2Z102011　建筑安装工程费用项目组成

核心考点一：按费用构成要素划分的建筑安装工程费用项目组成

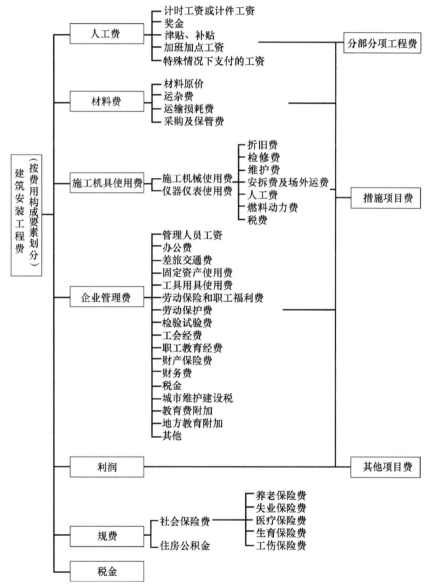

图 2Z102011-1　按费用构成要素划分的建筑安装工程费用项目组成

1．人工费

（1）计时工资或计件工资

计时工资或计件工资是指按计时工资标准和工作时间或对已做工作按计件单价支付给个人的劳动报酬。

（2）奖金

奖金是指对超额劳动和增收节支支付给个人的劳动报酬。如节约奖、劳动竞赛奖等。

（3）津贴补贴

津贴补贴是指为了补偿职工特殊或额外的劳动消耗和因其他特殊原因支付给个人的津贴，以及为了保证职工工资水平不受物价影响支付给个人的物价补贴。如流动施工津贴、特殊地区施工津贴、高温（寒）作业临时津贴、高空津贴等。

（4）特殊情况下支付的工资

特殊情况下支付的工资是指根据国家法律、法规和政策规定，因病、工伤、产假、计划生育假、婚丧假、事假、探亲假、定期休假、停工学习、执行国家或社会义务等原因按计时工资标准或计时工资标准的一定比例支付的工资。

2. 材料费：材料原价、运杂费、运输损耗费、采购及保管费。

3. 施工机具使用费

施工机具使用费是指施工作业所发生的施工机械、仪器仪表使用费或其租赁费。

施工机械使用费以施工机械台班耗用量乘以施工机械台班单价表示，施工机械台班单价应由下列七项费用组成：

（1）折旧费。

（2）检修费。

（3）维护费。

（4）安拆费及场外运费：安拆费是指施工机械（大型机械除外）在现场施工所需费用。场外运费指自停放地点运至施工现场的运输、装卸、辅助材料及架线等费用。

（5）人工费：是指机上司机（司炉）和其他操作人员的人工费。

（6）燃料动力费。

（7）税费：施工机械按照国家规定应缴纳的车船使用税、保险费及年检费等。

4. 企业管理费

企业管理费是指建筑安装企业组织施工生产和经营管理所需的费用。包括：管理人员工资、办公费、差旅交通费、固定资产使用费、工具用具使用费、劳动保险和职工福利费、劳动保护费、检验试验费、工会经费、职工教育经费、财产保险费、财务费、税金、城市维护建设税、教育费附件、地方教育附件等。

（1）检验试验费是指对建筑以及材料、构件和建筑安装物进行一般鉴定、检查所发生的费用，包括自设试验室试验所耗用的材料等费用。不包括新结构、新材料的试验费，对构件做破坏性试验及其他特殊要求检验试验的费用和建设单位委托检测机构检测的费用。

（2）财务费是指企业为施工生产筹集资金或提供预付款担保、履约担保、职工工资支付担保等所发生的各种费用。

◆ 考法1：人工费的组成

【例题·2018年真题·单选题】根据《建筑安装工程费用项目组成》，对超额劳动和增收节支而支付给个人的劳动报酬，应计入建筑安装工程费用人工费项目中的（　　）。

A. 奖金   B. 计时工资或计件工资

C. 津贴补贴   D. 特殊情况下支付的工资

【答案】A

【解析】奖金指对超额劳动和增收节支而支付给个人的劳动报酬,如节约奖、劳动竞赛奖等。

◆ **考法 2:材料费的组成**

【例题·2019 年真题·多选题】下列与材料有关的费用中,应计入建筑安装工程材料费的有( )。

A. 运杂费   B. 运输损耗费

C. 检验试验费   D. 采购费

E. 工地保管费

【答案】A、B、D、E

【解析】材料费是指施工过程中耗费的原材料、辅助材料、构配件、零件、半成品或成品、工程设备的费用。内容包括:(1)材料原价;(2)运杂费;(3)运输损耗费;(4)采购及保管费。

◆ **考法 3:施工机具使用费的组成**

【例题·2020 年真题·多选题】下列施工费用中,属于施工机具使用费的有( )。

A. 塔吊进入施工现场的费用   B. 挖掘机施工作业消耗的燃料费用

C. 通勤车辆的过路过桥费   D. 压路机司机的工资

E. 土方运输汽车的年检费

【答案】B、D、E

【解析】包括:(1)折旧费。(2)检修费。(3)维护费。(4)安拆费及场外运费:安拆费指施工机械(大型机械除外)在现场进行安装与拆卸所需的人工、材料、机械和试运转费用以及机械辅助设施的折旧、搭设、拆除等费用;场外运费指施工机械整体或分体自停放地点运至施工现场或由一施工地点运至另一施工地点的运输、装卸、辅助材料及架线等费用。(5)人工费:是指机上司机(司炉)和其他操作人员的人工费。(6)燃料动力费:是指施工机械在运转作业中所消耗的各种燃料及水、电等。(7)税费:是指施工机械按照国家规定应缴纳的车船使用税、保险费及年检费等。

◆ **考法 4:企业管理费的组成**

【例题·2020 年真题·单选题】企业为施工生产提供履约担保所发生的费用应计入建筑安装工程费用中的( )。

A. 规费   B. 税金

C. 企业管理费   D. 财产保险费

【答案】C

【解析】企业管理费中包含的财务费是指企业为施工生产筹集资金或提供预付款担保、履约担保、职工工资支付担保等所发生的各种费用。

核心考点二：按造价形成划分的建筑安装工程费用项目组成

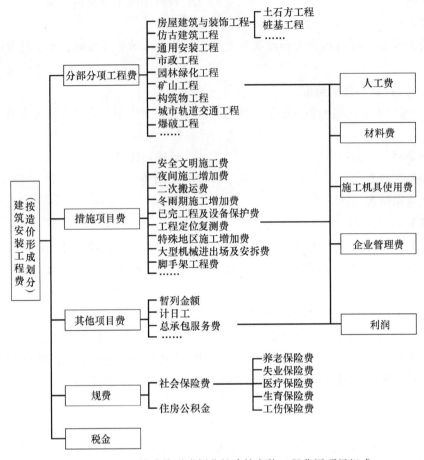

图 2Z102011-2　按造价形成划分的建筑安装工程费用项目组成

1. 措施项目费

（1）安全文明施工费：包括环境保护费、文明施工费、安全施工费、临时设施费、建筑工人实名制管理费。

（2）夜间施工增加费

（3）二次搬运费

（4）冬雨期施工增加费

（5）已完工程及设备保护费

（6）工程定位复测费

（7）特殊地区施工增加费

（8）大型机械设备进出场及安拆费

（9）脚手架工程费等。

2. 其他项目费

（1）暂列金额：用于施工合同签订时尚未确定或者不可预见的所需材料、工程设备、服务的采购，施工中可能发生的工程变更、合同约定调整因素出现时的工程价款调整以及发生的索赔、现场签证确认等的费用。

（2）暂估价：用于施工中必然发生但暂时不能确定价格的费用材料采购、工程变更、价款调整、索赔及现场签证等的费用。

（3）计日工：施工企业完成建设单位提出的施工图纸以外的零星项目或工作所需的费用，按签证计价。

（4）总承包服务费：总承包人为配合、协调建设单位进行服务所需的费用。

◆ **考法1：措施项目费的组成**

【例题·2021年真题·单选题】按造价形成划分，脚手架工程费属于建筑安装工程费用构成中的（　　）。

A. 规费
B. 其他项目费
C. 措施项目费
D. 分部分项工程费

【答案】C

【解析】措施项目费内容包括：安全文明施工费、夜间施工增加费、二次搬运费、冬雨期施工增加费、已完工程及设备保护费、工程定位复测费、特殊地区施工增加费、大型机械设备进出场及安拆费、脚手架工程费。

◆ **考法2：其他项目费的组成**

【例题·2015年真题·多选题】根据《建设工程工程量清单计价规范》GB 50500—2013，工程量清单中的其他项目清单包括的内容有（　　）。

A. 总承包服务费
B. 计日工
C. 暂估价
D. 暂列金额
E. 安全文明施工费

【答案】A、B、C、D

【解析】本题主要考查的是工程量项目清单的包含内容。工程量清单包含分部分项工程费、措施项目费、其他项目费、规费和税金。其中，其他项目费又包含暂列金额、暂估价、计日工以及总承包服务费。

◆ **考法3：暂列金额的概念**

【例题·2019年真题·单选题】根据《建设工程工程量清单计价规范》GB 50500—2013，关于暂列金额的说法，正确的是（　　）。

A. 由承包单位依据项目情况，按计价规定估算
B. 由建设单位掌握使用，若有余额，则归建设单位
C. 在施工工程中，由承包单位使用，监理单位监管
D. 由建设单位估算金额，承包单位负责使用，余额双方协商

【答案】B

【解析】暂列金额用于施工合同签订时尚未确定或者不可预见的所需材料、工程设备、服务的采购，施工中可能发生的变更、合同约定调整因素出现时的价款调整以及发生的索赔、现场签证确认等的费用。施工过程中由建设单位掌握使用、扣除合同价款调整后如有余额，归建设单位。

2Z102012　建筑安装工程费用计算

核心考点：建筑安装工程费的计算

1. 综合单价

综合单价包括人工费、材料费、施工机具使用费、企业管理费和利润以及一定范围的风险费用。

2. 材料费＝Σ（材料消耗量×材料单价）

材料单价＝{（材料原价＋运杂费）×［1＋运输损耗率］}×（1＋采购保管费率）

3. 施工机械使用费＝Σ（施工机械台班消耗量×机械台班单价）

机械台班单价＝台班折旧费＋台班检修费＋台班维护费＋台班安拆费及场外运费＋台班人工费＋台班燃料动力费＋台班车船税费

（1）台班折旧费＝机械预算价格×（1－残值率）/耐用总台班数

（2）台班检修费＝一次检修费×检修次数/耐用总台班数

4. 其他项目费

（1）暂列金额：由建设单位根据工程特点，按有关计价规定估算，施工过程中由建设单位掌握使用，扣除合同价款调整后如有余额，归建设单位。

（2）计日工：由建设单位和施工企业按施工过程中的签证计价。

（3）总承包服务费：由建设单位按计价规定编制，施工企业投标时自主报价，施工过程中按签约合同价执行。

◆ **考法 1：材料单价的计算**

【例题·2015 年真题·单选题】某施工企业采购一批材料，出厂价 3000 元/t，运杂费是材料采购价的 5%，运输材料的损耗率为 1%。保管费率为 2%，则该批材料的单价应为（　　）元/t。

A. 3245.13　　　　　　　　　　　B. 3244.50

C. 3240.00　　　　　　　　　　　D. 3150.00

【答案】A

【解析】本题考查的是各费用构成要素计算方法。材料单价＝{（材料原价＋运杂费）×［1＋运输损耗率］}×（1＋采购保管费率）＝3000×（1＋5%）×（1＋1%）×（1＋2%）＝3245.13（元/t）。

◆ **考法 2：综合单价的计算**

【例题·2018 年真题·多选题】根据《建设工程工程量清单计价规范》GB 50500—2013，分部分项工程清单项目的综合单价包括（　　）。

A. 其他项目费　　　　　　　　　　B. 企业管理费

C. 规费　　　　　　　　　　　　　D. 利润

E. 税金

【答案】B、D

【解析】综合单价包括人工费、材料费、施工机具使用费、企业管理费和利润以及一定范围的风险费用。

◆ **考法 3：其他项目费的计算**

【例题 1·2021 年真题·单选题】下列建筑安装工程费中，由施工企业投标时自主报价，在施工过程中按签约合同执行的是（　　）。

A. 暂估价
B. 暂列金额
C. 总承包服务费
D. 增值税销项税额

【答案】C

【解析】总承包服务费由建设单位在最高投标限价中根据总包服务范围和有关计价规定编制，施工企业投标时自主报价，施工过程中按签约合同价执行。

【例题 2·2021 年真题·单选题】关于建筑安装工程费用中暂列金额的说法，正确的是（　　）。

A. 已签约合同价中的暂列金额由承包人掌握使用
B. 暂列金额不得用于招标人给出暂估价的材料采购
C. 发包人按照合同约定做出支付后，如有剩余归发包人所有
D. 暂列金额不得用于施工可能发生的现场签证费用

【答案】C

【解析】暂列金额是指招标人在工程量清单中暂定并包括在合同价款中的一笔款项。用于工程合同签订时尚未确定或者不可预见的所需材料、工程设备、服务的采购，施工中可能发生的工程变更、合同约定调整因素出现时的合同价款调整以及发生的索赔、现场签证等确认的费用。已签约合同价中的暂列金额由发包人掌握使用。发包人按照合同的规定作出支付后，如有剩余，则暂列金额余额归发包人所有。

2Z102013　增值税的计算

核心考点：建筑业增值税的计算方法

增值税指国家税法规定应计入建筑安装工程造价内的增值税销项税额。

1. 当采用一般计税方法时，计算公式为：增值税销项税额＝税前造价×9%

税前造价为人工费、材料费、施工机具使用费、企业管理费、利润和规费之和，各费用项目均不包含增值税可抵扣进项税额的价格计算。

2. 当采用简易计税方法时，计算公式为：增值税＝税前造价×3%

税前造价为人工费、材料费、施工机具使用费、企业管理费、利润和规费之和，各费用项目均已包含增值税进项税额的价格计算。

◆ **考法 1：增值税销项税额类目**

【例题·2020 年真题·单选题】现行税法规定，建筑安装工程费用的增值税是指应计入建筑安装工程造价内的（　　）。

A. 项目应纳税所得额
B. 增值税可抵扣进项税额
C. 增值税进项税额
D. 增值税销项税额

【答案】D

【解析】税金是指国家税法规定应计入建筑安装工程造价内的增值税销项税额。

◆ **考法 2：增值税的计算**

【例题·2019 年真题·单选题】建设工程师项目的造价中人工费为 3000 万元，材料费为 6000 万元，施工机具使用费为 1000 万元，企业管理费为 400 万元，利润 800 万元，规费 300 万元，各项费用均不包括含增值税可抵扣进项税额，增值税税率为 9%，则增值税销项税额为（　　　）万元。

A. 900
B. 1035
C. 936
D. 1008

【答案】B

【解析】销项税额＝（3000＋6000＋1000＋400＋800＋300）×9%＝1035 万元。

2Z102020　建设工程定额

核心考点提纲

$$
2Z102020 \quad 建设工程定额 \begin{cases} 2Z102021 & 建设工程定额的分类 \\ 2Z102022 & 人工定额的编制 \\ 2Z102023 & 材料消耗定额的编制 \\ 2Z102024 & 施工机械台班使用定额的编制 \end{cases}
$$

核心考点剖析

2Z102021　建设工程定额的分类

核心考点：按编制程序和用途分类

名称	研究对象	特点	作用
施工定额	同一性质的施工过程——工序	分项最细、子目最多，基础性定额，属于企业定额的性质	直接用于施工管理。编制预算定额的基础
预算定额	分部分项工程	以施工定额为基础 属于社会性质的定额	是编制概算定额的基础。是编制施工图预算的依据
概算定额	扩大的分部分项工程	以预算定额为基础	是编制扩大初步设计概算、确定建设项目投资额的依据
概算指标	整个建筑物和构筑物	编制估算指标的基础	是编制设计概算、年度投资计划的依据
投资估算指标	独立的单项工程或完整的工程项目	编制投资估算、计算投资需要量时使用的一种指标	是合理确定建设工程项目投资的基础

◆ **考法 1：施工定额的研究对象**

【例题·2020 年真题·单选题】施工定额的研究对象是（　　　）。

A. 分项工程
B. 分部工程
C. 单位工程
D. 工序

【答案】D

【解析】施工定额是以同一性质的施工过程——工序，作为研究对象。

◆ **考法 2：施工定额的性质**

【例题·2021年真题·单选题】下列建设工程定额中，属于企业定额性质的是（　　）。

A. 施工定额

B. 预算定额

C. 概算定额

D. 概算指标

【答案】A

【解析】施工定额是施工企业（建筑安装企业）为了组织生产和加强管理，在企业内部使用的一种定额，属于企业定额的性质。

◆ **考法 3：施工定额的特点**

【例题·2021年真题·单选题】下列建设工程定额中，分项最细、子目最多的定额是（　　）。

A. 费用定额

B. 概算定额

C. 施工定额

D. 预算定额

【答案】C

【解析】施工定额是工程建设定额中分项最细、定额子目最多的一种定额，也是建设工程定额中的基础性定额。

◆ **考法 4：概算指标的作用**

【例题·2021年真题·单选题】建设单位编制年度投资计划时，通常所依据的建设工程定额是（　　）。

A. 概算指标

B. 预算定额

C. 劳动定额

D. 投资估算指标

【答案】A

【解析】概算指标是概算定额的扩大与合并，它是以整个建筑物和构筑物为对象，以更为扩大的计量单位来编制的。概算指标的设定和初步设计的深度相适应，是设计单位编制设计概算或建设单位编制年度投资计划的依据，也可作为编制估算指标的基础。

2Z102022　人工定额的编制

核心考点：人工定额的编制

1. 拟定施工作业的定额时间

施工作业的定额时间，是在拟定基本工作时间、辅助工作时间、准备与结束时间、不可避免的中断时间，以及休息时间的基础上编制的。

2. 人工定额制定的常用方法

（1）技术测定法：对施工过程中各工序采用测时法、写实记录法、工作日写实法，测出各工序的工时消耗等资料，再对所获得的资料进行科学的分析，制定出人工定额的方法。

（2）统计分析法：把过去施工生产中的同类工程或同类产品的工时消耗的统计资料，

与当前生产技术和施工组织条件的变化因素结合起来，进行统计分析的方法。适用于施工条件正常、产品稳定、工序重复量大和统计工作制度健全的施工过程。

（3）比较类推法：对于同类型产品规格多、工序重复、工作量小，采用此法。以同类型工序和同类型产品的实施工时为标准，类推出相似项目定额水平的方法。

（4）经验估计法：根据实际工作经验估计，通常作为一次性定额使用。

◆ **考法 1：施工作业的定额时间**

【例题·2019 年真题·多选题】编制砌筑工程的人工定额时，应计入时间定额的有（　　）。

A. 领取工具和材料的时间　　　　　B. 制备砂浆的时间

C. 修补前一天砌筑工作缺陷的时间　D. 结束工作时清理和返还工具的时间

E. 闲聊和打电话的时间

【答案】A、B、D

【解析】拟定施工作业的定额时间，是在拟定基本工作时间、辅助工作时间、准备与结束时间、不可避免的中断时间，以及休息时间的基础上编制的。

◆ **考法 2：人工定额的制定方法**

【例题 1·2021 年真题·多选题】采用技术测定法时，测定各工序工时消耗的方法有（　　）。

A. 理论计算法　　　　　　　　　　B. 统计分析法

C. 测时法　　　　　　　　　　　　D. 写实记录法

E. 工作日写实法

【答案】C、D、E

【解析】技术测定法对施工过程中各工序采用测时法、写实记录法、工作日写实法，测出各工序的工时消耗等资料，再对所获得的资料进行科学的分析，制定出人工定额的方法。

【例题 2·2016/2019 年真题·单选题】编制人工定额时，为了提高编制效率，对于同类型产品规格多、工序重复、工作量小的施工过程，宜采用的编制方法是（　　）。

A. 比较类推法　　　　　　　　　　B. 技术测定法

C. 统计分析法　　　　　　　　　　D. 试验测定法

【答案】A

【解析】制定人工定额的常用方法：（1）技术测定法：测时法、写实录法、工作日写实法测工时消耗。（2）统计分析法：适用于施工条件正常、产品稳定、工序重复量大和统计制度健全。（3）比较类推法：用于产品规格多，工序重复、工作量小的施工过程。（4）经验估计法：通常作为一次性定额使用。

2Z102023　材料消耗定额的编制

核心考点一：材料消耗定额的编制

1. 材料消耗定额指标分为四类：主要材料、辅助材料、周转性材料、零星材料。

2. 编制材料消耗定额，主要包括直接使用在工程上的材料净用量和在施工现场内运输及操作过程中的不可避免的废料和损耗。

3. 材料损耗量计算的公式如下：

损耗率＝损耗量／净用量×100%

总消耗量＝净用量＋损耗量＝净用量×（1＋损耗率）

◆ 考法1：材料消耗定额编制的主要内容

【例题·2021年真题·单选题】编制材料消耗定额时，材料消耗量包括直接使用在工程上的材料净用量和（　　）。

A. 在施工现场内运输及保管过程中不可避免的损耗

B. 在施工现场内运输及操作过程中不可避免的废料和损耗

C. 从供应地运输到施工现场及操作过程中不可避免的废料和损耗

D. 从供应地运输到施工现场过程中不可避免的损耗

【答案】B

【解析】编制材料消耗定额，主要包括确定直接使用在工程上的材料净用量和在施工现场内运输及操作过程中的不可避免的废料和损耗。

◆ 考法2：材料消耗定额指标分类

【例题·2021年真题·多选题】根据材料使用性质、用途和用量大小划分，材料消耗定额指标的组成有（　　）。

A. 主要材料　　　　　　　　　B. 辅助材料

C. 废弃材料　　　　　　　　　D. 周转性材料

E. 零星材料

【答案】A、B、D、E

【解析】材料消耗定额指标的组成，按其使用性质、用途和用量大小划分为四类。

（1）主要材料，是指直接构成工程实体的材料。

（2）辅助材料，是指直接构成工程实体，但相对密度较小的材料。

（3）周转性材料，又称工具性材料，是指施工中多次使用但并不构成工程实体的材料，如模板、脚手架等。

（4）零星材料，指用量小，价值不大，不便计算的次要材料，可用估算法计算。

核心考点二：周转性材料消耗定额的编制

1. 周转性材料消耗，与四个因素有关：

（1）第一次制造时的材料消耗（一次使用量）；

（2）每周转一次材料的损耗（第二次使用时需要补充）；

（3）周转使用次数；

（4）周转材料的最终回收及其回收折价。

2. 周转性材料消耗量用两个指标表示：

（1）一次使用量：供施工企业组织施工用；

（2）摊销量：供施工企业成本核算或投标报价用。

◆ **考法 1：周转性材料消耗的影响因素**

【例题·2015 年真题·多选题】影响施工现场周转性材料损耗的主要因素有（　　）。

A. 第一次制造时的材料损耗量　　　B. 每周转使用一次材料的损耗

C. 周转使用次数　　　　　　　　　D. 周转材料的最终回收及其回收折价

E. 材料的测算方法

【答案】A、B、C、D

【解析】周转性材料消耗一般与四个因素有关：（1）第一次制造时的材料消耗；（2）每周转使用一次材料的损耗；（3）周转使用次数；（4）周转材料的最终回收及其回收折价。

◆ **考法 2：周转性材料消耗量的指标**

【例题·2019 年真题·单选题】施工企业投标报价时，周转材料消耗量应按（　　）计算。

A. 一次使用量　　　　　　　　　　B. 摊销量

C. 每次的补给量　　　　　　　　　D. 损耗量

【答案】B

【解析】一次使用量是指周转材料在不重复使用时一次使用量，供施工企业组织施工用。摊销量是指周转材料退出使用，应分摊到每一个计量单位的结构构件的周转材料消耗量，供施工企业成本核算或投标报价用。

2Z102024　施工机械台班使用定额的编制

核心考点：施工机械台班使用定额的编制

1. 机械净工作生产率，即机械纯工作 1 小时的正常生产率。

2. 机械利用系数＝工作班净工作时间／机械工作班时间。

3. 施工机械台班产量定额＝机械净工作生产率×工作班延续时间×机械利用系数。

4. 施工机械时间定额

施工机械时间定额指在合理劳动组织与合理使用机械条件下，完成单位合格产品所必需的工作时间，包括有效工作时间（正常负荷下的工作时间和降低负荷下的工作时间）、不可避免的中断时间、不可避免的无负荷工作时间。

5. 单位产品机械时间定额（台班）＝1/台班产量。

6. 单位人工时间定额（工日）＝小组成员总数／台班产量。

◆ **考法 1：施工机械时间定额的组成**

【例题 1·2018 年真题·单选题】编制施工机械台班使用定额时，工人装车的砂石数量不足导致的汽车在降低负荷下工作所延续的时间属于（　　）。

A. 有效工作时间　　　　　　　　　B. 低负荷下的工作时间

C. 有根据地降低负荷下的工作时间　D. 非施工本身造成的停工时间

【答案】B

【解析】低负荷下的工作时间，是由于工人或技术人员的过错所造成的施工机械在降低负荷的情况下工作的时间。例如，工人装车的砂石数量不足引起的汽车在降低负荷的情况下工作所延续的时间。

【例题2·2020年真题·多选题】下列机械消耗时间中，属于施工机械时间定额组成的有（　　）。

A. 不可避免的中断时间　　　　　B. 机械故障的维修时间

C. 正常负荷下的工作时间　　　　D. 不可避免的无负荷工作时间

E. 降低负荷下的工作时间

【答案】A、C、D、E

【解析】施工机械时间定额，是指在合理劳动组织与合理使用机械条件下，完成单位合格产品所必需的工作时间，包括有效工作时间（正常负荷下的工作时间和降低负荷下的工作时间）、不可避免的中断时间、不可避免的无负荷工作时间。

◆ **考法2：施工机械台班产量定额的计算**

【例题1·2021年真题·单选题】某工程需开挖土方量为500m³，人工定额是2.0m³/工日，一班制作业，拟安排10人，则开挖土方的工作持续时间是（　　）天。

A. 25　　　　　　　　　　　　　B. 50

C. 100　　　　　　　　　　　　D. 200

【答案】A

【解析】一个工日的人工定额是2.0m³，则一天10个人可挖土方20m³，500m³需要时间500/20＝25天。

【例题2·2017年真题·单选题】某出料容量0.5m³的混凝土搅拌机，每一次循环中，装料、搅拌、卸料、中断需要的时间分别为1min、3min、1min、1min，机械利用系数为0.8，则该搅拌机的产量定额是（　　）m³/台班。

A. 32　　　　　　　　　　　　　B. 36

C. 40　　　　　　　　　　　　　D. 50

【答案】A

【解析】机械净工作生产率＝0.5×(1＋3＋1＋1)/60＝5m³，施工机械台班产量定额＝机械净工作生产率×工作班延续时间×机械利用系数＝5×8×0.8＝32m³/台班。

◆ **考法3：施工机械时间定额的计算**

【例题·2016年真题·单选题】斗容量1m³反铲挖土机，挖三类土、装车、挖土深度2m以内，小组成员两人，机械台班产量为4.56（定额单位100m³），则用该机械挖土100m³的人工时间定额为（　　）。

A. 0.22工日　　　　　　　　　　B. 0.44工日

C. 0.22台班　　　　　　　　　　D. 0.44台班

【答案】B

【解析】本题考查的是人工定额的形式。工作小组有两个人，那么单位人工时间定额＝小组成员总人数/总台班数＝2/4.56＝0.44工日。

2Z102030 工程量清单计价

核心考点剖析

2Z102031 工程量清单计价的方法

核心考点：工程量清单计价的方法

1. 安全文明施工费、规费和税金不得作为竞争性费用。

2. 使用国有资金投资的建设工程，必须采用工程量清单计价。非国有资金投资的建设工程，宜采用工程量清单计价。

3. 工程量清单计价的三种形式：工料单价法、综合单价法、全费用综合单价法。

（1）工料单价＝人工费＋材料费＋施工机具使用费。

（2）综合单价＝人工费＋材料费＋施工机具使用费＋管理费＋利润。

（3）全费用综合单价＝人工费＋材料费＋施工机具使用费＋管理费＋利润＋规费＋税金。

《建设工程工程量清单计价规范》GB 50500—2013 规定，分部分项工程量清单应采用综合单价计价。

4. 分部分项工程量的确定

招标文件工程量：按施工图图示尺寸和清单工程量计算规则计算得到的工程净量。

竣工结算工程量：按双方在合同中约定应予计量且实际完成的工程量确定。

5. 综合单价的编制

《建设工程工程量清单计价规范》GB 50500—2013 中的工程量清单综合单价是指完成一个规定清单项目所需的人工费、材料和工程设备费、施工机具使用费和企业管理费与利润以及一定范围内的风险费用。该定义并不是真正意义上的全费用综合单价，而是一种狭义的综合单价，规费和税金等不可竞争的费用并不包括在项目单价中。

综合单价的计算通常采用定额组价的方法，即以计价定额为基础进行组合计算。综合单价的计算可以概括为以下步骤：

（1）确定组合定额子目

清单项目一般以一个"综合实体"考虑，包括了较多的工程内容，计价时，可能出现一个清单项目对应多个定额子目的情况。

（2）计算定额子目工程量

由于一个清单项目可能对应几个定额子目，清单工程量不能直接用于计价，在计价时必须考虑施工方案等各种影响因素。

（3）测量人、料、机消耗量

人、料、机的消耗量一般参照定额进行确定。编制投标报价时一般采用反映企业水平的企业定额，投标企业没有企业定额时可参照消耗量定额进行调整。

（4）确定人、料、机单价

应根据工程项目的具体情况及市场资源的供求状况进行确定，采用市场价格作为参考，并考虑一定的调价系数。

（5）计算清单项目的人、料、机费。

（6）计算清单项目的管理费和利润。

（7）计算清单项目的综合单价

综合单价＝（人、料、机费＋管理费＋利润）/ 清单工程量

6. 措施项目费的计算方法

（1）综合单价法：适用于可以计算工程量的措施项目，如混凝土模板、脚手架、垂直运输等。

（2）参数法计价：适用于施工过程中必须发生，但在投标时很难具体分项预测，又无法单独列出项目内容的措施项目。如夜间施工费、冬雨季施工增加费、二次搬运费。

（3）分包法计价：适用可以分包的独立项目，如室内空气测试、大型机械进出场及安拆费。

◆ **考法 1：不得作为竞争性费用**

【例题·2021 年真题·单选题】下列建筑安装工程费用项目中，在投标报价时不得作为竞争性费用的是（   ）。

A. 企业管理费　　　　　　　　　B. 机械使用费

C. 社会保险费　　　　　　　　　D. 其他项目费

【答案】C

【解析】安全文明施工费、规费和税金必须按国家或省级、行业建设主管部门的规定计算，不得作为竞争性费用。规费包括社会保险费和住房公积金。

◆ **考法 2：清单项目与定额子目的关系**

【例题·2019 年真题·单选题】关于分部分项工程量清单项目与定额子目关系的说法，正确的是（   ）

A. 清单项目与定额子目之间是一一对应的

B. 一个定额子目不能对应多个清单项目

C. 清单项目与定额子目的工程量计算规则是一致的

D. 清单项目组价时，可能需要组合几个定额子目

【答案】D

【解析】A、B 选项错误，清单项目一般以一个"综合实体"考虑，包括了较多的工程内容，计价时，可能出现一个清单项目对应多个定额子目的情况。由于一个清单项目可能对应几个定额子目，而清单工程量计算的是主项工程量，与各定额子目的工程量可能并

不一致。C选项错误，即便一个清单项目对应一个定额子目，也可能由于清单工程量计算规则与所采用的定额工程量计算规则之间的差异，而导致两者的计价单位和计算出来的工程量不一致。

◆ 考法3：综合单价的概念

【例题1·2017年真题·多选题】根据《建设工程工程量清单计价规范》GB 50500—2013，分部分项工程综合单价应包含（　　　）。

A. 企业管理费　　　　　　　　　　B. 税金

C. 规费　　　　　　　　　　　　　D. 利润

E. 措施费

【答案】A、D

【解析】分部分项工程综合单价包括人、材、机费、管理费、利润。

【例题2·2021年真题·多选题】根据《建设工程造价咨询规范》GB/T 51095—2015，分部分项工程综合单价包括（　　　）。

A. 人工费　　　　　　　　　　　　B. 材料费

C. 规费　　　　　　　　　　　　　D. 利润

E. 企业管理费

【答案】A、B、D、E

【解析】分部分项工程综合单价包括人、材、机费、管理费、利润。

◆ 考法4：综合单价的计算

【例题1·2021年真题·单选题】采用定额组价方法计算分部分项工程的综合单价时，第一步的工作是（　　　）。

A. 确定组合定额子目　　　　　　　B. 测算人、料、机消耗量

C. 计算定额子目工程量　　　　　　D. 确定人、料、机单价

【答案】A

【解析】综合单价的计算可以概括为以下步骤：（1）确定组合定额子目；（2）计算定额子目工程量；（3）测算人、料、机消耗量；（4）确定人、料、机单价；（5）计算清单项目的人、料、机费；（6）计算清单项目的管理费和利润；（7）计算清单项目的综合单价。

【例题2·2018年真题·单选题】某建设工程采用《建设工程工程量清单计价规范》GB 50500—2013，招标工程量清单中挖土方工程量为2500m^3。投标人根据地质条件和施工方案计算的挖土方工程量为4000m^3。完成该土方分项工程的人、材、机费用为98000元，管理费13500元，利润8000元。如不考虑其他因素，投标人报价时的挖土方综合单价为（　　　）元/m^3。

A. 29.88　　　　　　　　　　　　B. 47.80

C. 42.40　　　　　　　　　　　　D. 44.60

【答案】B

【解析】综合单价＝（人、材、机费用＋管理费＋利润）/清单工程量＝（98000＋13500＋8000）/2500＝47.8元。

◆ 考法 5：措施项目费的计算方法

【例题·2021年真题·单选题】工程量清单计价模式中，混凝土模板项目措施费用的计算宜采用（　　）。

A. 参数法
B. 综合单价法
C. 分包法
D. 工科单价法

【答案】B

【解析】综合单价法适用于可以计算工程量的措施项目，主要是指一些与工程实体有紧密联系的项目，如混凝土模板、脚手架、垂直运输等。

2Z102032　投标报价的编制方法

核心考点：投标报价的编制方法

1. 投标报价的编制原则

（1）投标报价由投标人自主确定。

（2）投标报价不得低于工程成本。

（3）投标人必须按工程量清单填报价格。

（4）以承发包双方责任划分投标报价费用项目和费用计算的基础。

（5）以施工方案、技术措施为投标报价计算的基本条件。

2. 投标报价的编制与审核

（1）在编制投标报价之前，需要先对清单工程量进行复核。

（2）确定综合单价最重要的依据是该清单项目的特征描述。在招标投标过程中，若出现工程量清单特征描述与设计图纸不符，投标人应以招标工程量清单的项目特征描述为准，确定投标报价的综合单价。若施工中施工图纸或设计变更与招标工程量清单项目特征描述不一致，发承包双方应按实际施工的项目特征依据合同约定重新确定综合单价。

（3）暂列金额、暂估价：不得变动。计日工、总承包服务费：自主确定。

（4）投标总价：投标人在进行工程项目工程量清单招标的投标报价时，不能进行投标总价优惠（或降价、让利），投标人对投标报价的任何优惠（或降价、让利）均应反映在相应清单项目的综合单价中。

◆ 考法 1：投标报价的编制原则

【例题·2015年真题·多选题】根据《建设工程工程量清单计价规范》GB 50500—2013，关于企业投标报价编制原则的说法，正确的有（　　）。

A. 投标报价由投标人自主确定

B. 为了鼓励竞争，投标报价可以略低于成本

C. 投标人必须按照招标工程量清单填报价格

D. 投标人的投标报价高于最高投标限价的应予废标

E. 投标人应以施工方案、技术措施等作为投标报价计算的基本条件

【答案】A、C、D、E

【解析】本题考查的是投标报价的编制原则：

（1）投标报价由投标人自主确定。

（2）投标报价不得低于工程成本。

（3）投标人必须按工程量清单填报价格。

（4）以承发包双方责任划分投标报价费用项目和费用计算的基础。

（5）以施工方案、技术措施等作为投标报价计算的基本条件。

◆ **考法2：投标报价的编制与审核**

【例题1·2019年真题·单选题】根据《建设工程工程量清单计价规范》GB 50500—2013，投标人进行投标报价时，发现某招标文件中工程量清单项目特征描述与设计图纸不符，则投标人在确定综合单价时，则（　　　）。

A. 以招标工程量清单项目的特征描述为报价依据

B. 以设计图纸作为报价依据

C. 综合两者对项目特征共同描述作为报价依据

D. 暂不报价，待施工时依据设计变更后的项目特征报价

【答案】A

【解析】项目特征是投标人确定综合单价最重要的依据。招投标过程中，项目特征与设计图纸不符，则以项目特征为准；施工过程中，施工图纸或设计变更与项目特征不一致，以实际项目特征为准。

【例题2·2020年真题·单选题】根据《建设工程工程量清单计价规范》GB 50500—2013，关于投标人投标报价的说法，正确的是（　　　）。

A. 投标人可以进行适当的总价优惠

B. 规费和税金不得作为竞争性费用

C. 投标人的总价优惠不需要反映在综合单价中

D. 不同承发包模式对于投标报价高低没有直接影响

【答案】B

【解析】A、C选项错误，投标人在进行工程项目工程量清单招标的投标报价时，不能进行投标总价优惠（或降价、让利），投标人对投标报价的任何优惠（或降价、让利）均应反映在相应清单项目的综合单价中。D选项错误，不同的工程承发包模式会直接影响工程项目投标报价的费用内容和计算深度。

2Z102033　合同价款的约定

核心考点：合同价款的约定

实行招标的工程合同价款应在中标通知书发出之日起30天内，由发承包双方依据招标文件和中标人的投标文件在书面合同中约定。合同约定不得违背招标、投标文件中关于工期、造价、质量等方面的实质性内容。招标文件与中标人投标文件不一致的地方应以投标文件为准。不实行招标的工程合同价款，应在发承包双方认可的工程价款基础上，由发承包双方在合同中约定。

承发包双方应在合同条款中对下列事项进行约定：

1. 预付工程款的数额、支付时间及抵扣方式。

2. 安全文明施工费：约定支付计划、使用要求等。

3. 工程计量与支付工程进度款的方式、数额及时间。

4. 工程价款的调整因素、方法、程序、支付及时间。

5. 施工索赔与现场签证的程序、金额确定与支付时间。

6. 承担计价风险的内容、范围以及超出约定内容、范围的调整办法。

7. 工程竣工价款结算编制与核对、支付及时间。

8. 工程质量保证金的数额、预留方式及时间：如质量保证金为合同价款的 3% 等。

9. 违约责任以及发生合同价款争议的解决方法及时间。

◆ **考法：合同价款的约定**

【例题 1·2021 年真题·单选题】实行招标的工程，发承包人约定合同的标的、价款、质量、履行期限等主要条款应当与招标文件和中标人的投标文件的内容一致，若出现不一致的情况，应（　　）。

A. 以招标文件为准　　　　　　　B. 要求中标人进行适当修正

C. 以投标文件为准　　　　　　　D. 要求发包人进行适当修正

【答案】C

【解析】由发承包双方依据招标文件和中标人的投标文件在书面合同中约定。合同约定不得违背招标、投标文件中关于工期、造价、质量等方面的实质性内容。招标文件与中标人投标文件不一致的地方应以投标文件为准。

【例题 2·2021 年真题·单选题】关于工程合同价款约定及其内容的说法，正确的是（　　）。

A. 可以根据发包人的补充要求调整工程造价

B. 对安全文明施工费应约定支付计划、使用要求等

C. 应约定质量保证金的总额为工程价款结算总额的 5%

D. 不实行招标的工程应按承包人最低成本价签订合同

【答案】B

【解析】对安全文明施工费应约定支付计划、使用要求等。

2Z102040　计量与支付

核心考点提纲

2Z102040　计量与支付

- 2Z102041　工程计量
- 2Z102042　合同价款调整
- 2Z102043　工程变更价款的确定
- 2Z102044　索赔与现场签证
- 2Z102045　预付款及期中支付
- 2Z102046　竣工结算与支付
- 2Z102047　质量保证金的处理

核心考点剖析

2Z102041 工程计量

核心考点：工程计量

1. 工程计量的依据

工程计量的依据一般有质量合格证书、《建设工程工程量清单计价规范》、技术规范中的"计量支付"条款和设计图纸。

工程量必须以承包人完成合同工程应予计量的工程量确定。施工中进行工程量计量时，当发现招标工程量清单中出现缺陷、工程量偏差，或因工程变更引起工程量增减时，应按承包人在履行合同义务中完成的工程量计量。

监理人对工程量有异议的，有权要求承包人进行共同复核或抽样复测。

2. 工程计量的方法

（1）均摊法：按合同工期平均计量。

（2）凭据法：按承包人提供的票据计量，如保险费、保证金。

（3）估价法：按估算的已完成的工程价值支付。

（4）断面法：用于取土坑或填筑路堤土方的计量。

（5）图纸法：按照图示尺寸计量，如混凝土体积、钻孔桩的长度。

（6）分解计量法：用于一些包干或支付时间过长的项目，解决资金流动问题。

◆ **考法 1：工程计量的依据**

【例题·2021年真题·多选题】关于单价合同工程计量的说法，正确的有（   ）。

A. 承包人已完成的质量合格的全部工程都应予以计量

B. 招标工程量清单缺项的，应按承包人履行合同义务中完成的工程量计量

C. 监理工程师计量的工程量应等于承包人实际施工量

D. 监理人对已完工程量有异议的，有权要求承包人进行共同复核或抽样复测

E. 单价合同应按照招标工程量清单中的工程量计量

【答案】B、D

【解析】工程质量达到合同规定的标准后，由专业监理工程师签署报验申请表（质量合格证书），只有质量合格的工程才予以计量。工程量必须以承包人完成合同工程应予计量的工程量确定。施工中进行工程量计量时，当发现招标工程量清单中出现缺项、工程量偏差，或因工程变更引起工程量增减时，应按承包人在履行合同义务中完成的工程量计量。

◆ **考法 2：工程计量的方法**

【例题·2019年真题·单选题】单价合同模式下，承包人支付的建筑工程险保险费，宜采用的计量方式为（   ）。

A. 凭据法　　　　　　　　　　B. 估价法

C. 均摊法　　　　　　　　　　D. 分解计量法

【答案】A

【解析】所谓凭据法，就是按照承包人提供的凭据进行计量支付。如建筑工程险保险费、第三方责任险保险费、履约保证金等项目，一般按凭据法进行计量支付。

2Z102042　合同价款调整

核心考点：合同价款调整

1. 法律法规变化调价

招标工程以投标截止日前 28 天，非招标工程以合同签订前 28 天为基准日，其后变化按规定调整。

2. 工程量偏差

非承包人原因导致工程量偏差，调整方案发承包双方应当在施工合同中约定。如果合同没有约定或约定不明的，可以按以下原则调整：

（1）工程量偏差超过 15%，综合单价调整的原则为：增加 15% 以上时，增加部分的综合单价调低；减少 15% 以上时，减少后剩余部分的综合单价调高。

（2）工程量出现超过 15% 的变化，且该变化引起相关措施项目相应发生变化时，按系数或单一总价方式计价的，工程量增加的措施项目费调增，工程量减少的措施项目费调减。

3. 不可抗力——原则：费用各自承担

（1）永久工程、已运至施工现场的材料和工程设备的损坏，以及因工程损坏造成的第三者人员伤亡和财产损失由发包人承担。

（2）承包人施工设备的损坏由承包人承担。

（3）引发包人和承包人承担各自人员伤亡和财产的损失。

（4）因不可抗力影响承包人履行合同约定的义务，已经引起或将引起工期延误的，应当顺延工期，由此导致承包人停工的费用损失由发包人和承包人合理分担，停工期间必须支付的工人工资由发包人承担。

（5）因不可抗力引起或将引起工期延误，发包人要求赶工的，由此增加的赶工费用由发包人承担。

（6）承包人在停工期间按照发包人要求照管、清理和修复工程的费用由发包人承担。

不可抗力发生后，合同当事人均应采取措施尽量避免和减少损失的扩大，任何一方当事人没有采取有效措施导致损失扩大的，应对扩大的损失承担责任。

因合同一方迟延履行合同义务，在迟延履行期间遭遇不可抗力的，不免除其违约责任。

4. 提前竣工（赶工补偿）

压缩的工期不得超过定额工期的 20%，超过者，增加赶工费。

◆ **考法 1：法律法规变化调价**

【例题·2019 年真题·单选题】根据《建设工程施工合同（示范文本）》GF—2017—0201，招标工程一般以投标截止日期前（　　　）天作为基准日期。

A. 7 B. 14
C. 42 D. 28

【答案】D

【解析】招标工程一般以投标招标工程以投标截止日前 28 天，非招标工程以合同签订前 28 天为基准日。

◆ **考法 2：工程量偏差调价**

【例题·2021 年真题·单选题】某现浇混凝土工程采用单价合同，招标工程量清单中的工程数量为 3000m³；合同约定：综合单价为 800 元 /m³，当实际工程量超过清单中工程数量的 15% 时，综合单价调整为原单价的 0.9。工程结束时经监理工程师确认的实际完成工程量为 3500m³，则现浇混凝土工程款应为（ ）万元。

A. 240.0 B. 252.0
C. 279.6 D. 276.0

【答案】C

【解析】根据工程量偏差调整原则，工程款应为：$3000 \times (1 + 15\%) \times 800 + (3500 - 3000 \times 1.15) \times 800 \times 0.9 = 2796000$ 元。

◆ **考法 3：不可抗力**

【例题·2020 年真题·多选题】根据《建设工程施工合同（示范文本）》GF—2017—0201，关于不可抗力后果承担的说法，正确的有（ ）。

A. 承包人在施工现场的人员伤亡损失由承包人承担

B. 永久工程损失由发包人承担

C. 承包人在停工期间按照发包人要求照管工程的费用由发包人承担

D. 承包人施工机械损坏由发包人承担

E. 发包人在施工现场的人员伤亡损失由承包人承担

【答案】A、B、C

【解析】本题考查不可抗力后果的承担，总的原则是费用各自承担。特例：承包人停工的费用损失由发包人和承包人合理分担，停工期间必须支付的工人工资由发包人承担。

◆ **考法 4：提前竣工（赶工补偿）**

【例题·2021 年真题·单选题】根据《建设工程工程量清单计价规范》GB 50500—2013，工程发包时招标人压缩的工期不得超过定额工期的（ ），否则应在招标文件中明示增加赶工费。

A. 10% B. 15%
C. 20% D. 30%

【答案】C

【解析】某工程发包时，招标人应当依据相关工程的工期定额合理计算工期，压缩的工期天数不得超过定额工期的 20%，将其量化。超过者，应在招标文件中明示增加赶工费用。

2Z102043　工程变更价款的确定

核心考点：工程变更价款的确定

1. 工程变更引起施工方案改变并使措施项目发生变化时，承包人提出调整措施项目费的，应事先将拟实施的方案提交发包人确认，并应详细说明与原方案措施项目相比的变化情况。承包人未事先提交发包人确认，视为不引起或放弃调整。

2. 承包人报价浮动率 L：

① 招标工程　　　　$L=（1-$ 中标价 $/$ 最高投标限价 $）\times 100\%$

② 非招标工程　　　$L=（1-$ 报价值 $/$ 施工图预算 $）\times 100\%$

◆ **考法 1：措施项目费的调整**

【例题·2019 年真题·单选题】根据《建设工程施工合同（示范文本）》GF—2017—0201，工程变更引起施工方案改变并使措施项目发生变化时，承包人提出调整措施项目费的，首先应采取的做法是（　　）。

A. 提出措施项目变化后增加费用的估算

B. 将拟实施的方案提交发包人确认并说明变化情况

C. 在该措施项目施工结束后提交增加费用的证据

D. 加快施工尽快完成措施项目

【答案】B

【解析】工程变更引起施工方案改变，并使措施项目发生变化的，承包人提出调整措施项目费的，应事先将拟实施的方案提交发包人确定。如果承包人未事先将拟实施的方案提交给发包人确认的，则视为工程变更不引起措施项目费的调整或承包人放弃调整措施项目费的权利。

◆ **考法 2：招标工程的报价浮动率**

【例题·2021 年真题·单选题】招标工程的最高投标限价为 1.6 亿，某投标人报价为 1.55 亿，修正计算性错误后，以 1.45 亿的报价中标，则该承包人的报价浮动率为（　　）。

A. 3.125%　　　　　　　　　　B. 9.375%

C. 9.355%　　　　　　　　　　D. 9.677%

【答案】B

【解析】承包人报价浮动率 $L=（1-$ 中标价 $/$ 最高投标限价 $）\times 100\%=（1-1.45/1.6）\times 100\%=9.375\%$。

2Z102044　索赔与现场签证

核心考点：索赔与现场签证

1. 索赔费用的组成

（1）人工费：增加工作内容的人工费按照计日工费计算；停工和效率降低的损失费按窝工费计算。

（2）施工机械费：因窝工引起的施工机械费索赔，当施工机械是施工企业自有的，按折旧费计算；当施工机械是租赁的，按租赁费计算。

（3）材料费：① 材料用量增加；② 材料价格大幅上涨；③ 非承包人责任工程延期，超期储存费。

（4）管理费：现场管理费、企业管理费。

（5）利润：利润率与原报价单一致。

（6）迟延付款利息：按约定利率支付利息。

2. 索赔费用的计算方法

（1）实际费用法：最常用，以实际开支为依据。

（2）总费用法。

（3）修正总费用法：

在总费用法基础上，去掉一些不合理的因素。修正的内容包括：

① 计算时段仅仅为受到影响的时段。

② 只计算受到影响时段内某项工作所受影响的损失。

③ 索赔费用为按受影响时段内该工作的实际单价，乘以完成该工作的工程量得到实际总费用，再减去该项工作的报价费用。

3. 现场签证的范围

（1）适用于施工合同范围以外零星工程的确认；

（2）在工程施工过程中发生变更后需要现场确认的工程量；

（3）非承包人原因导致的人工、设备窝工及有关损失；

（4）符合施工合同规定的非承包人原因引起的工程量或费用增减；

（5）确认修改施工方案引起的工程量或费用增减；

（6）工程变更导致的工程施工措施费增减等。

◆ **考法 1：索赔费用的计算**

【例题·2018 年真题·单选题】某建设工程由于业主方临时设计变更导致停工。承包商的工人窝工 8 个工日，窝工费为 300 元 / 工日，承包商租赁的挖土机窝工 2 个台班，挖土机租赁费为 1000 元 / 台班，动力费 160 元 / 台班；承包商自有的自卸汽车窝工 2 个台班，该汽车折旧费用 400 元 / 台班，动力费为 200 元 / 台班，则承包商可以向业主索赔的费用为（   ）元。

A. 4800   B. 5200

C. 5400   D. 5800

【答案】B

【解析】人工窝工费为 8×300 = 2400 元，机械窝工费为 1000×2 + 400×2 = 2800 元，合计为 5200 元。

◆ **考法 2：修正总费用法**

【例题·2021 年真题·单选题】关于修正总费用法计算索赔费用的说法，正确的是（   ）。

A. 计算索赔款的时段可以是整个施工期

B. 索赔金额为受影响工作调整后的实际总费用减去该项工作的报价费用

C. 索赔款应包括受到影响时段内所有工作所受的损失

D. 索赔款只包括受到影响时段内关键工作所受的损失

【答案】B

【解析】修正总费用法修正的内容包括：

（1）计算时段仅仅为受到影响的时段。

（2）只计算受到影响时段内某项工作所受影响的损失。

（3）索赔费用为按受影响时段内该工作的实际单价，乘以完成该工作的工程量得到实际总费用，再减去该项工作的报价费用。

◆ 考法3：现场签约的范围

【例题·2021年真题·多选题】下列事项中，属于现场签约范围的有（　　　　）。

A. 确认修改施工方案引起的工程量增减

B. 施工过程中发生变更后需要现场确认的工程量

C. 施工合同范围内的工程量确认

D. 承包人原因导致的人工窝工及有关损失

E. 工程变更导致的措施费用增减

【答案】A、B、E

【解析】现场签证的范围一般包括：

（1）适用于施工合同范围以外零星工程的确认；

（2）在工程施工过程中发生变更后需要现场确认的工程量；

（3）非承包人原因导致的人工、设备窝工及有关损失；

（4）符合施工合同规定的非承包人原因引起的工程量或费用增减；

（5）确认修改施工方案引起的工程量或费用增减；

（6）工程变更导致的工程施工措施费增减等。

2Z102045　预付款及期中支付

核心考点一：一"通知"两"条例"

1. 《关于完善建设工程价款结算有关办法的通知》

（1）政府机关、事业单位、国有企业建设工程进度款支付应不低于已完成工程价款的80%；除按合同约定保留不超过工程价款总额3%的质量保证金外，进度款支付比例可由发承包双方根据项目实际情况自行确定。

（2）在结算过程中，若发生进度款支付超出实际已完成工程价款的情况，承包单位应按规定在结算后30日内向发包单位返还多收到的工程进度款。

（3）当年开工、当年不能竣工的新开工项目可以推行过程结算。

2. 《保障农民工工资支付条例》

（1）农民工工资应当以货币形式，通过银行转账或者现金支付给农民工本人，不得以实物或者有价证券等其他形式替代。用人单位应当编制书面工资支付台账，并至少保存3年。

（2）建设单位的人工费用拨付周期不得超过1个月。

（3）施工总承包单位、分包单位应当建立用工管理台账，并保存至工程完工且工资全部结清后至少3年。

3.《保障中小企业款项支付条例》

（1）机关、事业单位从中小企业采购货物、工程、服务，应当自货物、工程、服务交付之日起30日内支付款项；合同另有约定的，付款期限最长不得超过60日。

（2）机关、事业单位和大型企业迟延支付中小企业款项的，应当支付逾期利息。双方对逾期利息的利率有约定的，约定利率不得低于合同订立时1年期贷款市场报价利率；未作约定的，按照每日利率万分之五支付逾期利息。

（3）不得强制中小企业接受商业汇票等非现金支付方式，不得利用商业汇票等非现金支付方式变相延长付款期限。

（4）不得强制要求以审计机关的审计结果作为结算依据，但合同另有约定或者法律、行政法规另有规定的除外。

（5）除依法设立的投标保证金、履约保证金、工程质量保证金、农民工工资保证金外，工程建设中不得收取其他保证金。机关、事业单位和大型企业不得将保证金限定为现金。

◆ 考法：《保障中小企业款项支付条例》相关规定

【例题1·单选题】根据《保障中小企业款项支付条例》，关于保障中小企业被拖欠的款项能及时支付的说法，正确的是（   ）。

A. 机关、事业单位从中小企业采购货物、工程、服务，应当自货物、工程、服务交付之日起60日内支付款项

B. 机关、事业单位和大型企业迟延支付中小企业款项的，应当支付逾期利息。双方对逾期利息的利率未作约定的，按照每日利率万分之三支付逾期利息。

C. 机关、事业单位不得强制中小企业接受商业汇票等非现金支付方式，不得利用商业汇票等非现金支付方式变相延长付款期限

D. 机关、事业单位必要时可以强制要求以审计机关的审计结果作为结算依据

【答案】C

【解析】A选项错误，应为60日；B选项错误，应为按照每日利率万分之五支付逾期利息；D选项错误，应为机关、事业单位不得强制要求以审计机关的审计结果作为结算依据。

核心考点二：预付款及期中支付

1. 预付款

预付款最迟在开工通知载明的开工日期7天前支付。

发包人逾期支付预付款超过7天的，承包人有权向发包人发出要求预付的催告通知，发包人收到通知后7天内仍未支付的，承包人有权暂停施工。

2. 安全文明施工费

安全文明施工费由发包人承担，发包人不得以任何形式扣减该部分费用。因基准日期后合同所适用的法律或政府有关规定发生变化，增加的安全文明施工费由发包人承担。

承包人经发包人同意采取合同约定以外的安全措施所产生的费用，由发包人承担。未经发包人同意的，如果该措施避免了发包人的损失，则发包人在避免损失的额度内承担该措施费。如果该措施避免了承包人的损失，由承包人承担该措施费。

除专用合同条款另有约定外，发包人应在开工后 28 天内预付安全文明施工费总额的 50%，其余部分与进度款同期支付。发包人逾期支付安全文明施工费超过 7 天的，承包人有权向发包人发出要求预付的催告通知，发包人收到通知后 7 天内仍未支付的，承包人有权暂停施工。

承包人对安全文明施工费应专款专用，承包人应在财务账目中单独列项备查，不得挪作他用，否则发包人有权责令其限期改正。逾期未改正的，可以责令其暂停施工，由此增加的费用和（或）延误的工期由承包人承担。

3. 工程进度款审核与支付

发包人签发进度款支付证书或临时进度款支付证书，不表明发包人已同意、批准或接受了承包人完成的相应部分的工作。

◆ 考法：安全文明施工费

【例题 1·2021 年真题·单选题】根据《建设工程施工合同（示范文本）》GF—2017—0201，关于安全文明施工费的说法，正确的是（   ）。

A. 因基准日期后合同适用的法律发生变化，增加的安全文明施工费由发包人承担

B. 发包人可以根据施工项目环境和安全情况酌情扣减部分安全文明施工费

C. 承包人经发包人同意采取合同约定以外的安全措施所产生的费用，由承包人承担

D. 承包人对安全文明施工费应专款专用，在财务账目中与管理费合并列项备查

【答案】A

【解析】B 选项错误，安全文明施工费由发包人承担，发包人不得以任何形式扣减该部分费用；C 选项错误，承包人经发包人同意采取合同约定以外的安全措施所产生的费用，由发包人承担；D 选项错误，承包人对安全文明施工费应专款专用，承包人应在财务账目中单独列项备查。

【例题 2·2021 年真题·单选题】根据《建设工程施工合同（示范文本）》GF—2017—0201，发包人应在开工后 28 天内预付安全文明施工费总额的（   ）。

A. 30%

B. 40%

C. 50%

D. 60%

【答案】C

【解析】除专用合同条款另有约定外，发包人应在开工后 28 天内预付安全文明施工费总额的 50%，其余部分与进度款同期支付。

【例题 3·2020 年真题·单选题】根据《建设工程施工合同（示范文本）》GF—2017—0201，关于安全文明施工费的说法，正确的是（   ）。

A. 若基准日期后合同所适用的法律发生变化，增加的安全文明施工费由发包人承担

B. 承包人对安全文明施工费应专款专用，合并列项在财务账目中备查

C. 承包人经发包人同意采取合同以外的安全措施所产生的费用由承包人承担

D. 发包人应在开工后 42 天内预付安全文明施工费总额的 50%

【答案】A

【解析】B 选项错误，承包人对安全文明施工费应专款专用，承包人应在财务账目中单独列项备查，不得挪作他用。C 选项错误，承包人经发包人同意采取合同约定以外的安全措施所产生的费用，由发包人承担。D 选项错误，除专用合同条款另有约定外，发包人应在开工后 28 天内预付安全文明施工费总额的 50%，其余部分与进度款同期支付。

【例题 4·2018 年真题·单选题】根据《建设工程工程量清单计价规范》GB 50500—2013，发包人应在工程开工后的 28 天内预付不低于当年施工进度计划的安全文明施工费总额的（　　）。

A. 50%   B. 90%

C. 60%   D. 100%

【答案】A

【解析】发包人应在工程开工后的 28 天内预付不低于当年施工进度计划的安全文明施工费总额的 50%，其余部分与进度款同期支付。

2Z102046　竣工结算与支付

核心考点：竣工结算款支付

除专用合同条款另有约定外，竣工结算申请单应包括以下内容：（1）竣工结算合同价格；（2）发包人已支付承包人的款项；（3）应扣留的质量保证金；（4）发包人应支付承包人的合同价款。

◆ **考法：竣工结算申请单的内容**

【例题·2019 年真题·多选题】根据《建设工程施工合同（示范文本）》GF—2017—0201，承包人提交的竣工结算申请单应包括的内容有（　　）。

A. 所有已支付的现场签证   B. 竣工结算合同价格

C. 发包人已支付承包人的款项   D. 应扣留的质量保证金

E. 发包人应支付承包人的合同款项

【答案】B、C、D、E

【解析】除专用合同条款另有约定外，竣工结算申请单应包括以下内容：（1）竣工结算合同价格；（2）发包人已支付承包人的款项；（3）应扣留的质量保证金；（4）发包人应支付承包人的合同价款。

2Z102047　质量保证金的处理

核心考点：质量保证金的处理

1. 工程项目竣工前，承包人已提供履约担保的，发包人不得同时预留质量保证金。

2. 承包人提供质量保证金的方式

（1）质量保证金保函（原则上优先采用）；

（2）相应比例的工程款；

（3）双方约定的其他方式。

3. 质量保证金的扣留方式

（1）在支付工程进度款时逐次扣留（原则上优先采用）；

（2）工程竣工结算时一次性扣留；

（3）双方约定。

4. 质量保证金额度：发包人累计扣留的保证金不得超过工程价款结算总额的3%。

◆ **考法1：质量保证金的提供方式**

【例题·2019年真题·单选题】根据《建设工程施工合同（示范文本）》GF—2017—0201，承包人提供质量保证金的方式原则上应为（　　）。

A. 相应比例的工程款 　　　　　　　B. 质量保证金保函

C. 相应额度的担保物 　　　　　　　D. 相应额度的现金

【答案】B

【解析】承包人提供质量保证金有以下三种方式：（1）质量保证金保函；（2）相应比例的工程款；（3）双方约定的其他方式。除专用合同条款另有约定外，质量保证金原则上采用上述第（1）种方式。

◆ **考法2：质量保证金的额度**

【例题·2020年真题·单选题】根据《建设工程施工合同（示范文本）》GF—2017—0201，发包人累计扣留的质量保证金不得超过工程价款结算总额的（　　）。

A. 3% 　　　　　　　　　　　　　　B. 2%

C. 5% 　　　　　　　　　　　　　　D. 10%

【答案】A

【解析】根据《建设工程施工合同（示范文本）》GF—2017—0201第15.3.2条，发包人累计扣留的质量保证金不得超过工程价款结算总额的3%。

2Z102050　施工成本管理任务、程序和措施

核 心 考 点 提 纲

2Z102050　施工成本管理任务、程序和措施 { 2Z102051　施工成本管理的任务和程序
2Z102052　施工成本管理的措施

核 心 考 点 剖 析

2Z102051　施工成本管理的任务和程序

核心考点一：施工成本的组成

施工成本是指施工过程中发生的全部费用的总和，由直接成本和间接成本组成。

直接成本是指构成工程实体或有助于工程实体形成的各项费用支出，包括人工费、材料费和施工机具使用费。

间接成本是指为施工准备、组织和管理施工生产的全部费用的支出，包括管理人员工资、办公费、差旅交通费等。

◆ **考法：施工成本的组成**

【例题·2021年真题·单选题】下列施工单位发生的各项费用支出中，可以计入施工直接成本的是（　　）。

A. 施工现场管理人员工资　　　　B. 组织施工生产必要的差旅交通费

C. 构成工程实体的材料费用　　　D. 施工过程中发生的贷款利息

【答案】C

【解析】直接成本是指施工过程中耗费的构成工程实体或有助于工程实体形成的各项费用支出，可以直接计入工程对象的费用，包括人工费、材料费和施工机具使用费等。A、B、D选项属于间接成本。

核心考点二：成本管理的基础工作

成本管理首先要做好基础工作，成本管理的基础工作是多方面的，成本管理责任体系的建立是其中最根本最重要的基础工作。此外，应从以下各方面为成本管理创造良好的基础条件：

（1）统一组织内部工程项目成本计划的内容和格式。

（2）建立企业内部施工定额。

（3）建立生产资料市场价格信息的收集网络和必要的派出询价网点。

（4）建立已完项目的成本资料、报告报表等的归集、整理、保管和使用管理制度。

（5）科学设计成本核算账册体系、业务台账、成本报告报表。

◆ **考法：成本管理的基础工作**

【例题·2021年真题·单选题】施工成本管理中最根本和最重要的基础工作是（　　）。

A. 科学设计成本核算账册体系

B. 建立成本管理责任体系

C. 建立企业内部施工定额并保持其适应性

D. 建立生产资料市场价格信息的收集网络

【答案】B

【解析】成本管理首先要做好基础工作，成本管理的基础工作是多方面的，成本管理责任体系的建立是其中最根本最重要的基础工作。

核心考点三：成本管理的任务

成本管理的任务包括：成本计划、成本控制、成本核算、成本分析、成本考核。

1. 成本计划

成本计划是以货币形式编制的书面方案，是建立成本管理责任制、开展成本控制和核算的基础，是降低成本的指导文件，是设立目标成本的依据。

2. 成本控制

成本控制贯穿于投标阶段直至保证金返还的全过程。可分为事先控制、事中控制（过程控制）和事后控制。

3. 成本核算

成本核算包括两个基本环节：一是按照规定的成本开支范围对施工成本进行归集和分配，计算出施工成本的实际发生额；二是根据成本核算对象，采用适当的方法，计算出该施工项目的总成本和单位成本。

成本核算一般以单位工程为核算对象。项目管理机构按照会计周期进行成本核算。

对竣工工程的成本核算，应区分为竣工工程现场成本和竣工工程完全成本，分别由项目管理机构和企业财务部门进行核算分析，其目的在于分别考核项目管理绩效和企业经营效益。

4. 成本分析

成本分析贯穿于施工成本管理的全过程。成本分析主要利用成本核算资料，与目标成本、预算成本以及类似项目实际成本进行比较。成本偏差控制，分析是关键，纠偏是核心。

◆ 考法：成本管理的任务

【例题1·2019年真题·单选题】建设工程项目成本管理的任务中，作为建立施工项目成本管理责任制、开展成本控制和核算的基础是（　　）。

A. 成本预测 B. 成本计划

C. 成本考核 D. 成本分析

【答案】B

【解析】成本计划是建立施工项目成本管理责任制、开展成本控制和核算的基础，此外，它还是项目降低成本的指导文件，是设立目标成本的依据。

【例题2·2018年真题·单选题】对竣工项目进行工程现场成本核算的目的是（　　）。

A. 评价财务管理效果 B. 核算企业经商效益

C. 考核项目管理绩效 D. 评价项目成本效益

【答案】C

【解析】对竣工工程的成本核算，应区分竣工工程现场成本和竣工工程完全成本，两者分别由项目管理机构和企业财务部门进行核算分析，其目的在于分别考核项目管理绩效和企业经营效益。

【例题3·2017年真题·多选题】关于施工成本核算的说法，正确的是（　　）。

A. 成本核算制和项目经理责任制等共同构成项目管理的运行机制

B. 定期成本核算是竣工工程全面成本核算的基础

C. 成本核算时应做到预测、计划、实际成本三同步

D. 竣工工程完全成本用于考核项目管理绩效

E. 施工成本一般以单位工程为成本核算对象

【答案】A、B、E

【解析】项目管理必须实行施工成本核算制，它和项目经理责任制等共同构成了项目管理的运行机制。施工成本核算一般以单位工程为对象。形象进度、产值统计、实际成本归集"三同步"，即三者的取值范围应是一致的。定期的成本核算是竣工工程全面成本核

算的基础。竣工工程现场成本和竣工工程完全成本，分别由项目经理部和企业财务部门进行核算分析，其目的在于分别考核项目管理绩效和企业经营效益。

核心考点四：成本管理的程序

项目成本管理应遵循下列程序：

（1）掌握生产要素的价格信息；

（2）确定项目合同价；

（3）编制成本计划，确定成本实施目标；

（4）进行成本控制；

（5）进行项目过程成本分析；

（6）进行项目过程成本考核；

（7）编制项目成本报告；

（8）项目成本管理资料归档。

◆ **考法：成本管理的程序**

【例题1·2020年真题·单选题】根据成本管理的程序，进行项目过程成本分析的紧后工作是（　　）。

A. 进行项目过程成本考核　　　　B. 编制项目成本计划

C. 进行项目成本控制　　　　　　D. 编制项目成本报告

【答案】A

【解析】项目成本管理应遵循下列程序：（1）掌握生产要素的价格信息；（2）确定项目合同价；（3）编制成本计划，确定成本实施目标；（4）进行成本控制；（5）进行项目过程成本分析；（6）进行项目过程成本考核；（7）编制项目成本报告；（8）项目成本管理资料归档。

【例题2·2021年真题·多选题】根据项目成本管理程序，在成本考核前需完成的工作有（　　）。

A. 编制成本计划、确定成本实施目标　　B. 编制项目成本报告

C. 项目成本管理资料归档　　　　　　　D. 进行成本控制

E. 进行项目过程成本分析

【答案】A、D、E

【解析】项目成本管理应遵循下列程序：（1）掌握生产要素的价格信息；（2）确定项目合同价；（3）编制成本计划，确定成本实施目标；（4）进行成本控制；（5）进行项目过程成本分析；（6）进行项目过程成本考核；（7）编制项目成本报告；（8）项目成本管理资料归档。

2Z102052　施工成本管理的措施

核心考点：施工成本管理的措施

组织措施 （不需增加费用）	组织、人、部门、分工、流程、会议、责任制、编审调整（进度、工作计划）；生产要素优化配置、定额管理、任务单管理、活劳动、物化劳动、施工调度

管理措施	思想、方法、手段、合同管理、风险管理、网络计划、信息技术（软件、局域网、互联网、数据处理设备）、承发包（采购）模式
经济措施 （最易接受采用）	资金、资源、激励、对成本管理目标进行风险分析； 增减账、业主签证
技术措施	设计、施工、换机换料、技术经济分析

◆ 考法1：组织措施

【例题1·2021年真题·单选题】下列施工成本管理措施中，属于组织措施的是（　　）。

A. 编制成本控制计划，确定合理的工作流程

B. 确定合理的施工机械、设备使用方案

C. 对成本管理目标进行风险分析并制定防范对策

D. 选择适合于工程规模、性质和特点的合同构模式

【答案】A

【解析】B选项属于技术措施，C选项属于经济错误，D选项属于合同措施。

【例题2·2021年真题·多选题】下列施工成本管理措施中，属于组织措施的有（　　）。

A. 利用施工组织设计降低材料的库存成本

B. 确定合理详细的成本管理工作流程

C. 加强施工任务单管理

D. 确定施工设备使用方案

E. 编制成本控制工作计划

【答案】B、C、E

【解析】A、D选项属于技术措施；B、C、E选项属于组织措施。

◆ 考法2：经济措施

【例题·2020年真题·单选题】下列施工成本管理措施中，属于经济措施的是（　　）。

A. 做好施工采购计划　　　　　　B. 分解成本管理目标

C. 选用合适的合同结构　　　　　D. 确定施工任务单管理流程

【答案】B

【解析】A、D选项属于组织措施，C选项属于合同措施

◆ 考法3：技术措施

【例题1·2020年真题·多选题】下列施工成本管理措施中，属于技术措施的有（　　）。

A. 加强施工任务单管理　　　　　B. 加强施工调度

C. 确定最佳施工方案　　　　　　D. 进行材料使用的比选

E. 使用先进的机械设备

【答案】C、D、E

【解析】A、B选项属于组织措施。

【例题2·2019年真题·多选题】下列施工成本管理的措施中，属于技术措施的有（　　）。

A. 确定合适的施工机械、设备使用方案

B. 落实各种变更签证

C. 在满足功能要求下，通过改变配合比降低材料消耗

D. 加强施工调度，避免物料积压

E. 确定合理的成本控制工作流程

【答案】A、C

【解析】B 选项属于合同措施；D、E 选项属于组织措施。

2Z102060　施工成本计划和成本控制

核心考点提纲

$$2Z102060\quad 施工成本计划和成本控制\begin{cases} 2Z102061\quad 施工成本计划的类型 \\ 2Z102062\quad 施工成本计划的编制依据和程序 \\ 2Z102063\quad 施工成本计划的编制方法 \\ 2Z102064\quad 施工成本控制的依据和程序 \\ 2Z102065\quad 施工成本控制的方法 \end{cases}$$

核心考点剖析

2Z102061　施工成本计划的类型

核心考点一：施工成本计划的类型

类型	阶段	依据	特点
竞争性成本计划	投标、签订合同	招标文件	估算工作需要的全部费用
指导性成本计划	选派项目经理	合同价	以此确定项目经理责任总成本目标
实施性成本计划	施工准备	实施方案	采用施工定额通过施工预算编制

◆ **考法 1：三种施工成本计划类型的区别**

【例题·2014 年真题·单选题】关于竞争性成本计划、指导性成本计划和实施性成本计划三者区别的说法，正确的是（　　）。

A. 指导性成本计划是项目施工准备阶段的施工预算成本计划，比较详细

B. 实施性成本计划是选派项目经理阶段的预算成本计划

C. 指导性成本计划是以项目实施方案为依据编制的

D. 竞争性成本计划是项目投标和签订合同极端的估算成本计划，比较粗略

【答案】D

【解析】（1）竞争性成本计划，即工程项目投标及签订合同阶段的估算成本计划，虽也着力考虑降低成本的途径和措施，但总体上较为粗略。

（2）指导性成本计划，即选派项目经理阶段的预算成本计划，是项目经理的责任成本目标。它是以合同标书为依据，按照企业的预算定额标准制定的设计预算成本计划，且一般情况下只是确定责任总成本指标。

（3）实施性计划成本，即项目施工准备阶段的施工预算成本计划，它以项目实施方案为依据，落实项目经理责任目标为出发点，采用企业的施工定额，通过施工预算的编制而形成的实施性施工成本计划。

◆ 考法 2：实施性成本计划的编制依据

【例题·2020 年真题·单选题】编制施工项目实施性成本计划的主要依据是（　　）。

A. 项目投标报价　　　　　　　　　B. 施工预算

C. 项目所在地造价信息　　　　　　D. 施工图预算

【答案】B

【解析】施工预算是编制实施性成本计划的主要依据，是施工企业为了加强企业内部的经济核算，在施工图预算的控制下，依据企业内部的施工定额，以建筑安装单位工程为对象，根据施工图纸、施工定额、施工及验收规范、标准图集、施工组织设计（或施工方案）编制的单位工程（或分部分项工程）施工所需的人工、材料和施工机械台班用量的技术经济文件。

核心考点二：施工图预算和施工预算的对比——两算对比

	编制依据不同	适用范围不同	发挥作用不同
施工图预算	预算定额	建设单位、施工单位	投标报价
施工预算	施工定额	施工企业内部	组织生产
实物对比法和金额对比法：人工费、材料费、机具费，施工预算比施工图预算低 6% 左右			
脚手架：施工图预算——根据建筑面积计算，施工预算——根据施工方案计算			
模板：施工图预算——按混凝土体积计算，施工预算——按混凝土与模板接触面积计算			

◆ 考法：施工图预算与施工预算对比

【例题·2021 年真题·单选题】关于施工图预算和施工预算区别的说法，正确的是（　　）。

A. 施工图预算的编制以施工定额为依据，施工预算的编制以预算定额为依据

B. 施工图预算只能由造价咨询机构编制，施工预算只能由施工企业编制

C. 施工图预算和施工预算都可以作为投标报价的主要依据，但施工预算更为详细

D. 施工图预算适用于发包人和承包人，施工预算适用于施工企业的内部管理

【答案】D

【解析】A 选项错误，施工预算的编制以施工定额为主要依据，施工图预算的编制以预算定额为主要依据；B 选项错误，施工图预算和施工预算既可以由企业自身来编制，也可以由专业的造价机构来编制；C 选项错误，施工预算是承包人组织生产、编制施工计划、准备现场材料、签发任务书、考核工效、进行经济核算的依据，它也是承包人改善经

营管理、降低生产成本和推行内部经营承包责任制的重要手段。而施工图预算则是投标报价的主要依据。

2Z102062 施工成本计划的编制依据和程序

核心考点：施工成本计划的编制依据和程序

1. 成本计划编制的依据

（1）合同文件；

（2）项目管理实施规划；

（3）相关设计文件；

（4）价格信息；

（5）相关定额；

（6）类似项目的成本资料。

2. 成本计划编制的程序

（1）预测项目成本；

（2）确定项目总体成本目标；

（3）编制项目总体成本计划；

（4）项目管理机构和职能部门分别确定各自的成本目标，编制相应的成本计划；

（5）制定相应的控制措施；

（6）审批相应的成本计划。

◆ **考法：成本计划编制的依据**

【例题·单选题】下列选项中，属于成本计划编制的依据有（　　）。

A. 合同文件　　　　　　　　　　B. 施工组织设计

C. 相关设计文件　　　　　　　　D. 价格信息

E. 相关定额

【答案】A、C、D、E

【解析】成本计划编制的依据有合同文件、相关设计文件、价格信息、相关定额、项目管理实施规划以及类似项目的成本资料。

2Z102063 施工成本计划的编制方法

核心考点：施工成本计划的编制方法

1. 按成本组成编制成本计划

施工成本可以分解为人工费、材料费、施工机具使用费和企业管理费等。

图 2Z102063-1　按成本构成分解

2. 按项目结构编制成本计划

单项工程成本—单位工程成本—分部工程成本—分项工程成本。

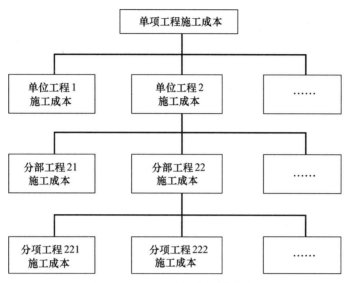

图 2Z102063-2 按项目结构分解

在编制成本支出计划时，要在项目总体层面上考虑总的预备费，也要在主要的分项工程中安排适当的不可预见费。

3. 按工程实施阶段编制成本计划

时间—成本累积曲线（S形曲线）的绘制步骤：

（1）确定项目进度计划，编制横道图；

（2）计算单位时间成本，在时标网络图上按月编制成本支出计划直方图；

（3）计算累计支出成本额；

（4）绘制S形曲线。

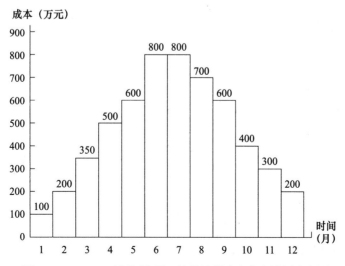

图 2Z102063-3 时标网络图上按月编制成本支出计划直方图

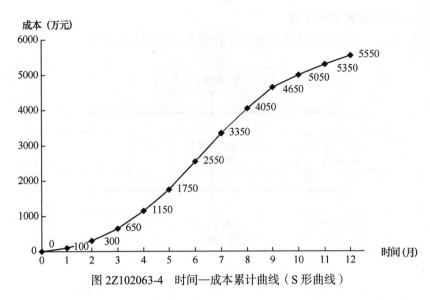

图 2Z102063-4　时间—成本累计曲线（S 形曲线）

S 形曲线必然包络在全部工作都按最早开始时间开始和最迟开始时间开始的曲线所组成的"香蕉图"内。

项目经理可通过调整非关键路线上的工序项目的最早或最迟开工时间，力争将实际的成本支出控制在计划的范围内。

一般而言，所有工作按最迟开始时间开始，有利于节约贷款利息，但降低了按期竣工保证率。

◆ **考法：时间—成本累计曲线编制施工成本计划**

【例题 1·2021 年真题·单选题】为了提高项目按期竣工的概率，编制 S 形曲线成本计划时，可以采取的做法是（　　）。

A. 非关键线路上的工作都按最迟时间开始

B. 所有工作都按最早时间开始

C. 施工成本大的工作按最迟时间开始

D. 人工消耗量大的工作按最早时间开始

【答案】B

【解析】一般而言，所有工作都按最迟开始时间开始，对节约资金贷款利息是有利的。但同时也降低了项目按期竣工的保证率。

【例题 2·2019 年真题·单选题】采用时间—成本累计曲线法编制建设工程项目成本计划时，为了节约资金贷款利息，所有工作的时间宜按（　　）确定。

A. 最早开始时间　　　　　　　　B. 最迟完成时间减干扰时差

C. 最早完成时间加自由时差　　　D. 最迟开始时间

【答案】D

【解析】一般而言，所有工作都按最迟开始时间开始，对节约资金贷款利息是有利的，但同时也降低了项目按期竣工的保证率。

【例题 3·2017 年真题·单选题】关于用时间—成本累计曲线编制施工成本计划的说

法，正确的是（　　　）。

  A. 可调整非关键工作的开工时间以控制实际成本支出

  B. 全部工作必须按照最早开始时间安排

  C. 全部工作必须按照最迟开始时间安排

  D. 可缩短关键工作的持续时间以降低成本

【答案】A

【解析】A选项正确，项目经理可根据编制的成本支出计划来合理安排资金，同时项目经理也可以根据筹措的资金来调整S形曲线，即通过调整非关键路线上的工序项目的最早或最迟开工时间，力争将实际的成本支出控制在计划的范围内。B选项错误，S形曲线在由全部工作都按最早开始时间开始和全部工作都按最迟必须开始时间开始的曲线所组成的"香蕉图"内。C选项错误。D选项错误，可缩短非关键工作的持续时间以降低成本。

2Z102064　施工成本控制的依据和程序

核心考点：施工成本控制的依据和程序

1. 成本控制的依据

（1）合同文件；

（2）成本计划；

（3）进度报告：进度报告提供了对应时间节点的工程实际完成量、工程成本实际支出情况，有助于管理者及时发现工程实施中存在的隐患；

（4）工程变更与索赔资料；

（5）各种资源市场信息。

2. 成本控制的程序

（1）要做好施工成本的过程控制，必须制定规范的过程控制程序。

（2）成本过程控制有两类程序：行为控制程序，指标控制程序。

（3）行为控制程序是基础，指标控制程序是重点。两者既独立又联系，既补充又制约。

（4）成本管理体系的建立是企业自身的需要，没有社会组织评审和认证。

◆ **考法1：施工成本控制**

【例题·2014年真题·多选题】关于施工成本控制的说法，正确的有（　　　）。

  A. 采用合同措施控制施工成本，应包括从合同谈判直至合同终结的全过程

  B. 施工成本控制应贯穿于项目从投标阶段直至竣工验收的全过程

  C. 现行成本控制的程序不符合动态跟踪控制的原理

  D. 合同文件和成本计划是成本控制的目标

  E. 成本控制可分为事先控制、事中控制和事后控制

【答案】B、D、E

【解析】建设工程项目施工成本控制应贯穿于项目从投标阶段开始直至保证金返还的

全过程。施工成本控制可分为事先控制、事中控制（过程控制）和事后控制。在项目的施工过程中，需按动态控制原理对实际施工成本的发生过程进行有效控制。合同文件和成本计划是成本控制的目标，进度报告和工程变更与索赔资料是成本控制过程中的动态资料。采用合同措施控制施工成本，应贯穿整个合同周期，包括从合同谈判开始到合同终结的全过程。

◆ **考法 2：成本控制的程序**

【例题·2020年真题·单选题】项目施工成本的过程控制的程序主要包括（　　　）。

A. 管理控制程序和评审控制程序

B. 管理行为控制程序和指标控制程序

C. 管理人员激励程序和指标控制程序

D. 管理行为控制程序和目标考核程序

【答案】B

【解析】成本过程控制有两类程序，一是管理行为控制程序，二是指标控制程序。

2Z102065　施工成本控制的方法

核心考点一：赢得值法

一、赢得值法的计算

三个基本参数	已完工作预算费用（$BCWP$）＝已完成工作量 × 预算单价
	计划工作预算费用（$BCWS$）＝计划工作量 × 预算单价
	已完工作实际费用（$ACWP$）＝已完成工作量 × 实际单价
四个评价指标	费用偏差（CV）＝已完工作预算费用（$BCWP$）－已完工作实际费用（$ACWP$） $C＝B－A$　　1. $CV<0$ 时，表示费用超支　　2. $CV>0$ 时，表示费用节支
	进度偏差（SV）＝已完工作预算费用（$BCWP$）－计划工作预算费用（$BCWS$） $S＝P－S$　　1. $SV<0$ 时，表示进度延误　　2. $SV>0$ 时，表示进度提前
	费用绩效指数（CPI）＝已完工作预算费用（$BCWP$）／已完工作实际费用（$ACWP$） $C＝B/A$　　1. $CPI<1$ 时，表示费用超支　　2. $CPI>1$ 时，表示费用节支
	进度绩效指数（SPI）＝已完工作预算费用（$BCWP$）／计划工作预算费用（$BCWS$） $S＝P/S$　　1. $SPI<1$ 时，表示进度延误　　2. $SPI>1$ 时，表示进度提前

二、赢得值法的特点

1. 费用（进度）偏差反映的是绝对偏差，仅适用于对同一项目作偏差分析。费用（进度）绩效指数反映的是相对偏差，可适用于同一项目和不同项目之间的偏差分析。

2. 可以克服进度、费用分开控制的缺点。

3. 可以定量的判断进度、费用的执行效果。

4. 可以对趋势进行预测。

5. 最理想的状态是已完工作实际费用、计划工程预算费用和已完成工作预算费用三条曲线靠得很近、平稳上升，表明项目按预定计划目标进行。

◆ **考法1：赢得值法的计算**

【例题1·2021年真题·单选题】某清单项目计划工程量为300m³，预算单价为600元，已完工程量为350m³，实际单价为650元。采用赢得值法分析该项目成本正确的是（   ）。

　A. 费用节约，进度延误　　　　　　B. 费用节约，进度提前

　C. 费用超支，进度延误　　　　　　D. 费用超支，进度提前

【答案】D

【解析】费用偏差（CV）＝已完工作预算费用（$BCWP$）－已完工作实际费用（$ACWP$）＝350×600－350×650＝－17500元＜0，费用超支。

进度偏差（SV）＝已完工作预算费用（$BCWP$）－计划工作预算费用（$BCWS$）＝350×600－300×600＝30000元＞0，进度提前。

【例题2·2019年真题·单选题】对某建设工程项目进行成本偏差分析，若当月计划完成工作量是100m³，计划单价为300元/m³，当月实际完成工作量是120m³，实际单价为320元/m³，关于该项目当月成本偏差分析的说法，正确的是（   ）。

　A. 费用偏差为-2400元，成本超支　　B. 费用偏差为6000元，成本节支

　C. 进度偏差为-6000元，进度延误　　D. 进度偏差为2400元，进度超前

【答案】A

【解析】费用偏差＝已完工作预算费用－已完工作实际费用＝120×300－120×320＝－2400元，成本超支2400元。进度偏差＝已完工作预算费用－计划工作预算费用＝120×300－100×300＝6000元，进度超前。

◆ **考法2：赢得值法的特点**

【例题·2015年真题·单选题】关于赢得值及其曲线的说法，正确的有（   ）。

　A. 最理想状态是已完工作实际费用，计划工作预算费用和已完工作预算三条曲线靠得很近并平稳上升

　B. 进度偏差是相对值指标，相对值越大的项目，表明偏离程度越严重

　C. 如果已完工作实际费用，计划工作预算费用和已完工作费用三条曲线离散度不断增加，则预示着可能发生关系到项目成败的重大问题

　D. 在费用、进度控制中引入赢得值可以克服将费用、进度分开控制的缺点

　E. 同一项目采用费用偏差和费用绩效指数进行分析，结论是一致的

【答案】A、C、D、E

【解析】本题考查的是赢得值法（挣值法）。

（1）费用（进度）偏差反映的是绝对偏差。仅适用于对同一项目作偏差分析。费用（进度）绩效指标反映的是相对偏差，在同一项目和不同项目比较中均可采用。

（2）引入赢得值法，可以克服过去进度、费用分开控制的缺点。引入赢得值法可定量地判断进度、费用的执行效果。

（3）在实际执行过程中，最理想的状态是已完工程实际费用（$ACWP$）、计划工作预

算费用（BCWS）、已完工作预算费用（BCWP）三条曲线靠得很近、平稳上升。

核心考点二：成本偏差分析

1. 偏差分析的表达方法

（1）横道图法

形象、直观，能准确表达费用、进度绝对偏差，而且能直观地表明偏差的严重性。但这种方法反映的信息量少，一般在项目的较高管理层应用。

（2）曲线法

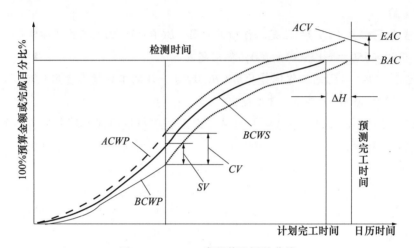

图 2Z102065-1　赢得值法评价曲线

定性与定量相结合，反映费用（进度）累计偏差。

2. 偏差原因分析

偏差分析的目的是找出引起偏差的原因，采取有针对性的措施，减少或避免相同问题再次发生。

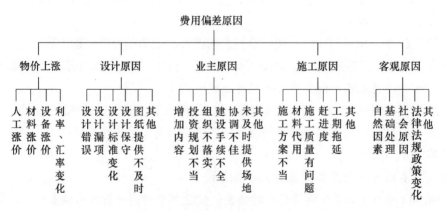

图 2Z102065-2　费用偏差的原因

◆ **考法：偏差原因分析**

【例题 1·2021 年真题·单选题】某施工总承包项目实施过程中，因国家消防设计规范变化导致出现费用偏差，从偏差产生原因来看属于（　　　）。

A. 客观原因   B. 设计原因
C. 施工原因   D. 业主原因

【答案】A

【解析】客观原因包括法律法规政策变化、自然因素、基础处理、社会原因及其他。

【例题 2·2017 年真题·单选题】某工程基坑开挖恰逢雨季，造成承包商雨期施工费用超支，产生此费用偏差的原因是（   ）。

A. 业主原因   B. 设计原因
C. 施工原因   D. 客观原因

【答案】D

【解析】自然因素造成费用增加的属于客观原因。

2Z102070 施工成本核算、成本分析和成本考核

核心考点提纲

2Z102070 施工成本核算、成本分析和成本考核
- 2Z102071 施工成本核算的原则、依据、范围和程序
- 2Z102072 施工成本核算的方法
- 2Z102073 施工成本分析的依据、内容和步骤
- 2Z102074 施工成本分析的方法
- 2Z102075 施工成本考核的依据和方法

核心考点剖析

2Z102071 施工成本核算的原则、依据、范围和程序

核心考点：成本核算的原则、范围和程序

1. 成本核算的原则

成本核算应坚持形象进度、产值统计、成本归集同步原则，即三者取值范围一致。"同步"是指三者工程量相同。

2. 成本核算的范围

根据《企业会计准则第 15 号——建造合同》，工程成本包括从建造合同签订开始至合同完成止的直接费用和间接费用。

直接费用包括：耗用的人工费、材料费、机械使用费，其他直接费。

间接费用包括：企业下属的施工生产单位为组织和管理施工生产所发生的费用。

《财政部关于印发〈企业产品成本核算制度〉的通知》将成本项目分为：直接人工、直接材料、机械使用费、其他直接费用、间接费用、分包成本。

直接材料，是指施工过程中所耗用的、构成工程实体的材料、结构件、机械配件和有助于工程形成的其他材料以及周转材料的租赁费和摊销等。

其他直接费用，是指施工过程中发生的材料搬运费、装卸保管费、燃料动力费、临时

设施摊销、工具用具使用费、检验试验费、工程定位复测费、工程点交费、场地清理费，以及能够单独区分和可靠计量的为订立承包合同而发生的差旅费、投标费等。

3. 成本核算的程序

（1）对所发生的费用进行审核，以确定应计入工程成本的费用和计入各项期间费用的数额。

（2）将应计入工程成本的各项费用，区分为哪些应当计入本月的工程成本，哪些应由其他月份的工程成本负担。

（3）将每个月应计入工程成本的生产费用，在各个成本对象之间进行分配和归集，计算各成本对象的工程成本。

（4）对未完工程进行盘点，以确定本期已完工程实际成本。

（5）将已完工程成本转入工程结算成本；核算竣工工程实际成本。

◆ 考法 1：成本核算的范围

【例题·2020 年真题·单选题】根据《企业会计准则第 15 号——建造合同》，下列费用中，属于间接费用的是（　　　）。

A. 材料装卸保管费　　　　　　　　　B. 项目部的固定资产折旧费
C. 周转材料摊销费　　　　　　　　　D. 施工场地清理费

【答案】B

【解析】A、D 选项属于其他直接费用。其他直接费用是指施工过程中发生的材料搬运费、材料装卸保管费、燃料动力费、临时设施摊销、生产工具用具使用费、检验试验费、工程定位复测费、工程点交费、场地清理费，以及能够单独区分和可靠计量的为订立建造承包合同而发生的差旅费、投标费等费用。C 选项属于直接材料费。直接材料是指在施工过程中所耗用的、构成工程实体的材料、结构件、机械配件和有助于工程形成的其他材料以及周转材料的租赁费和摊销等。

◆ 考法 2：成本核算的程序

【例题·单选题】施工项目成本核算的程序中，将每个月应计入工程成本的生产费用，在各个成本对象之间进行分配和归集，计算各工程成本后需进行的工作是（　　　）。

A. 对未完成工程进行盘点，确定本期已完工程实际成本
B. 对所发生的费用进行审核，确定应计入成本的费用和期间费用
C. 将应计入工程成本的各项费用，区分计入本月或其他月份的工程成本
D. 将已完成工程成本转入工程结算成本

【答案】A

【解析】成本核算的程序：（1）对所发生的费用进行审核，以确定应计入工程成本的费用和计入各项期间费用的数额。（2）将应计入工程成本的各项费用，区分为哪些应当计入本月的工程成本，哪些应由其他月份的工程成本负担。（3）将每个月应计入工程成本的生产费用，在各个成本对象之间进行分配和归集，计算各成本对象的工程成本。（4）对未完工程进行盘点，以确定本期已完工程实际成本。（5）将已完工程成本转入工程结算成本；核算竣工工程实际成本。

2Z102072　施工成本核算的方法

核心考点：成本核算的方法

施工项目成本核算方法主要有表格核算法和会计核算法。

1. 表格核算法：简便易懂，方便操作，实用性好；精度不高，覆盖面较小；用于各岗位和各环节进行成本核算和控制。

2. 会计核算法：科学严密，覆盖面较大；对核算工作人员的专业水平和工作经验都要求较高；项目财务部门一般采用此法；用于整个工程项目成本核算。

◆ **考法：成本核算的方法**

【例题·单选题】关于施工项目成本核算方法的说法，正确的是（　　）。

A. 表格核算法的优点是覆盖面较大

B. 会计核算法不核算工程项目在施工过程中出现的债权债务

C. 表格核算法可用于工程项目施工各岗位成本的责任核算

D. 会计核算法不能用于整个企业的生产经营核算

【答案】C

【解析】表格核算法：简便易懂，方便操作，实用性好；精度不高，覆盖面较小；用于各岗位和各环节进行成本核算和控制。会计核算法：科学严密，覆盖面较大；对核算工作人员的专业水平和工作经验都要求较高；项目财务部门一般采用此法；用于整个工程项目成本核算。

2Z102073　施工成本分析的依据、内容和步骤

核心考点：施工成本分析的依据和步骤

1. 成本分析的依据

（1）会计核算

会计核算主要是价值核算。

（2）业务核算

业务核算的范围比会计核算、统计核算要广。会计和统计核算对已经发生的经济活动进行核算；业务核算，可以对已经发生的，尚未发生或正在发生的经济活动进行核算。

（3）统计核算

统计核算的计量尺度比会计核算宽，可以是货币、实物或劳动量。不仅能提供绝对数指标，还能提供相对数和平均数指标，可以计算当前的实际水平，还可以确定变动速度以预测发展的趋势。

2. 成本分析的步骤

成本分析方法应遵循下列步骤：

（1）选择成本分析方法；

（2）收集成本信息；

（3）进行成本数据处理；

（4）分析成本形成原因；

（5）确定成本结果。

◆ **考法1：成本分析的依据**

【例题·单选题】关于施工成本分析依据的说法，正确的是（　　）。

A. 统计核算可以用货币计算

B. 业务核算主要是价值核算

C. 统计核算的计量尺度比会计核算窄

D. 会计核算可以对尚未发生的经济活动进核算

【答案】A

【解析】会计核算主要是价值核算，B选项错误。统计核算的计量尺度比会计核算宽，C选项错误。会计和统计核算对已经发生的经济活动进行核算；业务核算，可以对已经发生的，尚未发生或正在发生的经济活动进行核算，D选项错误。

◆ **考法2：成本分析的步骤**

【例题·2021年真题·单选题】施工成本分析的主要工作有：（1）收集成本信息；（2）选择成本分析方法；（3）分析成本形成原因；（4）进行成本数据处理；（5）确定成本结果。正确的步骤是（　　）。

A.（1）-（2）-（4）-（5）-（3）　　B.（2）-（1）-（4）-（3）-（5）

C.（2）-（3）-（1）-（5）-（4）　　D.（1）-（3）-（2）-（4）-（5）

【答案】B

【解析】成本分析方法应遵循下列步骤：（1）选择成本分析方法；（2）收集成本信息；（3）进行成本数据处理；（4）分析成本形成原因；（5）确定成本结果。

2Z102074　施工成本分析的方法

核心考点一：成本分析的基本方法

1. 比较法

（1）实际指标与目标指标比：分析影响目标完成的积极因素和消极因素。

（2）本期实际指标与上期比：反映管理水平的提高程度。

（3）与行业平均、先进水平比：反映差距。

2. 因素分析法

因素分析法，又称连环置换法，分析各种因素对成本的影响程度。

3. 差额计算法

差额计算法是因素分析法的简化形式，利用各个因素的目标值与实际值的差额计算对成本的影响程度。

因素分析法、差额计算法的计算思路：

第1个因素变化引起成本变化多少？——（1实际－1计划）×2计划×3计划

第2个因素变化引起成本变化多少？——1实际×（2实际－2计划）×3计划

第3个因素变化引起成本变化多少？——1实际×2实际×（3实际－3计划）

4. 比率法

（1）相关比率法

将两个性质不同且相关的指标加以对比，求出比率，并以此来考查经营成果的好坏。

（2）构成比率法

通过构成比率，可以考查成本总量的构成情况及各成本项目占总成本的比重，同时也可看出预算成本、实际成本和降低成本的比例关系，从而寻求降低成本的途径。

（3）动态比率法

通常采用基期指数和环比指数两种方法，将同类指标不同时期的数值进行对比，以分析该项指标的发展方向和发展速度。

	第一季度	第二季度	第三季度	第四季度
降低成本（万元）	45.60	47.80	52.50	64.30
基期指数％（第一季度＝100）		104.82	115.13	141.01
环比指数％（上一季度＝100）		104.82	109.83	122.48

◆ 考法 1：因素分析法

【例题·2018 年真题·单选题】某单位产品 1 月份成本相关参数见下表，用因素分析法计算，单位产品人工消耗量变动对成本的影响是（　　）元。

项目	单位	计划值	实际值
产品产量	件	180	200
单位产品人工消耗量	工日／件	12	11
人工单价	元／工日	100	110

A. −20000　　　　　　　　　　　B. −18000

C. −19800　　　　　　　　　　　D. −22000

【答案】A

【解析】$200 \times (11-12) \times 100 = -20000$ 元。

◆ 考法 2：比率法

【例题 1·2021 年真题·单选题】施工项目成本分析时，可用于分析某项成本指标发展方向和发展速度的方法是（　　）。

A. 构成比率法　　　　　　　　　B. 动态比率法

C. 因素分析法　　　　　　　　　D. 差额计算法

【答案】B

【解析】动态比率法是将同类指标不同时期的数值进行对比，求出比率，以分析该项指标的发展方向和发展速度。动态比率的计算，通常采用基期指数和环比指数两种方法。

【例题 2·2021 年真题·单选题】某施工项目的成本投标见下表，采用动态比率法进行成本分析时，第四季度的基期指数是（　　）。

	第一季度	第二季度	第三季度	第四季度
降低成本（万元）	45.60	47.80	52.50	64.30
基期指数（%，第一季度＝100）				

    A. 109.83   B. 115.13

    C. 122.48   D. 141.01

【答案】D

【解析】$64.30/45.60 = 141.01$。

核心考点二：综合成本的分析方法

1. 分部分项工程成本分析

（1）是项目成本分析的基础。

（2）分析的对象：已完成的分部分项工程。

（3）分析的方法：预算成本、目标成本和实际成本的"三算"对比，分别计算实际偏差和目标偏差，分析偏差产生的原因。

（4）资料来源：预算成本来自投标报价，目标成本来自施工预算，实际成本来自施工任务单。

（5）无法也没有必要对每一个分部分项工程进行成本分析，但对于那些主要的分部分项工程必须进行成本分析，且从开工到竣工进行系统分析。

2. 月（季）度成本分析

（1）依据：当月（季）成本报表。

（2）如果属于规定的"政策性"亏损，则应从控制支出着手，把超支额压缩到最低程度。

3. 年度成本分析

（1）一年结算一次，不得转入下一年度。

（2）依据：年度成本报表。

（3）重点：针对下一年度施工进展情况制定切实可行的成本管理措施。

4. 竣工成本综合分析

（1）以单位工程竣工成本分析资料为基础。

（2）单位工程竣工成本分析，包括：① 竣工成本分析；② 主要资源节超对比分析；③ 主要技术节约措施及经济效果分析。

◆ **考法 1：分部分项工程成本分析**

【例题 1·2020 年真题·单选题】施工项目综合成本分析的基础是（   ）。

    A. 分部分项工程成本分析   B. 月度成本分析

    C. 年度成本分析   D. 单位工程成本分析

【答案】A

【解析】分部分项工程成本分析是施工项目成本分析的基础。分部分项工程成本分析的对象为已完成分部分项工程。

【例题2·2019年真题·多选题】关于分部分项工程成本分析资料来源的说法，正确的有（　　）。

A. 实际成本应来自实际工程量和计划单价的乘积

B. 投标报价来自预算成本

C. 预算成本来自投标报价

D. 目标成本来自施工预算

E. 成本偏差来自预算成本与目标成本的差额

【答案】C、D

【解析】分部分项工程成本分析的资料来源为：预算成本来自投标报价成本，目标成本来自施工预算。实际成本来自施工任务单的实际工程量、实耗人工和限额领料单的实耗材料。

◆ **考法2：年度成本分析**

【例题·2019年真题·单选题】关于施工企业年度成本分析的说法，正确的是（　　）。

A. 一般一年结算一次，可将本年度成本转入下一年

B. 分析应以年度开工建设的项目为对象，不含以前年度开工的项目

C. 分析的依据是年度成本报表

D. 分析应以年度竣工验收的项目为对象，不含以前年度开工的项目

【答案】C

【解析】A选项错误，不可将本年度成本转入下年。B、D选项错误，项目成本则以项目的寿命周期为结算期，要求从开工到竣工直至保修期结束连续计算，最后结算出总成本及其盈亏。由于项目的施工周期一般较长，除进行月（季）度成本核算和分析外，还要进行年度成本的核算和分析。这不仅是企业汇编年度成本报表的需要，同时也是项目成本管理的需要，通过年度成本的综合分析，可以总结一年来成本管理的成绩和不足，为今后的成本管理提供经验和教训，从而可对项目成本进行更有效的管理。

核心考点三：成本项目的分析方法

1. 人工费分析。

2. 材料费分析

（1）主要材料和结构件费用的分析：受价格和消耗数量影响。

（2）周转材料使用费分析：取决于周转率和损耗率。

（3）采购保管费分析：分析保管费率的变化。

（4）材料储备资金分析：采用因素分析法，分析日平均用量、材料单价和储备天数对储备资金的影响程度。

3. 机械使用费分析。

4. 管理费分析。

◆ **考法：成本项目的分析方法**

【例题·2017年一建真题·单选题】下列成本项目的分析中，属于材料费分析的是（　　）。

A. 分析材料节约将对劳务分包合同的影响

B. 分析材料储备天数对材料储备金的影响

C. 分析施工机械燃料消耗量对施工成本的影响

D. 分析材料检验试验费占企业管理费的比重

【答案】B

【解析】材料费分析包括：（1）主要材料和结构件费用的分析；（2）周转材料使用费分析；（3）采购保管费分析；（4）材料储备资金分析——采用因素分析法，分析日平均用量、材料单价和储备天数对储备资金的影响程度。

核心考点四：专项成本分析方法

1. 成本盈亏异常分析

检查成本盈亏异常的原因，应从经济核算的"三同步"入手。"三同步"检查是提高项目经济核算水平的有效手段，不仅适用于成本盈亏异常的检查，也可用于月度成本的检查。

2. 工期成本分析

工期成本分析是计划工期成本与实际工期成本的比较分析。

工期成本分析一般采用比较法，即将计划工期成本与实际工期成本进行比较，然后应用"因素分析法"分析各种因素的变动对工期成本差异的影响程度。

3. 资金成本分析

资金成本分析通常应用"成本支出率"指标，即实际成本支出占实际工程款收入的比例进行分析。

成本支出率＝计算期实际成本支出／计算期实际工程款收入 ×100%

◆ **考法：专项成本分析方法**

【例题1·2017年一建真题·多选题】专项成本分析中，工期成本分析一般采取的方法有（　　）。

A. 构成比率法　　　　　　　　　B. 成本盈亏异常分析

C. 比较法　　　　　　　　　　　D. 因素分析法

E. 差额计算法

【答案】C、D

【解析】工期成本分析一般采用比较法，然后应用因素分析法。

【例题2·2017年一建真题·单选题】某项目在进行资金成本分析时，其计算期实际工程款收入为220万元，计算期实际成本支出为119万元，计划工期成本为150万元，则该项目成本支出率为（　　）。

A. 30.69%　　　　　　　　　　　B. 54.09%

C. 68.18%　　　　　　　　　　　D. 79.33%

【答案】B

【解析】成本支出率＝计算期实际成本支出／计算期实际工程款收入×100%＝119/220×100%＝54.09%。

2Z102075　施工成本考核的依据和方法

核心考点：成本考核的依据和方法

1. 成本考核的依据

成本考核的主要依据是成本计划确定的各类指标。成本计划一般包括三类指标：

（1）数量指标，如工程项目计划总成本指标、各单位工程（或子项目）计划成本指标、生产要素的计划成本指标；

（2）质量指标，如项目成本降低率；

（3）效益指标，如项目成本降低额。

2. 成本考核的方法

公司应以项目成本降低额、项目成本降低率作为对项目管理机构成本考核的主要指标。

◆ **考法 1：成本考核的依据**

【例题·2021年真题·单选题】下列施工成本计划的指标中，属于效益指标的是（　　）。

A. 责任目标成本计划降低率　　　　B. 设计预算成本计划降低率

C. 按子项汇总的计划总成本指标　　D. 责任目标总成本计划降低额

【答案】D

【解析】施工成本计划包括以下三类指标：数量指标——成本指标。质量指标——降低率。效益指标——降低额。

◆ **考法 2：成本考核的方法**

【例题·2018年真题·单选题】建设工程施工成本考核的主要指标有（　　）。

A. 竣工工程实际成本　　　　　　B. 施工成本降低额

C. 施工成本降低率　　　　　　　D. 局部成本偏差

E. 累计成本偏差

【答案】B、C

【解析】施工成本考核以施工成本降低额和施工成本降低率作为成本考核的主要指标。

本章经典真题回顾

一、单项选择题（每题1分，每题的备选项中，只有1个符合题意）

1.【2021年真题】建筑安装工程费用的构成中，社会保险费的计算基础是（　　）。

A. 定额机械费＋定额人工费　　　　B. 企业管理费

C. 定额人工费　　　　　　　　　　D. 实际人工费

【答案】C

【解析】社会保险费和住房公积金应以定额人工费为计算基础，根据工程所在地省、自治区、直辖市或行业建设主管部门规定费率计算。

2. 【2020年真题】现行税法规定，建筑安装工程费用的增值税是指应计入建筑安装工程造价内的（　　）。

A. 项目应纳税所得额
B. 增值税可抵扣进项税额
C. 增值税进项税额
D. 增值税销项税额

【答案】D

【解析】建筑安装工程费用的税金是指国家税法规定应计入建筑安装工程造价内的增值税销项税额。

3. 【2019年真题】建设工程项目成本管理的任务中，作为建立施工项目成本管理责任制、开展成本控制和核算的基础是（　　）。

A. 成本预测
B. 成本计划
C. 成本考核
D. 成本分析

【答案】B

【解析】成本计划是建立施工项目成本管理责任制、开展成本控制和核算的基础，此外，它还是项目降低成本的指导文件，是设立目标成本的依据。

4. 【2019年真题】根据《建设工程施工合同（示范文本）》GF—2017—0201，承包人提供质量保证金的方式原则上应为（　　）。

A. 相应比例的工程款
B. 质量保证金保函
C. 相应额度的担保物
D. 相应额度的现金

【答案】B

【解析】承包人提供质量保证金有以下三种方式：（1）质量保证金保函；（2）相应比例的工程款；（3）双方约定的其他方式。除专用合同条款另有约定外，质量保证金原则上采用上述第（1）种方式。

5. 【2019年真题】关于分部分项工程量清单项目与定额子目关系的说法，正确的是（　　）。

A. 清单项目与定额子目之间是一一对应的
B. 一个定额子目不能对应多个清单项目
C. 清单项目与定额子目的工程量计算规则是一致的
D. 清单项目组价时，可能需要组合几个定额子目

【答案】D

【解析】A、B选项错误，清单项目一般以一个"综合实体"考虑，包括了较多的工程内容，计价时，可能出现一个清单项目对应多个定额子目的情况。由于一个清单项目可能对应几个定额子目，而清单工程量计算的是主项工程量，与各定额子目的工程量可能并不一致。C选项错误，便一个清单项目对应一个定额子目，也可能由于清单工程量计算规则与所采用的定额工程量计算规则之间的差异，而导致两者的计价单位和计算出来的工程量不一致。

6. 【2019年真题】采用时间—成本累计曲线法编制建设工程项目成本计划时，为了节约资金贷款利息，所有工作的时间宜按（　　）确定。

A. 最早开始时间　　　　　　　　B. 最迟完成时间减干扰时差

C. 最早完成时间加自由时差　　　D. 最迟开始时间

【答案】D

【解析】一般而言，所有工作都按最迟开始时间开始，对节约资金贷款利息是有利的，但同时也降低了项目按期竣工的保证率。

7. 【2019年真题】根据《建设工程工程量清单计价规范》GB 50500—2013，投标人进行投标报价时，发现某招标文件中工程量清单项目特征描述与设计图纸不符，则投标人在确定综合单价时，则（　　）。

A. 以招标工程量清单项目的特征描述为报价依据

B. 以设计图纸作为报价依据

C. 综合两者对项目特征共同描述作为报价依据

D. 暂不报价，待施工时依据设计变更后的项目特征报价

【答案】A

【解析】项目特征是投标人确定综合单价最重要的依据。招投标过程中，项目特征与设计图纸不符，则以项目特征为准；施工过程中，施工图纸或设计变更与项目特征不一致，以实际项目特征为准。

8. 【2018年真题】根据《建设工程工程量清单计价规范》GB 50500—2013，采用经审定批准的施工图纸及其预算方式形成的总合同，施工过程中未发生工程变更，结算工程量应为（　　）。

A. 承包人实际施工的工程量　　　B. 承包人因施工需要自行变更后的工程量

C. 承包人调整施工方案后的工程量　D. 总价合同各项目的工程量

【答案】D

【解析】采用经审定批准的施工图纸及其预算方式发包形成的总价合同，除按照工程变更规定引起的工程量增减外，总价合同各项目的工程量是承包人用于结算的最终工程量。

9. 【2018年真题】某单位产品1月份成本相关参数见下表，用因素分析法计算，单位产品人工消耗量变动对成本的影响是（　　）元。

项目	单位	计划值	实际值
产品产量	件	180	200
单位产品人工消耗量	工日/件	12	11
人工单价	元/工日	100	110

A. −20000　　　　　　　　　　B. −18000

C. −19800　　　　　　　　　　D. −22000

【答案】A

【解析】$200 \times (11-12) \times 100 = -20000$ 元。

10. 【2018年真题】某分部分项工程预算单价为300元/m³，计划1个月完成工程量

$100m^3$，实际施工中用了两个月（匀速）完成工程量 $160m^3$，由于材料费上涨导致实际单价为 330 元 $/m^3$，则该分部分项工程的费用偏差为（　　）元。

A. 4800
B. −4800
C. 18000
D. −18000

【答案】B

【解析】费用偏差＝已完工作预算费用－已完工作实际费用＝160×300−160×330＝−4800 元。

11.【2018 年真题】编制人工定额时，由于作业前准备不充分造成的停工时间应计入（　　）。

A. 多余和偶然时间
B. 施工本身造成的停工时间
C. 非施工本身造成的停工时间
D. 不可避免中断时间

【答案】B

【解析】施工本身造成的停工时间，是由于施工组织不善、材料供应不及时、工作面准备工作做得不好、工作地点组织不良等情况引起的停工时间。

12.【2017 年真题】某出料容量 $0.5m^3$ 的混凝土搅拌机，每一次循环中，装料、搅拌、卸料、中断需要的时间分别为 1、3、1、1min，机械利用系数为 0.8，则该搅拌机的台班产量定额是（　　）$m^3/$ 台班。

A. 32
B. 36
C. 40
D. 50

【答案】A

【解析】考查施工机械台班使用定额的编制。1＋3＋1＋1＝6min，60/6＝10 次，一个台班是 8h，台班产量定额＝10×0.5×8×0.8＝32$m^3/$ 台班。

13.【2017 年真题】根据《建筑安装工程费用项目组成》（建标〔2013〕44 号），施工企业对建筑以及材料、构件和建筑安装物进行一般鉴定、检查所发生的费用，应计入建筑安装工程费用项目中的（　　）。

A. 措施费
B. 规费
C. 材料费
D. 企业管理费

【答案】D

【解析】施工企业对建筑以及材料、构件和建筑安装物进行一般鉴定、检查所发生的费用属于检验试验费，检验试验费属于企业管理费。

14.【2017 年真题】关于用时间—成本累计曲线编制施工成本计划的说法，正确的是（　　）。

A. 可调整非关键工作的开工时间以控制实际成本支出
B. 全部工作必须按照最早开始时间安排
C. 全部工作必须按照最迟开始时间安排
D. 可缩短关键工作的持续时间以降低成本

【答案】A

【解析】A选项正确，项目经理可根据编制的成本支出计划来合理安排资金，同时项目经理也可以根据筹措的资金来调整S形曲线，即通过调整非关键路线上的工序项目的最早或最迟开工时间，力争将实际的成本支出控制在计划的范围内。B选项错误，S形曲线在由全部工作都按最早开始时间开始和全部工作都按最迟必须开始时间开始的曲线所组成的"香蕉图"内。C选项错误。D选项错误，可缩短非关键工作的持续时间以降低成本。

15.【2017年真题】根据《建设工程工程量清单评价规范》GB 50500—2013，施工企业在投标报价时，不得作为竞争性费用的是（　　　）。

A. 总承包服务费　　　　　　　　B. 安全施工费

C. 夜间施工增加费　　　　　　　D. 冬雨期施工增加费

【答案】B

【解析】安全文明施工费、规费和税金不得作为竞争性费用。工程排污费属于规费。

16.【2017年真题】施工企业对竣工工程现场成本和竣工工程完全成本进行核算分析的主体分别是（　　　）。

A. 项目经理部和企业财务部门　　　B. 项目经理部和项目经理部

C. 企业财务部门和企业财务部门　　　D. 企业财务部门和项目经理部

【答案】A

【解析】项目部——核算现场成本——考核项目管理绩效；企业财务部——核算完全成本——考核企业经营效益。

二、多项选择题（每题2分，每题的备选项中，有2个或2个以上符合题意，至少有1个错项。错选，本题不得分；少选，所选的每个选项得0.5分）

1.【2021年真题】根据项目成本管理程序，在成本考核前需完成的工作有（　　　）。

A. 编制成本计划、确定成本实施目标　　　B. 编制项目成本报告

C. 项目成本管理资料归档　　　D. 进行成本控制

E. 进行项目过程成本分析

【答案】A、D、E

【解析】项目成本管理应遵循下列程序：（1）掌握生产要素的价格信息；（2）确定项目合同价；（3）编制成本计划，确定成本实施目标；（4）进行成本控制；（5）进行项目过程成本分析；（6）进行项目过程成本考核；（7）编制项目成本报告；（8）项目成本管理资料归档。

2.【2019年真题】下列施工成本管理的措施中，属于技术措施的有（　　　）。

A. 确定合适的施工机械、设备使用方案

B. 落实各种变更签证

C. 在满足功能要求下，通过改变配合比降低材料消耗

D. 加强施工调度，避免物料积压

E. 确定合理的成本控制工作流程

【答案】A、C

【解析】B选项属于合同措施；D、E选项属于组织措施。

3.【2018年真题】影响建设工程周转性材料的消耗的因素有（　　　）。

A. 第一次制造时的材料消耗

B. 施工工艺流程

C. 每周转使用一次时的材料损耗

D. 周转使用次数

E. 周转材料的最终回收和回收折价

【答案】A、C、D、E

【解析】周转性材料消耗定额的编制和以下四个相关因素有关：

（1）第一次制造时的材料消耗（一次使用量）；

（2）每周转使用一次材料的消耗（第二次使用时需要补充）；

（3）周转使用次数；

（4）周转材料的最终收回及其回收折价。

4.【2018年真题】根据《建设工程工程量清单计价规范》GB 50500—2013，分部分项工程清单项目的综合单价包括（　　　）。

A. 其他项目费

B. 企业管理费

C. 规费

D. 利润

E. 税金

【答案】B、D

【解析】综合单价包括人工费、材料费、施工机具使用费、企业管理费和利润以及一定范围的风险费用。

5.【2018年真题】建设工程施工成本考核的主要指标有（　　　）。

A. 竣工工程实际成本

B. 施工成本降低额

C. 施工成本降低率

D. 局部成本偏差

E. 累计成本偏差

【答案】B、C

【解析】施工成本考核以施工成本降低额和施工成本降低率作为成本考核的主要指标。

6.【2017年真题】根据《建设工程工程量清单计价规范》GB 50500—2013，分部分项工程综合单价应包含（　　　）。

A. 企业管理费

B. 税金

C. 规费

D. 利润

E. 措施费

【答案】A、D

【解析】综合单价＝（人料机费＋管理费＋利润）/清单工程量。

7.【2017年真题】某工程主要工作是混凝土浇筑，中标的综合单价是 400 元 /m³，计划工程量是 8000m³。施工过程中因原材料价格提高使实际单价为 500 元 /m³，实际完成并经监理工程师确认的工程量是 9000m³。若采用赢得值法进行综合分析，正确的结论有（　　　）。

A. 已完工作预算费用 360 万元

B. 费用偏差为 90 万元，费用节省

C. 进度偏差为 40 万元，进度拖延　　　　D. 已完工作实际费用为 450 万元

E. 计划工作预算费用为 320 万元

【答案】A、D、E

【解析】已完工作预算费用＝9000×400＝360 万元。已完工作实际费用＝9000×500＝450 万元。计划工作预算费用＝8000×400＝320 万元。费用偏差＝已完工作预算费用－已完工作实际费用＝360－450＝－90 万元＜0，费用超支 90 万元，B 选项错误。进度偏差＝已完工作预算费用－计划工作预算费用＝360－320＝40 万元＞0，进度提前 40 万元，C 选项错误。

本章模拟强化练习

2Z102010　建筑安装工程费用项目的组成与计算

1. 某施工企业采购一批材料，出厂价为 5000 元 /t，运杂费是材料采购价的 6%，运输中材料的损耗率为 1%，保管费率为 2%，则该批材料的单价应为（　　）元。

A. 5151　　　　　　　　　　　　　　B. 5406

C. 5460.06　　　　　　　　　　　　D. 5353

2. 建设工程项目的造价中人工费为 3000 万元，材料费为 6000 万元，施工机具使用费为 1000 万元，企业管理费为 400 万元，利润 800 万元，规费 300 万元，各项费用均不包括含增值税可抵扣进项税额，增值税税率为 9%，则该项目的税后造价为（　　）万元。

A. 11500　　　　　　　　　　　　　B. 1035

C. 12535　　　　　　　　　　　　　D. 1008

3. 某施工机械预算价格为 1000 万元，预计可使用 10 年，每年平均工作 200 个台班，残值率为 15%，按工作量法计算折旧，则该机械台班折旧费为（　　）万元。

A. 0.075　　　　　　　　　　　　　B. 0.5

C. 4.25　　　　　　　　　　　　　　D. 0.425

4. 某施工工程人工费为 100 万元，材料费为 130 万元，施工机具使用费为 50 万元，企业管理费为 20 万元，利润 50 万元，分部分项工程费 150 万元，措施项目费 80 万元，规费费率为 7%，运用一般计税方法计税，则该项目增值税为（　　）万元。

A. 24.5　　　　　　　　　　　　　　B. 33.705

C. 374.5　　　　　　　　　　　　　D. 408.205

5. 根据建筑安装工程费按造价形成划分，下列选项中，说法正确的是（　　）。

A. 安全文明施工费、脚手架工程费属于措施项目费

B. 暂列金额是指在施工过程中由发包人掌握使用、扣除合同价款调整后如有余额，归承包人所有

C. 计日工是指施工图纸以外或合同之内的零星项目所需的费用

D. 不可竞争性费用包括规费、税金两种

6. 根据《建筑安装工程费用项目组成》（建标〔2013〕44号），按造价形成划分，属于安全文明施工费的有（　　）。

A. 临时设施费

B. 安全施工费

C. 建筑工人实名制管理费

D. 医疗保险费

E. 环境保护费

7. 下列关于建安费中其他项目费的说法，正确的有（　　）。

A. 暂列金额是指建设单位在工程量清单中暂定并包括在工程合同价款中的一笔款项

B. 暂列金额在施工过程中由施工单位掌握使用

C. 暂列金额在使用、扣除合同价款调整后如有余额，归建设单位

D. 计日工是指在施工过程中，施工企业完成建设单位提出的施工图纸以外的零星项目或工作所需的费用

E. 总承包服务费由建设单位招标时报价

8. 检验试验费一般不包括（　　）。

A. 自设实验室进行试验所耗用的材料

B. 新结构新材料的试验费

C. 对构件做破坏性试验的费用

D. 建设单位委托检测机构进行检测的费用

E. 对建筑安装物进行一般鉴定、检查所发生的费用

9. 根据《建筑安装工程费用项目组成》（建标〔2013〕44号），属于企业管理费的有（　　）。

A. 特殊情况下支付的工资

B. 对构件做破坏性试验及其他特殊要求检验试验的费用

C. 差旅交通费

D. 工具用具使用费

E. 养老保险费

2Z102020　建设工程定额

1. 建设工程定额是工程建设中各类定额的总称，从编制程序和用途出发，下列说法正确的是（　　）。

A. 预算定额是以工序作为研究对象

B. 施工定额可用来编制施工作业计划、签发施工任务单等

C. 概算定额是预算定额的编制基础

D. 预算定额是企业内部使用的一种定额，属于企业定额的性质

2. 斗容量$1m^3$反铲挖土机，挖三类土、装车、挖土深度$2m$以内，小组成员3人，机械台班产量为7.62（定额单位$100m^3$），则用该机械挖土$100m^3$的人工时间定额为（　　）。

A. 0.13 工日   B. 0.39 工日

C. 0.13 台班   D. 0.39 台班

3. 人工定额的编制方法：技术测定法、统计分析法、比较类推法、经验估计法等。某工程项目，施工条件正常、产品稳定、工序重复量大和统计制度健全，适用于（　　）人工定额的编制方法。

A. 比较类推法   B. 统计分析法

C. 技术测定法   D. 经验估计法

4. 编制某施工机械台班使用定额，测定该机械纯工作 1 小时的生产量为 $5m^3$，机械利用系数平均为 90%，则该机械的台班产量定额为（　　）m^3。

A. 36   B. 40

C. 42   D. 50

5. 编制钢筋工程的人工定额时，应计入时间定额的有（　　）。

A. 消极怠工的时间   B. 绑扎钢筋的时间

C. 领取工具和材料的时间   D. 结束工作时清理和返还工具的时间

E. 工人必需的休息时间

6. 影响建设工程周转性材料的消耗的因素有（　　）。

A. 第一次制造时的材料消耗   B. 施工工艺流程

C. 每周转使用一次时的材料损耗   D. 周转使用次数

E. 周转材料的最终回收和回收折价

2Z102030　工程量清单计价

1. 在对措施项目费计算时，根据不同的情况应采用不同的方法，下列适用于参数法计价的是（　　）。

A. 混凝土模板的计算   B. 脚手架的计算

C. 室内空气污染测试   D. 冬雨期施工增加费

2. 某工程招标人提供的工程量清单中挖土方的工程量为 $3000m^3$，投标人根据其施工方案计算出的挖土方作业量为 $4300m^3$，完成该分项工程的人、料、机费为 76000 元，管理费为 20000 元，利润为 5000 元。其他因素均不考虑，则根据已知条件，本工程的综合单价为（　　）元 /m^3。

A. 23.49   B. 29.28

C. 33.67   D. 38.85

3. 某建设工程采用《建设工程工程量清单计价规范》GB 50500—2013，招标工程量清单中挖土方工程量为 $2000m^3$。投标人根据地质条件和施工方案计算的挖土方工程量为 $3000m^3$。完成该土方分项工程的人工费 20000 元，材料费 15000 元，机械费 10000 元，管理费 5000 元，安全文明施工费 6000 元，利润 15000 元，规费 5000 元，税金 6000 元。如不考虑其他因素，投标人报价时的挖土方综合单价为（　　）元 /m^3。

A. 32.50   B. 21.67

C. 47.25   D. 42.23

4. 关于综合单价编制步骤排序：① 计算定额子目工程量；② 确定组合定额子目；③ 确定人、材、机单价；④ 测算人、材、机消耗量；⑤ 计算清单项目的直接工程费；⑥ 计算清单项目的综合单价；⑦ 计算清单项目的管理费和利润。下列选项中正确的是（　　）。

A. ①②④③⑤⑦⑥   B. ①②④③⑤⑥⑦

C. ②①④③⑤⑦⑥   D. ②①③④⑤⑦⑥

5. 根据《建设工程工程量清单计价规范》GB 50500—2013，关于投标价编制原则与编制方法的说法，正确的是（　　）。

A. 投标报价应由投标人自主确定，且应投标单位自行编制

B. 招投标过程中，项目特征与设计图纸不符以设计图纸为准

C. 为提高中标概率投标报价可以低于工程成本

D. 以施工方案、技术措施等作为投标报价计算的基本条件

2Z102040　计量与支付

1. 在工程计量时，监理人需要计量的内容不包括（　　）。

A. 承包人的原因造成工程量的增加   B. 工程量清单中的全部项目

C. 合同文件中规定的项目   D. 工程变更项目

2. 本工程采用单价合同计价模式，当实际工程量增加或减少超过清单工程量15%时，合同单价予以调整，调整系数分别为0.90或1.1；投标报价中的钢筋、土方的全费用综合单价分别为500元/t、300元/m^3。钢筋实际工程量为1200t，钢筋清单工程量为1000t；土方实际工程量90m^3，土方清单工程量为100m^3。结算时，钢筋工程和土方工程结算价款分别为（　　）元。

A. 450、300   B. 550、270

C. 597500、27000   D. 597500、29700

3. 某建设工程项目合同价为100万元，其中固定不可调部分占50%，其余为可调部分。可调部分中分为钢筋工程和混凝土工程，钢筋工程占可调部分的40%，混凝土工程占可调部分的60%。最终结算时，钢筋工程价格上涨10%，混凝土工程价格上涨20%，其他部分不变，则最终结算价为（　　）万元。

A. 100   B. 108

C. 110   D. 120

4. 施工现场有施工方租赁机械一台，台班单价1000元/台班，折旧费500元/台班，租赁费300元/天。人工日工资单价100元/工日，窝工补贴80元/工日，由于建设单位原因导致电网停电，机械停工3天，人工窝工10工日，则施工单位可索赔（　　）元。

A. 0   B. 1700

C. 1000   D. 1500

5. 下列关于工程计量的相关描述中，正确的是（　　）。

A. 为了解决一些包干项目或较大的工程项目的支付时间过长，影响承包人的资金流动等问题可采用分解计量法

B. 监理人未在收到承包人提交的工程量报表后的 14 天内完成审核的，承包人报送的工程量报告中的工程量视为承包人实际完成的工程量

C. 对于承包人超出施工图纸范围或因承包人原因造成返工的工程量，应双方协商计量

D. 监理人对工程量有异议的，有权要求承包人进行共同复核，承包人未按监理人要求参加复核的，需择期另行复核工程量

6. 某招标工程，已知最终中标价为 1300 万元，发包人的最高投标限价为 1500 万元，则承包人的报价浮动率为（ ）。

A. 13.33%
B. 20%
C. 15%
D. 15.38%

7. 施工单位租赁施工机械一台，租赁费 1000 元／台班，台班单价 1200 元／台班，折旧费 300 元／台班。人工日工资单价 200 元／工日，窝工补贴 50 元／工日，由于建设单位提供的建筑材料延误，导致机械停工 3 台班，人工窝工 10 工日，则施工企业可索赔（ ）元。

A. 3600
B. 1400
C. 3500
D. 0

8. 下列关于变更估价原则的说法，错误的是（ ）。

A. 已标价工程量清单或预算书有相同项目的，按照相同项目单价认定

B. 已标价工程量清单或预算书中无相同项目，但有类似项目的，参照类似项目单价认定

C. 已标价工程量清单或预算书中无相同项目及类似项目单价的，由建设单位确定变更工作的单价

D. 已标价工程量清单或预算书中无相同项目及类似项目单价的，按照合理的成本与利润构成的原则，由合同当事人协商确定变更工作的单价

9. 某建筑工程在施工过程中遭遇地震灾害，下列选项中，不属于施工单位可索赔项目的是（ ）。

A. 停工期间，承包人应发包人要求留在施工场地的必要管理人员及保卫人员的费用

B. 地震过后工程所需清理、修复费用

C. 因地震灾害而延误的工期

D. 地震灾害造成的施工方工程机械的损失费用

2Z102050 施工成本管理任务、程序和措施

1. 根据建设工程项目施工成本的组成，下列属于直接成本的是（ ）。

A. 工具用具使用费
B. 职工教育经费
C. 机械折旧费
D. 管理人员工资

2. 下列关于成本管理的任务的说法，正确的是（　　）。

A. 成本管理的任务包括成本预测、成本控制、成本核算、成本分析、成本考核

B. 成本计划贯穿于项目从投标阶段开始直至保证金返还全过程

C. 对竣工工程的成本核算时，竣工工程现场成本由企业财务部门进行核算分析

D. 施工成本计划是建立施工项目成本管理责任制、开展成本控制和核算的基础

3. 成本管理任务包括成本计划、成本控制、成本核算、成本分析、成本考核几个环节，下列选项中，说法正确的是（　　）。

A. 成本计划是以货币形式编制的书面方案，它是建立施工项目成本管理责任制、开展成本控制和核算的基础

B. 成本控制从施工合同签订开始直至竣工验收合格的全过程

C. 成本核算中，竣工工程现场成本核算由企业财务部门进行，主要考核企业经营效益

D. 施工成本分析是在施工成本考核的基础上，对成本的形成过程和影响成本升降的因素进行分析，以寻求进一步降低成本的途径，包括有利偏差的挖掘和不利偏差的纠正

4. 下列施工成本管理的措施中，属于组织措施的（　　）。

A. 选用合适的分包项目合同结构

B. 编制成本控制计划

C. 确定合适的施工机械、设备使用方案

D. 对施工成本管理目标进行风险分析，并制定防范性对策

E. 做好施工采购规划加强施工定额管理

2Z102060　施工成本计划和成本控制

1. 下列关于施工成本计划类型的说法，正确的是（　　）。

A. 指导性成本计划是项目施工准备阶段的施工预算成本计划

B. 实施性成本计划是选派项目经理阶段的预算成本计划

C. 指导性成本计划是以项目实施方案为依据编制的

D. 竞争性成本计划是在项目投标和签订合同阶段进行编制的估算成本计划，比较粗略

2. 下列有关施工成本控制的程序，正确的是（　　）。

A. 管理行为程序是对成本全过程控制的重点

B. 指标控制程序是对成本进行过程控制的基础

C. 管理行为程序和指标控制程序既相互独立又相互联系，既相互补充又相互制约

D. 成本管理体系的建立是企业自身生存发展的需要，由社会有关组织进行评审和论证

3. 施工成本计划的编制方法包括按成本组成编制，按项目结构编制，按实施阶段编制三种方法。关于此 S 形曲线，下列选项中，说法正确的是（　　）。

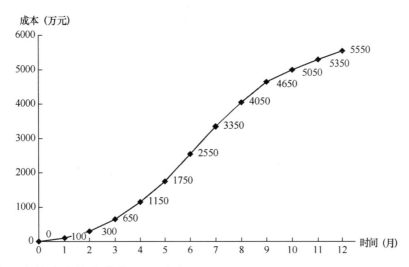

A. 前四个月成本总花费为 650 万元

B. 5 月份当月成本花费为 500 万元

C. S 形曲线（成本计划值曲线）必然包络在由全部工作都按最早时间和最迟时间所组成的"香蕉图"内

D. 按最迟开始时间开始，对节约资金贷款利息不利

4. 关于施工图预算和施工预算的说法，正确的是（　　　）。

A. 施工预算的人工数量及人工费比施工图预算一般要低 8% 左右

B. 施工图预算和施工预算可通过实物对比法和金额对比法进行对比

C. 施工预算中的模板是按混凝土体积计算的

D. 施工预算的编制以预算定额为主要依据

5. 某工程实心砖墙工程 5 月份赢得值参数如下图（单位：万元）所示，下列选项中说法正确的是（　　　）。

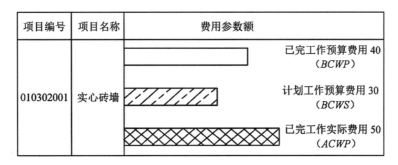

A. 进度偏差 10 万元，进度拖后　　　　　B. 进度偏差 20 万元，进度拖后

C. 费用偏差 10 万元，成本超支　　　　　D. 费用偏差 −10 万元，成本超支

6. 下列选项中，关于进度（费用）偏差、进度（费用）绩效指数的说法，正确的是（　　　）。

A. 费用（进度）偏差反映的是相对偏差

B. 费用（进度）绩效指数反映的是绝对偏差

C. 费用（进度）绩效指数仅适用于对同一项目作偏差分析

D. 在项目的费用、进度综合控制中引入赢得值法，可以克服过去进度、费用分开控制的缺点，可定量地判断进度、费用的执行效果

7. 下列关于成本控制程序的说法，正确的是（　　）。

A. 成本指标控制程序是成本进行过程控制的基础

B. 成本管理行为控制程序是对成本全过程控制的重点

C. 成本管理体系需要社会组织来评审和认证

D. 成本指标控制程序与成本管理行为控制程序既相对独立又相互联系

8. 下列选项中，属于成本计划编制的依据有（　　）。

A. 合同文件　　　　　　　　　　　B. 施工组织设计

C. 相关设计文件　　　　　　　　　D. 价格信息

E. 相关定额

9. 某土石方工程，1月计划工程量 3500m³，预算单价 35 元 /m³。到月末时已完成工程量 3700m³，实际单价 40 元 /m³。若对该项工作采用赢得值法进行偏差分析，则下列说法正确的是（　　）。

A. 已完工作实际费用为 12.95 万元

B. 费用绩效指数 0.875，表明项目运行超出预算费用

C. 进度绩效指数 1.057，表明实际进度比计划进度拖后

D. 费用偏差为 −1.85 万元

E. 进度偏差为 0.7 万元

10. 下列选项中，属于横道图法进行偏差分析特点的有（　　）。

A. 反映的信息量少，一般在项目的较高管理层应用

B. 反映的信息量大

C. 灵活、适用性强，各岗位均适用

D. 能准确表达出费用的绝对偏差且能一眼感受到偏差的严重性

E. 形象、直观、一目了然

2Z102070　施工成本核算、成本分析和成本考核

1. 关于施工项目成本表格核算法的说法，正确的是（　　）。

A. 人为控制因素少、精度高　　　　B. 项目财务部门比较常用

C. 方便操作、但覆盖面较小　　　　D. 对核算工作人员的专业水平要求较高

2. 成本核算的方法主要有表格核算法和会计核算法，其中属于表格核算法特点的是（　　）。

A. 项目财务部门一般采用　　　　　B. 简便易懂，方便操作，实用性较好

C. 核算的覆盖面较大　　　　　　　D. 人为控制的因素较小

3. 某商品混凝土目标成本与实际成本对比见下表，用因素分析法计算，单价的变动对成本的影响是（　　）元。

项目	单位	计划值	实际值
产量	m³	700	730
单价	元	520	550
损耗率	%	3	2

A. 2480

B. 4015

C. 16068

D. 22557

4. 某单位产品 2021 年 5 月份成本相关参数见下表，使用因素分析法分析，下列选项中说法正确的是（　　）元。

项目	单位	计划值	实际值
产品产量	件	180	200
单位产品人工消耗量	工日／作	12	11
人工单价	元／工日	100	110

A. 该项目 5 月份实际总花费超支 26000 元

B. 产品产量变化使成本超支 26000 元

C. 单位产品人工消耗量变化使成本超支 20000 元

D. 人工单价因素变化使成本节约 22000 元

5. 根据会计核算程序，结合工程成本发生的特点和核算的要求，工程成本的核算的过程包括：① 对所发生的费用进行审核，以确定应计入工程成本的费用和计入各项期间费用的数额。② 对未完工程进行盘点，以确定本期已完工程实际成本。③ 将应计入工程成本的各项费用，区分为哪些应当计入本月的工程成本，哪些应由其他月份的工程成本负担。④ 将每个月应计入工程成本的生产费用，在各个成本对象之间进行分配和归集，计算各工程成本。⑤ 将已完工程成本转入工程结算成本，核算竣工工程实际成本。正确的程序为（　　）。

A. ①→③→④→②→⑤

B. ④→①→③→②→⑤

C. ④→③→①→②→⑤

D. ③→①→④→②→⑤

6. 下列关于成本分析依据的说法，正确的是（　　）。

A. 会计核算主要是工程量核算

B. 会计核算的范围比业务核算、统计核算要广

C. 业务核算不但可以核算已经完成的项目是否达到原定的目标、取得预期的效果，而且可以对尚未发生或正在发生的经济活动进行核算

D. 会计核算的计量尺度比统计核算宽，可以用货币计算，也可以用实物或劳动量计算

7. 关于分部分项工程施工成本分析的说法，正确的是（　　）。

A. 分部分项工程成本分析的对象为已完成分部分项工程

B. 分部分项工程成本分析的方法是进行预算成本、实际成本"两算"对比

C. 分部分项工程成本分析的预算成本来自施工预算，目标成本来自投标报价成本

D. 须对施工项目的所有分部分项工程进行成本分析

8. 下列关于分部分项工程成本分析的说法，正确的有（　　）。

A. 分部分项工程成本分析的对象为已完成分部分项工程

B. 施工项目包括很多分部分项工程，因此必须对每一个分部分项工程都进行成本分析

C. 分部分项工程成本分析的方法是进行预算成本、目标成本和实际成本的"三算"对比

D. 预算成本来自施工预算

E. 对于主要分部分项工程必须进行成本分析，而且要做到从开工到竣工进行系统的成本分析

9. 关于成本分析的方法，下列选项中，属于专项成本分析方法的是（　　）。

A. 因素分析法　　　　　　　　　　B. 分部分项成本分析

C. 成本盈亏异常分析　　　　　　　D. 工期成本分析

E. 资金成本分析

10. 成本考核的主要依据是成本计划确定的各类数量指标、质量指标和效益指标。下列选项中，属于质量指标的有（　　）。

A. 工程项目计划总成本指标　　　　B. 设计预算成本计划降低率

C. 责任目标成本计划降低率　　　　D. 设计预算成本计划降低额

E. 责任目标成本计划降低额

★★模拟强化练习答案及解析★★

2Z102010　建筑安装工程费用项目的组成与计算

1. 【答案】C

【解析】材料单价＝（材料原价＋运杂费）×（1＋运输损耗率）×（1＋采购保管费率）＝（5000＋5000×6%）×（1＋1%）×（1＋2%）＝5460.06元。

2. 【答案】C

【解析】（3000＋6000＋1000＋400＋800＋300）×（1＋9%）＝12535万元。

3. 【答案】D

【解析】

$$台班折旧费＝\frac{机械预算价格×（1-残值率）}{耐用总台班数}＝\frac{1000×（1-15\%）}{200×10}＝0.425。$$

4. 【答案】B

【解析】规费＝(人＋材＋机＋管＋利)×规费费率＝（100＋130＋50＋20＋50）×7%＝24.5万元。

税前造价＝人工费＋材料费＋机械费＋管理费＋利润＋规费＝100＋130＋50＋20＋50＋24.5＝374.5 万元。

增值税＝税前造价×9%＝374.5×9%＝33.705 万元。

5.【答案】A

【解析】B 选项错误，暂列金额是指在施工过程中由发包人掌握使用、扣除合同价款调整后如有余额，归发包人所有；C 选项错误，计日工：施工图纸以外或合同之外的零星项目所需的费用；D 选项错误，不可竞争性费用包括安全文明施工费、规费、税金。

6.【答案】A、B、C、E

【解析】安全文明施工费包括临时设施费、安全施工费、建筑工人实名制管理费、文明施工费、环境保护费。

7.【答案】A、C、D

【解析】B 选项错误，暂列金额在施工过程中由发包人掌握使用、扣除合同价款调整后如有余额，归发包人。E 选项错误，总承包服务费由建设单位在最高投标限价中根据总包服务范围和有关计价规定编制，施工企业投标时自主报价，施工过程中按签约合同价执行。

8.【答案】B、C、D

【解析】检验试验费是指施工企业按照有关标准规定，对建筑以及材料、构件和建筑安装物进行一般鉴定、检查所发生的费用，包括自设试验室进行试验所耗用的材料等费用。不包括：新结构、新材料的试验费，对构件做破坏性试验及其他特殊要求检验试验的费用，和建设单位委托检测机构进行检测的费用，对此类检测发生的费用，由建设单位在工程建设其他费用中列支。

9.【答案】C、D

【解析】A 选项属于人工费；B 选项不属于检验试验费；E 选项属于规费。

2Z102020　建设工程定额

1.【答案】B

【解析】A 选项错误，预算定额是以建筑物或构筑物各个分部分项工程为对象编制的定额。C 选项错误，概算定额一般是在预算定额的基础上综合扩大而成的。D 选项错误，施工定额是施工企业为了组织生产和加强管理，在企业内部使用的一种定额，属于企业定额的性质。

2.【答案】B

【解析】单位人工时间定额＝小组成员总人数／总台班数＝3/7.62≈0.39 工日。

3.【答案】B

【解析】统计分析法：适用于施工条件正常、产品稳定、工序重复量大和统计制度健全。比较类推法：用于产品规格多，工序重复、工作量小的施工过程。

4.【答案】A

【解析】施工机械台班产量定额＝机械净工作生产率×工作班延续时间×机械利用系

数＝5×8×90%＝36m³。

5.【答案】B、C、D、E

【解析】人工的时间定额，包括准备与结束时间、基本工作时间、辅助工作时间、不可避免的中断时间及工人必需的休息时间。

6.【答案】A、C、D、E

【解析】周转性材料消耗定额的编制和以下四个相关因素有关：

（1）第一次制造时的材料消耗（一次使用量）；

（2）每周转使用一次材料的消耗（第二次使用时需要补充）；

（3）周转使用次数；

（4）周转材料的最终收回及其回收折价。

2Z102030　工程量清单计价

1.【答案】D

【解析】措施项目费的计算方法一般有以下几种：

（1）综合单价法：混凝土模板、脚手架、垂直运输。

（2）参数法计价：夜间施工增加费、二次搬运费、冬雨期施工增加费。

（3）分包法计价：室内空气污染测试。

2.【答案】C

【解析】综合单价＝（人、料、机费＋管理费＋利润）/清单工程量＝（76000＋20000＋5000）/3000＝33.67。

3.【答案】A

【解析】综合单价＝（人＋料＋机＋管理费＋利润）/清单工程量＝（20000＋15000＋10000＋5000＋15000）/2000＝32.50 元 /m³。

4.【答案】C

【解析】综合单价的计算步骤：

（1）确定组合定额子目。可能出现一个清单项目对应多个定额子目的情况。

（2）计算定额子目工程量。清单工程量不能直接用于计价，应参考施工方案。

（3）测算人、料、机消耗量。

（4）确定人、料、机单价。

（5）计算清单项目的人、料、机费。

（6）计算清单项目的管理费和利润。

（7）计算清单项目的综合单价。

5.【答案】D

【解析】A 选项错误，投标报价由投标人自主确定，但必须执行《建设工程工程量清单计价规范》GB 50500—2013 的强制性规定。投标价应由投标人或受其委托具有相应资质的工程造价咨询人编制。B 选项错误，招投标过程中，项目特征与设计图纸不符以项目特征为准；C 选项错误，投标报价不得低于工程成本。

2Z102040 计量与支付

1. 【答案】A

【解析】监理人一般只对以下三方面的工程项目进行计量：

（1）工程量清单中的全部项目；

（2）合同文件中规定的项目；

（3）工程变更项目。

2. 【答案】C

【解析】钢筋：$1000×（1+15\%）=1150t$。

$1150×500+（1200-1150）×（500×0.9）=597500$ 元。

土方：$90×300=27000$ 元。

3. 【答案】B

【解析】（1）100万元分为两部分，可调部分50万元，固定部分50万元。

（2）可调部分中，钢筋工程$=50×40\%=20$万元；混凝土工程$=50×60\%=30$万元。

（3）结算时，钢筋工程上涨10%$=20×（1+10\%）=22$万元，混凝土工程上涨20%$=30×（1+20\%）=36$万元。

（4）总结算价款＝钢筋结算款＋混凝土结算款＋固定部分$=22+36+50=108$万元。

4. 【答案】B

【解析】$10×80+3×300=1700$ 元。

5. 【答案】A

【解析】B选项错误，监理人未在收到承包人提交的工程量报表后的7天内完成审核的，承包人报送的工程量报告中的工程量视为承包人实际完成的工程量；C选项错误，对于承包人超出施工图纸范围或因承包人原因造成返工的工程量，不予计量；D选项错误，监理人对工程量有异议的，有权要求承包人进行共同复核，承包人未按监理人要求参加复核的，监理人复核或修正的工程量视为承包人实际完成的工程量。

6. 【答案】A

【解析】招标工程承包人报价浮动率＝（1－中标价／最高投标限价）$×100\%=（1-1300/1500）×100\%=13.33\%$。

7. 【答案】C

【解析】$1000×3+50×10=3500$ 元。

8. 【答案】C

【解析】变更估价按照以下约定处理：

（1）有相同项目的：按照相同项目单价认定。

（2）无相同项目，但有类似项目的：参照类似项目的单价认定。

（3）无相同项目及类似项目单价的：按照合理的成本与利润构成的原则，由合同当事人协商。

9. 【答案】D

【解析】不可抗力造成的索赔事件，施工方可索赔延误的工期。费用方面合同双方各自承担各自损失。其中，停工期间，承包人应发包人要求留在施工场地的必要管理人员及保卫人员的费用由发包人承担；工程所需清理、修复费用，由发包人承担。

2Z102050 施工成本管理任务、程序和措施

1.【答案】C

【解析】直接成本包括人工费、材料费、施工机具使用费等。

2.【答案】D

【解析】A选项错误，成本管理的任务包括成本计划、成本控制、成本核算、成本分析、成本考核。B选项错误，施工成本控制应贯穿于项目从投标阶段开始直至保证金返还的全过程。C选项错误，对竣工工程的成本核算，应区分为竣工工程现场成本和竣工工程完全成本，分别由项目管理机构和企业财务部门进行核算分析，其目的在于分别考核项目管理绩效和企业经营效益。

3.【答案】A

【解析】B选项错误，成本控制从投标阶段开始直至保证金返还的全过程。C选项错误，竣工工程现场成本→项目经理部→考核项目管理绩效。竣工工程完全成本→企业财务部门→考核企业经营效益。D选项错误，施工成本分析是在施工成本核算的基础上，对成本的形成过程和影响成本升降的因素进行分析，以寻求进一步降低成本的途径，包括有利偏差的挖掘和不利偏差的纠正。

4.【答案】B、E

【解析】A选项是合同措施；C选项是技术措施；D选项是经济措施。

2Z102060 施工成本计划和成本控制

1.【答案】D

【解析】

类型	阶段	依据	特点
竞争性成本计划	投标、签订合同	招标文件	估算工作需要的全部费用
指导性成本计划	选派项目经理	合同价	以此确定项目经理责任总成本目标
实施性成本计划	施工准备	实施方案	采用施工定额通过施工预算编制

2.【答案】C

【解析】A、B选项错误，管理行为控制程序是对成本全过程控制的基础，指标控制程序则是成本进行过程控制的重点。两个程序既相互独立又相互联系，既相互补充又相互制约。D选项错误，质量管理体系反映的是企业的质量保证能力，由社会有关组织进行评审和论证；成本管理体系的建立是企业自身生存发展的需要，没有社会组织的评审和论证。

3.【答案】C

【解析】A 选项错误，前四个月成本总花费为 1150 万元；B 选项错误，5 月份当月成本花费为 1750－1150＝600 万元；D 选项错误，按最迟开始时间开始，对节约资金贷款利息是有利的。但同时也降低了项目按期竣工的保证率。

4.【答案】B

【解析】A 选项错误，施工预算的人工数量及人工费比施工图预算一般要低 6% 左右。C 选项错误，施工预算中的模板工程按混凝土与模板的接触面积计算。D 选项错误，施工预算的编制以施工定额为主要依据。

5.【答案】D

【解析】进度偏差＝已完工作预算费用－计划工作预算费用＝40－30＝10 万元，进度超前。

费用偏差＝已完工作预算费用－已完工作实际费用＝40－50＝－10 万元，成本超支。

6.【答案】D

【解析】（1）费用（进度）偏差反映的是绝对偏差，仅适用于对同一项目作偏差分析。

（2）费用（进度）绩效指数反映的是相对偏差，同一项目不同项目均可采用。

7.【答案】D

【解析】A 选项错误，成本管理行为控制程序是对成本全过程控制的基础；B 选项错误，成本指标控制程序则是成本进行过程控制的重点；C 选项错误，成本管理体系的建立是企业自身生存发展的需要，没有社会组织来评审和认证。

8.【答案】A、C、D、E

【解析】成本计划编制的依据有合同文件、相关设计文件、价格信息、相关定额、项目管理实施规划以及类似项目的成本资料。

9.【答案】B、D、E

【解析】

已完工作预算费用（$BCWP$）＝已完工作量×预算单价＝3700×35＝12.95 万元。

计划工作预算费用（$BCWS$）＝计划工作量×预算单价＝3500×35＝12.25 万元。

已完工作实际费用（$ACWP$）＝已完工作量×实际单价＝3700×40＝14.8 万元。

费用偏差＝$BCWP$－$ACWP$＝12.95－14.8＝－1.85 万元。

进度偏差＝$BCWP$－$BCWS$＝12.95－12.25＝0.7 万元。

费用绩效指数＝$BCWP/ACWP$＝12.95/14.8＝0.875，表示费用超支。

进度绩效指数＝$BCWP/BCWS$＝12.95/12.25＝1.057，表示进度提前。

10.【答案】A、D、E

【解析】横道图法的特点有：（1）具有形象、直观、一目了然等优点。

（2）能准确表达出费用的绝对偏差且能一眼感受到偏差的严重性。

（3）但这种方法反映的信息量少，一般在项目的较高管理层应用。

2Z102070 施工成本核算、成本分析和成本考核

1.【答案】C

【解析】表格核算法的优点是简便易懂，方便操作，实用性较好；缺点是难以实现较为科学严密的审核制度，精度不高，覆盖面较小。会计核算法的优点是人为控制的因素较小而且核算的覆盖面较大；缺点是对核算工作人员的专业水平和工作经验都要求较高。项目财务部门一般采用。

2.【答案】B

【解析】（1）表格核算法

优点：简便易懂，方便操作，实用性较好。

缺点：难以实现较为科学严密的审核制度，精度不高，覆盖面较小。

（2）会计核算法

优点：科学严密，人为控制的因素较小而且核算的覆盖面较大。

缺点：对核算工作人员的专业水平和工作经验都要求较高。项目财务部门一般采用。

（3）两种核算方法的综合使用

用表格核算法进行工程项目施工各岗位成本的责任核算和控制。用会计核算法进行工程项目成本核算，两者互补，确保工程项目成本核算工作的开展。

3.【答案】D

【解析】$730 \times (550 - 520) \times (1 + 3\%) = 22557$ 元。

4.【答案】A

【解析】计划总花费 $= 180 \times 12 \times 100 = 216000$ 元，实际总花费 $= 200 \times 11 \times 110 = 242000$ 元，实际超支 $= 242000 - 216000 = 26000$ 元，（1）产品产量因素影响 $= (200 - 180) \times 12 \times 100 = 24000$ 元；（2）单位产品人工消耗量因素影响 $= 200 \times (11 - 12) \times 100 = -20000$ 元；（3）人工单价因素影响 $= 200 \times 11 \times (110 - 100) = 22000$ 元。

5.【答案】A

【解析】成本核算的程序：（1）对所发生的费用进行审核，以确定应计入工程成本的费用和计入各项期间费用的数额。（2）将应计入工程成本的各项费用，区分为哪些应当计入本月的工程成本，哪些应由其他月份的工程成本负担。（3）将每个月应计入工程成本的生产费用，在各个成本对象之间进行分配和归集，计算各工程成本。（4）对未完工程进行盘点，以确定本期已完工程实际成本。（5）将已完工程成本转入工程结算成本；核算竣工工程实际成本。

6.【答案】C

【解析】A选项错误，会计核算主要是价值核算；B选项错误，会计核算的范围比业务核算、统计核算要小；D选项错误，统计核算的计量尺度比会计核算宽，可以用货币计算，也可以用实物或劳动量计算。

7.【答案】A

【解析】B选项错误，分部分项工程成本分析的方法是进行预算成本、实际成本与目标成本的"三算"对比；C选项错误，分部分项工程成本分析的预算成本来自投标报价成本，目标成本来自施工预算；D选项错误，由于施工项目包括很多分部分项工程，无法也没有必要对每一个分部分项工程都进行成本分析。特别是一些工程量小、成本费用少的零星工程。但是，对于那些主要分部分项工程必须进行成本分析。

8.【答案】A、C、E

【解析】B选项错误，施工项目包括很多分部分项工程，无法也没有必要对每一个分部分项工程都进行成本分析。D选项错误，预算成本来自投标报价成本，目标成本来自施工预算，实际成本来自施工任务单的实际工程量、实耗人工和限额领料单的实耗材料。

9.【答案】C、D、E

【解析】专项成本分析方法主要包括成本盈亏异常分析、工期成本分析和资金成本分析。

10.【答案】B、C

【解析】（1）成本计划的数量指标，如：（数字）……成本指标。（2）成本计划的质量指标，如：（百分数）……降低率。（3）成本计划的效益指标，如：（差额）……降低额。

2Z103000　施工进度管理

微信扫一扫
查看更多考点视频

本章考情分析

近3年核心考点及分值分布　　　　表 2Z103000

2Z103000	本章条目		2020 年		2021 年		2022 年	
			单选	多选	单选	多选	单选	多选
2Z103010	2Z103011	建设工程项目总进度目标	1	2	1		1	4
	2Z103012	建设工程项目进度控制的任务	1	2		2		
2Z103020	2Z103021	施工进度计划的类型		2	1		1	
	2Z103022	控制性施工进度计划的作用		2				
	2Z103023	实施性施工进度计划的作用	1			2		
2Z103030	2Z103031	横道图进度计划的编制方法			1		1	
	2Z103032	工程网络计划的类型和应用	4		4	2	4	2
	2Z103033	关键工作、关键线路和时差		2			1	
2Z103040	2Z103041	施工进度控制的任务	1			2	1	
	2Z103042	施工进度控制的措施	1				1	2
合　　计			9	10	7	8	10	8
			19		15		18	

2Z103010　建设工程项目进度控制的目标和任务

核心考点提纲

2Z103010　建设工程项目进度控制的目标和任务 { 2Z103011　建设工程项目总进度目标
2Z103012　建设工程项目进度控制的任务

核心考点剖析

2Z103011　建设工程项目总进度目标

核心考点一：项目总进度目标的内涵

1. 建设工程项目的总进度目标指的是整个项目的进度目标，它是在项目决策阶段项目定义时确定的。

2. 建设工程项目总进度目标的控制是业主方项目管理的任务（若采用建设项目总承包的模式，协助业主进行项目总进度目标的控制也是建设项目总承包方项目管理的任务）。

3. 在进行建设工程项目总进度目标控制前，首先应分析和论证目标实现的可能性。

4. 在项目的实施阶段，项目总进度包括：

（1）设计前准备阶段的工作进度。

（2）设计工作进度。

（3）招标工作进度。

（4）施工前准备工作进度。

（5）工程施工和设备安装进度。

（6）工程物资采购工作进度。

（7）项目动用前的准备工作进度等。

◆ **考法 1：项目总进度目标控制的主体**

【例题·2017年真题·单选题】对某综合楼项目实施阶段的总进度目标进行控制的主体是（　　）。

A. 设计单位　　　　　　　　　　B. 施工单位

C. 监理单位　　　　　　　　　　D. 建设单位

【答案】D

【解析】项目总进度目标控制是业主方项目管理的任务（采用建设项目总承包模式，协助业主进行总进度目标控制是其项目管理的任务）。

◆ **考法 2：项目实施阶段进度的时间范畴**

【例题·2020年真题·多选题】项目实施阶段的总进度包括（　　）工作进度。

A. 可行性研究　　　　　　　　　B. 设计

C. 招标　　　　　　　　　　　　D. 工程物资采购

E. 工程施工

【答案】B、C、D、E

【解析】在项目的实施阶段，项目总进度不仅只是施工进度，它包括：（1）设计前准备阶段的工作进度；（2）设计工作进度；（3）招标工作进度；（4）施工前准备工作进度；（5）工程施工和设备安装工作进度；（6）工程物资采购工作进度；（7）项目动用前的准备工作进度等。

◆ **考法 3：项目目标总进度的内涵**

【例题·2017年真题·单选题】关于建设工程项目总进度目标的说法，正确的是（ ）。

A. 建设工程项目总进度目标的控制是施工总承包方项目管理的任务

B. 项目实施阶段的总进度指的就是施工进度

C. 在进行项目总进度目标控制前，应分析和论证目标实现的可能性

D. 项目总进度目标论证就是要编制项目的总进度计划

【答案】C

【解析】A选项错误，建设工程项目总进度目标的控制是业主方项目管理的任务。B选项错误，项目总进度不只是施工进度，还包括：设计前准备阶段的工作进度；设计工作进度；招标工作进度；施工前准备工作进度；工程施工和设备安装进度；工程物资采购工作进度；项目动用前的准备工作进度等。C选项正确，在进行项目总进度目标控制前，应分析和论证目标实现的可能性。D选项错误，项目总进度目标论证并不是单纯的编制项目的总进度计划，它涉及许多工程实施的条件分析和工程实施策划方面的问题。

核心考点二：项目总进度目标的论证

1. 项目总进度目标论证并不是单纯的总进度规划的编制工作，它涉及许多工程实施的条件分析和工程实施策划方面的问题。

2. 大型建设工程项目总进度目标论证的核心工作是通过编制总进度纲要论证总进度目标实现的可能性。

3. 总进度纲要的主要内容：（3总＋1子＋里程碑）

（1）项目实施的总体部署；

（2）总进度规划；

（3）各子系统进度规划；

（4）确定里程碑事件的进度目标；

（5）总进度目标实现的条件和应采取的措施。

4. 项目总进度目标论证的工作步骤：

（1）调查研究和收集资料；

（2）进行项目结构分析；

（3）进行进度计划系统的结构分析；

（4）确定项目的工作编码；

（5）编制各层（各级）进度计划；

（6）协调各层进度计划的关系和编制总进度计划；

（7）若所编制的总进度计划不符合项目的进度目标，则设法调整；

（8）若经过多次调整，进度目标无法实现，则报告项目决策者。

考法 1：总进度纲要的主要内容

【例题·2018年真题·多选题】大型建设工程项目总进度纲要的主要内容包括（ ）。

A. 项目实施总体部署

B. 总进度规划

C. 确定里程碑事件的计划进度目标

D. 施工准备与资源配置计划

E. 总进度目标实现的条件和应采取的措施

【答案】A、B、C、E

【解析】总进度纲要的主要内容包括：（1）项目实施的总体部署；（2）总进度规划；（3）各子系统进度规划；（4）确定里程碑事件的计划进度目标；（5）总进度目标实现条件和应采取的措施。

◆ **考法 2：总进度目标论证的工作步骤**

【例题1·2021年真题·单选题】建设工程项目总进度目标论证的主要工作有：① 进行项目结构分析；② 确定项目工作编码；③ 编制总进度计划；④ 进行进度计划系统的结构分析；⑤ 编制各层进度计划。正确的工作顺序是（　　）。

A. ②－①－③－④－⑤   B. ①－④－②－⑤－③

C. ②－①－③－⑤－④   D. ①－④－②－③－⑤

【答案】B

【解析】建设工程项目总进度目标论证的工作步骤如下：（1）调查研究和收集资料；（2）进行项目结构分析；（3）进行进度计划系统的结构分析；（4）确定项目的工作编码；（5）编制各层（各级）进度计划；（6）协调各层进度计划的关系和编制总进度计划；（7）若所编制的总进度计划不符合项目的进度目标，则设法调整；（8）若经过多次调整，进度目标无法实现，则报告项目决策者。

【例题2·2018年真题·单选题】根据建设工程项目总进度目标论证的工作步骤，编制各层（各级）进度计划的紧前工作是（　　）。

A. 确定项目的工作编码   B. 调查研究和资料收集

C. 进行项目结构分析   D. 进行进度计划系统的结构分析

【答案】A

【解析】建设工程项目总进度目标论证的工作步骤如下：（1）调查研究和收集资料；（2）进行项目结构分析；（3）进行进度计划系统的结构分析；（4）确定项目的工作编码；（5）编制各层（各级）进度计划；（6）协调各层进度计划的关系和编制总进度计划；（7）若所编制的总进度计划不符合项目的进度目标，则设法调整；（8）若经过多次调整，进度目标无法实现，则报告项目决策者。

核心考点三：项目进度计划系统的类型

项目进度计划系统是多个相互关联的进度计划组成的系统，是进度控制的依据。项目进度计划系统的建立和完善有个过程，是逐步完善的。

业主方和项目各参与方可以编制多个不同的建设工程项目进度计划系统，如：

1. 由不同深度的计划构成的进度计划系统包括：

（1）总进度规划（计划）；

（2）项目子系统进度规划（计划）；

（3）项目子系统中的单项工程进度计划等。

2. 由不同功能的计划构成的进度计划系统包括：

（1）控制性进度规划（计划）；

（2）指导性进度规划（计划）；

（3）实施性（操作性）进度计划等。

3. 由不同项目参与方的计划构成的进度计划系统包括：

（1）业主方编制的整个项目实施的进度计划；

（2）设计进度计划；

（3）施工和设备安装进度计划；

（4）采购和供货进度计划等。

由不同周期的计划构成的进度计划系统包括：

（1）5年（或多年）建设进度计划；

（2）年度、季度、月度和旬计划等。

在建设工程项目进度计划系统中，各进度计划或各子系统进度计划编制和调整时，必须注意其相互间的联系和协调。

◆ 考法1：不同项目进度计划系统之间的关系

【例题1·2021年真题·单选题】关于建设项目进度计划系统的说法，正确的是（　　　）。

A. 进度计划系统是指组成进度计划的各项内容，包括执行时需要的资源和措施等

B. 为便于协调各项目参与方，计划系统应由业主负责建立，各参与方协助完善

C. 同一进度计划系统中，各计划的工作结构分解（项目分解）一定相同

D. 同一进度计划系统中，各进度计划之间必须相互协调

【答案】D

【解析】A选项错误，建设工程项目进度计划系统是由多个相互关联的进度计划组成的系统，它是项目进度控制的依据；B选项错误，业主方和项目各参与方可以编制多个不同的建设工程项目进度计划系统；C选项错误，同一进度计划系统中，各计划的工作结构分解（项目分解）不一定相同。

【例题2·2019年真题·单选题】关于建设工程项目进度计划系统构成的说法，正确的是（　　　）。

A. 进度计划系统报表对同一个项目按不同周期进度计划组成的计划系统

B. 进度计划系统是对同一个计划采用不同方法表示的计划系统

C. 同一个项目进度计划系统的组成不变

D. 同一个项目进度计划系统中的各进度计划之间不能相互关联

【答案】A

【解析】C选项错误，由于各种进度计划编制所需要的必要资料是在项目进展过程中逐步形成的，因此项目进度计划系统的建立和完善也有一个过程，它也是逐步完善的。B、D选项错误，建设工程项目进度计划系统是由多个相互关联的进度计划组成的系统，它是项目进度控制的依据。

【例题3·2017年真题·多选题】关于建设工程项目进度计划系统的说法，正确的有（   ）。

A. 项目进度计划系统的建立和完善是逐步进行的

B. 业主方只需编制总进度规划和控制性进度规划

C. 业主方与施工方进度控制的目标和时间范畴相同

D. 在项目进展过程中进度计划需要不断的调整

E. 供货方根据需要和用途可编制不用深度的进度计划系统

【答案】A、D、E

【解析】建设工程项目进度计划系统是由多个相互关联的进度计划组成的系统，它是项目进度控制的依据。由于各种进度计划编制所需要的必要资料是在项目进展过程中逐步形成的，因此项目进度计划系统的建立和完善也有一个过程，它是逐步形成的。根据项目进度控制不同的需要和不同的用途，业主方和项目各参与方可以构建多个不同的建设工程项目进度计划系统。

◆ **考法2：项目进度计划系统的类型**

【例题·2019年真题·单选题】建设工程项目进度计划按编制深度可分为（   ）。

A. 指导性进度计划、控制性进度计划、实施性进度计划

B. 总进度计划、单项工程进度计划、单位工程进度计划

C. 里程碑表、横道图计划、网络计划

D. 年度进度计划、季度进度计划、月进度计划

【答案】B

【解析】

不同深度	不同功能
1. 总进度规划 2. 子系统进度规划 3. 单项工程进度计划	1. 控制性进度规划 2. 指导性进度规划 3. 实施性进度计划

不同参与方	不同周期
1. 业主方进度计划 2. 设计进度计划 3. 施工和设备安装进度计划 4. 采购和供货进度计划	1. 5年建设进度计划 2. 年度、季度、月度、旬计划

2Z103012 建设工程项目进度控制的任务

核心考点：项目进度控制的任务

1. 业主方进度控制的任务是控制整个项目实施阶段的进度。包括控制设计准备阶段的工作进度、设计工作进度、施工进度、物资采购工作进度以及项目动用前准备阶段的工作进度。

2. 设计方进度控制的任务是依据设计合同控制设计进度。要使设计进度与招标、施

工、物资采购的进度相协调。国际上，设计进度计划主要是确定各个阶段的出图计划。出图计划是设计方进度控制的依据，也是业主方控制设计进度的依据。

3. 施工方进度控制的任务是依据施工合同控制施工进度。在进度计划编制方面，施工方应视项目的特点和施工进度控制的需要，编制深度不同的控制性和直接指导项目施工的进度计划，以及按不同计划周期编制的计划，如年度、季度、月度和旬计划等。

4. 供货方进度控制的任务是依据供货合同控制供货进度。供货进度计划包括采购、加工制造、运输等环节。

◆ **考法 1：业主方进度控制的任务**

【例题·2020年真题·单选题】下列进度控制工作中，属于业主方任务的是（   ）。

A. 编制施工图设计进度计划   B. 控制设计准备阶段的工作进度

C. 调整初步设计小组的人员   D. 确定设计总说明的编制时间

【答案】B

【解析】业主方进度控制的任务是控制整个项目实施阶段的进度，包括控制设计准备、设计、施工、物资采购以及项目动用前准备阶段的工作进度。

考法 2：设计方进度控制的任务

【例题·2015年真题·单选题】设计进度计划主要是确定各设计阶段的（   ）。

A. 专业协调计划   B. 设计工作量计划

C. 设计人员配置计划   D. 出图计划

【答案】D

【解析】本题考查的是进度控制的任务。在国际上，设计进度计划主要是确定各设计阶段的设计图纸的出图计划。

考法 3：施工方进度控制任务

【例题1·2021年真题·多选题】下列建设工程项目进度控制的任务中，属于施工方进度控制任务的有（   ）。

A. 估算施工资源投入   B. 调整施工进度计划

C. 论证项目进度总目标   D. 协调作业班组的进度

E. 编制总进度纲要

【答案】B、D

【解析】施工方进度控制的任务是依据施工任务委托合同对施工进度的要求控制施工工作进度，这是施工方履行合同的义务。

【例题2·2020年真题·多选题】施工方根据项目特点和施工进度控制的需要，编制的施工进度计划有（   ）。

A. 建设项目总进度纲要   B. 主体结构施工进度计划

C. 安装工程施工进度计划   D. 旬施工作业计划

E. 资源需求计划

【答案】B、C、D

【解析】在进度计划编制方面，施工方应视项目的特点和施工进度控制的需要，编制深度不同的控制性和直接指导项目施工的进度计划，以及按不同计划周期编制的计划，如年度、季度、月度和旬计划等。

2Z103020 施工进度计划的类型及其作用

核心考点提纲

2Z103020　施工进度计划的类型及其作用   2Z103021　施工进度计划的类型
2Z103022　控制性施工进度计划的作用
2Z103023　实施性施工进度计划的作用

核心考点剖析

2Z103021　施工进度计划的类型

核心考点：企业生产计划与施工进度计划的关系

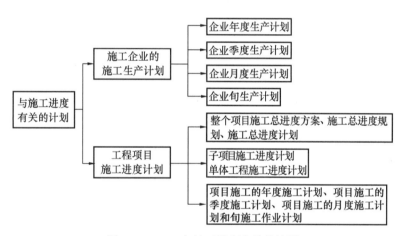

图 2Z103021　与施工进度有关的计划

1. 大型建设工程项目进度计划的层次多一些，而小型项目只需编制施工总进度计划。

2. 施工企业的施工生产计划与建设工程项目施工进度计划虽属于两个不同的系统的计划，但是，两者是紧密相关的。前者针对整个企业，后者针对一个具体工程项目。

3. 大型和特大型建设工程项目需要编制控制性施工进度计划、指导性施工进度计划和实施性施工进度计划，而小型建设工程项目仅编制两个层次的计划即可。

◆ **考法：企业生产计划与施工进度计划的关系**

【例题1·2021年真题·单选题】关于施工进度计划类型的说法，正确的是（　　）。

A. 项目施工总进度方案是企业计划，单位工程施工进度计划是项目计划

B. 施工企业的施工生产计划和工程项目进度计划属于不同项目参与方

C. 施工企业的施工生产计划和工程项目进度计划都与施工进度有关

D. 施工企业的施工生产计划和工程项目进度计划是相同系统的计划

【答案】C

【解析】A选项错误，项目施工总进度方案是项目施工进度计划；B选项错误，施工企业的施工生产计划和建设工程项目施工进度计划都是由施工方编制的；D选项错误，施工企业的施工生产计划与建设工程项目施工进度计划属两个不同系统的计划。

【例题2·2021年真题·多选题】下列与施工进度有关的计划中，属于施工方工程项目管理范畴的有（   ）。

A. 项目旬施工作业计划   B. 施工企业季度生产计划

C. 单位工程施工进度计划   D. 施工企业年度生产计划

E. 分部工程施工进度计划

【答案】A、C、E

【解析】建设工程项目施工进度计划，属工程项目管理的范畴。包括：

（1）整个项目施工总进度方案、施工总进度规划、施工总进度计划（这些进度计划的名称尚不统一，应视项目的特点、条件和需要而定，大型建设工程项目进度计划的层次就多一些，而小型项目只需编制施工总进度计划）。

（2）子项目施工进度计划和单体工程施工进度计划。

（3）项目施工的年度施工计划、项目施工的季度施工计划、项目施工的月度施工计划和旬施工作业计划等。

2Z103022　控制性施工进度计划的作用

核心考点：控制性施工进度计划的内容和编制目的

1. 控制性施工进度计划的内容

一般而言，一个工程项目的施工总进度规划或施工总进度计划是工程项目的控制性施工进度计划。

2. 控制性施工进度计划的编制目的

（1）再论证进度目标；

（2）分解进度目标；

（3）确定施工总体部署；

（4）确定里程碑事件（控制节点）进度目标。

3. 控制性施工进度计划的主要作用

（1）论证施工总进度目标；

（2）对施工总进度目标分解，确定里程碑事件的进度目标；

（3）是编制实施性进度计划的依据；

（4）是编制与该项目相关的其他各种进度计划的依据或参考依据；

（5）是施工进度动态控制的依据。

◆ **考法1：控制性施工进度计划的内容**

【例题·2015年真题·单选题】工程项目的施工总进度计划属于（   ）。

A. 项目的施工总进度方案   B. 项目的指导性施工进度计划

C. 项目的控制性施工进度计划　　D. 项目施工的年度施工计划

【答案】C

【解析】一般而言，一个工程项目的施工总进度规划或施工总进度计划是工程项目的控制性施工进度计划。

◆ **考法 2：编制控制性进度计划的目的**

【例题 1·2018 年真题·单选题】编制控制性施工进度计划的主要目的是（　　）。

A. 合理安排施工企业计划周期内的生产活动

B. 具体指导建设工程施工

C. 确定项目实施计划周期内的资金需求

D. 对施工承包合同所规定的施工进度目标进行再论证

【答案】D

【解析】编制控制性施工进度计划的主要目的是对施工承包合同所规定的施工进度目标进行再论证，并对进度目标进行分解，确定施工的总体部署，并确定为实现进度目标的里程碑事件的进度目标（或称其为控制节点的进度目标），作为进度控制的依据。

【例题 2·2021 年真题·多选题】编制控制性施工进度计划的主要目的有（　　）。

A. 分析项目实施工作的逻辑关系　　B. 对施工进度目标进行分解

C. 确定施工的总体部署　　　　　　D. 确定施工作业的资源投入

E. 确定里程碑事件的进度目标

【答案】B、C、E

【解析】控制性施工进度计划编制的主要目的是通过计划的编制，以对施工承包合同所规定的施工进度目标进行再论证，并对进度目标进行分解，确定施工的总体部署，并确定为实现进度目标的里程碑事件的进度目标（或称其为控制节点的进度目标），作为进度控制的依据。

◆ **考法 3：控制性进度计划的主要作用**

【例题·2020 年真题·多选题】编制控制性进度计划的作用有（　　）。

A. 对施工进度目标进行再论证　　　B. 确定施工的总体部署

C. 确定施工机械的需求　　　　　　D. 对进度目标进行分解

E. 确定控制节点的进度目标

【答案】A、B、D、E

【解析】控制性施工进度计划编制的主要目的是通过计划的编制，以对施工承包合同所规定的施工进度目标进行再论证，并对进度目标进行分解，确定施工的总体部署，并确定为实现进度目标的里程碑事件的进度目标（或称其为控制节点的进度目标），作为进度控制的依据。

2Z103023　实施性施工进度计划的作用

核心考点：实施性施工进度计划的内容和主要作用

1. 实施性施工进度计划的内容

月度施工计划和旬施工作业计划是用于直接组织施工作业的计划。

2. 实施性施工进度计划的主要作用

（1）确定施工作业的具体安排；

（2）确定一个月度或旬的人工需求；

（3）确定一个月度或旬的施工机械的需求；

（4）确定一个月度或旬的建筑材料的需求；

（5）确定一个月度或旬的资金的需求等。

◆ **考法 1：实施性进度计划的内容**

【例题·2021 年真题·单选题】下列与施工进度有关的计划中，属于实施性施工进度计划的是（　　）。

A. 某构建制作计划　　　　　　　B. 单项工程施工进度计划

C. 项目年度施工进度计划　　　　D. 企业旬生产计划

【答案】A

【解析】建设工程项目施工进度计划若从计划的功能区分，可分为控制性施工进度计划、指导性施工进度计划和实施性施工进度计划。具体组织施工的进度计划是实施性施工进度计划，它必须非常具体。

◆ **考法 2：实施性进度计划的主要作用**

【例题 1·2020 年真题·单选题】编制实施性施工进度计划的主要作用是（　　）。

A. 论证施工总进度目标　　　　　B. 确定里程碑事件的进度目标

C. 确定施工作业的具体安排　　　D. 分解施工总进度目标

【答案】C

【解析】实施性施工进度计划的主要作用如下：

（1）确定施工作业的具体安排；

（2）确定（或据此可计算）一个月度或旬的人工需求（工种和相应的数量）；

（3）确定（或据此可计算）一个月度或旬的施工机械的需求（机械名称和数量）；

（4）确定（或据此可计算）一个月度或旬的建筑材料（包括成品、半成品和辅助材料等）的需求（建筑材料的名称和数量）；

（5）确定（或据此可计算）一个月度或旬的资金的需求等。

【例题 2·2017 年真题·多选题】关于实施性施工进度计划作用的说法，正确的有（　　）。

A. 确定施工作业的具体安排　　　B. 确定一定周期内的人工需求

C. 确定施工总进度目标　　　　　D. 确定里程碑事件

E. 确定一定周期内的资金需要

【答案】A、B、E

【解析】本题考查实施性进度计划的作用。

2Z103030 施工进度计划的编制方法

核心考点剖析

2Z103031 横道图进度计划的编制方法

核心考点：横道图的特点

1. 横道图的表头为工作和简要说明，项目进展表示在时间表格上。

2. 也可将工作简要说明直接放在横道上，一行可容纳多项工作。

3. 工作可按照时间先后、责任、项目对象、同类资源等进行排序。

4. 横道图用于小型项目或大型项目子项目上，或用于计算资源需要量、概要预示进度，也可用于其他计划技术的表示结果。

5. 优点：直观、易懂。

6. 缺点

（1）工序（工作）之间的逻辑关系可以设法表达，但不易表达清楚；

（2）适用于手工编制；

（3）没有严谨的进度计划时间参数计算，不能确定计划的关键工作、关键路线与时差；

（4）计划调整只能用手工方式进行，其工作量较大；

（5）难以适应较大的进度计划系统。

◆ **考法1：横道图看图识错**

【例题·2019年真题·单选题】某建设工程施工横道图进度计划见下表，则关于该工程施工组织的说法，正确的是（   ）。

施工过程名称	施工进度（天）									
	3	6	9	12	15	18	21	24	27	30
支模板	Ⅰ-1	Ⅰ-2	Ⅰ-3	Ⅰ-4	Ⅱ-1	Ⅱ-2	Ⅱ-3	Ⅱ-4		
绑扎钢筋		Ⅰ-1	Ⅰ-2	Ⅰ-3	Ⅰ-4	Ⅱ-1	Ⅱ-2	Ⅱ-3	Ⅱ-4	
浇混凝土			Ⅰ-1	Ⅰ-2	Ⅰ-3	Ⅰ-4	Ⅱ-1	Ⅱ-2	Ⅱ-3	Ⅱ-4

注：Ⅰ、Ⅱ表示楼层；1、2、3、4表示施工段。

A. 各层内施工过程间不存在技术间歇和组织间歇

B. 所有施工过程由于施工楼层的影响，均可能造成施工不连续

C. 由于存在两个施工楼层，每一施工过程均可安排 2 个施工队伍

D. 在施工高峰期（第 9 日—第 24 日期间），所有施工段上均有工人在施工

【答案】A

【解析】B 选项错误，如图所示，通过施工段的划分，已做到施工的连续。C 选项错误，施工楼层与施工队伍没有直接关系。D 选项错误，从第 9 日开始，并不是每个施工段上均有施工，比如第 9 天，"Ⅰ—4"就没有施工。

◆ **考法 2：横道图的优缺点**

【例题 1·2021 年真题·单选题】关于横道图进度计划的说法，正确的是（　　）。

A. 每行只能容纳一项工作　　　　　　B. 可以表达工作间的逻辑关系

C. 可以表示工作的时差　　　　　　　D. 可以直接表达出关键线路

【答案】B

【解析】A 选项错误，一行上可容纳多项工作；C、D 选项错误，没有通过严谨的进度计划时间参数计算，不能确定计划的关键工作、关键路线与时差。

【例题 2·2018 年真题·单选题】关于横道图进度计划的说法，正确的是（　　）。

A. 横道图的一行只能表达一项工作　　B. 工作的简要说明必须放在表头内

C. 横道图不能表达工作间的逻辑关系　D. 横道图的工作可按项目对象排序

【答案】D

【解析】A 选项错误，横道图的另一种可能的形式是将工作简要说明直接放在横道上，这样，一行上可容纳多项工作，这一般运用在重复性的任务上；B 选项错误，通常横道图的表头为工作及其简要说明，项目进展表示在时间表格上；C 选项错误，工序（工作）之间的逻辑关系可以设法表达，但不易表达清楚。

2Z103032　工程网路计划的类型和应用

核心考点一：双、单代号网络计划的基本概念

1. 箭线

实箭线：占用时间、多数消耗资源。少量只占时间，不耗资源，如混凝土养护。

虚箭线：不占时间，也不耗资源。

所有的箭线均表示逻辑关系。

虚箭线作用：联系、区分和断路

（1）联系作用是指应用虚箭线正确表达工作之间相互依存的关系。

（2）区分作用是指双代号网络图中每一项工作都必须用一条箭线和两个代号表示，若两项工作的代号相同时，应使用虚工作加以区分。

（3）断路作用是用虚箭线断掉多余联系，即在网络图中把无联系的工作连接上时，应加上虚工作将其断开。

2. 工作类型

（1）紧前工作：紧排在本工作之前的工作。

（2）紧后工作：紧排在本工作之后的工作。

（3）平行工作：与之平行进行的工作。

3. 节点

节点是网络图中箭线之间的连接点。

起点节点只有外向箭线。终点节点只有内向箭线。

中点节点既有内向箭线，也有外向箭线。

4. 线路

从起始到终点的通路，叫线路。总时间最长的线路，称为关键路线。

关键线路上的工作，叫关键工作。

一个网络图至少有一条，也可能有多条关键线路，在执行过程中关键线路可能转移。

◆ 考法 1：工作逻辑关系

【例题 1·2021 年真题·单选题】下列工作逻辑关系表达图中，表示"工作 A 和工作 B 都完成后再进行工作 C、工作 D"逻辑关系的是（　　　）。

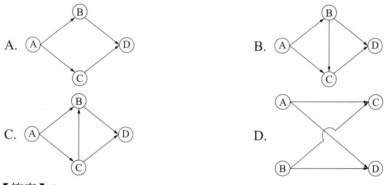

【答案】D

【解析】A 选项错误，C 工作的紧前工作只有 A 没有 B；B 选项错误，D 工作的紧前工作只有 B 和 C，没有 A 工作；C 选项错误，D 选项的紧前工作只有 B、C，没有 A 工作；D 选项正确，C 工作的紧前工作是 A 和 B，D 工作的紧前工作也是 A 和 B。

【例题 2·2020 年真题·单选题】某单代号网络图如下图所示，关于各项工作间逻辑关系的说法，正确的是（　　　）。

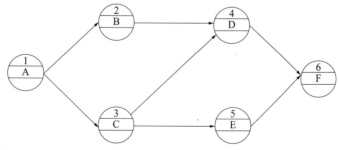

A. A 完成后进行 B、D　　　　　　B. B 的紧后工作是 D、E

C. C 的紧前工作只有 E　　　　　　D. E 的紧前工作只有 C

【答案】D

【解析】A 选项错误，A 完成后进行 B、C。B 选项错误，B 的紧后工作是 D。C 选项错误，C 的紧后工作有 D、E。

【例题 3·2019 年真题·多选题】某工程网络计划工作逻辑关系见下表，则工作 A 的紧后工作有（　　）。

工作	A	B	C	D	E	G	H
紧前工作		A	A、B	A、C	C、D	A、E	E、G

A. 工作 B
B. 工作 C
C. 工作 D
D. 工作 G
E. 工作 E

【答案】A、B、C、D

【解析】紧排在本工作之前的工作称为紧前工作。紧排在本工作之后的工作称为紧后工作。与之平行进行的工作称为平行工作。

◆ **考法 2：节点**

【例题·2018 年真题·单选题】关于双代号网络图中终点节点和箭线关系的说法，正确的是（　　）。

A. 既有内向箭线，又有外向箭线
B. 只有外向箭线，没有内向箭线
C. 只有内向箭线，没有外向箭线
D. 既无内向箭线，又无外向箭线

【答案】C

【解析】终点节点只有内向箭线，没有外向箭线。

◆ **考法 3：关键线路**

【例题·2020 年真题·多选题】某双代号网络计划如下图所示，关键线路有（　　）。

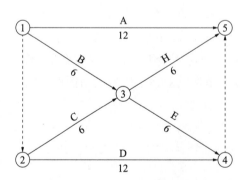

A. ①－⑤
B. ①－③－⑤
C. ②－③－⑤
D. ①－③－④
E. ②－③－④

【答案】A、B

【解析】关键线路为：1-5；1-3-5；1-3-4-5；1-2-3-5；1-2-3-4-5；1-2-4-5。

◆ **考法 4：网络计划的相关概念**

【例题·2020 年真题·单选题】关于网络计划的说法，正确的是（　　）。

A. 线路段是有多个箭线组成的通路

B. 线路中箭线的长度之和就是该线路的长度

C. 关键线路只有一条，非关键线路可以有多条

D. 线路可依次用该线路上的节点代号来表示

【答案】D

【解析】网络图中从起始节点开始，沿箭头方向顺序通过一系列箭线与节点，最后达到终点节点的通路称为线路，选项 A 错误。在一个网络图中可能有很多条线路，线路中各项工作持续时间之和就是该线路的长度，选项 B 错误。关键线路可以不只有一条，选项 C 错误。

核心考点二：双、单代号网络计划的绘图规则（看图识错）

1. 双代号网络计划

（1）一项工作只有唯一一条箭线和一对节点。

（2）节点编号从小到大，可不连续，但不允许重复。

（3）严禁出现循环回路（箭线均应从左到右）。

（4）箭线不宜交叉，若不可避免，可采用过桥法或指向法。

（5）网络图中只有一个起点节点和一个终点节点。

（6）当某些节点有多条外向箭线或多条内向箭线时，为使图形简洁，可使用母线法绘制。

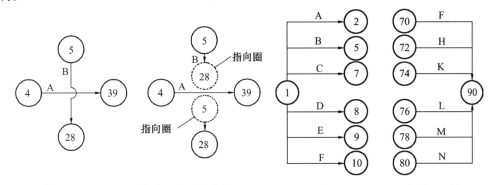

图 2Z103032-1　过桥法和指向法绘图　　　　图 2Z103032-2　母线法绘图

2. 单代号网络计划

（1）～（5）类似双代号网络计划。

（6）不用虚箭线。

◆ 考法 1：双代号网络计划绘图规则

【例题·2021 年真题·单选题】关于双代号网络图中节点编号的说法，正确的是（　　）。

A. 起点节点的编号为 0　　　　　　　　B. 箭头节点编号要小于箭尾节点编号

C. 各节点应连续编号　　　　　　　　　D. 每一个节点都必须编号

【答案】D

【解析】双代号网络图中，节点应用圆圈表示，并在圆圈内编号。一项工作应当只有唯一的一条箭线和相应的一对节点，且要求箭尾节点的编号小于其箭头节点的编号网络图

节点的编号顺序应从小到大，可不连续，但不允许重复。

◆ **考法 2：双代号网络计划看图识错**

【例题 1·2019 年真题·单选题】如下图所示网络图中，存在的绘图错误是（　　）。

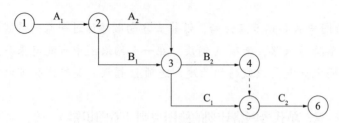

A. 节点编号错误　　　　　　　　　B. 存在多余节点

C. 有多个终点节点　　　　　　　　D. 工作编号重复

【答案】D

【解析】A_2 工作与 B_1 工作编号（工作名称）重复。

【例题 2·2017 年真题·单选题】根据下表逻辑关系绘制的双代号网络图如下，存在的绘图错误是（　　）。

工作名称	A	B	C	D	E	G	H
紧前工作	—	—	A	A	A、B	C	E

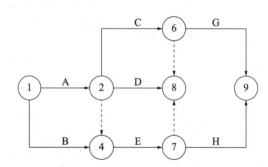

A. 节点编号不对　　　　　　　　　B. 逻辑关系不对

C. 有多个起点节点　　　　　　　　D. 有多个终点节点

【答案】D

【解析】双代号网络图中应只有一个起点节点和一个终点节点。

核心考点三：双代号网络计划时间参数的计算

1. 工期指完成任务所需要的时间，有三种：计算工期 T_c、要求工期 T_r、计划工期 T_p。

2. 六时法

（1）最早开始 ES，工作有可能开始的最早时刻。

（2）最早完成 EF，工作有可能完成的最早时刻。

（3）最迟开始 LS，工作必须开始的最早时刻。

（4）最迟完成 LF，工作必须完成的最早时刻。

（5）总时差 TF，不影响总工期的前提下，本工作可以利用的机动时间。

（6）自由时差 FF，不影响紧后工作最早开始的前提下，本工作可以利用的机动时间。

计算口诀：顺加取大，逆减取小。

计算公式：

（1）最早开始时间＝各紧前工作最早完成的最大值。

（2）最迟开始时间＝最迟完成时间减去其持续时间。

（3）最迟完成时间＝各紧后工作最迟开始时间的最小值。

（4）总时差＝最迟开始时间－最早开始时间＝最迟完成时间－最早完成时间。

（5）自由时差＝各紧后工作最早开始的最小值－本工作最早完成。

◆ 考法1：时间参数的基本概念

【例题1·2019年真题·多选题】网络计划中工作的自由时差是指该工作（　　）。

A. 最迟完成时间与最早完成时间的差

B. 与其所有紧后工作自由时差与间隔时间和的最小值

C. 所有紧后工作最早开始时间的最小值与本工作最早完成时间的差值

D. 与所有紧后工作间波形线段水平长度和的最小值

E. 与所有紧后工作间间隔时间的最小值

【答案】C、E

【解析】本题考查自由时差的定义。自由时差是指所有紧后工作最早开始时间的最小值与本工作最早完成时间的差值。在时标网络图中，自由时差是与所有紧后工作间波形线段水平长度和的最小值。在单代号网络图中，自由时差指与所有紧后工作间间隔时间的最小值。

【例题2·2021年真题·多选题】在工程网络计划中，工作的自由时差等于其（　　）。

A. 完成节点最早时间减去开始节点最早时间减去本工作持续时间

B. 最迟开始时间与最早开始时间的差值

C. 与所有紧后工作之间间隔时间的最小值

D. 所有紧后工作最早开始时间的最小值减去本工作的最早完成时间

E. 在不影响其紧后工作最早开始时间的前提下可以利用的机动时间

【答案】C、D、E

【解析】自由时差等于所有紧后工作最早开始时间的最小值减去本工作的最早完成时间。

◆ 考法2：计算最早完成时间

【例题·2021年真题·单选题】某项目网络计划工期为26天，共有四项时差分别是0、1、2、4天，其中最早完成工作的最早完成时间是第（　　）天。

A. 22　　　　　　　　　　　　B. 23

C. 24　　　　　　　　　　　　D. 25

【答案】A

【解析】最早完成工作的最早完成时间即为剩下最大的机动时间即26－4＝22天。

◆ 考法3：计算最迟开始时间

【例题·2020年真题·单选题】网络计划中，某项工作的最早开始时间是第4天，持续 2 天，两项紧后工作的最迟开始时间是第 9 天和第 11 天。该项工作的最迟开始时间是第（　　）天。

A. 7 　　　　　　　　　　　　B. 6
C. 8 　　　　　　　　　　　　D. 9

【答案】A

【解析】紧前工作的最迟完成时间＝紧后工作的最迟开始时间的最小值＝min {9, 11}＝9，本工作最迟开始时间＝本工作最迟完成时间－本工作持续时间＝9－2＝7。

◆ 考法 4：计算最迟完成时间

【例题·2021 年真题·单选题】工作最早第 4 天开始，总时差为 2 天，持续时间为 6 天，该工作的最迟完成时间是第（　　）天。

A. 9 　　　　　　　　　　　　B. 11
C. 10 　　　　　　　　　　　D. 12

【答案】D

【解析】本工作最迟开始时间＝最早开始时间＋总时差＝第 6 天，由于持续时间 6 天，则最迟完成时间为第 12 天。故本题选择 D 选项。

◆ 考法 5：计算自由时差

【例题 1·2020 年真题·单选题】网络计划中，某项工作的持续时间是 4 天，最早第 2 天开始，两项紧后工作分别最早在第 8 天和第 12 天开始，该项工作的自由时差是（　　）天。

A. 4 　　　　　　　　　　　　B. 6
C. 8 　　　　　　　　　　　　D. 2

【答案】D

【解析】本工作的最早完成时间＝最早开始＋持续时间＝2＋4＝6，自由时差＝紧后工作最早开始时间的最小值－本工作最早完成时间＝min {8, 12}－6＝2。

【例题 2·2017 年真题·单选题】某双代号网络计划中，工作 M 的最早开始时间和最迟开始时间分别为第 12 天和第 15 天，其持续时间为 5 天；工作 M 有 3 项紧后工作，它们的最早开始时间分别为第 21 天、第 24 天和第 28 天，则 M 的自由时差为（　　）天。

A. 4 　　　　　　　　　　　　B. 1
C. 8 　　　　　　　　　　　　D. 11

【答案】A

【解析】自由时差＝紧后工作最早开始的最小值－本工作最早完成时间＝21－（12＋5）＝4 天。

◆ 考法 6：计算工期

【例题 1·2021 年真题·单选题】某双代号网络计划如下图所示（时间单位：天），计算工期是（　　）天。

A. 10 　　　　　　　　　　　B. 8
C. 9 　　　　　　　　　　　　D. 11

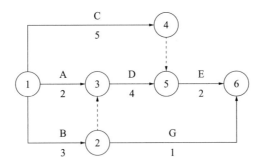

【答案】A

【解析】关键线路①—②—③—④—⑤—⑥，持续时间为10天。

【例题2·2019年真题·单选题】某双代号网络计划如下图所示（时间单位：天）。其计算工期是（　　）天。

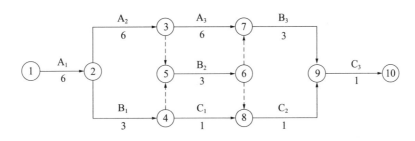

A. 12

B. 14

C. 22

D. 17

【答案】C

【解析】在双代号网路计划中，自始至终全部由关键工作组成的线路为关键线路，或线路上总的工作持续时间最长的线路为关键线路。在本题中即①→②→③→⑦→⑨→⑩，工期22天。

核心考点四：单代号网络计划时间参数的计算

1. 最早开始时间和最早完成时间

最早开始时间等于该工作各个紧前工作最早完成时间的最大值，$ES_i = \max\{EF_i\}$ 或 $ES_i = \max\{ES_i + D_i\}$。

最早完成时间等于该工作最早开始时间加上其持续时间，即：$EF_i = ES_i + D_i$。

2. 时间间隔 $LAG_{i,j}$

相邻两项工作 i 和 j 之间的时间间隔 $LAG_{i,j}$ 等于紧后工作 j 的最早开始时间 ES_j 和本工作的最早完成时间 EF_i 之差，即：$LAG_{i,j} = ES_j - EF_i$。

3. 总时差

工作 i 的总时差 TF_i 等于该工作的各个紧后工作 j 的总时差 TF_j 加该工作与其紧后工作之间的时间间隔 $LAG_{i,j}$ 之和的最小值，即：$TF_i = \min\{TF_j + LAG_{i,j}\}$。

4. 自由时差

工作 i 自由时差 FF_i 等于该工作与其紧后工作 j 之间的时间间隔 $LAG_{i,j}$ 的最小值，即：

$$FF_i = \min\{LAG_{i,j}\}。$$

5. 最迟开始时间和最迟完成时间

最迟开始时间 LS_i 等于最早开始时间 ES_i 与总时差 TF_i 之和。

最迟完成时间 LF_i 等于最迟开始时间 EF_i 与总时差 TF_i 之和。

◆ **考法 1：时间参数之间的关系**

【例题·2021 年真题·单选题】关于总时差、自由时差和间隔时间相互关系的说法，正确的是（　　）。

A. 自由时差一定不超过其与紧后工作的间隔时间

B. 与其紧后工作间隔时间均为 0 的工作，总时差一定是 0

C. 工作的自由时差是 0，总时差一定是 0

D. 关键节点间的工作，总时差和自由时差不一定相等

【答案】A

【解析】B 选项错误，当计划工期＝计算工期时，总时差一定等于 0；C 选项错误，自由时差和总时差没有直接关系；D 选项错误，关键节点间的工作，前后都是关键节点，总时差自由时差一定相等。

◆ **考法 2：工作之间的时间间隔**

【例题 1·2018 年真题·单选题】单代号网络计划时间参数计算中，相邻两项工作之间的时间间隔（LAG_{i-j}），以下说法正确的是（　　）。

A. 紧后工作最早开始时间和本工作最早开始时间之差

B. 紧后工作最早完成时间和本工作最早开始时间之差

C. 紧后工作最早开始时间和本工作最早完成时间之差

D. 紧后工作最迟完成时间和本工作最早完成时间之差

【答案】C

【解析】$LAG_{i,j} = ES_j - EF_i$。

【例题 2·2021 年真题·单选题】某单代号网络计划中，相邻两项工作的部分时间参数如下图（时间单位：天），此两项工作的间隔时间是（　　）天。

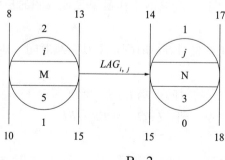

A. 0

B. 2

C. 3

D. 1

【答案】D

【解析】此两项工作的间隔时间＝14－13＝1 天。

◆ **考法 3：计算工期**

【例题·2015 年真题·单选题】某单代号网络计划如下图所示（时间单位：天），其计算工期是（   ）天。

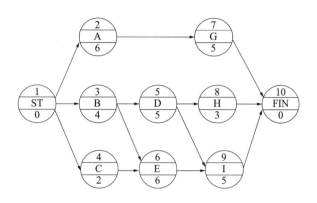

A. 15   B. 12

C. 11   D. 10

【答案】A

【解析】采用标号法。由题图可知，计算工期为 15 天。

◆ **考法 4：计算工作的总时差**

【例题 1·2019 年真题·单选题】某工作有 2 个紧后工作，紧后工作的总时差分别为 3 天和 5 天，该工作与其两项紧后工作的间隔时间分别是 4 天和 3 天，则该工作的总时差是（   ）天。

A. 6   B. 8

C. 9   D. 7

【答案】D

【解析】$TF_i = \min\{TF_j + LAG_{i,j}\} = \min\{(3+4), (5+3)\} = 7$ 天。

【例题 2·2017 年真题·单选题】某网络计划中，工作 F 有且仅有两项并行的紧后工作 G 和 H，G 工作的最迟开始时间为第 12 天，最早开始时间为第 8 天，H 工作的最迟完成时间为第 14 天，最早完成时间为第 12 天，工作 F 与 G、H 的时间间隔分别为 4 天和 5 天，则 F 工作的总时差为（   ）天。

A. 4   B. 5

C. 8   D. 7

【答案】D

【解析】$TF_i = \min\{TF_j + LAG_{i,j}\} = \min\{(4+4), (2+5)\} = 7$ 天。

【例题 3·2019 年真题·单选题】单代号网络计划中，工作 C 的已知时间参数（单位：天）标注如下图所示，则该工作的最迟开始时间、最早完成时间和总时差分别是（   ）天。

A. 3、10、5   B. 5、8、2

C. 3、8、5   D. 5、10、2

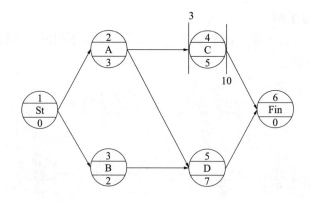

【答案】B

【解析】C工作的最早开始是3，最迟完成是10，工作的持续时间为5，所以选C。

2Z103033 关键工作、关键线路和时差

核心考点：关键工作和关键线路的概念

1. 关键工作

关键工作指总时差最小的工作。工作的总时差可能为0、正、负。只有当计划工期等于计算工期时，总时差为零的工作为关键工作。

2. 关键线路

网络类型	双代号	单代号
关键线路	（1）全部由关键工作组成的线路； （2）总的持续时间最长的线路	（1）总的持续时间最长的线路； （2）从起点到终点均为关键工作，且所有工作的时间间隔为零的线路

3. 网络计划调整的方法

当计算工期不能满足要求工期时，可通过压缩关键工作的持续时间以满足工期要求。

在选择缩短持续时间的关键工作时，宜考虑下述因素：

（1）缩短持续时间对质量和安全影响不大的工作；

（2）有充足备用资源的工作；

（3）缩短持续时间所需增加的费用最少的工作等。

◆ 考法1：关键工作和关键线路

【例题·2021年真题·单选题】关于双代号网络计划关键线路的说法，正确的是（　　）。

A. 一个网络计划可能有几条关键线路

B. 在网络计划执行中，关键线路始终不会改变

C. 关键线路是总的工作持续时间最短的线路

D. 关键线路上的工作总时差为零

【答案】A

【解析】B选项错误，在网络计划执行中，关键线路可能转移；C选项错误，关键线

路是总的工作持续时间最长的线路；D 选项错误，关键线路上的工作总时差最小。

◆ 考法 2：网络计划调整的方法

【例题·2010 年真题·多选题】当计算工期不能满足要求工期时，需要压缩关键工作的持续时间以满足工期要求。在选择缩短持续时间关键工作时宜考虑（　　　）。

A. 缩短持续时间对质量影响不大的工作

B. 缩短持续时间所需增加的费用最少的工作

C. 有充足备用资源的工作

D. 便于修改网络计划的工作

E. 缩短持续时间对安全影响不大的工作

【答案】A、B、C、E

【解析】网络计划调整宜考虑下述因素：（1）缩短持续时间对质量和安全影响不大的工作；（2）有充足备用资源的工作；（3）缩短持续时间所需增加的费用最少的工作等。

2Z103040 施工进度控制的任务和措施

核心考点提纲

2Z103040　施工进度控制的任务和措施 { 2Z103041　施工进度控制的任务
2Z103042　施工进度控制的措施

核心考点剖析

2Z103041 施工进度控制的任务

核心考点一：施工进度控制的主要工作环节

施工方进度控制的主要工作环节包括：

1. 编制施工进度计划及相关的资源需求计划。

2. 组织施工进度计划的实施。

3. 施工进度计划的检查与调整。

◆ 考法：施工方进度控制的主要工作

【例题·2019 年真题·单选题】根据《建设工程项目管理规范》GB/T 50326—2017，进度控制的工作包括：① 编制施工进度计划及相关的资源需求计划；② 采取措施予以纠正或调整计划；③ 分析计划执行的情况；④ 收集实际进度数据。其正确的顺序是（　　　）。

A. ④②①③　　　　　　　　　　B. ②①③④

C. ①④③②　　　　　　　　　　D. ③①④②

【答案】C

【解析】施工进度计划的实施指的是按进度计划的要求组织人力、物力和财力进行施工。在进度计划实施过程中，应进行下列工作：

（1）跟踪检查，收集实际进度数据；

（2）将实际进度数据与进度计划对比；

（3）分析计划执行的情况；

（4）对产生的偏差，采取措施予以纠正或调整计划；

（5）检查措施的落实情况；

（6）进度计划的变更必须与有关单位和部门及时沟通。

核心考点二：施工进度计划的检查与调整

1. 施工进度计划检查的内容

（1）工程量的完成情况；

（2）工作时间的执行情况；

（3）资源使用及进度保证情况；

（4）前一次检查提出问题的整改情况。

2. 施工进度计划调整的内容

（1）工程量；

（2）工作起止时间；

（3）工作关系；

（4）资源提供条件；

（5）必要目标。

3. 施工进度报告的内容

（1）进度实施情况的综合描述；

（2）实际进度与计划进度的比较；

（3）问题及原因分析；

（4）进度对工程质量、安全和施工成本的影响；

（5）将采取的措施；

（6）进度的预测。

◆ **考法 1：施工进度计划检查的内容**

【例题 1·2020 年真题·单选题】下列施工进度控制工作中，属于施工进度计划检查的内容是（　　）。

A. 增加施工班组人数　　　　　　　B. 工程量的完成情况

C. 根据业主指令改变工程量　　　　D. 根据现场条件改变施工工艺

【答案】B

【解析】施工进度计划检查的内容包括：（1）检查工程量的完成情况；（2）检查工作时间的执行情况；（3）检查资源使用及进度保证的情况；（4）前一次进度计划检查提出问题的整改情况。

【例题 2·2021 年真题·多选题】根据《建设工程项目管理规范》GB/T 50326—2017，施工进度计划的检查内容有（　　）。

A. 工程量的完成情况　　　　　　　B. 工作时间的执行情况

C. 前次检查提出问题的整改情况　　D. 资源消耗的离散程度

E. 工程费用的优化情况

【答案】A、B、C

【解析】施工进度计划检查的内容包括：（1）检查工程量的完成情况；（2）检查工作时间的执行情况；（3）检查资源使用及进度保证的情况；（4）前一次进度计划检查提出问题的整改情况。

◆ 考法 2：施工进度报告的内容

【例题·2013年真题·多选题】施工进度计划检查后，应编制进度报告，其内容有（   ）。

A. 进度计划实施情况的综合描述

B. 实际工程进度与计划进度的比较

C. 前一次进度计划检查提出问题的整改情况

D. 进度计划在实施过程中存在的问题的整改情况

E. 进度的预测

【答案】A、B、E

【解析】本题考查的是施工方进度控制的任务。施工进度计划检查后应按下列内容编制进度报告：进度计划实施情况的综合描述；实际工程进度与计划进度的比较；进度计划的实施过程中存在的问题及其原因分析；进度执行情况对工程质量、安全和施工成本的影响情况；将采取的措施；进度的预测。

2Z103042 施工进度控制的措施

核心考点：施工进度控制的措施

组织措施 （不需增加费用）	组织、人、部门、分工、流程、会议、责任制、编审调整（进度、工作计划）；生产要素优化配置、定额管理、任务单管理、活劳动、物化劳动、施工调度
管理措施	思想、方法、手段、合同管理、风险管理、网络计划、信息技术（软件、局域网、互联网、数据处理设备）、承发包（采购）模式
经济措施 （最易接受采用）	资金、资源、激励、对成本管理目标进行风险分析； 增减账、业主签证
技术措施	设计、施工、换机换料、技术经济分析

技术措施的细节知识点：

1. 若进度受阻，应分析是否存在设计技术的影响因素，有无设计变更的必要和是否可能变更。

2. 若进度受阻，应分析是否存在施工技术的影响因素，有无改变施工技术、施工方法和施工机械的可能性。

◆ 考法 1：组织措施

【例题1·2020年真题·单选题】下列施工进度控制措施中，属于组织措施的是（   ）。

A. 选择适合进度目标的合同结构　　　B. 编制进度控制的工作流程

C. 编制资金使用计划　　　　　　　D. 编制和论证施工方案

【答案】B

【解析】组织措施：充分重视健全项目管理的组织体系、在项目组织结构中应有专门的工作部门和符合进度控制岗位资格的专人负责进度控制工作。工作任务和相应的管理职能应在项目管理组织设计的任务分工表和管理职能分工表中标示并落实。编制施工进度控制的工作流程。进行有关进度控制会议的组织设计。A选项属于管理措施，C选项属于经济措施，D选项属于技术措施。

【例题2·2019年真题·多选题】下列施工方进度控制的措施中，属于组织措施的有（　　　）。

　　A. 评价项目进度管理的组织风险　　B. 学习进度控制的管理理念

　　C. 进行项目进度管理的职能分工　　D. 优化计划系统的体系结构

　　E. 规范进度变更的管理流程

【答案】C、E

【解析】A、B、D选项均属于管理措施。

◆ 考法2：管理措施

【例题·2021年真题·多选题】下列施工方进度控制措施中，属于管理措施的有（　　　）。

　　A. 推广采用工程网络计划技术　　B. 健全进度控制管理的组织体系

　　C. 制定并落实加快进度的经济激励政策　D. 选择合理的工程合同结构

　　E. 重视信息技术在进度控制中的应用

【答案】A、D、E

【解析】建设工程项目进度控制的管理措施涉及管理的思想、管理的方法、管理的手段、承发包模式、合同管理和风险管理等。

◆ 考法3：技术措施

【例题·2018年真题·单选题】下列建设工程施工方进度控制的措施中，属于技术措施的是（　　　）。

　　A. 重视信息技术在进度控制中的应用　　B. 采用网络计划方法编制进度计划

　　C. 分析工程设计变更的必要性和可能性　D. 编制与进度相适应的资源需求计划

【答案】C

【解析】技术措施：调整勘察方案、调整设计方案、调整施工方案、改变物资、改变机具、进行技术经济分析等。

◆ 考法4：技术措施的细节知识点

【例题·2011年真题·多选题】施工进度控制的技术措施以及对实现进度目标有利的技术，包括（　　　）。

　　A. 施工人员　　　　　　　　　　　B. 施工技术

　　C. 施工方法　　　　　　　　　　　D. 施工机械

　　E. 信息处理技术

【答案】B、C、D

【解析】若进度受阻，分析是否存在设计技术的影响因素，有无设计变更的必要和是否可能变更。若工程进度受阻，分析是否存在施工技术的影响因素，有无改变施工技术、方法和机械的可能性。

本章经典真题回顾

一、单项选择题（每题1分，每题的备选项中，只有1个符合题意）

1.【2021年真题】关于施工进度计划类型的说法，正确的是（　　）。

A. 项目施工总进度方案是企业计划，单位工程施工进度计划是项目计划

B. 施工企业的施工生产计划和工程项目进度计划属于不同项目参与方

C. 施工企业的施工生产计划和工程项目进度计划都与施工进度有关

D. 施工企业的施工生产计划和工程项目进度计划是相同系统的计划

【答案】C

【解析】A选项错误，项目施工总进度方案是项目施工进度计划；B选项错误，施工企业的施工生产计划和建设工程项目施工进度计划都是由施工方编制的；D选项错误，施工企业的施工生产计划与建设工程项目施工进度计划属两个不同系统的计划。

2.【2020年真题】关于网络计划的说法，正确的是（　　）。

A. 线路段是有多个箭线组成的通路

B. 线路中箭线的长度之和就是该线路的长度

C. 关键线路只有一条，非关键线路可以有多条

D. 线路可依次用该线路上的节点代号来表示

【答案】D

【解析】网络图中从起始节点开始，沿箭头方向顺序通过一系列箭线与节点，最后达到终点节点的通路称为线路，选项A错误。在一个网络图中可能有很多条线路，线路中各项工作持续时间之和就是该线路的长度，选项B错误。关键线路可以不只有一条，选项C错误。

3.【2019年真题】当施工项目的实际进度比计划进度提前，但业主不要求提前工期时，适宜采用的进度计划调整方法是（　　）。

A. 在时差范围内调整后续非关键工作的起止时间以降低资源强度

B. 进一步分解后续非关键工作以增加工作项目，调整逻辑关系

C. 适当延长后续关键工作的持续时间以降低资源强度

D. 在时差范围内延长后续非关键工作中直接费率大的工作以降低费用

【答案】C

【解析】当关键线路的实际进度比计划进度提前时，若不拟提前工期，应选用资源占用量大或直接费用高的后续关键工作，适当延长其持续时间，以降低其资源强度或费用。

4.【2019年真题】如下图所示网络图中，存在的绘图错误是（　　）。

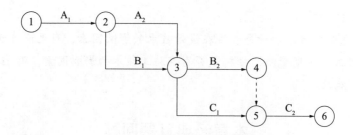

A. 节点编号错误　　　　　　　　　　B. 存在多余节点

C. 有多个终点节点　　　　　　　　　　D. 工作编号重复

【答案】D

【解析】A_2 工作与 B_1 工作编号重复。

5. 【2018年真题】关于双代号网络图中终点节点和箭线关系的说法，正确的是（　　）。

A. 既有内向箭线，又有外向箭线　　　B. 只有外向箭线，没有内向箭线

C. 只有内向箭线，没有外向箭线　　　D. 既无内向箭线，又无外向箭线

【答案】C

【解析】终点节点只有内向箭线，没有外向箭线。

6. 【2018年真题】用工作计算法计算双代号网络计划的时间参数时，自由时差宜按（　　）计算。

A. 工作完成节点的最迟时间减去开始节点的最早时间再减去工作的持续时间

B. 所有紧后工作的最迟开始时间的最小值减去本工作的最早完成时间

C. 所有紧后工作的最早开始时间的最小值减去本工作的最早开始时间和持续时间

D. 本工作与所有紧后工作之间时间间隔的最小值

【答案】C

【解析】在双代号网络计划中，自由时差＝所有紧后工作的最早开始时间的最小值减去本工作的最早完成时间，在单代号网络计划中，自由时差为本工作与所有紧后工作之间时间间隔的最小值。

7. 【2018年真题】编制控制性施工进度计划的主要目的是（　　）。

A. 合理安排施工企业计划周期内的生产活动

B. 具体指导建设工程施工

C. 确定项目实施计划周期内的资金需求

D. 对施工承包合同所规定的施工进度目标进行再论证

【答案】D

【解析】编制控制性施工进度计划的主要目的是对施工承包合同所规定的施工进度目标进行再论证，并对进度目标进行分解，确定施工的总体部署，并确定为实现进度目标的里程碑事件的进度目标（或称其为控制节点的进度目标），作为进度控制的依据。

8. 【2018年真题】根据建设工程项目总进度目标论证的工作步骤，编制各层（各级）进度计划的紧前工作是（　　）。

A. 确定项目的工作编码　　　　　　B. 调查研究和资料收集

C. 进行项目结构分析　　　　　　　D. 进行进度计划系统的结构分析

【答案】A

【解析】建设工程项目总进度目标论证的工作步骤如下：

（1）调查研究和收集资料；

（2）项目结构分析；

（3）进度计划系统的结构分析；

（4）项目的工作编码；

（5）编制各层进度计划；

（6）协调各层进度计划的关系，编制总进度计划；

（7）若所编制的总进度计划不符合项目的进度目标，则设法调整；

（8）若经过多次调整，进度目标无法实现，则报告项目决策者。

9.【2018年真题】关于横道图进度计划的说法，正确的是（　　　　）。

A. 横道图的一行只能表达一项工作　　B. 工作的简要说明必须放在表头内

C. 横道图不能表达工作间的逻辑关系　　D. 横道图的工作可按项目对象排序

【答案】D

【解析】A选项错误，横道图的另一种可能的形式是将工作简要说明直接放在横道上，这样，一行上可容纳多项工作，这一般运用在重复性的任务上；B选项错误，通常横道图的表头为工作及其简要说明，项目进展表示在时间表格上；C选项错误，工序（工作）之间的逻辑关系可以设法表达，不易表达清楚。

10.【2017年真题】某双代号网络计划中，工作M的最早开始时间和最迟开始时间分别为第12天和第15天，持续时间为5天；工作M有3项紧后工作，它们的最早开始时间分别为第21天、第24天和第28天，则M的自由时差为（　　　　）。

A. 4　　　　　　　　　　　　　　B. 1

C. 8　　　　　　　　　　　　　　D. 11

【答案】A

【解析】自由时差＝紧后工作最早开始的最小值－本工作的最早完成时间＝21－（12＋5）＝4。

11.【2017年真题】下列施工方案进度控制的措施中，属于组织措施的是（　　　　）。

A. 优化工程施工方案　　　　　　　B. 制定进度控制工作流程

C. 应用BIM信息模型　　　　　　　D. 采用网络计划技术

【答案】B

【解析】

组织措施 （不需增加费用）	组织、人、部门、分工、流程、会议、责任制、编审调整（进度、工作计划）；生产要素优化配置、定额管理、任务单管理、活劳动、物化劳动、施工调度
管理措施	思想、方法、手段、合同管理、风险管理、网络计划、信息技术（软件、局域网、互联网、数据处理设备）、承发包（采购）模式

经济措施 （最易接受采用）	资金、资源、激励、对成本管理目标进行风险分析； 增减账、业主签证
技术措施	设计、施工、换机换料、技术经济分析

12.【2017年真题】关于建设工程项目总进度目标的说法，正确的是（　　）。

A. 建设工程项目总进度目标的控制是施工总承包方项目管理的任务

B. 项目实施阶段的总进度指的就是施工进度

C. 在进行项目总进度目标控制前，应分析和论证目标实现的可能性

D. 项目总进度目标论证就是要编制项目的总进度计划

【答案】C

【解析】A选项错误，建设工程项目总进度目标的控制是业主方项目管理的任务。B选项错误，项目总进度不只是施工进度，还包括：设计前准备阶段的工作进度；设计工作进度；招标工作进度；施工前准备工作进度；工程施工和设备安装进度；工程物资采购工作进度；项目动用前的准备工作进度等。C选项正确，在进行项目总进度目标控制前，应分析和论证目标实现的可能性。D选项错误，项目总进度目标论证并不是单纯的编制项目的总进度计划，它涉及许多工程实施的条件分析和工程实施策划方面的问题。

二、多项选择题（每题2分，每题的备选项中，有2个或2个以上符合题意，至少有1个错项。错选，本题不得分；少选，所选的每个选项得0.5分）

1.【2021年真题】编制控制性施工进度计划的主要目的有（　　）。

A. 分析项目实施工作的逻辑关系　　　B. 对施工进度目标进行分解

C. 确定施工的总体部署　　　D. 确定施工作业的资源投入

E. 确定里程碑事件的进度目标

【答案】B、C、E

【解析】控制性施工进度计划编制的主要目的是通过计划的编制，以对施工承包合同所规定的施工进度目标进行再论证，对进度目标进行分解，确定施工的总体部署，确定为实现进度目标的里程碑事件的进度目标（或称其为控制节点的进度目标），作为进度控制的依据。

2.【2020年真题】施工方根据项目特点和施工进度控制的需要，编制的施工进度计划有（　　）。

A. 建设项目总进度纲要　　　B. 主体结构施工进度计划

C. 安装工程施工进度计划　　　D. 旬施工作业计划

E. 资源需求计划

【答案】B、C、D

【解析】在进度计划编制方面，施工方应视项目的特点和施工进度控制的需要，编制深度不同的控制性和直接指导项目施工的进度计划，以及按不同计划周期编制的计划，如年度、季度、月度和旬计划等。

3.【2019年真题】根据《工程网络计划技术规程》JGJ/T 121—2015，网络计划中确定工作持续时间的方法有（　　）。

A. 经验估算法
B. 试验推算法
C. 定额计算法
D. 三时估算法
E. 写实记录法

【答案】C、D

【解析】双代号网络计划时间参数的计算：（1）定额计算法；（2）三时估算法。

4.【2019年真题】网络计划中工作的自由时差是指该工作（　　）。

A. 最迟完成时间与最早完成时间的差值
B. 与其所有紧后工作自由时差与间隔时间和的最小值
C. 所有紧后工作最早开始时间的最小值与本工作最早完成时间的差值
D. 与所有紧后工作间波形线段水平长度和的最小值
E. 与所有紧后工作间间隔时间的最小值

【答案】C、E

【解析】考查自由时差的定义。自由时差是指所有紧后工作最早开始时间的最小值与本工作最早完成时间的差值。在时标网络图中，自由时差是与所有紧后工作间波形线段水平长度和的最小值。在单代号网络图中，自由时差指与所有紧后工作间间隔时间的最小值。

5.【2018年真题】关于与施工进度有关的计划及其类型的说法，正确的有（　　）。

A. 建设工程项目施工进度计划应根据企业的工程生产计划合理安排
B. 施工企业的生产计划编制需要往复多次的协调过程
C. 建设工程项目施工进度计划一般由业主编制
D. 施工企业的施工生产计划属于工程项目管理的范畴
E. 施工企业的月度生产计划属于实施性施工进度计划

【答案】A、B

【解析】A选项正确，建设工程项目施工进度计划应根据企业的施工生产计划的总体安排和履行施工合同的要求，以及施工的条件和资源利用的可能性，合理安排。B选项正确，无论是施工企业的施工生产计划还是建设工程项目施工进度计划，计划的编制都有一个自下而上和自上而下的往复多次的协调过程。C选项错误，建设工程项目施工进度计划一般由施工单位编制。D选项错误，施工企业的是施工生产计划属于企业计划的范畴。E选项错误，施工企业的月度生产计划属于施工企业的施工生产计划。

6.【2018年真题】大型建设工程项目总进度纲要的主要内容包括（　　）。

A. 项目实施总体部署
B. 总进度规划
C. 确定里程碑事件的计划进度目标
D. 施工准备与资源配置计划
E. 总进度目标实现的条件和应采取的措施

【答案】A、B、C、E

【解析】总进度纲要的主要内容包括：（1）项目实施的总体部署；（2）总进度规划；（3）各子系统进度规划；（4）确定里程碑事件的计划进度目标；（5）总进度目标实现条件和应采取的措施。

7.【2018年真题】某建设工程网络计划如下图所示（时间单位：月）。该网络计划的关键线路有（　　）。

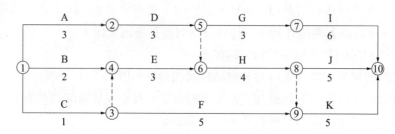

A. ①－②－⑤－⑦－⑩
B. ①－④－⑥－⑧－⑩
C. ①－②－⑤－⑥－⑧－⑩
D. ①－②－⑤－⑥－⑧－⑨－⑩
E. ①－④－⑥－⑧－⑨－⑩

【答案】A、C、D

【解析】关键线路指的是持续时间最长的线路。本题的关键线路为：①－②－⑤－⑦－⑩，①－②－⑤－⑥－⑧－⑩，①－②－⑤－⑥－⑧－⑨－⑩。

8.【2017年真题】关于实施性施工进度计划作用的说法，正确的有（　　）。

A. 确定施工作业的具体安排
B. 确定一定周期内的人工需求
C. 确定施工总进度目标
D. 确定里程碑事件
E. 确定一定周期内的资金需要

【答案】A、B、E

【解析】本题考查实施性进度计划的作用：（1）确定施工作业的具体安排；（2）确定一个月度或旬的人工需求；（3）确定一个月度或旬的施工机械的需求；（4）确定一个月度或旬的建筑材料的需求；（5）确定一个月度或旬的资金的需求。

9.【2017年真题】关于建设工程项目进度计划系统的说法，正确的有（　　）。

A. 项目进度计划系统的建立和完善是逐步进行的
B. 业主方只需编制总进度规划和控制性进度规划
C. 业主方与施工方进度控制的目标和时间范畴相同
D. 在项目进展过程中进度计划需要不断的调整
E. 供货方根据需要和用途可编制不用深度的进度计划系统

【答案】A、D、E

【解析】建设工程项目进度计划系统是由多个相互关联的进度计划组成的系统，它是项目进度控制的依据。由于各种进度计划编制所需要的必要资料是在项目进展过程中逐步形成的，因此项目进度计划系统的建立和完善也有一个过程，它是逐步形成的。根据项目进度控制不同的需要和不同的用途，业主方和项目各参与方可以构建多个不同的建设工程项目进度计划系统。

10.【2017 年真题】下列施工方进度控制的措施中，属于管理措施的有（　　）。

A. 构建施工监督控制的组织体系

B. 用工程网络计划技术进行进度管理

C. 选择合理的合同结构

D. 采取进度风险的管理措施

E. 编制与施工进度相适应的资源需求计划

【答案】B、C、D

【解析】本题主要考查的是关于施工进度控制的管理措施。

组织措施 （不需增加费用）	组织、人、部门、分工、流程、会议、责任制、编审调整（进度、工作计划）；生产要素优化配置、定额管理、任务单管理、活劳动、物化劳动、施工调度
管理措施	思想、方法、手段、合同管理、风险管理、网络计划、信息技术（软件、局域网、互联网、数据处理设备）、承发包（采购）模式
经济措施 （最易接受采用）	资金、资源、激励、对成本管理目标进行风险分析； 增减账、业主签证
技术措施	设计、施工、换机换料、技术经济分析

本章模拟强化练习

2Z103010　建设工程项目进度控制的目标和任务

1. 建设工程项目进度计划按功能可分为（　　）。

A. 指导性进度计划、控制性进度计划、实施性进度计划

B. 总进度计划、单项工程进度计划、单位工程进度计划

C. 里程碑表、横道图计划、网络计划

D. 年度进度计划、季度进度计划、月进度计划

2. 关于建设工程项目总进度目标论证工作顺序的说法，正确的是（　　）。

A. 先进行进度计划系统结构分析，后进行项目工作编码

B. 先进行项目工作编码，后进行项目结构分析

C. 先编制总进度计划，后编制各层进度计划

D. 先进行项目结构分析，后进行资料收集

3. 建设工程项目总进度目标论证的工作包括：① 进行项目结构分析；② 调查研究和收集资料；③ 编制各层进度计划；④ 编制总进度计划；⑤ 确定项目的工作编码；⑥ 进行进度计划系统的结构分析，其正确的工作步骤是（　　）。

A. ①③④④⑤⑥　　　　　　　　　　　　B. ①④②⑤③⑥

C. ②③⑥①④⑤　　　　　　　　　　　　D. ②①⑥⑤③④

4. 下列关于建设工程项目总进度目标内涵的说法，错误的是（　　）。

A. 总进度目标控制是业主方的任务，也可委托项目总承包协助

B. 总进度目标控制之前，首先应分析总进度目标实现的可能性

C. 建设工程项目总进度目标是业主方在设计阶段项目定义时确定的

D. 大型建设工程项目总进度目标论证的核心工作是通过编制总进度纲要论证总进度目标实现的可能性。

5. 下列各类进度计划中，属于按照深度编制的计划是（　　）。

A. 旬作业计划　　　　　　　　　　B. 单项工程进度计划

C. 操作性进度计划　　　　　　　　D. 采购和供货进度计划

6. 对建设工程项目整个实施阶段的进度进行控制是（　　）的任务。

A. 业主方　　　　　　　　　　　　B. DB 总承包方

C. 施工总承包管理方　　　　　　　D. 项目使用方

7. 大型建设工程项目总进度纲要的主要内容包括（　　）。

A. 项目实施总体部署

B. 总进度规划

C. 确定里程碑事件的计划进度目标

D. 施工准备与资源配置计划

E. 总进度目标实现的条件和应采取的措施

8. 在项目实施阶段，项目总进度计划包括（　　）。

A. 招标工作进度　　　　　　　　　B. 保修工作进度

C. 设计工作进度　　　　　　　　　D. 工程施工进度

E. 物资采购工作进度

2Z103020　施工进度计划的类型及其作用

1. 下列属于施工企业的施工生产计划的有（　　）。

A. 施工总进度方案　　　　　　　　B. 项目施工的季度施工计划

C. 单体工程施工进度计划　　　　　D. 施工企业的旬生产计划

2. 下列进度计划中，可直接用于组织施工作业的计划是（　　）。

A. 施工企业的旬生产计划　　　　　B. 建设工程项目施工的月度施工计划

C. 施工企业的月度生产计划　　　　D. 建设工程项目施工的季度施工计划

3. 编制控制性进度计划的作用有（　　）。

A. 对施工进度目标进行再论证　　　B. 确定施工的总体部署

C. 确定施工机械的需求　　　　　　D. 对进度目标进行分解

E. 确定控制节点的进度目标

4. 月度施工进度计划的主要作用有（　　）。

A. 确定控制性节点的时间目标　　　B. 确定施工作业的具体安排

C. 确定一个月度的人工需求　　　　D. 确定一个月度的材料需求

E. 确定一个月度的资金需求

2Z103030 施工进度计划的编制方法

1. 某工程网络计划如下图所示（时间单位：天），下列描述正确的是（　　）。

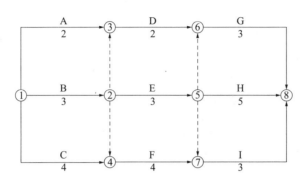

A. A 工作是关键工作
B. E 工作的总时差为 0
C. E 工作与 G 工作的时间间隔为 2 天
D. G 工作的总时差和自由时差不相等

2. 关于横道图的特点的描述，下列选项正确的是（　　）。

A. 横道图是一种最简单、运用最广泛的传统的进度计划方法
B. 横道图必须将工作简要说明直接放在横道上
C. 工序（工作）之间的逻辑关系无法表达
D. 可以精准确定网络计划的关键工作、关键路线

3. 下列网络计划中，工作 E 的最迟开始时间是（　　）。

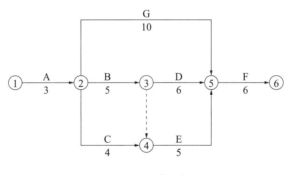

A. 4
B. 5
C. 7
D. 9

4. 某工程网络计划中，工作 H 的最早开始时间为第 8 天，持续时间为 6 天，工作 A 有三项紧后工作，它们的最早开始时间分别为第 18 天、第 17 天和第 22 天，最迟开始时间分别为第 22 天、第 21 天和第 25 天，则工作 H 的总时差和自由时差分别为（　　）天。

A. 7；6
B. 6；3
C. 7；3
D. 6；6

5. 某双代号网络计划中，工作 A 有两项紧后工作 B 和工作 C，工作 B 和工作 C 的最早开始时间分别为第 13 天和第 15 天，最迟开始时间分别为第 19 天和第 21 天；工作 A 与工作 B 和工作 C 的间隔时间分别为 0 天和 2 天。如果工作 A 实际进度拖延 7 天，则（　　）。

A. 对工期没有影响   B. 总工期延长 2 天

C. 总工期延长 3 天   D. 总工期延长 1 天

6. 关于双代号网络计划中关键线路的说法，错误的是（　　）。

A. 关键线路上的工作均为关键工作

B. 总的工作持续时间最长的线路为关键线路

C. 关键线路上所有工作的总时差都是最小

D. 全部由关键节点组成的线路是关键线路

7. 某单代号网络计划图（单位：天）如下图所示，下列说法错误的有（　　）。

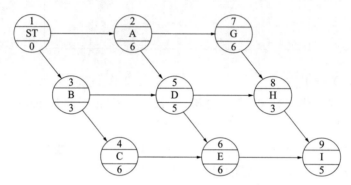

A. 计算工期为 17 天   B. 工作 C 总时差 0 天

C. 工作 H 最迟开始时间为第 12 天   D. 只有 1 条关键线路

8. 某工程网络计划如下图所示（时间单位：天），该网络计划的工期为（　　）天。

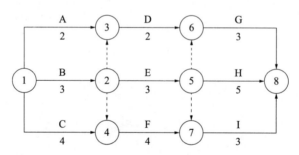

A. 10   B. 11

C. 9   D. 8

9. 某分部工程双代号网络图如下图所示，则工作G的总时差和自由时差依次为（　　）。

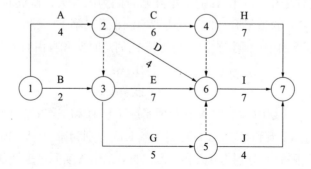

A. 1 天和 1 天 B. 2 天和 1 天

C. 1 天和 0 天 D. 2 天和 0 天

10. 某工程网络计划中，工作 A 的自由时差为 4 天，总时差为 6 天。实施进度检查时发现该工作的持续时间延长了 5 天，则工作 A 的实际进度（　　）。

A. 不影响总工期，但将其紧后工作的最早开始时间推迟 1 天

B. 既不影响总工期，也不影响其后续工作的正常进行

C. 将使总工期延长 5 天，但不影响其后续工作的正常进行

D. 将其后续工作的开始时间推迟 5 天，并使总工期提前 1 天

11. 已知某项工作的最早开始为第 7 天，工作持续时间为 3 天，其紧后有且仅有三项工作，且该工作与紧后三项工作的时间间隔分别为 5、6、8 天，则该工作的自由时差为（　　）。

A. 5 B. 6

C. 7 D. 8

12. 某双代号网络计划中，工作 B 的自由时差 3 天，总时差 5 天。在进度计划实施检查中发现工作 B 实际进度落后，且影响总工期 3 天。在其他工作均正常的前提下，工作 B 的实际进度落后（　　）天。

A. 3 B. 5

C. 6 D. 8

13. 下列关于网络计划中关键工作和关键线路的说法，正确的有（　　）。

A. 总时差为零的工作是关键工作

B. 双代号网络计划中由关键节点组成的线路是关键线路

C. 工作自身最迟完成时间和最早完成时间的差值最小的工作是关键工作

D. 从起点节点开始到终点节点均为关键工作的线路为关键线路

14. 在下列网络计划中，自由时差不等于总时差的工作是（　　）。

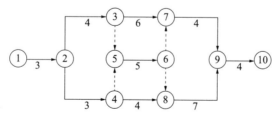

A. 工作④－⑧ B. 工作②－④

C. 工作⑤－⑥ D. 工作⑦－⑨

15. 分部工程双代号网络计划如下图所示，其关键线路有（　　）条。

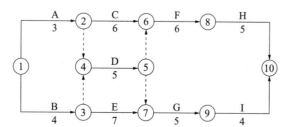

A. 2 条   B. 3 条
C. 4 条   D. 5 条

16. 下列双代号网络图中，存在的绘图错误有（   ）。

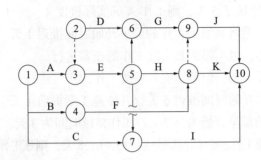

A. 存在多个起点节点

B. 箭线交叉的方式错误

C. 存在相同节点编号的工作

D. A、B、C 工作共用一个开始节点绘图错误

E. 存在多余的虚工作

17. 关于判别网络计划关键线路的说法，正确的有（   ）。

A. 一个网络图中只有一条关键线路

B. 双代号网络计划中无虚箭线的线路是关键线路

C. 在双代号网络计划中，总持续时间最长的线路是关键线路

D. 双代号网络计划中由关键节点组成的线路是关键线路

E. 关键线路上允许出现虚工作

18. 关于双代号计划网络图的绘图规则，说法正确的有（   ）。

A. 节点编号应从小到大编制，且不能出现重复编号，编号可以间断

B. 双代号网络图中，允许出现循环回路

C. 绘制网络图时，箭线不能交叉，当交叉不可避免时，可用过桥法或指向法

D. 起点节点和终点节点只能有 1 个

E. 在节点之间不能出现带双向箭头或无箭头的连线

19. 某工程网络计划如下图所示（时间单位：天），关于该网络计划的描述，说法正确的有（   ）。

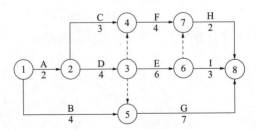

A. 计算工期为 15 天   B. B 工作的总时差为 2 天

C. I 工作是关键工作   D. H 工作的总时差和自由时差相等

E. C 工作的自由时差大于总时差

20. 某工程网络计划如下图所示（时间单位：天），下列属于非关键工作的为（　　　）。

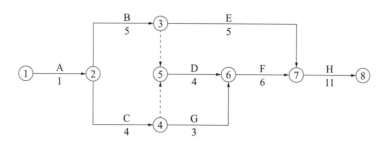

A. A 工作   B. C 工作

C. G 工作   D. E 工作

E. H 工作

2Z103040　施工进度控制的任务和措施

1. 下列进度控制的措施中，属于组织措施的是（　　　）。

A. 改变工程物资的采购模式   B. 严格执行进度控制的工作流程

C. 调整工程采用的网络计划的形式   D. 采用新工艺

2. 施工进度计划调整的内容，不包括（　　　）的调整。

A. 工程量   B. 工序起止时间

C. 工作关系   D. 组织结构模式的调整

3. 下列选项中，属于施工进度计划的调整内容的有（　　　）。

A. 人员的调整   B. 工程量的调整

C. 工作起止时间的调整   D. 工作关系的调整

E. 资源条件的调整

4. 施工进度计划检查的内容不包括（　　　）。

A. 工作量的完成情况   B. 工作时间的执行情况

C. 实际进度与计划进度的偏差   D. 前一次进度检查提出问题的整改情况

5. 施工进度计划的调整应包括（　　　）。

A. 工程量的调整   B. 工作起止时间的调整

C. 工作部门的调整   D. 资源提供条件的调整

E. 必要目标的调整

6. 下列进度控制的措施中，属于技术措施的有（　　　）。

A. 进行技术经济分析，确定最佳的施工方案

B. 在满足功能要求的前提下，通过使用外加剂，提高混凝土凝结速度

C. 通过生产要素的优化配置，有效控制实际进度

D. 管理人员应编制相适应的资金使用计划

E. 选用适合于工程规模、性质和特点的合同结构模式

★★模拟强化练习答案及解析★★

2Z103010　建设工程项目进度控制的目标和任务

1.【答案】A

【解析】

不同深度	不同功能
1.总进度规划 2.子系统进度规划 3.单项工程进度计划	1.控制性进度规划 2.指导性进度规划 3.实施性（操作性）进度计划

不同参与方	不同周期
1.业主方进度计划 2.设计进度计划 3.施工和设备安装进度计划 4.采购和供货进度计划	1.5年建设进度计划 2.年度、季度、月度、旬计划

2.【答案】A

【解析】建设工程项目总进度目标论证的工作步骤如下：

（1）调查研究和收集资料。

（2）项目结构分析。

（3）进度计划系统的结构分析。

（4）确定项目的工作编码。

（5）编制各层进度计划。

（6）协调各层进度计划的关系，编制总进度计划。

（7）若所编制的总进度计划不符合项目的进度目标，则设法调整。

（8）若经过多次调整，进度目标无法实现，则报告项目决策者。

3.【答案】D

【解析】其论证的工作步骤如下：调查研究和搜集资料；进行项目结构分析；进行进度计划系统的结构分析；确定项目的工作编码；编制各层进度计划；协调各层进度计划的关系和编制总进度计划；若所编制的总进度计划不符合项目的进度目标，则设法调整；若经过多次调整，进度目标无法实现，则报告项目决策者。

4.【答案】C

【解析】C选项错误，建设工程项目总进度目标是业主方在决策阶段项目定义时确定的。

5.【答案】B

【解析】同第1题。

6.【答案】A

【解析】业主方进度控制的任务是控制整个项目实施阶段的进度，包括控制设计准备阶段的工作进度、设计工作进度、施工进度、物资采购工作进度，以及项目动用前准备阶段的工作进度。

7.【答案】A、B、C、E

【解析】总进度纲要的主要内容包括：（1）项目实施的总体部署；（2）总进度规划；（3）各子系统进度规划；（4）确定里程碑事件的计划进度目标；（5）总进度目标实现条件和应采取的措施。

8【答案】A、C、D、E

【解析】在项目的实施阶段，项目总进度不仅只是施工进度，它包括：（1）设计前准备阶段的工作进度；（2）设计工作进度；（3）招标工作进度；（4）施工前准备工作进度；（5）工程施工和设备安装工作进度；（6）工程物资采购工作进度；（7）项目动用前的准备工作进度等。

2Z103020　施工进度计划的类型及其作用

1.【答案】D

【解析】企业生产计划包括企业的年、季、月、旬生产计划。

2.【答案】B

【解析】可直接用于组织施工作业的计划叫实施性施工进度计划，包括项目的月度施工计划、旬施工作业计划。

3.【答案】A、B、D、E

【解析】控制性施工进度计划的主要作用：

（1）论证施工总进度目标；

（2）施工总进度目标的分解，确定里程碑事件的进度目标；

（3）是编制实施性进度计划的依据；

（4）是编制与该项目相关的其他各种进度计划的依据或参考依据；

（5）是施工进度动态控制的依据。

4.【答案】B、C、D、E

【解析】月度施工进度计划的主要作用：（1）确定作业的具体安排；（2）确定一个月的人、材、机、资金需求。

2Z103030　施工进度计划的编制方法

1.【答案】B

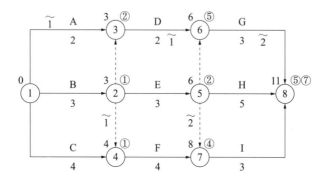

【解析】A 选项错误，关键工作有：工作 B、C、E、F、H、I。C 选项错误，E 工作与 G 工作的时间间隔为 0。D 选项错误，G 工作的总时差＝自由时差＝2。

2.【答案】A

【解析】B 选项错误，横道图也可将工作简要说明直接放在横道上，可以放而不是必须放。C、D 选项错误，工序（工作）之间的逻辑关系可以设法表达，但不易表达清楚。没有通过严谨的进度计划时间参数计算，不能确定计划的关键工作，关键路线与时差。

3.【答案】D

【解析】

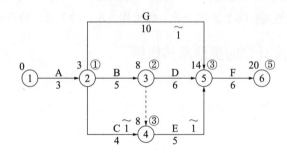

4.【答案】C

【解析】H 工作的自由时差等于紧后工作的最早开始时间减去 H 工作的最早完成时间＝17－（8＋6）＝3 天。H 工作的总时差等于本工作的最迟完成时间减去本工作的最早完成时间＝紧后工作最迟开始时间的最小值－本工作的最早完成时间＝21－（8＋6）＝7 天。

5.【答案】D

【解析】根据已知条件可知工作 B、C 的总时差均为 6 天。又因为 A 与 B、C 工作的时间间隔分别为 0、2 天，所以 A 工作的总时差为 6 天。因为现在实际进度延误 7 天，所以影响工期 1 天。

6.【答案】D

【解析】自始至终全部由关键工作组成的线路为关键线路，或线路上总的工作持续时间最长的线路为关键线路。

7.【答案】D

【解析】用标号法解单代号网络计划如下图所示：

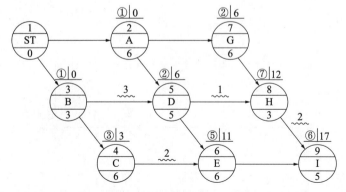

A 选项错误，计划工期为 22 天；B 选项错误，工作 C 总时差 2 天；C 选项错误，工

作 H 最迟开始时间为第 14 天。

8. 【答案】B

【解析】

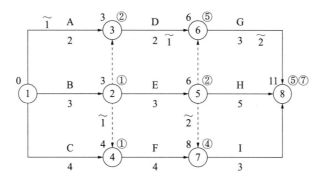

9. 【答案】D

【解析】

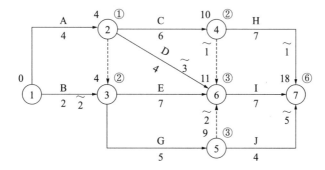

10. 【答案】A

【解析】工作 A 的自由时差为 4 天，总时差为 6 天，表示 A 工作为了不影响紧后工作有 4 天机动时间，为了不影响总工期有 6 天机动时间。但是现在 A 工作延长了 5 天，所以目前不影响总工期，但是影响紧后工作 1 天。

11. 【答案】A

【解析】紧前工作的自由时差等于该工作与其紧后工作之间的时间间隔的最小值。在本题中为 min {5, 6, 8} = 5。

12. 【答案】D

【解析】总时差是指在不影响总工期的前提下，本工作可以利用的机动时间。因为在本题中总时差为 5，但是实际情况仍然导致工期延误 3 天，由此可知实际延误为 5 + 3 = 8 天。

13. 【答案】C

【解析】A 选项错误，总时差最小的工作是关键工作。B 选项错误，双代号网络计划中由关键节点组成的线路不一定是关键线路。D 选项错误，单代号网络计划的关键线路：从起点节点开始到终点节点均为关键工作，且所有工作的时间间隔为零的线路为关键线路。

14. 【答案】B

【解析】

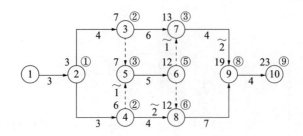

15. 【答案】B
【解析】

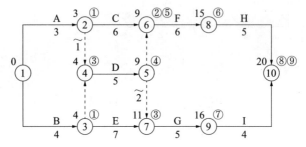

16. 【答案】A、B、E

【解析】A选项正确，①、②都是起点节点，所以存在多个起点节点。B选项错误，交叉的方式为过桥法或指向法。C选项，图中没有出现存在相同节点编号的工作。D选项，A、B、C工作可以共用一个开始节点，且图中运用母线法绘制符合绘图规则；E选项正确，②→③之间的虚工作没有联系、区分、断路的作用。

17. 【答案】C、E

【解析】A选项错误，关键线路是总的持续时间最长的线路，可能存在多条；B选项错误，关键线路中可存在虚工作；D选项错误，双代号网络图中全部由关键工作组成的线路是关键线路，关键节点不一定。

18. 【答案】A、D、E

【解析】B选项错误，双代号网络图中，不允许出现循环回路。C选项错误，绘制网络图时，箭线不宜交叉，当交叉不可避免时，可用过桥法或指向法。

19. 【答案】A、C、D

【解析】B选项错误，B工作的总时差为4天。E选项错误，C工作的自由时差为1天，总时差为4天。

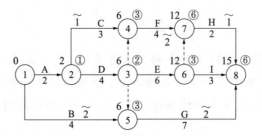

20. 【答案】B、C、D

【解析】

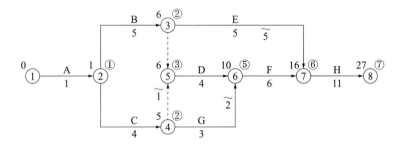

2Z103040　施工进度控制的任务和措施

1.【答案】B

【解析】A、C选项属于管理措施，D选项属于技术措施。

2.【答案】D

【解析】施工进度计划的调整应包括下列内容：（1）工程量的调整；（2）工作（工序）起止时间的调整；（3）工作关系的调整；（4）资源提供条件的调整；（5）必要目标的调整。

3.【答案】B、C、D、E

【解析】属于施工进度计划的调整内容的有：工程量的调整、工作起止时间的调整、工作关系的调整、资源提供条件的调整、必要目标的调整。

4.【答案】C

【解析】进度计划检查的内容包括：（1）检查工作量的完成情况；（2）检查工作时间的执行情况；（3）检查资源使用及进度保证的情况；（4）前一次进度计划检查提出问题的整改情况。

5.【答案】A、B、D、E

【解析】施工进度计划的调整应包括下列内容：（1）工程量的调整；（2）工作（工序）起止时间的调整；（3）工作关系的调整；（4）资源提供条件的调整；（5）必要目标的调整。

6.【答案】A、B

【解析】C选项属于组织措施，D选项属于经济措施，E选项属于管理措施。

2Z104000　施工质量管理

本章考情分析

近3年核心考点及分值分布　　　　　　　　　表2Z104000

2Z104000	本章条目		2020年		2021年		2022年	
			单选	多选	单选	多选	单选	多选
2Z104010	2Z104011	施工质量管理和施工质量控制的内涵	1		1			
	2Z104012	影响施工质量的主要因素	1		1			
	2Z104013	施工质量控制的特点与责任		2		2	2	2
2Z104020	2Z104021	工程项目施工质量保证体系的建立和运行	1		1	2		2
	2Z104022	施工企业质量管理体系的建立和认证	2	2	1		2	
2Z104030	2Z104031	施工质量控制的基本环节和一般方法	1		3		1	
	2Z104032	施工准备的质量控制	1		1			
	2Z104033	施工过程的质量控制					1	
	2Z104034	施工质量验收	1		1		1	
2Z104040	2Z104041	工程质量事故分类	1		1		1	
	2Z104042	施工质量事故的预防						
	2Z104043	施工质量事故的处理	1	2	1	2	1	2
2Z104050	2Z104051	施工质量监督管理的制度	1	2				
	2Z104052	施工质量监督管理的实施	1		2	2	2	2
合　　计			12	8	13	8	11	8
			20		21		19	

2Z104010　施工质量管理与施工质量控制

核 心 考 点 剖 析

2Z104011　施工质量管理和施工质量控制的内涵

核心考点：施工质量的内涵

1. 施工质量：包括产品的质量、产品生产活动或过程的工作质量、质量管理体系运行的质量。

2. 施工质量特性：体现在建设工程的适用性、安全性、耐久性、可靠性、经济性及与环境协调性。

3. 质量管理：包括建立和确定质量方针和质量目标，通过质量策划、质量保证、质量控制和质量改进等手段来实现质量管理职能。

质量控制是质量管理的一部分，致力于满足质量要求。

4. 施工质量的基本要求

（1）按图施工：符合勘察、设计对施工提出的要求，体现个性化要求。

（2）依法施工：符合国家法律、法规的要求，体现一般性要求。

（3）践约施工：体现施工质量特性的六个方面的要求。

5. "合格"是对施工质量的最基本要求，施工单位（特别是国有施工企业）应对标世界一流不断地提升管理水平，进一步提升建设工程品质。

◆ **考法1：施工质量特性**

【例题·2016年真题·单选题】施工质量特性主要体现在由施工形成的建筑产品的（　　）。

A. 适用性、安全性、美观性、耐久性　　B. 安全性、耐久性、美观性、可靠性

C. 适用性、安全性、耐久性、可靠性　　D. 适用性、先进性、耐久性、可靠性

【答案】C

【解析】施工质量特性主要体现在由施工形成的建设工程的适用性、安全性、耐久性、可靠性、经济性及与环境协调性六个方面。

◆ **考法2：施工质量的基本要求**

【例题·2020/2019年真题·单选题】下列对工程项目施工质量的要求中，体现个性化要求的是（　　）。

A. 符合国家法律、法规的要求

B. 不仅要保证产品质量，还要保证施工活动质量

C. 符合工程勘察、设计文件的要求

D. 符合施工质量评定等级的要求

【答案】C

【解析】符合勘察、设计对施工提出的要求，体现个性化要求，这个要求可以归结为"按图施工"。

2Z104012 影响施工质量的主要因素

核心考点：影响施工质量的五大因素

1. 人的因素

我国实行执业资格注册制度及作业人员持证上岗制度等，就是对从事施工活动的人的素质和能力进行必要的控制。在施工质量管理中，人的因素起决定性的作用。施工质量控制应以控制人的因素为基本出发点。

2. 材料的因素

包括工程材料、施工用料、原材料、成品、半成品、构配件、周转材料等。材料质量是工程质量的基础。

3. 机械的因素

机械设备包括工程设备和施工机械设备。

工程设备，指组成工程实体的工艺设备和各类机具（工程完工后拿不走的）。如电梯、泵机、通风空调、消防、环保设备等。

施工机械设备，指施工过程中使用的设备（工程完工后拿走了的）。如运输设备、吊装设备、操作工具、测量仪器、计量器具以及施工安全设施等。

4. 方法的因素

包括施工技术方案、施工工艺、工法和施工技术措施等，也称技术因素，如多项新技术，包括地基基础和地下空间工程技术，钢筋与混凝土技术，模板及脚手架技术，装配式混凝土结构技术，钢结构技术，机电安装工程技术，绿色施工技术，防水技术与维护结构节能，抗震、加固与监测技术，信息化技术等。

5. 环境的因素

（1）自然环境因素：主要指工程地质、水文、气象条件和周边建筑、地下障碍物以及其他不可抗力等。

（2）管理环境因素：主要指施工单位质量管理体系、质量管理制度、各参建施工单位之间的协调、施工组织系统和综合运行机制等因素。

（3）作业环境因素：主要指施工现场平面和空间环境条件，各种能源介质供应，施工照明、通风、安全防护设施，施工场地给水排水以及交通运输和道路条件等。

◆ 考法1：人的因素

【例题·2018年真题·单选题】下列影响建设工程施工质量的因素中，作为施工质量控制基本出发点的因素是（　　）。

A. 人 B. 机械

C. 材料 D. 环境

【答案】A

【解析】在施工质量管理中，人的因素起决定性的作用。所以，施工质量控制应以控制人的因素为基本出发点。

◆ **考法 2：材料的因素**

【例题·2017 年真题·多选题】下列影响施工质量的因素中，属于材料因素的有（　　　）。

A. 建筑构配件 B. 新型模板

C. 计量器具 D. 工程设备

E. 安全防护设施

【答案】A、B

【解析】材料的因素，包括原材料、半成品、成品、构配件和周转材料等。

◆ **考法 3：机械的因素**

【例题·2016 年真题·多选题】施工机械设备是指施工过程中使用的各类机具设备，包括（　　　）等。

A. 运输设备和操作工具 B. 测量仪器和计量器具

C. 工程实体配套的工艺设备 D. 电梯、泵机、通风空调设备

E. 施工安全设施

【答案】A、B、E

【解析】施工机械设备是指施工过程中使用的各类机具设备，包括运输设备、操作工具、测量仪器、计量器具以及施工安全设施等。

◆ **考法 4：方法的因素**

【例题·2019 年真题·单选题】为消除施工质量通病而采用新型脚手架应用技术的做法，属于质量影响因素中对（　　　）因素的控制。

A. 材料 B. 机械

C. 方法 D. 环境

【答案】C

【解析】同上题。

◆ **考法 5：环境的因素**

【例题 1·2021 年真题·多选题】影响建设工程施工质量的环境因素包括（　　　）。

A. 施工现场自然环境 B. 施工质量管理环境

C. 施工所在地政策环境 D. 施工所在地市场环境

E. 施工作业环境

【答案】A、B、E

【解析】环境的因素主要包括施工现场自然环境因素、施工质量管理环境因素和施工作业环境因素。

【例题 2·2020 年真题·单选题】下列影响施工质量的环境因素中，属于管理环境因素的是（　　）。

  A. 施工现场平面布置和空间环境 B. 施工现场道路交通状况

  C. 施工参建单位之间的协调   D. 施工现场安全防护设施

【答案】C

【解析】管理环境因素：主要指施工单位质量管理体系、质量管理制度、各参建施工单位之间的协调、施工组织系统和综合运行机制等因素。

【例题 3·2019 年真题·多选题】下列施工质量的影响因素中，属于质量管理环境因素的有（　　）。

  A. 施工单位的质量管理制度 B. 各参建单位之间的协调程度

  C. 管理者的质量意识   D. 运输设备的使用情况

  E. 施工现场的道路条件

【答案】A、B

【解析】施工质量管理环境因素，主要指施工单位质量管理体系、质量管理制度和各参建施工单位之间的协调等因素。

【例题 4·2021 年真题·单选题】下列影响施工质量的环境因素中，属于施工作业环境因素的是（　　）。

  A. 参建施工单位之间的协调程度 B. 项目部质量管理制度

  C. 项目工程地质情况   D. 各种能源介质的供应保障程度

【答案】D

【解析】工作业环境因素，主要指施工现场平面和空间环境条件，各种能源介质供应、施工照明、通风、安全防护设施，施工场地给水排水以及交通运输和道路条件等因素。A、B 选项属于管理环境因素；C 选项属于自然环境因素。

2Z104013 施工质量控制的特点与责任

核心考点一：施工质量控制的特点

1. 控制因素多。包括地质、水文、气象和周边环境等自然条件因素，勘察、设计、材料、机械、施工工艺、操作方法、管理制度等人为技术管理因素。

2. 控制难度大。由于建筑产品的单件性和施工生产的流动性，施工场面大、人员多、工序多、关系复杂、作业环境差。

3. 过程控制要求高。工程项目的施工过程，工序衔接多、中间交接多、隐蔽工程多，施工质量具有一定的过程性和隐蔽性。

4. 终检局限大。工程项目的终检（竣工验收）只能从表面进行检查，难以发现在施工过程中产生、又被隐蔽了的质量隐患，存在较大的局限性。

◆ **考法：施工质量控制的特点**

【例题·2017 年真题·单选题】关于施工质量控制特点的说法，正确的是（　　）。

  A. 需要控制的因素少，只有 4M1E 五大方面

B. 施工生产的流动性导致控制的难度大

C. 生产受业主监督，因此过程控制要求低

D. 工程竣工验收是对施工质量的全面检查

【答案】B

【解析】施工质量控制的特点：（1）控制因素多；（2）控制难度大；（3）过程控制要求高；（4）终检局限大。

核心考点二：施工质量控制的责任

1.《建设工程质量管理条例》的相关规定

（1）施工单位对建设工程的施工质量负责。施工单位应当建立质量责任制，确定工程项目的项目经理、技术负责人和施工管理负责人。建设工程实行总承包的，总承包单位应当对全部建设工程质量负责；建设工程勘察、设计、施工、设备采购的一项或者多项实行总承包的，总承包单位应当对其承包的建设工程或者采购的设备的质量负责。

（2）总承包单位依法将建设工程分包给其他单位的，分包单位应当按照分包合同的约定对其分包工程的质量向总承包单位负责，总承包单位与分包单位对分包工程的质量承担连带责任。

（3）施工单位必须按照工程设计图纸和施工技术标准施工，不得擅自修改工程设计，不得偷工减料。施工单位在施工过程中发现设计文件和图纸有差错，应及时提出意见和建议。

（4）施工单位必须按照工程设计要求、施工技术标准和合同约定，对建筑材料、建筑构配件、设备和商品混凝土进行检验，检验应当有书面记录和专人签字；未经检验或者检验不合格的，不得使用。

（5）施工单位必须建立、健全施工质量的检验制度，严格工序管理，做好隐蔽工程的质量检查和记录。隐蔽工程在隐蔽前，施工单位应当通知建设单位和建设工程质量监督机构。

（6）施工人员对涉及结构安全的试块、试件以及有关材料，应当在建设单位或者工程监理单位监督下现场取样，并送具有相应资质等级的质量检测单位进行检测。

（7）施工单位对施工中出现质量问题的建设工程或者竣工验收不合格的建设工程，应当负责返修。

（8）施工单位应当建立、健全教育培训制度，加强对职工的教育培训。未经教育培训或者考核不合格的人员，不得上岗作业。

2. 住房和城乡建设部发布的《建筑施工项目经理质量安全责任十项规定（试行）》的相关规定

（1）项目经理必须对工程项目施工质量安全负全责，负责建立质量安全管理体系，负责配备专职质量、安全等施工现场管理人员，负责落实质量安全责任制、质量安全管理规章制度和操作规程。

（2）项目经理必须按照工程设计图纸和技术标准组织施工，不得偷工减料。负责组织编制施工组织设计，负责组织制定质量安全技术措施，负责组织编制、论证和实施危险性较大分部分项工程专项施工方案。负责组织质量安全技术交底。

（3）项目经理必须组织对进入现场的建筑材料、构配件、设备、预拌混凝土等进行检验，未经检验或检验不合格，不得使用。必须组织对涉及结构安全的试块、试件以及有关材料进行取样检测，送检试样不得弄虚作假，不得篡改或者伪造检测报告，不得明示或暗示检测机构出具虚假检测报告。

（4）项目经理必须组织做好隐蔽工程的验收工作，参加地基基础、主体结构等分部工程的验收，参加单位工程和工程竣工验收。必须在验收文件上签字，不得签署虚假文件。

3. 住房和城乡建设部发布的建质〔2014〕124号《建筑工程五方责任主体项目负责人质量终身责任追究暂行办法》的相关规定：

（1）建筑工程五方责任主体项目负责人是指建设单位项目负责人、勘察单位项目负责人、设计单位项目负责人、施工单位项目经理、监理单位总监理工程师。

（2）建筑工程五方责任主体项目负责人质量终身责任，是指参与新建、扩建、改建的建筑工程项目负责人按照国家法律法规和有关规定，在工程设计使用年限内对工程质量承担相应责任。

（3）建设单位项目负责人对工程质量承担全面责任，不得违法发包、肢解发包，不得以任何理由要求勘察、设计、施工、监理单位违反法律法规和工程建设标准，降低工程质量。

（4）符合下列情形之一的，县级以上地方人民政府住房和城乡建设主管部门应当依法追究项目负责人的质量终身责任：① 发生工程质量事故；② 发生投诉、举报、群体性事件、媒体报道并造成恶劣社会影响的严重工程质量问题；③ 由于勘察、设计或施工原因造成尚在设计使用年限内的建筑工程不能正常使用。

4.《国务院办公厅转发住房城乡建设部关于完善质量保障体系提升建筑工程品质指导意见的通知》提出：要强化各方责任。其中，要落实施工单位主体责任。施工单位应完善质量管理体系，建立岗位责任制度，设置质量管理机构，配备专职质量负责人，加强全面质量管理。推行工程质量安全手册制度，推进工程质量管理标准化，将质量管理要求落实到每个项目和员工。建立质量责任标识制度，对关键工序、关键部位隐蔽工程实施举牌验收，加强施工记录和验收资料管理，实现质量责任可追溯。施工单位对建筑工程的施工质量负责，不得转包、违法分包工程。

◆ **考法1：《建设工程质量管理条例》**

【例题·2021年真题·单选题】某建设工程施工由甲施工单位总承包，甲依法将其中的空调安装工程分包给乙施工单位，空调由建设单位采购，因空调安装质量不合格返工导致工程不能按时完工给建设单位造成损失，该质量责任及损失应由（ ）承担。

A. 建设单位   B. 空调供应商

C. 乙施工单位   D. 甲和乙施工单位

【答案】D

【解析】总承包单位依法将建设工程分包给其他单位的，分包单位应当按照分包合同的约定对其分包工程的质量向总承包单位负责，总承包单位与分包单位对分包工程的质量承担连带责任。

◆ **考法 2：项目经理的质量安全责任**

【例题·2021 年真题·多选题】根据《建筑施工项目经理质量规定（试行）》，项目经理的质量安全责任有（　　）。

A. 负责建立质量安全管理体系　　　B. 负责审批施工组织设计

C. 负责组织工程质量验收　　　　　D. 负责编制施工组织设计

E. 负责组织制定质量安全技术措施

【答案】A、E

【解析】本题考查住房和城乡建设部发布的《建筑施工项目经理质量安全责任十项规定（试行）》的相关规定。

◆ **考法 3：项目负责人对项目质量承担责任的期限**

【例题·2018 年真题·单选题】根据建设工程质量责任制要求，施工单位项目经理对建设工程质量承担责任的时间期限是（　　）。

A. 建设工程实际使用年限　　　　　B. 建设单位要求年限

C. 缺陷责任期　　　　　　　　　　D. 建筑工程设计使用年限

【答案】D

【解析】质量终身责任，是指参与建设的施工单位项目经理按照法律法规和有关规定，在工程设计使用年限内对工程质量承担相应的责任。

◆ **考法 4：各参建单位的施工质量控制责任**

【例题·2020 年真题·多选题】关于施工质量控制责任的说法，正确的有（　　）。

A. 项目经理可以不参加地基基础、主体结构等分部工程的验收

B. 项目经理负责组织编制、论证和实施危险性较大分部分项工程专项施工方案

C. 质量终身责任是指参与工程建设的项目负责人在工程施工期限内对工程质量承担相应责任

D. 项目经理必须组织对进入现场的建筑材料、构配件、设备、预拌混凝土等进行检验

E. 发生工程质量事故，县级以上地方人民政府住房和城乡建设主管部门应追究项目负责人的质量终身责任

【答案】B、D、E

【解析】选项 A 错误，项目经理必须组织做好隐蔽工程的验收工作，参加地基基础、主体结构等分部工程的验收，参加单位工程和工程竣工验收。选项 C 错误，质量终身责任，是指参与新建、扩建、改建的建筑工程项目负责人按照国家法律法规和有关规定，在工程设计使用年限内对工程质量承担相应责任。

2Z104020　施工质量管理体系

核 心 考 点 提 纲

2Z104020　施工质量管理体系 $\begin{cases} 2Z104021 & 工程项目施工质量保证体系的建立和运行 \\ 2Z104022 & 施工企业质量管理体系的建立和认证 \end{cases}$

核心考点剖析

2Z104021　工程项目施工质量保证体系的建立和运行

核心考点一：施工质量保证体系的内容

工程项目的施工质量保证体系以控制和保证施工产品质量为目标。其内容主要包括以下几个方面：

1. 施工质量目标

施工质量目标以承包合同为基本依据，逐级分解形成在合同环境下的各级质量目标。目标分解从两个角度展开：从时间角度展开，实施全过程的控制；从空间角度展开，实现全方位和全员的质量目标管理。

2. 施工质量计划

施工质量计划以特定项目为目标，将质量验收统一标准、企业质量手册、程序文件通用要求与特定项目联系起来的文件，其编制的依据有企业质量手册和项目质量目标。施工质量计划可以分为施工质量工作计划和施工质量成本计划。质量成本可分为运行质量成本和外部质量保证成本。

（1）施工质量工作计划：项目质量目标的具体描述；各个工作环节的责权描述；采用特定程序、方法和工作指导书；重要工序的试检、检验、验证和审核大纲；质量计划修订和完善的程序。

（2）运行质量成本：为运行质量体系达到和保持规定的质量水平所支付的费用。

（3）外部质量保证成本：指依据合同要求向顾客提供所需要的客观证据所支付的费用，包括采用特殊的和附加的质量保证措施、程序以及检测试验和评定的费用。

3. 思想保证体系

思想保证体系是施工质量保证体系的基础，树立"质量第一"的观点。

4. 组织保证体系

必须建立健全质量管理组织，落实建筑工人实名制管理，建立质量信息系统。

5. 工作保证体系

（1）施工准备阶段——建立技术管理、测量控制、施工场地管理、材料机械管理制度。

（2）施工阶段——建立质量检查制度，应用建筑信息模型技术，强化过程控制。

（3）竣工验收阶段——建立回访制度。

◆ 考法1：施工质量保证体系的作用

【例题1·2021年真题·单选题】在合同环境中，施工质量保证体系的作用是（　　　）。

A. 向项目监理机构证明所完成工程满足设计和验收标准要求

B. 向业主证明施工单位资质满足完成工程项目的要求

C. 向项目监理机构证明隐蔽工程质量符合要求

D. 向业主证明施工单位具有足够的管理和技术上的能力

【答案】D

【解析】施工质量保证体系可以向建设单位（业主）证明施工单位具有足够的管理和技术能力，保证全部施工是在严格的质量管理中完成的，从而取得建设单位（业主）的信任。

【例题 2·2017 年真题·单选题】工程项目施工质量保证体系的目标是（　　）。

A. 控制和保证施工产品的质量　　　B. 保证体系文件的严格执行

C. 控制产品生产的过程质量　　　　D. 保证管理体系运行的质量

【答案】A

【解析】工程项目的施工质量保证体系以控制和保证施工产品质量为目标。

◆ **考法 2：项目施工质量目标**

【例题·2015 年真题·单选题】关于项目施工质量目标的说法，正确的是（　　）。

A. 项目施工质量总目标应符合行业质量最高目标要求

B. 项目施工质量总目标应逐级分解以形成在合同环境下的各级质量目标

C. 项目施工质量总目标要以相关标准规范为基本依据

D. 项目施工质量总目标的分解仅需从空间角度立体展开

【答案】B

【解析】项目施工质量目标的分解应从两个角度展开，即：从时间角度展开，实施全过程的控制；从空间角度展开，实现全方位和全员的质量目标管理。

◆ **考法 3：项目施工质量计划**

【例题 1·2021 年真题·单选题】下列项目施工质量成本中，属于外部质量保证成本的是（　　）。

A. 编写施工项目质量工作计划发生的费用

B. 根据业主要求进行的特殊质量检测试验的费用

C. 例行的重要工序试验、检验的费用

D. 为运行质量体系达到规定的质量水平所支付的费用

【答案】B

【解析】外部质量保证成本是指依据合同要求向顾客提供所需要的客观证据所支付的费用，包括采用特殊的和附加的质量保证措施、程序以及检测试验和评定的费用。

【例题 2·2019 年真题·单选题】在项目质量成本的构成内容中，特殊质量保证措施费用属于（　　）。

A. 外部损失成本　　　　　　　　　B. 内部损失成本

C. 外部质量保证成本　　　　　　　D. 预防成本

【答案】C

【解析】外部质量保证成本是指依据合同要求向顾客提供所需要的客观证据所支付的费用，包括特殊的和附加的质量保证措施、程序、数据、检测试验和评定的费用。

【例题 3·2021 年真题·多选题】项目施工质量计划按内容包括（　　）。

A. 质量方针编制计划　　　　　　　B. 质量保证体系认证计划

C. 施工质量工作计划　　　　　　　D. 施工质量组织计划

E. 施工质量成本计划

【答案】C、E

【解析】施工质量计划可以按内容分为施工质量工作计划和施工质量成本计划。

◆ **考法 4：组织保证体系**

【例题·2018 年真题·多选题】下列建设工程施工质量保证体系的内容中，属于组织保证体系的有（　　）。

A. 进行技术培训　　　　　　　　B. 成立质量管理小组

C. 编制施工质量计划　　　　　　D. 分解施工质量目标

E. 建立质量信息系统

【答案】B、E

【解析】组织保证体系：必须建立健全质量管理组织，落实建筑工人实名制管理，建立质量信息系统。

◆ **考法 5：工作保证体系**

【例题·2015 年真题·单选题】下列施工质量保证体系的内容中，属于工作保证体系的是（　　）。

A. 建立质量检查制度　　　　　　B. 明确施工质量目标

C. 树立"质量第一"的观点　　　　D. 建立质量管理组织

【答案】A

【解析】本题考查的是施工质量保证体系的内容。工作保证体系主要是明确工作任务和建立工作制度，落实在施工准备阶段、施工阶段和竣工验收阶段。在施工阶段，必须加强工序管理，建立质量检查制度，严格实行自检、互检、专检，开展群众性的 QC 活动，强化过程控制，以确保施工阶段的工作质量。

核心考点二：施工质量保证体系的运行

施工质量保证体系的运行，以质量计划为主线，以过程管理为重心，应用 PDCA 循环原理，按照计划、实施、检查和处理步骤展开。

1. 计划（Plan）：通过计划，确定质量管理的方针、目标，以及实现方针、目标的措施和行动方案。

2. 实施（Do）：包含两个环节，即计划行动方案的交底和按计划规定的方法及要求展开的施工作业技术活动。

3. 检查（Check）：包括两个方面：一是检查是否严格执行了计划的行动方案，检查实际条件是否发生了变化，查明没按计划执行的原因；二是检查计划执行的结果。

4. 处置（Action）：采取措施，纠正计划执行中的偏差。

◆ **考法 1：施工质量保证体系运动的原则**

【例题·2018 年真题·单选题】建设工程施工质量保证体系运行的主线是（　　）。

A. 过程管理　　　　　　　　　　B. 质量计划

C. PDCA 循环　　　　　　　　　D. 质量手册

【答案】B

【解析】施工质量保证体系的运行，应以质量计划为主线，以过程管理为重心，按照

PDCA 循环的原理，通过计划、实施、检查和处理的步骤展开控制。

◆ 考法 2：施工质量保证体系运动的步骤

【例题 1·2021 年真题·单选题】项目技术负责人向各班组进行施工方案交底属于施工质量保证体系运行的（　　）环节。

A. 计划　　　　　　　　　　　　B. 检查

C. 实施　　　　　　　　　　　　D. 处理

【答案】C

【解析】实施包含两个环节，即计划行动方案的交底和按计划规定的方法及要求展开的施工作业技术活动。

【例题 2·2020 年真题·单选题】下列施工质量控制工作中，属于"PDCA"处理环节的是（　　）。

A. 确定项目施工应达到的质量标准　　B. 按质量计划开展施工技术活动

C. 纠正计划执行中的质量偏差　　　　D. 检查施工质量是否达到标准

【答案】C

【解析】处理是在检查的基础上，采取措施，纠正计划执行中的偏差。

2Z104022　施工企业质量管理体系的建立和认证

核心考点一：施工质量管理的原则

《质量管理体系　基础和术语》GB/T 19000—2016 提出了质量管理的七项原则，内容如下：

1. 以顾客为关注焦点；

2. 领导作用；

3. 全员积极参与；

4. 过程方法；

5. 改进；

6. 循证决策：基于数据和信息的分析和评价的决策；

7. 关系管理。

◆ 考法：质量管理的原则

【例题 1·2021 年真题·单选题】根据《质量管理体系　基础和术语》GB/T 19000—2016，循证决策原则要求施工企业质量管理时应基于（　　）作出相关决策。

A. 与相关方的关系　　　　　　　　B. 满足顾客的要求

C. 功能连贯的过程组成的体系　　　D. 数据和信息的分析和评价

【答案】D

【解析】循证决策是基于数据和信息的分析和评价的决策，更有可能产生期望的结果。

【例题 2·2020 年真题·多选题】根据《质量管理体系　基础和术语》GB/T 19000—2016，施工企业质量管理应遵循的原则有（　　）。

A. 以内控体系为关注焦点　　　　　B. 过程方法

C. 循证决策　　　　　　　　　　　D. 全员积极参与

E. 领导作用

【答案】B、C、D、E

【解析】《质量管理体系 基础和术语》GB/T 19000—2016提出了质量管理的七项原则，内容如下：（1）以顾客为关注焦点；（2）领导作用；（3）全员积极参与；（4）过程方法；（5）改进；（6）循证决策；（7）关系管理。

核心考点二：企业质量管理体系文件的构成

质量管理体系文件是企业开展质量管理的基础，是企业为达到所要求的产品质量，实施质量体系审核、认证，进行质量改进的重要依据。质量体系文件主要由质量手册、程序文件、质量计划和质量记录构成。

1. 质量手册——纲领性文件

内容包括：企业的质量方针、质量目标；组织机构及质量职责；体系要素或基本控制程序；质量手册的评审、修改和控制的管理办法。

2. 程序文件

是质量手册的支持性文件，是企业落实质量管理工作的管理标准、规章制度，是企业各职能部门为落实质量手册的实施细则。

3. 质量计划，包括作业指导书等。

4. 质量记录

是各项质量活动进行及结果的客观反映，是证明各阶段产品质量要求和质量体系运行的有效证据。

◆ **考法1：质量管理体系文件的组成**

【例题·2020年真题·单选题】企业质量管理体系文件应由（　　　）等构成。

A. 质量目标、质量手册、质量计划和质量记录

B. 质量方针、质量手册、程序文件和质量记录

C. 质量手册、质量计划、程序记录和质量评审

D. 质量手册、程序文件、质量计划和质量记录

【答案】D

【解析】企业质量管理体系文件应由质量手册、程序文件、质量计划和质量记录等构成。

◆ **考法2：质量管理体系文件的性质**

【例题1·2021年真题·单选题】下列项目施工质量管理体系文件中，能够证明各阶段产品质量达到要求的是（　　　）。

A. 质量记录　　　　　　　　　　　B. 质量手册

C. 程序文件　　　　　　　　　　　D. 质量计划

【答案】A

【解析】质量记录是产品质量水平和质量体系中各项质量活动进行及结果的客观反映，是证明各阶段产品质量达到要求和质量体系运行有效的证据。

【例题 2·2019 年真题·单选题】施工企业实施和保持质量管理体系应遵循的纲领性文件是（　　）。

A. 质量计划
B. 质量记录
C. 质量手册
D. 程序文件

【答案】C

【解析】质量手册是实施和保持质量体系过程中长期遵循的纲领性文件。

【例题 3·2018 年真题·单选题】关于施工企业质量管理体系文件构成的说法，正确的是（　　）。

A. 质量计划是纲领性文件

B. 质量记录应阐述企业质量目标和方针

C. 质量手册应阐述项目各阶段的质量责任和权限

D. 程序文件是质量手册的支持性文件

【答案】D

【解析】A 选项错误，质量手册是纲领性文件；B 选项错误，质量手册应阐述企业质量目标和方针；C 选项错误，质量计划应阐述项目各阶段的质量责任和权限。

核心考点三：企业质量管理体系的建立

1. 施工企业质量管理体系的建立一般可分为三个阶段，即质量管理体系的建立、质量管理体系文件的编制和质量管理体系的运行。

2. 编制质量体系文件是建立和保持体系有效运行的重要基础工作。

3. 质量管理体系的运行即是在生产及服务的全过程按质量管理文件体系规定的程序、标准、工作要求及岗位职责进行操作运行，在运行过程中监测其有效性，做好质量记录，并实现持续改进。

◆ **考法：施工质量管理体系运行阶段的内容**

【例题·2021 年真题·多选题】施工企业质量管理体系运行阶段的工作内容包括（　　）。

A. 编制详细作业文件
B. 持续改进质量管理体系

C. 生产和服务按质量管理体系的规定操作
D. 监测管理体系运行的有效性

E. 编制质量手册

【答案】B、C、D

【解析】质量管理体系的运行即是在生产及服务的全过程按质量管理文件体系规定的程序、标准、工作要求及岗位职责进行操作运行，在运行过程中监测其有效性，做好质量记录，并实现持续改进。

核心考点四：企业质量管理体系的认证和监督

由第三方认证机构认证，有效期三年。

企业获准认证后，应经常性内部审核，并每年一次接受认证机构的监督管理。获准认证后监督管理工作主要有企业通报、监督检查、认证注销、认证暂停、认证撤销、复评及重新换证等。

◆ **考法 1：认证机构**

【例题·2020年真题·单选题】企业质量管理体系的认证应由（　　）进行。

A. 企业最高管理层　　　　　　　　B. 政府相关主管部门

C. 企业所属的行业协会　　　　　　D. 公正的第三方认证机构

【答案】D

【解析】企业质量管理体系的认证应由公正的第三方认证机构进行。

◆ **考法 2：获准认证后的监督管理**

【例题·2017年真题·单选题】关于质量管理体系认证与监督的说法，正确的是（　　）。

A. 企业获准认证后应经常性地进行内部审核

B. 企业质量管理体系由国家认证认可监督委员会认证

C. 企业获准领证的有效期为六年

D. 企业获准认证后第三年接受认证机构的监督管理

【答案】A

【解析】B选项，由公正的第三方认证机构认证；C选项，有效期为3年；D选项，每年一次接受认证机构的监督管理。

2Z104030　施工质量控制的内容和方法

核 心 考 点 提 纲

2Z104030　施工质量控制的内容和方法 {
　　2Z104031　施工质量控制的基本环节和一般方法
　　2Z104032　施工准备的质量控制
　　2Z104033　施工过程的质量控制
　　2Z104034　施工质量验收
}

核 心 考 点 剖 析

2Z104031　施工质量控制的基本环节和一般方法

核心考点一：施工质量控制的基本环节

1. 事前质量控制

在正式施工前进行的事前主动质量控制，通过编制施工质量计划，明确质量目标，制定施工方案，设置质量管理点，落实质量责任，分析可能导致质量目标偏离的各种影响因素制定有效的预防措施。

2. 事中质量控制

首先是对质量活动的行为约束，其次是对质量活动过程和结果的监督控制。事中控制的关键是坚持质量标准，控制的重点是对工序质量、工作质量和质量控制点的控制。

3. 事后质量控制

事后控制包括对质量活动结果的评价、认定和对质量偏差的纠正。

◆ 考法 1：事前质量控制

【例题·2013年真题·多选题】项目目标动态控制过程中，属于事前控制内容的有（　　）。

A. 分析可能导致项目目标偏离的各种影响因素

B. 定期进行目标计划值和实际值的比较

C. 针对可能导致目标偏离的影响因素采取预防措施

D. 发现目标偏离时采取纠偏措施

E. 分析目标偏离生产的原因和影响

【答案】A、C

【解析】本题考查的是项目目标的动态控制方法。事前分析可能导致项目目标偏离的各种影响因素，并针对这些影响因素采取有效的预防措施。

◆ 考法 2：事中质量控制

【例题·2019年真题·单选题】下列质量控制活动中，属于事中质量控制的（　　）。

A. 设置质量控制点　　　　　　　　B. 明确质量责任

C. 评价质量活动结果　　　　　　　D. 约束质量活动行为

【答案】D

【解析】事中质量控制首先是对质量活动的行为约束，其次是对质量活动过程和结果的监督控制。事中控制的关键是坚持质量标准，控制的重点是工序质量、工作质量和质量控制点的控制。

核心考点二：施工现场质量检查

1. 检查的内容

（1）开工前的检查：主要检查是否具备开工条件，开工后是否能够保持连续正常施工，能否保证工程质量。

（2）工序交接检查：严格执行"三检"制度，即自检、互检、专检。

（3）隐蔽工程检查。

（4）停工后复工检查。

（5）分项、分部工程完工后的检查：后应经检查认可，签署验收记录后，才能进行下一工程项目的施工。

（6）成品保护检查。

2. 检查的方法

检查的方法主要有目测法、实测法和试验法。

（1）目测法

也称观感质量检验，可概括为"看、摸、敲、照"四个字：

① 看——根据质量标准要求进行外观检查，如清水墙面是否洁净，喷涂的密实度和颜色是否良好。

② 摸——通过触摸手感进行检查，如油漆的光滑度，浆活是否牢固。

③ 敲——运用敲击工具进行音感检查，如敲击检查地面工程、装饰工程中的水磨石、

面砖、石材饰面。

④ 照——通过人工光源或反射光照射，如：管道井、电梯井等内部管线、设备安装质量。

（2）实测法

可概括为"靠、量、吊、套"四个字：

① 靠——用直尺、塞尺检查墙面、地面、路面等的平整度。

② 量——用测量工具和计量仪表检查断面尺寸、轴线、标高、湿度、温度等的偏差，如大理石板拼缝尺寸、摊铺沥青拌合料温度、混凝土坍落度检测。

③ 吊——利用托线板以及线坠吊线检查垂直度，如砌体垂直度检查、门窗的安装。

④ 套——以方尺套方，如对阴阳角的方正、踢脚线的垂直度、构件的对角线检查。

（3）试验法

① 理化试验：物理、力学、化学试验。

② 无损检测：超声波探伤、X射线探伤、γ射线探伤。

◆ 考法1：质量"三检"制度

【例题·2013年真题·单选题】施工质量检查中工序交接检查的"三检"制度是指（　　）。

A. 质量员检查、技术负责人检查、项目经理检查

B. 施工单位检查、监理单位检查、建设单位检查

C. 自检、互检、专检

D. 施工单位内部检查、监理单位检查、建设单位检查

【答案】C

【解析】必须加强工序管理，建立质量检查制度，严格实行自检、互检、专检。

◆ 考法2：目测法

【例题·2015年真题·单选题】下列现场质量检查的方法中，属于目测法的是（　　）。

A. 利用全站仪复查轴线偏差　　　　　B. 利用酚酞液观察混凝土表面碳化

C. 利用磁场磁粉探查焊缝缺陷　　　　D. 利用小锤检查面砖铺贴质量

【答案】D

【解析】A选项，利用全站仪复查轴线偏差是实测法中的"量"。B选项，利用酚酞液观察混凝土表面碳化是试验法中的理化实验。C选项，利用磁场磁粉探查焊缝缺陷是试验法中的无损检测。D选项，利用小锤检查面砖铺贴质量属于目测法中的"敲"。

◆ 考法3：实测法

【例题·2014年真题·单选题】施工现场对墙面平整度进行检查时，适合采用的检查手段是（　　）。

A. 量　　　　　　　　　　　　　　　B. 靠

C. 吊　　　　　　　　　　　　　　　D. 套

【答案】B

【解析】实测法，其手段可概括为"靠、量、吊、套"四个字。靠，就是用直尺、塞

尺检查,诸如墙面、地面、路面等的平整度。

◆ 考法 4:试验法

【例题 1·2021 年真题·单选题】对建筑材料密度的测定属于现场质量检查方法中的( )。

A. 目测法   B. 实测法

C. 无损检测法   D. 试验法

【答案】D

【解析】对建筑材料密度的测定,属于理化试验。

【例题 2·2020 年真题·单选题】下列施工现场质量检查项目中,适宜采用试验法的是( )。

A. 混凝土坍落度的检测   B. 砌体的垂直度检查

C. 沥青拌合料的温度检测   D. 钢筋的力学性能检验

【答案】D

【解析】试验法:是指通过必要的试验手段对质量进行判断的检查方法。主要包括:(1)理化试验(力学性能的检验)。(2)无损检测。A、B、C 选项适宜使用实测法。

2Z104032 施工准备的质量控制

核心考点:施工准备的质量控制

1. 工程项目划分的原则

(1)单位工程

① 具备独立施工条件并能形成独立使用功能的建筑物或构筑物为一个单位工程。

② 规模较大的单位工程,可将其能形成独立使用功能的部分划分为若干个子单位工程。

(2)分部工程

① 可按专业性质、工程部位确定。

② 当分部工程较大或较复杂时,可按材料种类、施工特点、施工程序、专业系统及类别等划分为若干子分部工程。

(3)分项工程可按工种、材料、施工工艺、设备类别进行划分。

(4)检验批可按工程量、楼层、施工段、变形缝等进行划分。

2. 技术准备的质量控制

技术准备指在正式开展施工作业活动前进行的技术准备工作。主要在室内进行。如:熟悉图纸,设计交底和图纸审查,细化施工技术方案和施工人员、机具的配置方案,编制施工作业技术指导书,绘制各种详图(大样图及配筋、配板、放线、配线图表等),技术交底、技术培训。

3. 现场施工准备的质量控制

(1)工程定位和标高基准控制

施工单位必须对建设单位提供的原始坐标点、基准线和水准点等测量控制点线进行复核，并将复测结果上报监理工程师审核，批准后施工单位才能据此建立施工测量控制网。

（2）施工平面布置控制。

4. 材料的质量控制

（1）采购订货：建材供应商应向买受人提供产品使用说明书、建材备案证及产品质量保证书。

（2）进场检验：对重要的建材使用，必须经过监理工程师签字和项目经理签准。必要时，监理工程师应对进场建材进行平行检验。装配式建筑的混凝土预制构件出厂时的混凝土强度不宜低于设计混凝土强度等级值的 75%。

（3）存储和使用：合理调度堆放材料，避免现场材料的大量积压，使用材料时及时检查和监督，对预拌混凝土要强化生产、运输、使用环节的质量管理。

◆ **考法 1：工程项目划分的原则**

【例题·2019 年真题·单选题】建设工程施工质量验收时，分部工程的划分一般按（　　）确定。

A. 施工工艺，设备类别　　　　　　B. 专业类别，工程规模

C. 专业性质，工程部位　　　　　　D. 材料种类，施工程序

【答案】C

【解析】

检验批	楼层、施工段、变形缝
分项工程	主要工种、材料、施工工艺、设备类别
分部工程	专业性质、建筑部位
单位工程	具备独立施工条件并能形成独立使用功能的建构筑物

◆ **考法 2：技术准备的质量控制**

【例题·2017 年真题·单选题】下列施工准备质量控制工作中，属于技术准备的是（　　）。

A. 复核原始坐标　　　　　　　　　B. 规划施工场地

C. 设置质量控制点　　　　　　　　D. 布置施工机械

【答案】C

【解析】技术准备是指在施工作业前进行的技术准备工作，主要在室内进行。

◆ **考法 3：现场准备的质量控制**

【例题·2021 年真题·单选题】下列工程测量放线成果中，应由施工单位建立的是（　　）。

A. 测量控制网　　　　　　　　　　B. 原始坐标点

C. 基准线　　　　　　　　　　　　D. 标高基准点

【答案】A

【解析】施工单位必须对建设单位提供的原始坐标点、基准线和水准点等测量控制点线进行复核，并将复测结果上报监理工程师审核。

考法 4：材料的质量控制

【例题 1·2020 年真题·单选题】混凝土预制构件出厂时的混凝土强度不宜低于设计混凝土强度等级值的（　　）。

A. 50%   B. 75%

C. 65%   D. 90%

【答案】B

【解析】混凝土预制构件出厂时的混凝土强度不宜低于设计混凝土强度等级值的75%。

【例题 2·2019 年真题·单选题】为了保证工程质量，对重要建材的使用，必须经过（　　）。

A. 监理工程师签字，项目经理签准   B. 总监理工程师签字

C. 业主现场代表签准   D. 业主现场签字、监理工程师签准

【答案】A

【解析】对重要建材的使用，必须经过监理工程师签字和项目经理签准。

2Z104033　施工过程的质量控制

核心考点：施工过程的质量控制

1. 技术交底

项目开工前由项目技术负责人向承担施工的负责人或分包人进行书面技术交底，技术交底资料应办理签字手续并归档保存。技术交底书应由项目技术人员编制，并经项目技术负责人批准实施。

2. 测量控制

项目开工前编制测量控制方案，经项目技术负责人批准后实施。施工过程中必须认真进行施工测量复核工作，其复核结果应报送监理工程师复验确认后，方能进行后续相关工作。

3. 特殊过程的质量控制

（1）质量控制点的重点控制对象

① 人的行为。如：高空、高温、水下、易燃易爆、重型构件吊装作业以及操作要求高的工序和技术难度大的工序等，都应从人的生理、心理、技术能力等方面进行控制。

② 材料的质量与性能。如：钢结构工程中使用的高强度螺栓、某些特殊焊接使用的焊条，都应作为重点控制其材质与性能。水泥按要求进行强度和安定性的复试等。

③ 施工方法与关键操作。预应力钢筋的张拉工艺操作过程及张拉力的控制，大模板施工中模板的稳定和组装问题，升板法施工中提升差的控制等。

④ 施工技术参数。如：混凝土的外加剂掺量、水胶比、坍落度、抗压强度、回填土的含水量、砌体的砂浆饱满度、防水混凝土的抗渗等级、大体积混凝土内外温差及混凝土冬期施工受冻临界强度、装配式混凝土预制构件出厂时的强度等。

⑤ 技术间歇。如：砌筑与抹灰之间，应在墙体砌筑后留 6～10 天，让墙体充分沉陷、

稳定、干燥，再抹灰；混凝土浇筑与模板拆除之间，应保证混凝土有一定的硬化时间。

⑥ 施工顺序。如：冷拉钢筋先焊接后冷拉。

（2）特殊过程质量控制的管理

特殊过程质量控制除按一般过程质量控制的规定执行外，还应由专业技术人员编制作业指导书，经项目技术负责人审批后执行。

◆ **考法1：项目技术负责人的工作内容**

【例题1·2021年真题·单选题】为保证施工质量，在项目开工前，应由（　　）向分包人进行书面技术交底。

A. 施工企业技术负责人　　　　　　B. 施工项目经理

C. 总监理工程师　　　　　　　　　D. 项目技术负责人

【答案】D

【解析】项目开工前应由项目技术负责人向承担施工的负责人或分包人进行书面技术交底，技术交底资料应办理签字手续并归档保存。

【例题2·2019年真题·单选题】施工单位在项目开工前编制的测量控制方案，一般应经（　　）批准后实施。

A. 项目技术负责人　　　　　　　　B. 项目经理

C. 业主代表　　　　　　　　　　　D. 施工员

【答案】A

【解析】项目开工前应编制测量控制方案，经项目技术负责人批准后实施。

【例题3·2021年真题·单选题】特殊施工过程的质量控制中，专业技术人员编制的作业指导书应经（　　）审批后方可执行。

A. 企业技术负责人　　　　　　　　B. 项目经理

C. 监理工程师　　　　　　　　　　D. 项目技术负责人

【答案】D

【解析】特殊过程的质量控制除按一般过程质量控制的规定执行外，还应由专业技术人员编制作业指导书，经项目技术负责人审批后执行。

◆ **考法2：监理工程师的职责**

【例题·2016年真题·单选题】施工单位必须认真进行施工测量复核工作，并将复核结果报送（　　）复验确认。

A. 项目经理　　　　　　　　　　　B. 监理工程师

C. 建设单位项目负责人　　　　　　D. 项目技术负责人

【答案】B

【解析】项目开工前编制测量控制方案，经项目技术负责人批准后实施。施工过程中必须认真进行施工测量复核工作，其复核结果应报送监理工程师复验确认后，方能进行后续相关工作。

◆ **考法3：质量控制点的重点控制对象**

【例题·2015年真题·单选题】下列质量控制点的重点控制对象中，属于施工技术参数类的是（　　）。

A. 水泥的安全性　　　　　　　　B. 预应力钢筋的张拉

C. 砌体砂浆的饱满度　　　　　　D. 混凝土浇筑后的拆模时间

【答案】C

【解析】施工技术参数包括：混凝土的外加剂掺量、水胶比、坍落度、抗压强度、回填土的含水量、砌体的砂浆饱满度、防水混凝土的抗渗等级、大体积混凝土内外温差及混凝土冬期施工受冻临界强度、装配式混凝土预制构件出厂时的强度等。

2Z104034　施工质量验收

核心考点：施工质量验收

1. 质量验收合格规定

	组织者	合格规定
检验批 （验收的最小单位，验收的基础）	专业监理工程师	（1）主控项目均应合格（起决定性、具有否决权）； （2）一般项目合格； （3）具有完整的施工操作依据、质量检查记录
分项工程	专业监理工程师	（1）检验批合格； （2）检验批记录完整
分部工程	总监理工程师	（1）分项工程合格； （2）质量控制资料完整； （3）安全、节能、环保和主要使用功能符合规定； （4）观感质量符合要求（综合评价）
单位工程	建设单位	（1）分部工程合格； （2）质量控制资料完整； （3）安全、节能、环保和主要使用功能符合规定； （4）主要使用功能符合规定； （5）观感质量符合要求

2. 施工过程质量验收不符合要求的处理

（1）严重缺陷推倒重来，一般缺陷返修更换，重新验收；

（2）检测单位鉴定达到设计要求，通过验收；

（3）原设计单位核算满足安全和使用，予以验收；

（4）加固处理，满足安全使用功能，按技术处理方案和协商文件验收。

（5）返修或加固处理，仍不能满足安全使用功能，严禁验收。

3. 竣工质量验收的规定

（1）验收条件

①完成工程设计和合同约定的各项内容。

②有完整的技术档案和施工管理资料。

③有工程使用的主要建筑材料、建筑构配件和设备的进场试验报告。

④有勘察、设计、施工、工程监理等单位分别签署的质量合格文件。

⑤ 有施工单位签署的工程保修书。

（2）验收程序

① 施工单位提交竣工报告，申请竣工验收。

② 建设单位组织勘察、设计、施工、监理等单位组成验收组。对于重大工程和技术复杂工程，根据需要可邀请有关专家参加验收组。

③ 建设单位在竣工验收 7 个工作日前将验收的时间、地点以及验收组名单书面通知质量监督机构。

④ 建设单位组织工程竣工验收。不能形成一致意见，协商，待意见一致后，重新组织竣工验收。

（3）验收合格后，建设单位提出竣工验收报告。

◆ **考法 1：检验批质量验收**

【例题·2012 年真题·单选题】施工过程中，工程质量验收的最小单位是（　　）。

A. 分项工程
B. 单位工程
C. 分部工程
D. 检验批

【答案】D

【解析】检验批是工程验收的最小单位，是分项工程乃至整个建筑工程质量验收的基础。

◆ **考法 2：分部工程质量验收**

【例题 1·2021 年真题·单选题】工程质量验收时，应进行观感质量检查并作出综合质量评价的验收对象是（　　）。

A. 分部工程
B. 工序
C. 检验批
D. 分项工程

【答案】A

【解析】观感质量验收，检查结果并不给出"合格"或"不合格"的结论，而是综合给出质量评价。对于评价为"差"的检查点应通过返修处理等补救。

【例题 2·2018 年真题·单选题】建设工程施工过程中对分部工程质量验收时，应该给出综合质量评价的检查项目是（　　）。

A. 分项工程质量验收
B. 质量控制资料验收
C. 主体结构功能检测
D. 观感质量验收

【答案】D

【解析】观感质量验收，检查结果并不给出"合格"或"不合格"的结论，而是综合给出质量评价。对于评价为"差"的检查点应通过返修处理等补救。

◆ **考法 3：单位工程质量验收**

【例题·2011 年真题·多选题】根据《建筑工程施工质量验收统一标准》GB 50300—2013，单位（子单位）工程质量验收合格的规定有（　　）。

A. 单位（子单位）工程所含分部（子分部）工程的质量均应验收合格

B. 质量控制资料应完整

C. 单位（子单位）工程所含分部工程有关安全和功能的检测资料应完整

D. 主要功能项目的抽查结果应符合相关专业质量验收规范的规定

E. 单位工程的工程监理质量评估记录应符合各项要求

【答案】A、B、C、D

【解析】单位工程质量验收合格应符合下列规定：（1）单位（子单位）工程所含分部（子分部）工程的质量均应验收合格；（2）质量控制资料应完整；（3）单位（子单位）工程所含分部工程有关安全功能的检测资料应完整；（4）主要功能项目的抽查结果应符合相关专业质量验收规范的规定；（5）观感质量验收符合要求。

◆ 考法 4：质量验收不符要求的处理

【例题·2020 年真题·单选题】根据《建设工程施工质量验收统一标准》GB 50300—2013，对施工单位采取相应措施消除一般项目缺陷后的检验批验收，应采取的做法是（   ）。

A. 经原设计单位复核后予以验收　　　B. 经检测单位鉴定后予以验收

C. 按验收程序重新组织验收　　　　　D. 按技术处理方案和协商文件进行验收

【答案】C

【解析】一般的缺陷通过返修或更换器具、设备予以处理，应允许在施工单位采取相应的措施消除缺陷后重新验收。

◆ 考法 5：竣工质量验收

【例题·2011 年真题·单选题】建设工程施工项目竣工验收应由（   ）组织。

A. 监理单位　　　　　　　　　　　B. 施工企业

C. 建设单位　　　　　　　　　　　D. 质量监督机构

【答案】C

【解析】竣工验收由建设单位组织，验收组由建设、勘查、设计、施工、监理和其他有关方面的专家组成。

2Z104040　施工质量事故预防与处理

核心考点提纲

2Z104040　施工质量事故预防与处理 ┤ 2Z104041　质量事故分类
　　　　　　　　　　　　　　　　　　2Z104042　施工质量事故的预防
　　　　　　　　　　　　　　　　　　2Z104043　施工质量事故的处理

核心考点剖析

2Z104041　质量事故分类

核心考点：质量事故分类

1. 按事故损失程度分类

事故等级	伤亡人数（人）		直接经济损失（万元）
	死亡	重伤	
特大	$R \geqslant 30$	$R \geqslant 100$	$M \geqslant 10000$
重大	$10 \leqslant R < 30$	$50 \leqslant R < 100$	$5000 \leqslant M < 10000$
较大	$3 \leqslant R < 10$	$10 \leqslant R < 50$	$1000 \leqslant M < 5000$
一般	$R < 3$	$R < 10$	$M < 1000$

2. 按事故责任分类

指导责任事故	指导或领导失误
操作责任事故	操作者不按规程和标准实施操作
自然灾害事故	不可抗力

3. 按事故产生的原因分类

技术原因	勘察、设计、施工在技术上失误，如设计计算错误、地质估计错误、不适宜的施工方法或工艺等
管理原因	管理不完善或失误，如体系不完善，仪器管理不善等
社会、经济原因	社会上的不正之风，偷工减料等
其他原因	人为事故，不可抗力

◆ **考法 1：按事故损失程度分级**

【例题 1·2020 年真题·单选题】某工程发生的质量事故导致 2 人死亡，直接经济损失 4500 万元，则该质量事故等级是（　　）。

A. 较大事故
B. 一般事故
C. 重大事故
D. 特别重大事故

【答案】A

【解析】2 人死亡属于一般事故，直接经济损失 4500 万元属于较大事故，为较大事故。

【例题 2·2019 年真题·多选题】根据工程质量事故造成损失的程度分级，属于重大事故的有（　　）。

A. 50 人以上 100 人以下重伤

B. 5000 万元以上 1 亿元以下直接经济损失

C. 3 人以上 10 人以下死亡

D. 1 亿元以上直接经济损失

E. 1000 万元以上 5000 万元以下直接经济损失

【答案】A、B

【解析】A 选项属于重大事故，B 选项属于重大事故，C 选项属于较大事故，D 选项属于特别重大事故，E 选项属于较大事故。

◆ **考法 2：按事故责任分类**

【例题 1·2021 年真题·单选题】根据事故责任分类，"由于工程负责人不按质量标准进行控制和检验，降低施工质量标准而造成的质量事故"属于（   ）。

A. 技术原因引发的质量事故 　　　B. 管理原因引发的质量事故

C. 操作责任事故 　　　　　　　　D. 指导责任事故

【答案】D

【解析】指导责任事故：指由于工程指导或领导失误而造成的质量事故。例如，由于工程负责人不按规范指导施工，强令他人违章作业，或片面追求施工进度，放松或不按质量标准进行控制和检验，降低施工质量标准等而造成的质量事故。

【例题 2·2019 年真题·单选题】某工程施工中，操作工人不听从指导，在浇筑混凝土时随意加水造成混凝土质量事故，按事故责任分类，该事故属于（   ）。

A. 操作责任事故 　　　　　　　　B. 自然责任事故

C. 指导责任事故 　　　　　　　　D. 一般责任事故

【答案】A

【解析】操作责任事故：指在施工过程中，由于操作者不按规程和标准实施操作，而造成的质量事故。例如，浇筑混凝土时随意加水，或振捣疏漏造成混凝土质量事故等。

◆ **考法 3：按事故产生原因分类**

【例题·2021 年真题·单选题】下列工程质量事故中，属于技术原因引发的质量事故是（   ）。

A. 检测仪器设备管理不善而失准引起的质量事故

B. 采用了不适宜的施工工艺引发的质量事故

C. 质量管理措施落实不力引起的质量事故

D. 设备事故导致连带发生的质量事故

【答案】B

【解析】技术原因引发的质量事故：指在工程项目实施中由于设计、施工在技术上的失误而造成的质量事故。例如，结构设计计算错误，对地质情况估计错误，采用了不适宜的施工方法或施工工艺等引发质量事故。

2Z104042　施工质量事故的预防

核心考点：施工质量事故的预防

1. 施工质量事故发生的原因

（1）非法承包，偷工减料——首要原因。

（2）违背基本建设程序。

（3）勘察设计失误。

（4）施工失误。

（5）自然条件影响。

2. 施工质量事故预防的具体措施

（1）严格依法进行施工组织管理：是从源头上预防的根本措施。

（2）严格按照基本建设程序办事。

（3）做好工程地质勘察。

（4）加固处理好地基。

（5）进行设计审查复核。

（6）把好建筑材料及制品质量关。

（7）强化从业人员管理：加强建筑从业人员职业教育，开展工人职业技能培训。

（8）加强施工过程管理。

（9）做好应对不利施工条件和各种预案。

（10）加强安全与环境管理。

◆ **考法：造成施工失误的原因**

【例题·2021年真题·多选题】下列施工质量事故发生的原因中，属于施工失误的有（　　）。

A. 违反相关规范施工

B. 边勘察、边设计、边施工

C. 使用不合格的工程材料、半成品、构配件

D. 忽视安全生产施工，发生安全事故

E. 非法承包，偷工减料

【答案】A、C、D

【解析】施工的失误：施工管理人员及实际操作人员的思想、技术素质差，是造成施工质量事故的普遍原因。缺乏基本业务知识，不具备上岗的技术资质，不懂装懂瞎指挥，胡乱施工盲目干；施工管理混乱，责任缺失，施工组织、施工工艺技术措施不当；不按图施工，不遵守相关规范，违章作业；使用不合格的工程材料、半成品、构配件。忽视安全施工，发生安全事故等，所有这一切都可能引发施工质量事故。

2Z104043　施工质量事故的处理

核心考点一：施工质量事故处理的程序

施工质量事故处理的一般程序如图 2Z104043 所示。

1. 事故报告

施工质量事故发生后，有关单位应当在 24 小时内向当地建设行政主管部门和其他有关部门报告。对重大质量事故，事故发生地建设行政主管部门和其他有关部门应当按照事故类别和等级向当地人民政府和

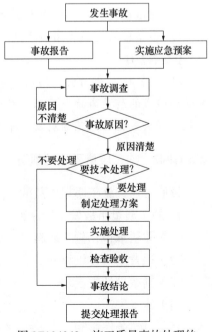

图 2Z104043　施工质量事故处理的
一般程序

上级建设行政主管部门和其他有关部门报告。情况紧急时，事故现场有关人员可直接向事故发生地县级以上政府主管部门报告。

2. 事故调查

事故调查报告内容：工程项目和参建单位概况；事故基本情况；事故发生后所采取的应急防护措施；事故调查中的有关数据、资料；对事故原因和事故性质的初步判断，对事故处理的建议；事故涉及人员与主要责任者的情况等。

3. 事故原因分析。

4. 制定事故处理技术方案。

5. 事故处理。

6. 事故处理的鉴定验收。

7. 事故结论。

8. 提交处理报告。

事故处理报告内容：原始资料数据、原因分析论证、处理依据、处理方案措施、处理过程资料、检查验收记录、处理结论等。

若质量事故经调查和原因分析，不需要处理，则分为 5 步：事故报告、事故调查、原因分析、事故结论、提交处理报告。

◆ **考法 1：质量事故报告**

【例题 1·2021 年真题·单选题】根据《关于做好房屋建筑和市政基础设施工程质量事故报告和调查处理工作的通知》，工程建设单位负责人接到施工质量事故发生报告后，向事故发生地县级以上人民政府住房和城乡建设主管部门及有关部门报告应在（ ）小时内。

A. 2   B. 3

C. 1   D. 6

【答案】C

【解析】施工质量事故发生后，事故现场有关人员应立即向工程建设单位负责人报告。工程建设单位负责人接到报告后，应于 1 小时内向事故发生地县级以上人民政府住房和城乡建设主管部门及有关部门报告。

【例题 2·2021 年真题·单选题】施工质量事故发生后，负责向事故发生地政府建设行政主管部门报告的是（ ）。

A. 建设单位负责人   B. 事故现场管理人员

C. 施工单位负责人   D. 监理单位负责人

【答案】A

【解析】施工质量事故发生后，事故现场有关人员应立即向工程建设单位负责人报告。工程建设单位负责人接到报告后，应于 1 小时内向事故发生地县级以上人民政府住房和城乡建设主管部门及有关部门报告。

【例题 3·2019 年真题·单选题】根据《关于做好房屋建筑和市政基础设施工程质量事故报告和调查处理工作的通知》，施工质量事故发生后，事故现场有关人员应立即向工程（ ）报告。

A. 建设单位负责人 　　　　　　B. 施工单位负责人

C. 监理单位负责人 　　　　　　D. 设计单位负责人

【答案】A

【解析】施工质量事故发生后，事故现场有关人员应立即向工程建设单位负责人报告。

◆ 考法 2：质量事故处理的一般程序

【例题 1·2020 年真题·单选题】施工质量事故的处理工作包括：①事故调查；②事故处理；③事故原因分析；④制定事故处理方案。仅上述工作而言，正确的顺序是（　　　）。

A. ①→③→④→② 　　　　　　B. ①→②→③→④

C. ①→③→②→④ 　　　　　　D. ③→①→②→④

【答案】A

【解析】施工质量事故处理的一般程序：（1）事故报告；（2）事故调查；（3）事故原因分析；（4）制定事故处理的技术方案；（5）事故处理；（6）事故处理的鉴定验收；（7）事故结论；（8）提交处理报告。

【例题 2·2018 年真题·单选题】建设工程施工质量事故的处理程序中，确定处理结果是否达到预期目的、是否依然存在隐患，属于（　　　）环节的工作。

A. 事故处理鉴定验收 　　　　　B. 事故调查

C. 事故原因分析 　　　　　　　D. 制定事故处理技术方案

【答案】A

【解析】质量事故的处理果是否达到预期目的、是否依然存在隐患，应当通过检查鉴定和验收做出确认。

◆ 考法 3：质量事故调查报告的内容

【例题·2020/2021 年真题·多选题】建设工程施工质量事故调查报告的主要内容包括（　　　）。

A. 事故基本情况 　　　　　　　B. 事故发生后采取的应急防护措施

C. 事故调查中的有关数据、资料 　D. 事故的原因分析

E. 事故涉及人员与主要责任者的情况

【答案】A、B、C、E

【解析】事故调查报告主要内容包括：工程项目和参建单位概况；事故基本情况；事故发生后所采取的应急防护措施；事故调查中的有关数据、资料；对事故原因和事故性质的初步判断，对事故处理的建议；事故涉及人员与主要责任者的情况等。

◆ 考法 4：质量事故处理报告的内容

【例题·2014 年真题·多选题】根据《关于做好房屋建筑和市政基础设施工程质量事故报告和调查处理工作通知》的规定，质量事故处理报告的内容有（　　　）。

A. 事故原因分析及论证 　　　　B. 对事故处理的建议

C. 事故调查的原始资料 　　　　D. 检查验收记录

E. 事故发生后的应急防护措施

【答案】A、C、D

【解析】质量事故处理报告的内容包括：事故原因分析及论证、事故调查的原始资料和检查验收记录，故 A、C、D 选项正确。选项 B，对事故处理的建议；选项 E，事故发生后的应急防护措施，均属于事故调查报告，而不是事故处理报告的内容。故选 A、C、D。

核心考点二：施工质量问题和事故处理的基本方法

1. 返修处理

某些混凝土结构表面出现蜂窝、麻面、局部损伤、裂缝等，可进行返修处理。

当裂缝宽度不大于 0.2mm 时，可采用表面密封法；大于 0.3mm 时，可采用嵌缝密闭法；当裂缝较深时，应采用灌浆修补法。

2. 加固处理

主要针对危及承载力的质量缺陷的处理。

对混凝土结构常用加固的方法主要有：增大截面加固法、外包角钢加固法、粘钢加固法、增设支点加固法、增设剪力墙加固法和预应力加固法等。

3. 返工处理

当工程质量缺陷经过返修处理后仍不能满足规定的质量标准要求，或不具备补救可能性，则必须实行返工处理。如：堤坝填筑压实后，压实土的干密度未达规定值；桥梁预应力张拉规定系数为 1.3，而实际仅 0.8；混凝土实际强度达不到规定强度。

4. 限制使用

质量缺陷返修处理后无法保证使用要求和安全要求，又无法返工，不得已的决定。

5. 不作处理

（1）工业建筑物放线定位偏差，混凝土表面干缩微裂；

（2）混凝土表面轻微麻面，楼面平整度偏差；

（3）检测单位鉴定合格；

（4）原设计单位核算，仍能满足安全和使用功能。

6. 报废处理

出现质量事故的工程，采取上述处理方法后仍不能满足规定的质量要求或标准。

◆ **考法 1：限制使用与报废处理的区别**

【例题·2016 年真题·单选题】工程质量缺陷按修补方案处理后，仍无法保证达到规定的使用和安全要求，而又无法返工处理的，其正确的处理方式是（ ）。

A. 不作处理   B. 报废处理

C. 加固处理   D. 限制使用

【答案】D

【解析】质量缺陷按返修处理后无法保证使用要求和安全要求，又无法返工的情况下，不得已使用限制使用的决定。

◆ **考法 2：返修、返工与不作处理的区别**

【例题·2011 年真题·单选题】某批混凝土试块经检测发现其强度值低于规范要求，后经法定检测单位对混凝土实体强度进行检测后，其实际强度达到规范允许和设计要求。这一质量事故宜采取的处理方法是（ ）。

A. 加固处理   B. 修补处理

C. 不作处理   D. 返工处理

【答案】C

【解析】不作处理：工业建筑物放线定位偏差，混凝土表面干缩微裂；混凝土表面轻微麻面，楼面平整度偏差；检测单位鉴定合格；原设计单位核算，仍能满足安全和使用功能。

2Z104050 建设行政管理部门对施工质量的监督管理

核心考点提纲

2Z104050 建设行政管理部门对施工质量的监督管理 ┤ 2Z104051 施工质量监督管理的制度
　　　　　　　　　　　　　　　　　　　　　　　　└ 2Z104052 施工质量监督管理的实施

核心考点剖析

2Z104051 施工质量监督管理的制度

核心考点：施工质量监督的性质、权限和内容

1. 工程质量监督的性质

工程质量监督的性质属于行政执法行为。对工程实体质量和建设、勘察、设计、施工、监理单位（简称工程质量责任主体）和质量检测等单位的工程质量行为实施监督。

工程质量监督管理的具体工作由县级以上地方人民政府建设主管部门委托所属的工程质量监督机构实施，鼓励采取政府购买服务的方式，委托具备条件的社会力量进行工程质量监督检查和抽测。

2. 政府质量监督部门的权限

（1）要求被检查的单位提供有关工程质量的文件和资料；

（2）进入被检查单位的施工现场进行检查；

（3）发现有影响工程质量的问题时，责令改正。

3. 政府质量监督的内容

（1）执行法律法规和工程建设强制性标准的情况；

（2）抽查涉及工程主体结构安全和主要使用功能的工程实体质量；

（3）抽查工程质量责任主体和质量检测等单位的工程质量行为；

（4）抽查主要建筑材料、建筑构配件的质量；

（5）对工程竣工验收进行监督；

（6）组织或者参与工程质量事故的调查处理；

（7）定期对本地区工程质量状况进行统计分析；

（8）依法对违法违规行为实施处罚。

对工程实体质量抽查的范围：地基基础、主体结构、防水装饰装修、建筑节能、设备安装等相关建筑材料和现场实体检测。

◆ **考法 1：政府质量监督的性质与权限**

【例题 1·2019 年真题·单选题】政府对工程质量监督的行为从性质上属于（　　）。

A. 技术服务
B. 委托代理
C. 司法审查
D. 行政执法

【答案】D

【解析】工程质量监督的性质属于行政执法行为。

【例题 2·2020 年真题·单选题】关于工程质量监督的说法，正确的是（　　）。

A. 建设行政主管部门对工程质量监督的性质属于行政执法行为

B. 施工单位在项目开工前向监督机构申报质量监督手续

C. 建设行政主管部门质量监督的范围包括永久性及临时性建筑工程

D. 工程质量监督指的是主管部门对工程实体质量情况实施的监督

【答案】A

【解析】选项 A 正确，工程质量监督的性质属于行政执法行为。选项 B 错误，由建设单位在项目开工前向监督机构申报质量监督手续。选项 C 和选项 D 错误，对工程实体质量和工程建设、勘察、设计、施工、监理单位（此五类单位简称为工程质量责任主体）和质量检测等单位的工程质量行为实施监督。

【例题 3·2021 年真题·多选题】根据《建设工程质量管理条例》，建设行政主管部门在实施工程质量监督检查时，有权采取的措施包括（　　）。

A. 要求被检查单位提供有关工程质量的资料

B. 依法对违法违规行为进行经济处罚

C. 进入被检查单位施工现场进行检查

D. 要求被检查单位随时停工配合检查

E. 发现有影响工程质量的问题时，责令整改

【答案】A、C、E

【解析】主管部门实施监督检查时，有权采取下列措施：（1）要求被检查的单位提供有关工程质量的文件和资料；（2）进入被检查单位的施工现场进行检查；（3）发现有影响工程质量的问题时，责令改正。

◆ **考法 2：政府质量监督的内容**

【例题 1·2020 年真题·多选题】建设行政主管部门对工程质量监督的内容包括（　　）。

A. 抽查质量检测单位的工程质量行为
B. 抽查工程质量责任主体的工程质量行为
C. 参与工程质量事故的调查处理
D. 监督工程竣工验收

E. 审核工程建设标准的完整性

【答案】A、B、C、D

【解析】工程质量监督管理包括下列内容：

（1）执行法律法规和工程建设强制性标准的情况；

（2）抽查涉及工程主体结构安全和主要使用功能的工程实体质量；

（3）抽查工程质量责任主体和质量检测等单位的工程质量行为；

（4）抽查主要建筑材料、建筑构配件的质量；

（5）对工程竣工验收进行监督；

（6）组织或者参与工程质量事故的调查处理；

（7）定期对本地区工程质量状况进行统计分析；

（8）依法对违法违规行为实施处罚。

【例题2·2019年真题·多选题】建设行政管理部门对工程质量监督的内容有（　　）。

A. 审核工程建设标准的完整性

B. 抽查质量检测单位的工程质量行为

C. 抽查工程质量责任主体的工程质量行为

D. 参与工程质量事故的调查处理

E. 监督工程竣工验收

【答案】B、C、D、E

【解析】政府质量监督的内容：同上题解析。

2Z104052　施工质量监督管理的实施

核心考点：施工质量监督管理的实施

1. 受理质量监督手续

开工前，监督机构接受建设单位申报质量监督手续，政府部门审查合格签发质量监督文件。质量监督手续可以与施工许可证或开工报告合并办理。

2. 开工前第一次监督检查

检查的重点：参与工程建设各方主体（五方责任主体＋质量检测单位）的质量行为。

检查的主要内容：

（1）检查参与工程项目建设各方的质量保证体系建立情况；

（2）审查参与建设各方的工程资质证书和相关人员的执业资格证书；

（3）各项建设行政手续是否齐全；

（4）施工组织设计、监理规划文件及审批手续；

（5）检查结果的记录保存。

3. 对实体质量和质量行为进行抽查、抽测

（1）日常检查和抽查抽测相结合，采取"双随机、一公开"（随机抽取检查对象，随机选派监督检查人员，及时公开检查情况和查处结果）检查方式和"互联网＋监管"模式。

检查的内容：参与工程建设各方的质量行为及质量责任制的履行情况，工程实体质量和质量控制资料的完成情况，其中对基础和主体结构阶段的施工应每月安排监督检查。

（2）建设单位应将施工、设计、监理和建设单位各方分别签字的质量验收证明在验收后三天内报送质量监督机构备案。

（3）对违反有关规定、造成工程质量事故和严重质量问题的单位和个人依法严肃查处曝光。对查实的问题签发《质量问题整改通知单》或《局部暂停施工指令单》，对问题严

重的单位签发《临时收缴资质证书通知书》。

4. 监督工程竣工验收

竣工验收前，针对检查中提出的质量问题进行复查；竣工验收时，参加竣工验收会议，对组织形式、程序进行监督。

5. 形成工程质量监督报告

6. 建立工程质量监督档案

质量监督档案按单位工程建立，经监督机构负责人签字后归档，按规定年限保存。

◆ 考法 1：质量监督手续

【例题·2021/2017 年真题·单选题】在工程项目开工前，质量监督机构接受建设单位有关建设工程质量监督的申报手续，并对有关文件进行审查，审查合格后签发（　　）。

A. 质量监督文件　　　　　　　　B. 施工许可证

C. 质量监督报告　　　　　　　　D. 监督计划方案

【答案】A

【解析】在工程项目开工前，监督机构接受建设单位有关建设工程质量监督的申报手续，并对建设单位提供的有关文件进行审查，审查合格签发有关质量监督文件。

◆ 考法 2：开工前第一次监督检查

【例题·2021 年真题·单选题】在工程项目开工前，施工质量监督机构进行第一次现场质量监督的重点是（　　）。

A. 主要原材料的质量　　　　　　B. 施工作业面的施工质量

C. 参与工程建设各方主体的质量行为　　D. 重要部位和关键工序的施工质量

【答案】C

【解析】在工程项目开工前，监督机构要在施工现场召开第一次的监督检查工作。检查的重点是参与工程建设各方主体的质量行为。

◆ 考法 3：日常检查和抽查抽测的内容

【例题·2021 年真题·多选题】政府质量监督机构对工程实体质量和责任主体的质量行为采取"双随机，一公开"检查方式和"互联网＋监管"模式，其检查的内容主要有（　　）。

A. 工程各参建方的质量行为　　　B. 工程各参建方的经营资质证书

C. 工程质量控制资料的完成情况　D. 工程实体质量

E. 工程各参建方质量责任制的履行情况

【答案】A、C、D、E

【解析】日常检查和抽查抽测相结合，采取"双随机、一公开"（随机抽取检查对象，随机选派监督检查人员，及时公开检查情况和查处结果）检查方式和"互联网＋监管"模式。检查的内容主要是：参与工程建设各方的质量行为及质量责任制的履行情况，工程实体质量和质量控制资料的完成情况，其中对基础和主体结构阶段的施工应每月安排监督检查。

◆ 考法 4：质量验收证明

【例题 1·2021 年真题·单选题】将各方签字的分部工程质量验收证明报送工程质量

监督机构备案的责任主体是（　　　）。

 A. 施工单位   B. 监理单位

 C. 建设单位   D. 质量检测单位

【答案】C

【解析】对工程项目建设中的结构主要部位（如桩基、基础、主体结构等）除进行常规检查外，监督机构还应在分部工程验收时进行监督，监督检查验收合格后，方可进行后续工程的施工，建设单位应将施工、设计、监理和建设单位各方分别签字的质量验收证明在验收后三天内报送工程质量监督机构备案。

【例题2·2019年真题·单选题】工程项目建设中的桩基工程经监督检查验收合格后，建设单位应将施工、设计、监理和建设单位各方分别签字的质量验收证明在验收后（　　　）内报送工程质量监督机构备案。

 A. 3天   B. 7天

 C. 10天   D. 15天

【答案】A

【解析】同上题。

◆ **考法5：质量违法行为的处理**

【例题·2021年真题·单选题】工程质量监督机构对违反有关规定、造成工程质量事故和严重质量问题的单位和个人依法严肃查处，对查实的问题可签发（　　　）

 A. 吊销企业资质证书通知单   B. 吊销建造师执业资格证书通知单

 C. 质量问题整改通知单   D. 质量问题罚款通知单

【答案】C

【解析】对查实的问题可签发《质量问题整改通知单》或《局部暂停施工指令单》，对问题严重的单位可采取临时收缴资质证书等处理措施。

◆ **考法6：监督竣工验收的目的**

【例题·2020年真题·单选题】政府质量监督机构参加工程竣工验收会议的目的是（　　　）。

 A. 签发工程竣工验收意见   B. 对工程实体质量进行检查验收

 C. 检查核实有关工程质量的文件和资料 D. 对验收的组织形式、程序等进行监督

【答案】D

【解析】竣工验收时，参加竣工验收的会议，对验收的组织形式、程序等进行监督。

◆ **考法7：质量监督档案**

【例题·2012年真题·单选题】建设工程质量监督档案归档前，应由（　　　）签字。

 A. 质量监督机构负责人   B. 项目业主代表

 C. 项目总监理工程师   D. 建设行政主管机构负责人

【答案】A

【解析】建设工程质量监督档案按单位工程建立，经监督机构负责人签字后归档，按规定年限保存。

本章经典真题回顾

一、单项选择题（每题 1 分，每题的备选项中，只有 1 个符合题意）

1.【2021 年真题】下列工程质量事故中，属于技术原因引发的质量事故是（　　）。

A. 检测仪器设备管理不善而失准引起的质量事故

B. 采用了不适宜的施工工艺引发的质量事故

C. 质量管理措施落实不力引起的质量事故

D. 设备事故导致连带发生的质量事故

【答案】B

【解析】技术原因引发的质量事故：指在工程项目实施中由于设计、施工在技术上的失误而造成的质量事故。例如，结构设计计算错误，对地质情况估计错误，采用了不适宜的施工方法或施工工艺等引发质量事故。

2.【2020 年真题】关于工程质量监督的说法，正确的是（　　）。

A. 建设行政主管部门对工程质量监督的性质属于行政执法行为

B. 施工单位在项目开工前向监督机构申报质量监督手续

C. 建设行政主管部门质量监督的范围包括永久性及临时性建筑工程

D. 工程质量监督指的是主管部门对工程实体质量情况实施的监督

【答案】A

【解析】选项 A 正确，工程质量监督的性质属于行政执法行为。选项 B 错误，由建设单位在项目开工前向监督机构申报质量监督手续。选项 C 和选项 D 错误，对工程实体质量和工程建设、勘察、设计、施工、监理单位（此五类单位简称为工程质量责任主体）和质量检测等单位的工程质量行为实施监督。

3.【2019 年真题】为了保证工程质量，对重要建材的使用，必须经过（　　）。

A. 监理工程师签字，项目经理签准　　　　B. 总监理工程师签字

C. 业主现场代表签准　　　　　　　　　　D. 业主现场签字、监理工程师签准

【答案】A

【解析】施工单位按规定对进场建材进行复验把关，对重要建材的使用，必须经过监理工程师签字和项目经理签准。

4.【2019 年真题】为消除施工质量通病而采用新型脚手架应用技术的做法，属于质量影响因素中对（　　）因素的控制。

A. 材料　　　　　　　　　　　　　　　　B. 机械

C. 方法　　　　　　　　　　　　　　　　D. 环境

【答案】C

【解析】方法的因素也称技术因素，如多项新技术，地基基础和地下空间工程、高性能混凝土技术、建筑防水技术、BIM 技术、新型模板及脚手架应用技术等。

5.【2019 年真题】根据《关于做好房屋建筑和市政基础设施工程质量事故报告和调

查处理工作的通知》，施工质量事故发生后，事故现场有关人员应立即向工程（　　）报告。

A. 建设单位负责人 B. 施工单位负责人

C. 监理单位负责人 D. 设计单位负责人

【答案】A

【解析】施工质量事故发生后，事故现场有关人员应立即向工程建设单位负责人报告。

6.【2018年真题】根据建设工程质量责任制要求，施工单位项目经理对建设工程质量承担责任的时间期限是（　　）。

A. 建设工程实际使用年限 B. 建设单位要求年限

C. 缺陷责任期 D. 建筑工程设计使用年限

【答案】D

【解析】质量终身责任，是指参与建设的施工单位项目经理按照法律法规和有关规定，在工程设计使用年限内对工程质量承担相应的责任。

7.【2018年真题】关于施工企业质量管理体系文件构成的说法正确的是（　　）。

A. 质量计划是纲领性文件

B. 质量记录应阐述企业质量目标和方针

C. 质量手册应阐述项目各阶段的质量责任和权限

D. 程序文件是质量手册的支持性文件

【答案】D

【解析】A选项错误，质量手册是纲领性文件；B选项错误，质量手册应阐述企业质量目标和方针；C选项错误，质量计划应阐述项目各阶段的质量责任和权限。

8.【2018年真题】在建设工程施工过程的质量验收中，检验批的合格质量主要取决于（　　）。

A. 主控项目的检验结果

B. 资料检查完成、合格和主控项目检验结果

C. 主控项目和一般项目的检验结果

D. 资料检查完整、合格和一般项目的检验结果

【答案】C

【解析】检验批的合格质量主要取决于对主控项目和一般项目的检验结果。

9.【2018年真题】下列影响建设工程施工质量的因素中，作为施工质量控制基本出发点的因素是（　　）。

A. 人 B. 机械

C. 材料 D. 环境

【答案】A

【解析】在施工质量管理中，人的因素起决定性的作用。所以，施工质量控制应以控制人的因素为基本出发点。

10.【2017年真题】企业质量管理体系的文件中，在实施和保持质量体系过程中要长

期遵循的纲领性文件是（　　　）。

A. 作业指导书　　　　　　　　　　B. 质量计划

C. 质量记录　　　　　　　　　　　D. 质量手册

【答案】D

【解析】本题主要考查企业质量管理体系文件的组成。质量手册是纲领性文件。

11.【2017年真题】当工程质量缺陷经加固、返工处理后仍无法保证达到规定的安全要求，但没有完全丧失使用功能时，适宜采用的处理方法是（　　　）。

A. 不作处理　　　　　　　　　　　B. 报废处理

C. 返修处理　　　　　　　　　　　D. 限制使用

【答案】D

【解析】当工程质量缺陷经加固、返工处理后仍无法保证达到规定的安全要求，但没有完全丧失使用功能时，不得已时可做出诸如结构卸荷或减荷以及限制使用的决定。

12.【2017年真题】工程质量监督机构接受建设单位提交有关建设工程质量监督申报手续，审查合格后应签发（　　　）。

A. 施工许可证　　　　　　　　　　B. 质量监督文件

C. 质量监督报告　　　　　　　　　D. 第一次监督记录

【答案】B

【解析】在工程项目开工前，监督机构接受建设单位有关建设工程质量监督的申报手续，并对建设单位提供的有关文件进行审查，审查合格签发有关质量监督文件。

13.【2017年真题】关于施工质量控制特点的说法，正确的是（　　　）。

A. 需要控制的因素少，只有4M1E五大方面

B. 施工生产的流动性导致控制的难度大

C. 生产受业主监督，因此过程控制要求低

D. 工程竣工验收是对施工质量的全面检查

【答案】B

【解析】施工质量控制的特点：（1）需要控制的因素多；（2）控制的难度大；（3）过程控制要求高；（4）终检局限大。

14.【2017年真题】下列施工准备质量控制工作中，属于技术准备的是（　　　）。

A. 复核原始坐标　　　　　　　　　B. 规划施工场地

C. 设置质量控制点　　　　　　　　D. 布置施工机械

【答案】C

【解析】技术准备是指在施工作业活动前进行的技术准备工作，主要在室内进行。

二、多项选择题（每题2分，每题的备选项中，有2个或2个以上符合题意，至少有1个错选。错选，本题不得分；少选，所选的每个选项得0.5分）

1.【2021年真题】政府质量监督机构对工程实体质量和责任主体的质量行为采取"双随机，一公开"检查方式和"互联网＋监管"模式，其检查的内容主要有（　　　）。

A. 工程各参建方的质量行为　　　　B. 工程各参建方的经营资质证书

C. 工程质量控制资料的完成情况　　　D. 工程实体质量

E. 工程各参建方质量责任制的履行情况

【答案】A、C、D、E

【解析】日常检查和抽查抽测相结合，采取"双随机、一公开"（随机抽取检查对象，随机选派监督检查人员，及时公开检查情况和查处结果）检查方式和"互联网＋监管"模式。检查的内容主要是：参与工程建设各方的质量行为及质量责任制的履行情况，工程实体质量和质量控制资料的完成情况，其中对基础和主体结构阶段的施工应每月安排监督检查。

2.【2020年真题】施工质量事故调查报告的主要内容包括（　　　）。

A. 工程项目和参建单位概况　　　　　B. 事故处理结论

C. 事故处理方案　　　　　　　　　　D. 事故基本情况

E. 事故发生后采取的应急防护措施

【答案】A、D、E

【解析】事故调查报告，其主要内容包括：工程项目和参建单位概况；事故基本情况；事故发生后所采取的应急防护措施；事故调查中的有关数据、资料；对事故原因和事故性质的初步判断，对事故处理的建议；事故涉及人员与主要责任者的情况等。

3.【2020年真题】关于施工质量控制责任的说法，正确的有（　　　）。

A. 项目经理可以不参加地基基础、主体结构等分部工程的验收

B. 项目经理负责组织编制、论证和实施危险性较大分部分项工程专项施工方案

C. 质量终身责任是指参与工程建设的项目负责人在工程施工期限内对工程质量承担相应责任

D. 项目经理必须组织对进入现场的建筑材料、构配件、设备、预拌混凝土等进行检验

E. 发生工程质量事故，县级以上地方人民政府住房和城乡建设主管部门应追究项目负责人的质量终身责任

【答案】B、D、E

【解析】选项A错误，项目经理必须组织做好隐蔽工程的验收工作，参加地基基础、主体结构等分部工程的验收，参加单位工程和工程竣工验收。选项C错误，质量终身责任，是指参与新建、扩建、改建的建筑工程项目负责人按照国家法律法规和有关规定，在工程设计使用年限内对工程质量承担相应责任。

4.【2019年真题】根据《质量管理体系 基础和术语》GB/T 19000—2016，质量管理应遵循的原则有（　　　）。

A. 过程方法　　　　　　　　　　　　B. 循证决策

C. 全员积极参加　　　　　　　　　　D. 领导作用

E. 以内部实力为关注焦点

【答案】A、B、C、D

【解析】质量管理的七项原则包括：（1）以顾客为关注焦点；（2）领导作用；（3）全员积极参与；（4）过程方法；（5）改进；（6）循证决策；（7）关系管理。

5.【2019年真题】下列施工质量的影响因素中，属于质量管理环境因素的有（　　　）。

A. 施工单位的质量管理制度　　　　B. 各参建单位之间的协调程度

C. 管理者的质量意识　　　　　　　D. 运输设备的使用情况

E. 施工现场的道路条件

【答案】A、B

【解析】施工质量管理环境因素：主要指施工单位质量管理体系、质量管理制度和各参建施工单位之间的协调等因素。

6.【2018年真题】某建设工程基础分部工程施工过程中，政府质量监督活动内容有（　　　）。

A. 检查参与工程建设各方的组织机构

B. 检查参与工程建设各方的质量行为

C. 检查参与工程建设各方的质量责任制履行情况

D. 审查参与工程建设各方人员资格证书

E. 监督基础分部工程验收

【答案】B、C、E

【解析】施工过程中的质量监督检查的内容主要是：参与工程建设各方的质量行为及质量责任制的履行情况，工程实体质量和质量控制资料的完成情况。对工程项目建设中的结构主要部位（如桩基、基础、主体结构等）除进行常规检查外，监督机构还应在分部工程验收时进行监督。

7.【2018年真题】根据建设工程的工程特点和施工生产特点，施工质量控制的特点有（　　　）。

A. 终检局限性大　　　　　　　　　B. 控制的难度大

C. 控制的成本高　　　　　　　　　D. 需要控制的因素多

E. 过程控制要求高

【答案】A、B、D、E

【解析】施工质量控制的特点包括：（1）需要控制的因素多；（2）控制的难度大；（3）过程控制要求高；（4）终检局限大。

8.【2017年真题】施工质量成本中，运行质量成本包括（　　　）。

A. 预防成本　　　　　　　　　　　B. 鉴定成本

C. 内部损失成本　　　　　　　　　D. 外部损失成本

E. 外部质量保证成本

【答案】A、B、C、D

【解析】质量成本可分为运行质量成本和外部质量保证成本。运行质量成本是指为运行质量体系达到和保持规定的质量水平所支付的费用，包括预防成本、鉴定成本、内部损失成本和外部损失成本。外部质量保证成本是指依据合同要求向顾客提供所需要的客观证据所支付的费用，包括特殊的和附加的质量保证措施、程序、数据、检测试验和评定的费用。

本章模拟强化练习

2Z104010 施工质量管理与施工质量控制

1. 下列关于施工质量管理和施工质量控制的说法，错误的是（　　）。

A. 质量不仅指产品的质量，也包括产品生产活动或过程的工作质量，还包括质量管理体系运行的质量

B. 施工质量是指建设工程施工活动及其产品的质量

C. 施工质量管理是指在工程项目施工安装和竣工验收阶段，指挥和控制施工组织关于质量的相互协调的活动

D. 质量管理是质量控制的一部分，致力于满足质量要求

2. 工程项目建成以后不可能像工业产品那样将其拆卸或解体检查内在质量、更换不合格的零部件，这体现了施工质量控制的（　　）特点。

A. 需要控制的因素多　　　　　　　B. 控制的难度大

C. 过程控制要求高　　　　　　　　D. 终检局限大

3. 工程勘察、设计单位的图纸和文件需要满足的工程的特性中，不包括（　　）。

A. 耐久性　　　　　　　　　　　　B. 安全性

C. 经济性　　　　　　　　　　　　D. 使用功能

4. 下列机械的因素中，属于工程设备的是（　　）。

A. 运输设备　　　　　　　　　　　B. 通风空调

C. 测量仪器　　　　　　　　　　　D. 施工安全设施

5. 下列情形中，县级以上地方人民政府住房和城乡建设主管部门不需依法追究项目负责人的质量终身责任制的是（　　）。

A. 发生工程质量事故

B. 发生工程质量问题

C. 施工原因导致设计使用年限内的建筑工程不能正常使用

D. 存在其他需追究责任的违法违规行为

6. 下列关于影响施工质量主要因素的说法，正确的有（　　）。

A. 材料质量是工程质量的基础

B. 施工质量控制应以控制方法的因素为基本出发点

C. 消防、环保设备属于施工机械设备

D. 自然环境主要指施工现场平面和空间环境条件

E. 环境的因素包括自然环境、管理环境和作业环境

7. 环境因素对工程质量的影响，具有复杂多变和不确定性的特点，下列选项中，属于自然环境因素的有（　　）。

A. 工程地质、水文、气象条件

B. 在地下水位高的地区，若在雨季进行基坑开挖，遇到连续降雨或排水困难，就会引起基坑塌方或地基受水浸泡影响承载力

C. 施工照明、通风、安全防护设施

D. 在基层未干燥或大风天进行卷材屋面防水层的施工，就会导致粘贴不牢及空鼓等质量问题

E. 施工单位质量管理体系、质量管理制度

2Z104020　施工质量管理体系

1. 下列关于施工质量保证体系运行的 PDCA 循环原理的说法，正确的是（　　）。

A. 计划是质量管理的首要环节，通过计划，确定质量管理的方针、目标，以及实现方针、目标的措施和行动方案

B. 计划行动方案的交底属于计划的范畴

C. PDCA 中的 C 指的是处理

D. 处理是在实施的基础上，把成功的经验加以肯定，形成标准，以利于在今后的工作中以此作为处理的依据，巩固成果

2. 外部质量保证成本是指依据合同要求向顾客提供所需要的客观证据所支付的费用，不包括（　　）。

A. 采用特殊的质量保证措施的费用　　　　B. 采用附加的检测试验的费用

C. 材料进场的检验试验费　　　　　　　　D. 采用特殊的质量保证程序评定的费用

3. 下列关于施工质量保证体系的运行的说法，正确的是（　　）。

A. 施工质量保证体系的运行，应以质量计划为主线，以过程管理为重心

B. 按照 PDCA 循环的原理，通过计划、检查、实施和处理的顺序展开控制

C. 实施包含的主要环节是按计划规定的方法及要求展开的施工作业技术活动

D. 计划在检查的基础上，把成功的经验加以肯定，形成标准，同时采取措施，纠正计划执行中的偏差

4. 下列关于施工质量保证体系的建立和运行的说法，正确的是（　　）。

A. 项目施工质量目标的分解主要从时间角度展开，实施全过程的控制

B. 运行质量成本是指为运行质量体系达到和保持规定的质量水平所支付的费用

C. 组织保证体系是项目施工质量保证体系的基础

D. 思想保证体系主要是明确工作任务和建立工作制度

5. 下列关于企业质量管理体系的认证与监督的说法，正确的是（　　）。

A. 质量管理体系由建设行政主管部门进行独立、客观、科学、公正的评价

B. 企业获准认证的有效期为 1 年

C. 企业获准认证后，应进行经常性的内部审核，保持质量管理体系的有效性

D. 企业每半年一次接受认证机构对企业质量管理体系实施的监督管理

6. 在企业质量管理体系文件中，阐明一个企业的质量政策、质量体系和质量实践的文件，是实施和保持质量体系过程中长期遵循的纲领性文件的是（　　）。

A. 质量手册　　　　　　　　　　　B. 程序文件

C. 质量计划　　　　　　　　　　　D. 质量记录

7. 工程项目的施工质量保证体系以控制和保证施工产品质量为目标，下列选项中，属于施工质量保证体系的内容有（　　）。

A. 思想保证体系　　　　　　　　　B. 程序文件

C. 信息保证体系　　　　　　　　　D. 工作保证体系

E. 项目施工质量计划

8. 下列选项中，属于组织保证体系的内容有（　　）。

A. 落实建筑工人实名制管理　　　　B. 建立工作制度

C. 明确人员的任务、职责和权限　　D. 建立质量检查制度

E. 制定相应的技术管理制度

2Z104030　施工质量控制的内容和方法

1. 根据《建筑工程检测试验技术管理规范》JGJ 190—2010 和工程项目的设计要求，混凝土预制构件出厂时的混凝土强度不宜低于设计混凝土强度等级值的（　　）。

A. 25%　　　　　　　　　　　　　B. 50%

C. 75%　　　　　　　　　　　　　D. 100%

2. 做好技术交底是保证施工质量的重要措施之一，关于技术交底，下列说法正确的是（　　）。

A. 项目开工后应由项目技术负责人向承担施工的负责人或分包人进行书面技术交底

B. 技术交底资料应办理签字手续并归档保存

C. 技术交底书应由项目技术负责人编制

D. 技术交底书经项目负责人批准实施

3. 关于在施工过程的工程质量验收中发现质量不符合要求的处理办法，下列说法错误的是（　　）。

A. 在检验批验收时，一般的缺陷通过返修或更换器具、设备予以处理，应允许在施工单位采取相应的措施消除缺陷后予以验收

B. 更为严重的缺陷按一定的技术方案进行加固处理，在不影响安全和主要使用功能条件下可按处理技术方案和协商文件进行验收

C. 检验批的某些项目或指标不满足要求，法定资质的检测单位的鉴定结果能够达到设计要求时，该检验批应认为通过验收

D. 对工程实体的检测鉴定达不到设计要求，但经原设计单位核算，仍能满足规范标准要求的结构安全和使用功能的情况，该检验批可予以验收

4. 下列质量检验属于试验法中对"化学成分"测定的是（　　）。

A. 对混凝土的坍落度和温度的检测

B. 对结构物从表面用超声波仪器进行探测

C. 对钢材的进行冲击韧性检测

D. 对混凝土的粗集料中的活性氧化硅成分检测

5. 下列关于施工质量控制方法的说法，正确的是（   ）。

A. 无损检测中的超声波探伤属于试验法

B. 踢脚线垂直度检查方法是实测法中的"吊"

C. 门窗口及构件的对角线的检查方法是实测法中的"靠"

D. 喷涂的密实度的检查方法是目测法中的"摸"

6. 下列选项中，不属于分部工程质量验收合格应符合规定的是（   ）。

A. 所含分项工程的质量均应验收合格

B. 质量控制资料应完整

C. 有关安全、节能、环境保护和主要使用功能的检验结果应符合相应规定

D. 所含单位工程的质量均应验收合格

7. 下列关于工序施工质量控制的说法，正确的是（   ）。

A. 工序施工条件中不包括生产环境条件

B. 工序的质量控制是施工阶段质量控制的重点

C. 工序施工效果是指从事工序活动的各生产要素质量及生产环境条件

D. 工序施工效果控制主要途径不包括实测获取数据的工作

8. 下列选项中，属于现场施工准备的质量控制的是（   ）。

A. 进行必要的技术交底和技术培训   B. 细化施工技术方案

C. 工程定位和标高基准的控制   D. 绘制各种施工详图

9. 按照《建筑工程施工质量验收统一标准》GB 50300—2013 的规定，一般情况下，分部工程可以按照（   ）进行划分。

A. 主要工种、材料   B. 工程量、楼层、施工段、变形缝

C. 施工工艺、设备类别   D. 专业性质、工程部位

10. 下列选项中，属于技术准备的质量控制的内容有（   ）。

A. 施工单位必须对建设单位提供的原始坐标点进行复核

B. 进行详细的设计交底和图纸审查

C. 细化施工技术方案

D. 编制施工作业技术指导书

E. 进行必要的技术交底和技术培训

11. 下列选项中，属于检验批质量验收合格应具备的条件有（   ）。

A. 主控项目的质量经抽样检验均应合格

B. 一般项目的质量经抽样检验均应合格

C. 具有完整的施工操作依据、质量检查记录

D. 有关安全、节能、环保的抽检检验结果应符合相应规定

E. 观感质量符合要求

12. 下列关于施工项目竣工质量验收条件的说法，正确的有（   ）。

A. 建设单位在工程完工后进行检查，确认工程质量符合有关法律、法规和工程强制

性标准，符合设计文件及合同的要求，并提出工程竣工验收报告

B. 勘察、设计单位对工程进行质量评估，具有完整的监理资料并提出工程质量评估报告

C. 监理单位提出质量检查报告

D. 有工程使用的主要建筑材料、建筑构配件和设备的进场试验报告及质量检测和功能性试验资料

E. 建设单位已按合同约定支付工程款

2Z104040 施工质量事故预防与处理

1. 施工质量事故的处理程序包括：① 事故处理；② 提交事故处理报告；③ 制定事故处理技术方案；④ 事故处理的鉴定验收；⑤ 事故结论；⑥ 事故调查；⑦ 原因分析。正确的排序应为（　　）。

A. ⑦→⑥→①→⑤→②→④→③　　　B. ⑥→⑦→③→⑤→②→①→④

C. ⑥→⑦→③→①→④→⑤→②　　　D. ⑥→⑦→①→②→④→⑤→③

2. 某公路桥梁工程预应力按规定张拉系数为 1.3，而实际仅为 0.8，属严重的质量缺陷，也无法返修，则可以采用的施工质量问题的处理基本方法是（　　）。

A. 加固处理　　　　　　　　　　B. 返工处理

C. 限制使用　　　　　　　　　　D. 不作处理

3. 某工程施工时主体倒塌，死亡 10 人，重伤 28 人，经济损失 1 亿元，则该起质量事故属于（　　）。

A. 特别重大事故　　　　　　　　B. 重大事故

C. 较大事故　　　　　　　　　　D. 一般事故

4. 混凝土结构受撞击、局部未振实、冻害、火灾、酸类腐蚀、碱集料反应等，当这些损伤仅仅在结构的表面或局部，不影响其使用和外观，可进行（　　）。

A. 加固处理　　　　　　　　　　B. 返工处理

C. 限制使用　　　　　　　　　　D. 返修处理

5. 下列选项中，属于事故调查报告的内容有（　　）。

A. 事故基本情况　　　　　　　　B. 事故发生后采取的应急防护措施

C. 对事故原因和事故性质的初步判断　D. 事故处理的依据

E. 事故处理的技术方案及措施

6. 下列选项中，属于施工质量事故处理报告内容的有（　　）。

A. 事故调查的原始资料、测试的数据　B. 事故原因分析和论证结果

C. 对事故处理的建议　　　　　　D. 事故涉及人员与主要责任者的情况判断

E. 事故处理的技术方案及措施

7. 关于质量事故产生的原因，下列属于管理原因引发的是（　　）。

A. 结构设计计算错误

B. 采用了不适宜的施工方法或施工工艺

C. 施工单位或监理单位的质量管理体系不完善

D. 在投标报价中恶意压低标价，中标后偷工减料

E. 检验制度不严密

8. 关于施工质量问题和质量事故处理的基本方法，下列情形可以不作处理的有（　　）。

A. 某些混凝土结构表面出现蜂窝、麻面

B. 混凝土结构局部未振实

C. 某防洪堤坝填筑压实后，其压实土的干密度未达到规定值

D. 混凝土表面养护不够的干缩微裂

E. 混凝土现浇楼面的平整度偏差达到 10mm

2Z104050　建设行政管理部门对施工质量的监督管理

1. 下列关于施工质量监督管理的制度的说法，正确的是（　　）。

A. 主管部门实施监督检查时，无权进入被检查单位的施工现场进行检查

B. 工程质量监督的性质属于司法审查

C. 主管部门实施监督检查时，有权要求被检查的单位提供有关工程质量的文件和资料

D. 主管部门实施监督检查时，发现有影响工程质量的问题时，有权吊销企业营业执照

2. 工程项目开工前，负责向监督机构申报建设工程质量监督手续的单位应该是（　　）。

A. 设计单位　　　　　　　　　　B. 监理单位

C. 建设单位　　　　　　　　　　D. 施工单位

3. 对工程实体质量和工程质量责任主体等单位工程质量行为进行抽查、抽测中，日常检查和抽查抽测相结合，采取（　　）检查方式和（　　）模式。

A. "一随机、双公开"；"互联网＋监管"

B. "双随机、一公开"；"互联网＋监管"

C. "双随机、一公开"；"现场＋监管"

D. "一随机、双公开"；"现场＋监管"

4. 在竣工阶段，建设工程质量监督档案按（　　）建立。

A. 单项工程　　　　　　　　　　B. 分部分项工程

C. 单位工程　　　　　　　　　　D. 检验批

5. 监督机构应在工程项目开工前进行第一次的监督检查工作，检查的主要内容有（　　）。

A. 检查参与工程项目建设各方的质量保证体系建立情况

B. 审查参与建设各方的工程经营资质证书和相关人员的资格证书

C. 审查按建设程序规定的开工前必须提供的所有技术资料是否齐全完备

D. 审查施工组织设计、监理规划等文件以及审批手续

E. 检查结果的记录保存

6. 下列关于政府质量监督实施程序的说法，正确的有（　　）。

A. 在工程项目开工前，监督机构接受施工单位有关建设工程质量监督的申报手续并审查

B. 分部工程验收时，建设单位应将施工、设计、监理、建设单位各方分别签字的质量验收证明在验收后 15 天内报送工程质量监督机构备案

C. 工程质量监督手续可以与施工许可证或者开工报告合并办理

D. 第一次的监督检查的重点是参与工程建设各方主体的质量行为

E. "双随机、一公开"指的是随机抽取检查对象，随机选派监督检查人员，及时公开监督检查人员

★★模拟强化练习答案及解析★★

2Z104010 施工质量管理与施工质量控制

1.【答案】D

【解析】D 选项错误，质量控制是质量管理的一部分，致力于满足质量要求。

2.【答案】D

【解析】

需要控制的因素多	
控制的难度大	单件性和流动性，不能进行标准化施工
过程控制要求高	施工质量具有一定的过程性和隐蔽性，上道工序与下道工序的质量相互影响
终检局限大	竣工验收只能从表面进行检查

3.【答案】A

【解析】工程勘察、设计单位针对本工程的水文地质条件，根据建设单位的要求，从技术和经济结合的角度，为满足工程的使用功能和安全性、经济性、与环境的协调性等要求，以图纸、文件的形式对施工提出要求，是针对每个工程项目的个性化要求。这个要求可以归结为"按图施工"。

4.【答案】B

【解析】机械的因素：工程设备：组成工程实体的工艺设备和各类机具。如电梯、泵机，通风空调、消防、环保设备等。施工机械：施工过程中使用的各类机具设备。如运输、吊装、工具、仪器、设施等。

5.【答案】B

【解析】符合下列情形之一的，县级以上地方人民政府住房和城乡建设主管部门应当依法追究项目负责人的质量终身责任制：（1）发生工程质量事故；（2）发生投诉、举报、群体性事件、媒体报道并造成恶劣社会影响的严重工程质量问题；（3）由于勘察、设计或施工原因造成尚在设计使用年限内的建筑工程不能正常使用；（4）存在其他需追究责任的违法违规行为。

6.【答案】A、E

【解析】B 选项错误，施工质量控制应以控制人的因素为基本出发点。C 选项错误，

工程设备：组成工程实体的工艺设备和各类机具。如电梯、泵机，通风空调、消防、环保设备等。D选项错误，作业环境主要指施工现场平面和空间环境条件。

7.【答案】A、B、D

【解析】环境的因素主要包括施工现场自然环境因素、施工质量管理环境因素和施工作业环境因素。C选项属于施工作业环境因素，E选项属于施工质量管理环境因素。

2Z104020　施工质量管理体系

1.【答案】A

【解析】B选项错误，实施包含两个环节，即计划行动方案的交底和按计划规定的方法及要求展开的施工作业技术活动；C选项错误，PDCA中的C指的是检查；D选项错误，处理是在检查的基础上，把成功的经验加以肯定，形成标准，以利于在今后的工作中以此作为处理的依据，巩固成果。

2.【答案】C

【解析】外部质量保证成本是指依据合同要求向顾客提供所需要的客观证据所支付的费用，包括采用特殊的和附加的质量保证措施、程序以及检测试验和评定的费用。

3.【答案】A

【解析】B选项错误，施工质量保证体系的运行按照PDCA循环的原理，通过计划、实施、检查和处理的步骤展开控制。C选项错误，实施包含两个环节，即计划行动方案的交底和按计划规定的方法及要求展开的施工作业技术活动。D选项错误，处理（A）：在检查的基础上，把成功的经验加以肯定，形成标准。同时采取措施，纠正计划执行中的偏差。

4.【答案】B

【解析】A选项错误，项目施工质量目标的分解主要从两个角度展开，即：从时间角度展开，实施全过程的控制；从空间角度展开，实现全方位和全员的质量目标管理。C选项错误，思想保证体系是项目施工质量保证体系的基础。D选项错误，工作保证体系主要是明确工作任务和建立工作制度。

5.【答案】C

【解析】A选项错误，质量管理体系由公正的第三方认证机构进行独立、客观、科学、公正的评价；B选项错误，企业获准认证的有效期为三年；D选项错误，企业每年一次接受认证机构对企业质量管理体系实施的监督管理。

6.【答案】A

【解析】

质量手册	纲领性文件
程序文件	质量手册的支持性文件
质量计划	
质量记录	质量活动的客观反映，质量体系运行有效的证据

7. 【答案】A、D、E

【解析】工程项目的施工质量保证体系以控制和保证施工产品质量为目标，其内容包括：（1）项目施工质量目标；（2）项目施工质量计划；（3）思想保证体系；（4）组织保证体系；（5）工作保证体系。

8. 【答案】A、C

【解析】组织保证体系的内容包括落实建筑工人实名制管理；健全规章制度；明确人员的任务、职责和权限；建立质量信息系统。B、D、E选项都是工作保证体系。

2Z104030　施工质量控制的内容和方法

1. 【答案】C

【解析】混凝土预制构件出厂时的混凝土强度不宜低于设计混凝土强度等级值的75%。

2. 【答案】B

【解析】A选项错误，项目开工前应由项目技术负责人向承担施工的负责人或分包人进行书面技术交底；C选项错误，技术交底书应由施工项目技术人员编制；D选项错误，技术交底书经项目技术负责人批准实施。

3. 【答案】A

【解析】在检验批验收时，一般的缺陷通过返修或更换器具、设备予以处理，应允许在施工单位采取相应的措施消除缺陷后重新验收。

4. 【答案】D

【解析】A选项属于实测法的量，B选项属于试验法的无损检测，C选项属于试验法的力学性能测试。

5. 【答案】A

【解析】B选项错误，踢脚线垂直度检查方法是实测法中的"套"。C选项错误，门窗口及构件的对角线的检查方法是实测法中的"套"。D选项错误，喷涂的密实度的检查方法是目测法中的"看"。

6. 【答案】D

【解析】分部工程质量验收合格应符合下列规定：（1）所含分项工程的质量均应验收合格；（2）质量控制资料应完整；（3）有关安全、节能、环境保护和主要使用功能的检验结果应符合相应规定；（4）观感质量应符合要求。

7. 【答案】B

【解析】A选项错误，正确的说法应为，工序施工条件是指从事工序活动的各生产要素质量及生产环境条件；C选项错误，正确的说法应为，工序施工效果是工序产品的质量特征和特性指标的反映。D选项错误，正确的说法应为，工序施工效果控制主要途径包括实测获取数据、统计分析所获取的数据、判断认定质量等级和纠正质量偏差。

8. 【答案】C

【解析】A选项、B选项、D选项属于技术准备。技术准备是指在正式开展施工作业活动前进行的技术准备工作，主要在室内进行。

9.【答案】D

【解析】分部工程的划分可按专业性质、工程部位确定。分项工程可按主要工种、材料、施工工艺、设备类别等进行划分。检验批可根据施工质量控制和专业验收需要，按工程量、楼层、施工段、变形缝等进行划分。

10.【答案】B、C、D、E

【解析】施工质量控制的准备工作：技术准备的质量控制主要在室内进行，例如：熟悉施工图纸，进行详细的设计交底和图纸审查；细化施工技术方案和施工人员、机具的配置方案，编制施工作业技术指导书，绘制各种施工详图（如测量放线图、大样图及配筋、配板、配线图表等），进行必要的技术交底和技术培训。现场施工准备的质量控制：施工单位必须对建设单位提供的原始坐标点、基准线和水准点等测量控制点进行复核，并将复测结果上报监理工程师审核。

11.【答案】A、C

【解析】检验批质量验收合格应符合下列规定：（1）主控项目的质量经抽样检验均应合格；（2）一般项目的质量经抽样检验合格；（3）具有完整施工操作依据、质量检查记录。

12.【答案】D、E

【解析】A选项错误，施工单位在工程完工后进行检查，确认工程质量符合有关法律、法规和工程强制性标准，符合设计文件及合同的要求，并提出工程竣工报告。B选项错误，监理单位对工程进行质量评估，具有完整的监理资料并提出工程质量评估报告。C选项错误，勘察、设计单位对设计变更通知书进行检查并提出质量检查报告。

2Z104040 施工质量事故预防与处理

1.【答案】C

【解析】质量事故处理流程：事故报告→事故调查→原因分析→制定事故处理的技术方案→事故处理：技术处理＋责任处罚→鉴定验收→事故结论→提交事故处理报告。

2.【答案】B

【解析】返工处理：防洪堤坝压实土的干密度未达到规定值；公路桥梁工程预应力按规定张拉系数为1.3，而实际系数仅为0.8；基础的混凝土强度未达到规定。

3.【答案】B

【解析】

事故等级	死亡（人）	重伤（人）	直接经济损失（万元）
特大	$R \geqslant 30$	$R \geqslant 100$	$M \geqslant 10000$
重大	$10 \leqslant R < 30$	$50 \leqslant R < 100$	$5000 \leqslant M < 10000$
较大	$3 \leqslant R < 10$	$10 \leqslant R < 50$	$1000 \leqslant M < 5000$
一般	$R < 3$	$R < 10$	$M < 1000$

4.【答案】D

【解析】返修处理：混凝土蜂窝、麻面、局部损失、裂缝等。

5. 【答案】A、B、C

【解析】事故调查报告的内容：工程项目和参建单位概况；事故基本情况；事故发生后采取的应急防护措施；事故调查中的有关数据、资料；对事故原因和事故性质的初步判断，对事故处理的建议；事故涉及人员与主要责任者的情况判断。

6. 【答案】B、D、E

【解析】A选项属于重大事故，C选项属于较大事故。

7. 【答案】C、E

【解析】

技术原因	设计错误、地质情况估计错误、采用不合适的施工方法、工艺
管理原因	管理体系不完善、检验制度不严、措施落实不力
社会原因	投标随意压低标价、施工中随意修改方案或偷工减料
其他原因	自然灾害、不可抗力

8. 【答案】D、E

【解析】不作处理：工业建筑物放线定位偏差，混凝土表面干缩微裂；混凝土表面轻微麻面，楼面平整度偏差；检测单位鉴定合格；原设计单位核算，仍能满足安全和使用功能。

2Z104050 建设行政管理部门对施工质量的监督管理

1. 【答案】C

【解析】A选项错误，主管部门实施监督检查时，有权进入被检查单位的施工现场进行检查。B选项错误，工程质量监督的性质属于行政执法行为。D选项错误，主管部门实施监督检查时，发现有影响工程质量的问题时，责令改正。

2. 【答案】C

【解析】受理建设单位对工程质量监督手续：在工程项目开工前，监督机构接受建设单位有关建设工程质量监督的申报手续，并对建设单位提供的有关文件进行审查，审查合格签发有关质量监督文件。工程质量监督手续可与施工许可证或者开工报告合并办理。

3. 【答案】B

【解析】对工程实体质量和工程质量责任主体等单位工程质量行为进行抽查、抽测中，日常检查和抽查抽测相结合，采取"双随机、一公开"检查方式和"互联网＋监管"模式。

4. 【答案】C

【解析】建设工程质量监督档案按单位工程建立。要求归档时，资料记录等各类文件齐全，经监督机构负责人签字后归档，按规定年限保存。

5. 【答案】A、B、D、E

【解析】检查的主要内容有：（1）检查参与工程项目建设各方的质量保证体系建立情况，包括组织机构、质量控制方案、措施及质量责任制等制度；（2）审查参与建设各方的工程经营资质证书和相关人员的资格证书；（3）审查按建设程序规定的开工前必须办理的各项建设行政手续是否齐全完备；（4）审查施工组织设计、监理规划等文件以及审批手续；（5）检查结果的记录保存。

6.【答案】C、D

【解析】A选项错误，在工程项目开工前，监督机构接受建设单位有关建设工程质量监督的申报手续并审查。B选项错误，分部工程验收时，建设单位应将施工、设计、监理、建设单位各方分别签字的质量验收证明在验收后三天内报送工程质量监督机构备案。E选项错误，随机抽取检查对象，随机选派监督检查人员，及时公开检查情况和查处结果。

2Z105000　施工职业健康安全与环境管理

微信扫一扫
查看更多考点视频

本章考情分析

近 3 年核心考点及分值分布　　　　　　表 2Z105000

2Z105000	本章条目	2020 年		2021 年		2022 年	
		单选	多选	单选	多选	单选	多选
2Z105010	2Z105011　职业健康安全与环境管理体系标准	1	2	1		1	
	2Z105012　职业健康安全与环境管理的目的和要求				1	1	2
	2Z105013　职业健康安全管理体系与环境管理体系的建立和运行	1		1	2		
2Z105020	2Z105021　安全生产管理制度	1	2	1	2	3	2
	2Z105022　危险源的识别和风险控制	1		1			
	2Z105023　安全隐患的处理	1				1	
2Z105030	2Z105031　生产安全事故应急预案的内容	1					
	2Z105032　生产安全事故应急预案的管理	1		1			
	2Z105033　职业健康安全事故的分类和处理		2	1	2	2	2
2Z105040	2Z105041　施工现场文明施工的要求	1		1		1	
	2Z105042　施工现场环境保护的要求	1		1		1	2
合　　计		9	6	9	6	10	8
		15		15		18	

2Z105010　职业健康安全管理体系与环境管理体系

核心考点提纲

2Z105010　职业健康安全管理体系与环境管理体系

　2Z105011　职业健康安全与环境管理体系标准
　2Z105012　职业健康安全与环境管理的目的和要求
　2Z105013　职业健康安全管理体系与环境管理体系的建立和运行

242

2Z105011 职业健康安全与环境管理体系标准

核心考点：安全与环境管理体系标准

1. 职业健康安全管理体系标准实施的特点

采用 PDCA 循环管理模式，即标准由"领导作用—策划—支持和运行—绩效评价—改进"五大要素构成，采用了 PDCA 动态循环、不断上升的螺旋式运行模式，体现了持续改进的动态管理思想。

2. 环境管理体系标准

（1）在《环境管理体系要求及使用指南》GB/T 24001—2016 中，认为环境是指组织运行活动的外部存在，包括空气、水、土地、自然资源、植物、动物、人，以及它（他）们之间的相互关系。

（2）《环境管理体系 要求及使用指南》GB/T 24001—2016 中应对风险和机遇的措施部分包括的内容：总则、环境因素、合规义务、措施的策划。

3. 环境管理体系标准的特点

采用 PDCA 动态循环、不断上升的螺旋式管理模式（图 2Z105011），在"策划—支持和运行—绩效评价—改进"四大要素基础上，结合环境管理特点，考虑组织所处环境、内外部问题、相关需求及期望等因素，形成完整的持续改进动态管理体系。

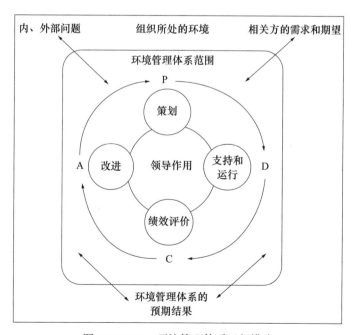

图 2Z105011 环境管理体系运行模式

4. 环境管理体系标准的应用原则

（1）自愿性原则。

（2）建立并实施结构化管理。

（3）系统的管理措施。

（4）不必成为独立管理系统，而应纳入组织整个管理体系中。

（5）关键是坚持持续改进和环境污染预防。

（6）必须有组织最高管理者的承诺和责任以及全员参与。

◆ **考法 1：环境的定义**

【例题·2020 年真题·单选题】根据《环境管理体系 要求及使用指南》GB/T 24001—2016，下列环境因素中，属于外部存在的是（　　　）。

A. 影响人类生存的各类自然因素　　　　B. 组织的全体职工

C. 组织的管理团队　　　　D. 静态组织结构

【答案】A

【解析】《环境管理体系 要求及使用指南》GB/T 24001—2016 中，认为环境是指组织运行活动的外部存在，包括空气、水、土地、自然资源、植物、动物、人，以及它（他）们之间的相互关系。这个定义是以组织运行活动为主体，其外部存在主要是指人类认识到的、直接或间接影响人类生存的各种自然因素及它（他）们之间的相互关系。

◆ **考法 2：环境管理体系的内容**

【例题·2020 年真题·多选题】《环境管理体系 要求及使用指南》GB/T 24001—2016 中，应对风险和机遇的措施部分包括的内容有（　　　）。

A. 总则　　　　B. 环境目标

C. 环境因素　　　　D. 合规义务

E. 措施的策划

【答案】A、C、D、E

【解析】应对风险和机遇的措施部分包括：总则、环境因素、合规义务、措施的策划。

◆ **考法 3：环境管理体系的四大要素**

【例题·2018 年真题·单选题】根据《环境管理体系 要求及使用指南》GB/T 24001—2016，PDCA 循环中"A"环节指的是（　　　）。

A. 策划　　　　B. 支持和运行

C. 改进　　　　D. 绩效评价

【答案】C

【解析】环境管理体系采用的是 PDCA 动态循环、不断上升的螺旋式管理运行模式，即由"策划—支持与运行—绩效评价—改进"四大要素构成。

◆ **考法 4：环境管理体系的应用原则**

【例题·2013 年真题·单选题】施工企业实施环境管理体系标准的关键是（　　　）。

A. 坚持持续改进和环境污染预防　　　　B. 采用 PDCA 循环管理模式

C. 组织最高管理者的承诺　　　　D. 组织全体员工的参与

【答案】A

【解析】实施环境管理体系标准的关键是坚持持续改进和环境污染预防。

2Z105012　职业健康安全与环境管理的目的和要求

核心考点：职业健康安全与环境管理的目的与要求

1. 职业健康安全与环境管理的目的

（1）施工职业健康安全管理的目的是防止和减少生产安全事故、保护产品生产者的健康与安全、保障人民群众的生命和财产免受损失。

（2）施工环境管理的目的是保护生态环境，使社会经济发展与人类生存环境相协调。

2. 职业健康安全与环境管理的要求

（1）坚持安全第一、预防为主和防治结合的方针。

（2）企业法定代表人是安全生产的第一负责人，项目经理是施工项目生产的主要负责人。

（3）设计阶段，设计单位应对防范生产安全事故提出指导意见、措施和建议。

（4）施工阶段，施工企业应制定职业健康安全生产技术措施计划和应急救援预案。

（5）实行总包的，由总包对安全生产负总责并自行完成主体结构施工。分包应当接受总包的安全生产管理。分包不服从管理导致安全事故的，由分包承担主要责任，总包和分包对分包工程承担连带责任。

（6）施工职业健康安全管理应遵循的程序：识别评价危险源及风险；确定职业健康安全目标；编制实施安全技术措施计划；安全技术措施计划结果验证；持续改进相关措施和绩效。

3. 施工环境管理的基本要求

防治污染的设施，必须与主体工程同时设计、同时施工、同时投产使用。必须经原审批环境影响报告书的环境保护行政主管部门验收合格后，才能生产或使用。

◆ **考法1：职业健康安全与环境管理的目的**

【例题·2013年真题·单选题】关于建设工程职业健康安全与环境管理的说法，正确的是（　　）。

A. 职业健康安全与环境管理对一般有害的因素实施管理和控制

B. 职业健康安全管理的目的是保护建设工程的生产者和使用者的健康与安全

C. 职业健康安全与环境管理的主体是组织，管理的对象是一个组织的活动

D. 职业健康安全与环境管理体系应独立于组织的其他管理体系之外

【答案】B

【解析】职业健康安全管理的目的是保证生产活动中人员的健康和安全。

◆ **考法2：职业健康安全与环境管理的要求**

【例题1·2021年真题·单选题】关于施工企业职业健康安全与环境管理基本要求的说法，正确的是（　　）。

A. 取得安全生产许可证的施工企业，需设立安全生产管理机构，但不需配备专职安全生产管理人员

B. 建设工程项目中防治污染的设施必须经监理单位验收合格后方可投入使用

C. 建设工程实行总承包的，因分包合同中已明确各自安全生产的权利和义务，分包单位发生安全生产事故时，总承包单位不承担连带责任

D. 施工企业法定代表人是安全生产第一负责人，项目经理是施工项目生产主要负责人

【答案】D

【解析】A选项错误，施工企业应当具备安全生产的资质条件，取得安全生产许可证的施工企业应设立安全生产管理机构，配备合格的专职安全生产管理人员，并提供必要的资源。B选项错误，建设工程项目中防治污染的设施，必须与主体工程同时设计、同时施工、同时投产使用。防治污染的设施必须经原审批环境影响报告书的环境保护行政主管部门验收合格后，该建设工程项目方可投入生产或者使用。C选项错误，分包单位不服从管理导致生产安全事故的，由分包单位承担主要责任，总承包和分包单位对分包工程的安全生产承担连带责任。

【例题2·2017年真题·多选题】根据《建设工程安全生产管理条例》和《职业健康安全管理体系》，建设工程对施工职业健康安全管理的基本要求包括（   ）。

A. 工程设计阶段，设计单位应制定职业健康安全生产技术措施计划

B. 工程实施阶段，施工企业应制定职业健康安全生产技术措施计划

C. 施工企业在其经营生产的活动中必须对本企业的安全生产负全面责任

D. 实行总承包的建设工程，由总承包单位对施工现场的安全生产负总责

E. 实行总承包的建设工程，分包单位应当接受总承包单位的安全生产管理

【答案】B、C、D、E

【解析】本题主要考查安全管理体系的内容

（1）施工企业在其经营生产的活动中必须对本企业的安全生产负全面责任。企业安全生产第一负责人是企业法定代表人，项目经理是项目生产的主要负责人。

（2）设计阶段：设计单位应按法律法规和强制性标准进行安全保护设施的设计，对重点部位环节和四新工程提建议。

（3）施工阶段：实行总承包的，总承包对施工现场的安全生产负总责，分包应接受总包的安全管理。分包不服从总包管理导致安全事故，分包负主要责任，总包承担连带责任。

◆ 考法3：职业健康安全管理的程序

【例题·2019/2021年真题·单选题】工程施工职业健康安全管理工作包括：① 确定职业健康安全目标；② 识别并评价危险源及风险；③ 持续改进相关措施和绩效；④ 编制并实施项目职业健康安全技术措施计划；⑤ 职业健康安全技术措施计划实施结果验证。正确的程序是（   ）。

A. ①-②-④-⑤-③   B. ①-②-⑤-④-③

C. ②-①-④-③-⑤   D. ②-①-④-⑤-③

【答案】D

【解析】工程施工职业健康安全管理应遵循下列程序：（1）识别并评价危险源及风险；（2）确定职业健康安全目标；（3）编制并实施项目职业健康安全技术措施计划；（4）职业

健康安全技术措施计划实施结果验证；（5）持续改进相关措施和绩效。

2Z105013 职业健康安全管理体系与环境管理体系的建立和运行

核心考点：安全管理体系与环境管理体系的建立和运行

1. 管理体系文件编写

（1）体系文件包括管理手册、程序文件、作业文件。

（2）管理手册是对施工企业整个管理体系的整体性描述，是管理体系的纲领性文件。

（3）作业文件包括一般包括作业指导书（操作规程）、管理规定、监测活动准则及程序文件引用的表格。

2. 管理体系的运行和维持

（1）管理体系的运行

运行活动包括：培训意识和能力，信息交流，文件管理，执行控制程序，监测，不符合、纠正和预防措施，记录等。

（2）管理体系的维持

① 内部审核：施工企业对自身的管理体系进行审核，是自我保证和自我监督的一种机制。

② 管理评审：由施工企业的最高管理者对管理体系的系统评价。

③ 合规性评价：分为公司级和项目组级评价两个层次。

公司级评价：由管理者代表组织，每年 1 次。

项目组级评价：由项目经理组织。当施工时间超过半年，合规性评价不少于 1 次。

◆ **考法 1：安全与环境管理体系文件的内容**

【例题 1·2021 年真题·多选题】施工职业健康安全管理体系文件包括（　　）。

A. 管理方案　　　　　　　　　　B. 管理手册

C. 程序文件　　　　　　　　　　D. 初始状态评审文件

E. 作业文件

【答案】B、C、E

【解析】体系文件包括管理手册、程序文件、作业文件三个层次。

【例题 2·2021 年真题·多选题】职业健康安全与环境管理体系的作业文件一般包括（　　）。

A. 作业指导书　　　　　　　　　B. 管理规定

C. 监测活动准则　　　　　　　　D. 程序文件引用的表格

E. 绩效报告

【答案】A、B、C、D

【解析】作业文件一般包括作业指导书（操作规程）、管理规定、监测活动准则及程序文件引用的表格。

◆ **考法 2：管理体系运行和维持的区别**

【例题 1·2021 年真题·单选题】根据《职业健康安全管理体系 要求及使用指南》

GB/T 45001—2020 的总体结构，属于运行要求的内容是（   ）。

A. 应急准备和响应　　　　　　　　　B. 持续改进

C. 事件、不符合的纠正和预防　　　　D. 绩效测量和监视

【答案】C

【解析】体系运行实施的重点是围绕培训意识和能力，信息交流，文件管理，执行控制程序，监测，不符合、纠正和预防措施，记录等活动推进体系的运行工作。

【例题 2·2019 年真题·单选题】下列施工职业健康安全与环境管理体系的运行、维持活动中，属于管理体系运行的是（   ）。

A. 管理评审　　　　　　　　　　　　B. 内部审核

C. 合规性评价　　　　　　　　　　　D. 文件管理

【答案】D

【解析】管理体系的运行是指按照已建立体系的要求进行实施，其实施的重点是围绕培训意识和能力，信息交流，文件管理，执行控制程序，监测，不符合、纠正和预防措施，记录等活动推进体系的运行工作。A、B、C 选项均属于施工职业健康安全与环境管理体系的维持。

◆ 考法 3：管理体系的维持

【例题·2020 年真题·单选题】施工企业职业健康安全管理体系的运行中，管理评审应由（   ）承担。

A. 施工企业的最高管理者　　　　　　B. 项目经理

C. 项目技术负责人　　　　　　　　　D. 施工企业安全负责人

【答案】A

【解析】管理评审是由施工企业的最高管理者对管理体系的系统评价。

2Z105020　施工安全生产管理

核 心 考 点 提 纲

$$
2Z105020\ 施工安全生产管理
\begin{cases}
2Z105021\quad 安全生产管理制度\\
2Z105022\quad 危险源的识别和风险控制\\
2Z105023\quad 安全隐患的处理
\end{cases}
$$

核 心 考 点 剖 析

2Z105021　安全生产管理制度

核心考点：安全生产管理制度

1. 安全生产责任制度

安全生产责任制是最基本的安全管理制度，是所有安全生产管理制度的核心。

施工现场应按工程项目大小配备专（兼）职安全人员。以建筑工程为例，可按建筑

面积 1 万 m² 以下的工地至少有一名专职人员；1 万 m² 以上的工地设 2~3 名专职人员；5 万 m² 以上的大型工地，按不同专业组成安全管理组进行安全监督检查。

2. 安全生产许可证制度

安全生产许可证有效期为 3 年。届满前 3 个月申请延期，经颁发机关同意，延期 3 年。

3. 安全生产教育培训制度

（1）特种作业人员的安全教育

① 应具备的条件：年满 18 周岁，且不超过国家法定退休年龄；体检合格；初中及以上文化；具备必要的安全技术知识与技能。危险化学品特种作业人员还应具备高中及以上文化。

② 特种作业操作证：离岗 6 个月以上，重新考核上岗。

③ 对特种作业人员的安全教育应注意以下三点：

A.上岗前，必须进行专门的安全技术和操作技能的培训教育，重点放在提高其安全操作技术和预防事故的实际能力上。

B.培训后，经考核合格方可取得操作证，并准许独立作业。

C.取得操作证的特种作业人员，必须定期进行复审。特种作业操作证每 3 年复审 1 次。连续从事本工种 10 年以上，经同意，可以延长至每 6 年 1 次。

（2）企业员工的安全教育

① 新员工上岗前三级安全教育：企业、项目、班组三级。岗前培训时间不少于 24 学时。

② 改变工艺和变换岗位安全教育：离岗 1 年以上重新上岗，必须进行安全技术培训教育。

③ 经常性安全教育：安全思想、安全态度教育最重要。

经常性安全教育的形式有：班前班后会上说明安全注意事项，安全活动日，安全生产会议，事故现场会，张贴安全生产贴画、宣传标语及标志。

4. 安全措施计划制度

安全措施计划编制的步骤：工作活动分类→危险源识别→风险确定→风险评价→制定安全技术措施计划→评价安全技术措施计划的充分性。

5. 专项施工方案专家论证制度

《建设工程安全生产管理条例》第二十六条规定：对下列达到一定规模的危险性较大的分部分项工程编制专项施工方案，并附具安全验算结果，经施工单位技术负责人、总监理工程师签字后实施，由专职安全生产管理人员进行现场监督：基坑支护与降水工程；土方开挖工程；模板工程；起重吊装工程；脚手架工程；拆除、爆破工程；国务院建设行政主管部门或者其他有关部门规定的其他危险性较大的工程。

对前款所列工程中涉及深基坑、地下暗挖工程、高大模板工程的专项施工方案，施工单位还应当组织专家进行论证、审查。

6. 施工起重机械使用登记制度

施工单位应当自施工起重机械验收合格之日起 30 日内向建设行政主管部门登记。

7. 安全检查制度

（1）安全检查目的：清除隐患、防止事故、改善劳动条件。

（2）安全检查内容：查思想、管理、隐患、整改、伤亡事故处理。

（3）检查重点：检查"三违"和安全责任制的落实。

8. 工伤和意外伤害保险制度

工伤保险属于强制性保险，意外伤害险并非强制性保险。

◆ **考法 1：安全生产责任制度**

【例题·2021年真题·单选题】施工企业最基本的安全管理制度是（　　　）。

A. 安全生产检查制度　　　　　　B. 安全生产责任制度

C. 安全生产许可证制度　　　　　D. 安全生产教育培训制度

【答案】B

【解析】安全生产责任制是最基本的安全管理制度，是所有安全生产管理制度的核心。

◆ **考法 2：安全生产许可证制度**

【例题·2020年真题·单选题】施工企业在安全生产许可证有效期内严格遵守有关安全生产的法律法规，未发生死亡事故的，安全生产许可证期满时，经原安全生产许可证的颁发管理机关同意，可不经审查延长有效期（　　　）年。

A. 1　　　　　　　　　　　　　　B. 2

C. 5　　　　　　　　　　　　　　D. 3

【答案】D

【解析】企业在安全生产许可证有效期内，严格遵守有关安全生产的法律法规，未发生死亡事故的，安全生产许可证有效期届满时，经原安全生产许可证的颁发管理机关同意，不再审查，安全生产许可证有效期延期3年。

◆ **考法 3：特种作业人员的安全教育**

【例题1·2020年真题·多选题】对施工特种作业人员安全教育的管理要求有（　　　）。

A. 特种作业操作证每5年复审一次

B. 上岗作业前必须进行专业的安全技术培训

C. 培训考核合格取得操作证后才可独立作业

D. 培训和考核的重点是安全技术基础知识

E. 特种作业操作证的复审时间可有条件延长至6年一次

【答案】B、C、E

【解析】特种作业操作证每3年复审1次。特种作业人员在特种作业操作证有效期内，连续从事本工种10年以上，严格遵守有关安全生产法律法规的，经原考核发证机关或者从业所在地考核发证机关同意，特种作业操作证的复审时间可以延长至每6年1次。特种作业人员上岗作业前，必须进行专门的安全技术和操作技能的培训教育。重点放在提高其安全操作技术和预防事故的实际能力上。培训后，经考核合格方可取得操作证，并准许独立作业。

【例题2·2019年真题·单选题】根据《特种作业人员安全技术培训考核管理规定》，

对首次取得特种作业操作证的人员，其证书的复审周期为（　　）年一次。

A. 1　　　　　　　　　　　　　B. 6

C. 3　　　　　　　　　　　　　D. 10

【答案】C

【解析】特种作业人员的安全教育应注意以下三点：

（1）特种作业人员上岗作业前，必须进行专门的安全技术和操作技能的培训教育，重点放在提高其安全操作技术和预防事故的实际能力上。

（2）培训后，经考核合格方可取得操作证，并准许独立作业。

（3）取得操作证特种作业人员，必须定期进行复审。特种作业操作证每3年复审1次。

◆ 考法4：企业员工的安全教育

【例题·2021年真题·多选题】下列施工的形式中属于经常性安全教育的有（　　）。

A. 事故现场会　　　　　　　　　B. 安全生产会议

C. 上岗前三级安全教育　　　　　D. 变换岗位时的安全教育

E. 安全活动日

【答案】A、B、E

【解析】经常性安全教育的形式有：每天的班前班后会上说明安全注意事项；安全活动日；安全生产会议；事故现场会；张贴安全生产贴画、宣传标语及标志等。

◆ 考法5：专项施工方案专家论证制度

【例题1·2019年真题·多选题】根据《建设工程安全生产管理条例》，应组织专家进行专项施工方案论证、审查的分部分项工程有（　　）。

A. 起重吊装工程　　　　　　　　B. 深基坑工程

C. 拆除工程　　　　　　　　　　D. 地下暗挖工程

E. 高大模板工程

【答案】B、D、E

【解析】专项施工方案专家论证制度。对所列工程中涉及深基坑工程、地下暗挖工程、高大模板工程的专项施工方案，施工单位还应当组织专家进行论证、审查。

【例题2·2017年真题·多选题】根据《建设工程安全生产管理条例》，对达到一定规模的危险性较大的分部分项工程，正确的安全管理做法有（　　）。

A. 所有专项施工方案均应组织专家进行论证，审查

B. 施工单位应当编制专项施工方案，并附具安全验算结果

C. 专项施工方案有专职安全生产管理人员进行现场监督

D. 专项施工方案经现场监理工程师签字后即可实施

E. 专项施工方案应由企业法定代表人审批

【答案】B、C

【解析】依据《建设工程安全生产管理条例》第二十六条的规定：施工单位应当在施工组织设计中编制安全技术措施和施工现场临时用电方案，对下列达到一定规模的危险性

较大的分部分项工程编制专项施工方案，并附具安全验算结果，经施工单位技术负责人、总监理工程师签字后实施，由专职安全生产管理人员进行现场监督，包括基坑支护与降水工程；土方开挖工程；模板工程；起重吊装工程；脚手架工程；拆除、爆破工程；国务院建设行政主管部门或者其他有关部门规定的其他危险性较大的工程。

◆ **考法 6：施工起重机械使用登记制度**

【例题·2017年真题·单选题】根据《建设工程安全生产管理条例》，施工单位应自施工起重机械架设设施验收合格之日起最多不超过（　　）日内，向建设行政主管部门或者其他部门登记。

A. 40　　　　　　　　　　　　B. 30

C. 50　　　　　　　　　　　　D. 60

【答案】B

【解析】《建设工程安全生产管理条例》第三十五条规定：施工单位应当自施工起重机械和整体提升脚手架、模板等自升式架设设施验收合格之日起三十日内，向建设行政主管部门或者其他有关部门登记。登记标志应当置于或者附着于该设备的显著位置。

◆ **考法 7：工伤和意外伤害保险制度**

【例题·2019年真题·单选题】下列建筑施工企业为从事危险作业的职工办理的保险中，属于非强制性保险的是（　　）。

A. 工伤保险　　　　　　　　　B. 意外伤害保险

C. 基本医疗保险　　　　　　　D. 失业保险

【答案】B

【解析】鼓励企业为从事危险作业的职工办理意外伤害险，支付保险费。

2Z105022　危险源的识别和风险控制

核心考点：危险源的分类和控制方法

1. 危险源的分类

（1）第一类危险源

第一类危险源是指可能发生意外释放的能量（能源或能量载体）或危险物质。

（2）第二类危险源

第二类危险源主要体现在设备故障或缺陷（物的不安全状态）、人为失误（人的不安全行为）和管理缺陷等几个方面。

2. 危险源控制方法

（1）第一类危险源

可以采取消除危险源、限制能量和隔离危险物质、个体防护、应急救援等方法。

（2）第二类危险源

通过提高各类设施的可靠性以消除或减少故障、增加安全系数、设置安全监控系统、改善作业环境等。最重要的是加强员工的安全意识培训和教育。

◆ **考法 1：危险源的分类**

【例题 1·2020 年真题·单选题】下列施工现场危险源中，属于第一类危险源的是（　　）。

A. 现场存放大量油漆　　　　　　B. 工人焊接操作不规范

C. 油漆存放没有相应的防护措施　D. 焊接设备缺乏维护保养

【答案】A

【解析】可能发生意外释放的能量（能源或能量载体）或危险物质称作第一类危险源。第二类危险源主要体现在设备故障或缺陷（物的不安全状态）、人为失误（人的不安全行为）和管理缺陷等几个方面。B、C、D 选项属于第二类危险源。

【例题 2·2021 年真题·多选题】下列施工现场的危险源中，属于第二类危险源的有（　　）。

A. 现场存放的燃油　　　　　　　B. 焊工焊接操作不规范

C. 洞口临边缺少防护设施　　　　D. 机械设备缺乏维护保养

E. 现场管理措施缺失

【答案】B、C、D、E

【解析】A 选项属于第一类危险源。

◆ **考法 2：危险源的控制方法**

【例题 1·2021 年真题·单选题】下列风险控制方法中，适用于第一类危险源控制的是（　　）。

A. 提高各类设施的可靠性　　　　B. 限制能量和隔离危险物质

C. 设置安全监控系统　　　　　　D. 加强员工的安全意识教育

【答案】B

【解析】第一类危险源控制方法：可以采取消除危险源、限制能量和隔离危险物质、个体防护、应急救援等方法。A、C、D 选项都属于第二类危险源控制。

【例题 2·2019 年真题·单选题】下列风险控制方法中，属于第一类危险源控制方法的是（　　）。

A. 消除或减少故障　　　　　　　B. 增加安全系数

C. 设置安全监控系统　　　　　　D. 隔离危险物质

【答案】D

【解析】第一类危险源控制方法：可以采取消除危险源、限制能量和隔离危险物质、个体防护、应急救援等方法。

【例题 3·2017 年真题·单选题】项目安全管理的第二类危险源控制中，最重要的工作是（　　）。

A. 改善施工作业环境　　　　　　B. 建立安全生产监控体系

C. 加强员工的安全意识培训和教育　D. 制定应急救援体系

【答案】C

【解析】控制第二类危险源最重要的是加强员工的安全意识培训和教育。

2Z105023 安全隐患的处理

核心考点：安全隐患的处理原则

1. 冗余安全度处理原则

在处理安全隐患时应考虑设置多道防线。如，道路上一个坑，既要设防护栏及警示牌，又要设照明及夜间警示红灯。

2. 单项隐患综合处理原则

人、机、料、法、环境五者任一环节产生安全隐患，都要从五者安全匹配的角度考虑，调整匹配的方法，提高匹配的可靠性。如，工地发生触电事故，一方面要进行人的安全用电操作教育，同时现场也要设置漏电开关，对配电箱、用电电路进行防护改造，也要严禁非专业电工乱接乱拉电线。

3. 直接隐患间接隐患并治原则

对人机环境系统进行安全治理，同时还需治理安全管理措施。

4. 预防与减灾并重处理原则

尽可能减少事故发生的可能性，也要设法将事故等级降低。

5. 重点处理原则

按对隐患的分析评价结果实行危险点分级治理，也可以用安全检查表打分对隐患危险程度分级。

6. 动态处理原则

生产过程中发现问题及时治理。

◆ **考法 1：冗余安全度处理原则**

【例题·2020 年真题·单选题】对于施工现场易塌方的基坑部位，既设防护栏杆和警示牌，又设置照明和夜间警示灯，此措施体现了安全隐患处理中的（　　）原则。

A. 冗余安全度处理　　　　　　　　B. 单项隐患综合处理

C. 预防与减灾并重处理　　　　　　D. 直接隐患与间接隐患并治

【答案】A

【解析】冗余安全度处理是指为确保安全，在处理安全隐患时应考虑设置多道防线。

◆ **考法 2：单项隐患综合处理原则**

【例题 1·2021 年真题·单选题】某施工项目部对工人进行安全用电操作教育，同时对现场的配电箱、用电电路进行防护改造，严禁非专业电工乱接乱拉电线。这体现了施工安全隐患处理原则中的（　　）。

A. 直接隐患与间接隐患并治原则　　B. 单项隐患综合处理原则

C. 重点处理原则　　　　　　　　　D. 动态处理原则

【答案】B

【解析】单项隐患综合处理原则：人、机、料、法、环境五者任一环节产生安全隐患，都要从五者安全匹配的角度考虑，调整匹配的方法，提高匹配的可靠性。

【例题 2·2017 年真题·单选题】施工安全隐患处理的单项隐患综合处理原则指的

是（　　）。

　A. 人、机、料、法、环境任一环节的安全隐患，都要从五者匹配的角度考虑处理

　B. 在处理安全隐患时应考虑设置多道防线

　C. 既对人机环境系统进行安全治理，又需治理安全管理措施

　D. 既要减少肇发事故的可能性，又要对事故减灾做充分准备

【答案】A

【解析】

冗余安全度处理	设置多道防线
单项隐患综合处理	从人、机、料、法、环五个角度考虑
直接隐患与间接隐患并治	人、机、环境系统治理
预防与减灾并重	对事故做充分准备、研究应急技术
重点处理原则	对危险点分级治理
动态处理原则	发现问题及时治理

2Z105030　生产安全事故应急预案和事故处理

核心考点提纲

2Z105030　生产安全事故应急预案和事故处理 {　2Z105031　生产安全事故应急预案的内容
2Z105032　生产安全事故应急预案的管理
2Z105033　职业健康安全事故的分类和处理

核心考点剖析

2Z105031　生产安全事故应急预案的内容

核心考点：生产安全事故应急预案的内容

1. 编制应急预案的目的

避免紧急情况发生时出现混乱，确保按照合理的响应流程采取适当的救援措施，预防和减少可能随之引发的职业健康安全和环境影响。

2. 应急预案体系的构成

（1）综合应急预案

是从总体上阐述事故的应急方针、政策，应急组织结构及相关应急职责，应急行动、措施和保障等基本要求和程序，是应对各类事故的综合性文件。

（2）专项应急预案

是针对具体的事故类别（如基坑开挖、脚手架拆除等事故）、危险源和应急保障而制订的计划或方案定，作为综合应急预案的附件。

（3）现场处置方案

是针对具体的装置、场所、设施、岗位所制定的应急处置措施。

生产规模小、危险因素少的施工单位，综合应急预案和专项应急预案可以合并编写。

◆ **考法1：编制应急预案的目的**

【例题·2014年真题·多选题】编制生产安全事故应急预案的目的有（　　）。

A. 避免紧急情况发生时出现混乱

B. 确保按照合理的响应流程采取适当的救援措施

C. 满足《职业健康安全管理体系》论证的要求

D. 确保建设主管部门尽快开展调查处理

E. 预防和减少可能随之引发的职业健康安全和环境影响

【答案】A、B、E

【解析】编制生产安全事故应急预案的目的，是避免紧急情况发生时出现混乱，确保按照合理的响应流程采取适当的救援措施，预防和减少可能随之引发的职业健康安全和环境影响。故选A、B、E。

◆ **考法2：应急预案体系的构成**

【例题1·2021年真题·单选题】根据生产安全事故应急预案的体系构成深基坑开挖施工的应急预案属于（　　）。

A. 专项施工方案 　　　　　　　　B. 专项应急预案

C. 现场处置方案 　　　　　　　　D. 危大工程预案

【答案】B

【解析】专项应急预案是针对具体事故类别（如基坑开挖、脚手架拆除等事故）、危险源和应急保障而制订的计划或方案。

【例题2·2020年真题·单选题】施工生产安全事故应急预案体系由（　　）构成。

A. 综合应急预案、单项应急预案、重点应急预案

B. 企业应急预案、项目应急预案、人员应急预案

C. 企业应急预案、职能部门应急预案、项目应急预案

D. 综合应急预案、专项应急预案、现场处置方案

【答案】D

【解析】应急预案体系由综合应急预案、专项应急预案、现场处置方案构成。

2Z105032　生产安全事故应急预案的管理

核心考点：生产安全事故应急预案的管理

1. 评审

地方各级人民政府应急部门组织专家审定编制的应急预案。评审人员与所评审预案的施工单位有利害关系的，应当回避。

2. 公布。

3. 备案

地方人民政府各级应急部门的应急预案，报同级人民政府备案，同时抄送上一级应急部门。其他负有安全生产监督管理的职责部门的应急预案，应当抄送同级应急部门。央企，其总部的应急预案，报国务院主管的负有安全生产监督管理职责的部门备案，并抄送同级人民政府应急管理部。其所属单位的应急预案，报所在地的省、自治区、直辖市或者设区的市级人民政府主管的负有安全生产监督管理职责的部门备案，并抄送同级人民政府应急管理部。

4. 实施

施工单位根据本单位的事故预防重点，每年至少组织一次综合应急预案演练或者专项应急预案演练，每半年至少组织一次现场处置方案演练。

有下列情形之一的，应急预案应当及时修订：（1）法律、法规发生重大变化。（2）应急指挥机构发生调整。（3）事故风险发生重大变化。（4）应急资源发生重大变化。（5）其他重要信息发生变化。（6）演练和救援中发现问题需要修订。（7）编制单位认为应当修订。

施工单位应急预案修订涉及组织指挥体系与职责、应急处置程序、主要处置措施、应急响应分级等内容变更的，修订后重新备案。

5. 监督管理。

◆ **考法：应急预案的实施**

【例题1·2021年真题·单选题】根据《生产安全事故应急预案管理办法》，施工单位应当制定本企业的应急预案演练计划，每年至少组织综合应急预案演练（　　）次。

A. 2   B. 1

C. 3   D. 4

【答案】B

【解析】施工单位每年至少组织1次综合应急预案演练或者专项应急预案演练。

【例题2·2021年真题·单选题】根据《生产安全事故应急预案管理办法》，施工单位对本企业的事故预防重点，每年至少组织现场处置方案演练（　　）次。

A. 1   B. 3

C. 2   D. 4

【答案】C

【解析】施工单位每年至少组织1次综合应急预案演练或者专项应急预案演练，每半年至少组织1次现场处置方案演练。

2Z105033 职业健康安全事故的分类和处理

核心考点一：职业健康安全事故的分类

1. 按照安全事故伤害程度分类

根据《企业职工伤亡事故分类》GB 6441—1986规定，安全事故按伤害程度分为：

（1）轻伤，指损失1个工作日至105个工作日的失能伤害。

（2）重伤，指损失工作日等于和超过105个工作日的失能伤害，重伤的损失工作日最多不超过 6000 工日。

（3）死亡，指损失工作日超过 6000 工日。

2. 按照安全事故造成的人员伤亡或直接经济损失分类

根据《生产安全事故报告和调查处理条例》，事故一般分为以下等级：

事故等级	伤亡人数（人）		直接经济损失（万元）
	死亡	重伤包括急性工业中毒	
特大	$R \geqslant 30$	$R \geqslant 100$	$M \geqslant 10000$
重大	$10 \leqslant R < 30$	$50 \leqslant R < 100$	$5000 \leqslant M < 10000$
较大	$3 \leqslant R < 10$	$10 \leqslant R < 50$	$1000 \leqslant M < 5000$
一般	$R < 3$	$R < 10$	$M < 1000$

◆ **考法 1：按事故伤害程度分类**

【例题·2021 年真题·单选题】根据《企业职工伤亡事故分类》GB 6441—1986，某工人因在施工作业过程中受伤，在家休养 21 周后完全康复，该工人的伤害程度为（   ）。

A. 重伤
B. 轻伤
C. 职业病
D. 失能伤害

【答案】A

【解析】根据《企业职工伤亡事故分类》：

（1）轻伤，指损失 1 个工作日至 105 个工作日的失能伤害。

（2）重伤，指损失工作日等于和超过 105 个工作日的失能伤害，重伤的损失工作日最多不超过 6000 工日。

（3）死亡，指损失工作日超过 6000 个工作日。

◆ **考法 2：按伤亡人数或直接经济损失分类**

【例题 1·2018 年真题·单选题】根据《生产安全事故报告和调查处理条例》，下列建设工程施工生产安全事故中，属于重大事故的是（   ）。

A. 某基坑发生透水事件，造成直接经济损失 5000 万元，没有人员伤亡
B. 某拆除工程安全事故，造成直接经济损失 1000 万元、45 人重伤
C. 某建设工程脚手架倒塌，造成直接经济损失 960 万元、8 人重伤
D. 某建设工程提前拆模导致结构坍塌，造成 35 人死亡、直接经济损失 4500 万元

【答案】A

【解析】重大事故，是指造成 10 人以上 30 人以下死亡，或者 50 人以上 100 人以下重伤，或 5000 万元以上 1 亿元以下直接经济损失的事故。

【例题 2·2017 年真题·单选题】根据《生产安全事故报告和调查处理条例》，某工程因提前拆模导致垮塌，造成 74 人死亡、2 人受伤的事故，该事故属于（   ）事故。

A. 重大
B. 较大
C. 一般
D. 特别重大

【答案】D

【解析】74人死亡属于特大事故。

核心考点二：建设工程安全事故的处理

1. "四不放过"原则

（1）事故原因没有查清不放过；

（2）责任人员没有受到处理不放过；

（3）整改措施没有落实不放过；

（4）有关人员没有受到教育不放过。

2. 事故报告要求

（1）施工单位

受伤者或最先发现事故的人员立即向施工单位负责人报告，施工单位负责人1小时内向县级以上建设主管部门和有关部门报告。实行总承包的，由总承包负责上报事故。

情况紧急时，现场人员可以直接向县级以上建设主管部门和有关部门报告。

（2）建设主管部门

① 较大、重大、特大事故，逐级上报至国务院建设主管部门；

② 一般事故逐级上报至省、自治区、直辖市人民政府建设主管部门；

③ 建设主管部门应同时报告本级人民政府。国务院建设部门接到重大和特大事故报告后，立即报告国务院；

④ 必要时，建设主管部门可以越级上报情况；

⑤ 建设主管部门逐级上报事故情况时，每级上报时间不超过2小时。

3. 事故调查报告的内容

（1）事故发生单位概况；

（2）事故发生经过和事故救援情况；

（3）事故造成的人员伤亡和直接经济损失；

（4）事故发生的原因和事故性质；

（5）事故责任的认定和对事故责任者的处理建议；

（6）事故防范和整改措施。

4. 法律责任

（1）事故报告和调查报告处理的违法行为

① 不立即组织事故抢救；

② 在事故调查处理期间擅离职守；

③ 迟报或者漏报事故；

④ 谎报或者瞒报事故；

⑤ 伪造或者故意破坏事故现场；

⑥ 转移、隐匿资金、财产，或者销毁有关证据、资料，

⑦ 拒绝接受调查或者拒绝提供有关情况和资料；

⑧ 在事故调查中作伪证或者指使他人作伪证；

⑨ 事故发生后逃匿；

⑩ 阻碍、干涉事故调查工作；

⑪ 对事故调查工作不负责任，致使事故调查工作有重大疏漏；

⑫ 包庇、袒护负有事故责任的人员或者借机打击报复；

⑬ 故意拖延或者拒绝落实经批复的对事故责任人的处理意见。

（2）法律责任

① 事故单位负责人有上述①～③违法行为的，处上一年收入 40%～80% 的罚款。

② 事故单位及其有关人员有上述④～⑨违法行为的，对事故发生单位处 100 万元以上 500 万元以下的罚款，对主要责任人、其他直接责任人处上一年年收入的 60%～100% 的罚款。

③ 属国家工作人员，给予处分。构成犯罪的，依法追究刑事责任。

◆ 考法 1："四不放过"原则

【例题·2019 年真题·多选题】关于生产安全事故报告和调查处理"四不放过"原则的说法，正确的有（   ）。

A. 事故原因未查清不放过　　　　　B. 事故责任人员未受到处理不放过

C. 防范措施未落实不放过　　　　　D. 职工群众未受到教育不放过

E. 事故未及时报告不放过

【答案】A、B

【解析】生产安全事故处理四不放过原则：（1）事故原因没有查清不放过；（2）责任人员没有受到处理不放过；（3）整改措施没有落实不放过；（4）有关人员没有受到教育不放过。

◆ 考法 2：事故报告的要求

【例题·2013 年真题·单选题】根据《生产安全事故报告和调查处理条例》，生产安全事故发生后，受伤者或是最先发现事故的人员应立即用最快的传递手段，向（   ）报告。

A. 施工单位负责人　　　　　　　　B. 项目经理

C. 安全员　　　　　　　　　　　　D. 项目总监理工程师

【答案】A

【解析】生产安全事故发生后，受伤者或最先发现事故的人员应立即用最快的传递手段，将发生事故的时间、地点、伤亡人数、事故原因等情况，向施工单位负责人报告。

◆ 考法 3：安全事故调查报告的内容

【例题·2020 年真题·多选题】施工现场生产安全事故调查报告应包括的内容有（   ）。

A. 事故发生单位概况　　　　　　　B. 对事故责任者处理决定

C. 事故发生的原因和事故性质　　　D. 事故责任的认定

E. 事故发生的经过和救援情况

【答案】A、C、D、E

【解析】安全事故调查报告的内容包括：（1）事故发生单位概况；（2）事故发生经过

和事故救援情况；（3）事故造成的人员伤亡和直接经济损失；（4）事故发生的原因和事故性质；（5）事故责任的认定和对事故责任者的处理建议；（6）事故防范和整改措施。

◆ **考法4：法律责任**

【例题1·2021年真题·多选题】根据《生产安全事故报告和调查处分条例》，对事故单位处100万元以上500万元以下罚款的情形有（　　　）。

A. 谎报或者瞒报事故　　　　　　　B. 迟报或者漏报事故

C. 事故调查或者处理期间擅离职守　D. 伪造事故现场

E. 事故发生后逃匿

【答案】A、D、E

【解析】事故发生单位及其有关人员有下列违法行为之一的，对事故发生单位处100万元以上500万元以下的罚款：（1）谎报或者瞒报事故；（2）伪造或者故意破坏事故现场；（3）转移、隐匿资金、财产，或者销毁有关证据、资料；（4）拒绝接受调查或者拒绝提供有关情况和资料；（5）在事故调查中作伪证或者指使他人作伪证；（6）事故发生后逃匿。

【例题2·2021年真题·多选题】根据《生产安全事故报告和调查处理条例》，发生下列违法行为时，可以对事故发生单位主要负责人处上一年年收入40%～80%罚款的情形有（　　　）。

A. 不立即组织事故抢救　　　　　　B. 谎报或者瞒报事故

C. 迟报或者漏报事故　　　　　　　D. 伪造或者故意破坏事故现场

E. 在事故调查处理期间擅离职守

【答案】A、C、E

【解析】有下列违法行为之一的，对事故发生单位主要负责人处上一年年收入40%～80%罚款：（1）不立即组织事故抢救；（2）在事故调查处理期间擅离职守；（3）迟报或者漏报事故。

2Z105040　施工现场文明施工和环境保护的要求

核心考点提纲

2Z105040　施工现场文明施工和环境保护的要求 ⎰ 2Z105041　施工现场文明施工的要求
　　　　　　　　　　　　　　　　　　　　 ⎱ 2Z105042　施工现场环境保护的要求

核心考点剖析

2Z105041　施工现场文明施工的要求

核心考点：施工现场文明施工的措施

1. 组织措施

（1）建立文明施工的管理组织，确立项目经理为现场文明施工第一责任人。

（2）建立各级文明施工岗位责任制，将文明施工工作考核列入经济责任制，建立定期的检查制度，实行自检、互检、交接检制度，建立奖惩制度，开展文明施工竞赛，加强文明施工教育培训。

2. 管理措施

（1）现场围挡设计

工地四周设置连续、密闭的砖砌围墙，与外界隔绝进行封闭施工，围墙高度按不同地段的要求进行砌筑，市区主要路段和其他涉及市容景观路段的工地设置围挡的高度不低于2.5m，其他工地的围挡高度不低于1.8m。

（2）现场工程标志牌设计

"五牌一图"：工程概况牌、管理人员名单及监督电话牌、消防保卫（防火责任）牌、安全生产牌、文明施工牌和施工现场平面图。

（3）临设布置：宿舍与作业区隔离，人均床铺面积不小于2m²。

（4）现场场地和道路：场内道路要平整、坚实、畅通，主要场地应硬化。

（5）现场卫生管理：食堂禁止使用食用塑料制品作熟食容器。建筑垃圾必须集中堆放并及时清运。

（6）文明施工教育：现场施工人员佩戴胸卡，按工种编号。

◆ 考法1：施工现场文明施工的组织措施

【例题1·2020年真题·单选题】下列施工现场文明施工措施中，属于组织措施的是（   ）。

A. 现场按规定设置标志牌
B. 结构外脚手架设置安全网
C. 工地设置符合规定围挡
D. 建立各级文明施工岗位责任制

【答案】D

【解析】选项A、B、C都属于管理措施。

【例题2·2019年真题·单选题】施工现场文明施工管理的第一责任人是（   ）。

A. 建设单位负责人
B. 施工单位负责人
C. 项目专职安全员
D. 项目经理

【答案】D

【解析】项目经理为现场文明施工的第一责任人。

◆ 考法2：施工现场文明施工的措施

【例题·2021年真题·单选题】关于施工现场文明施工措施的说法，正确的是（   ）。

A. 市区主要路段设置高度不低于2m的封闭围挡

B. 项目经理任命专职安全员作为现场文明施工第一责任人

C. 建筑垃圾和生活垃圾集中一起堆放，并及时清运

D. 现场施工人员均佩戴胸卡，按工种统一编号管理

【答案】D

【解析】选项A，市区主要路段围挡设置高度应不低于2.5m；选项B，应确立项目经理为现场文明施工的第一责任人；选项C，建筑垃圾和生活垃圾不能集中一起堆放。

2Z105042　施工现场环境保护的要求

核心考点一：施工现场环境保护的技术措施

1. 施工现场的主要道路要进行硬化处理。

2. 施工现场土方作业应采取防止扬尘措施，主要道路应定期清扫、洒水。

3. 土方和建筑垃圾的运输必须采用封闭式运输车辆或采取覆盖措施。施工现场出口处应设置车辆冲洗设施。

4. 建筑物内垃圾应采用容器或搭设专用封闭式垃圾道的方式清运。

5. 当空气质量指数达到中度及以上污染时，施工现场应增加洒水频次，加强覆盖措施。

6. 施工现场设置排水管及沉淀池，施工污水应经沉淀处理达到排放标准后，方可排入市政污水管网。

7. 废弃的降水井应及时回填，并应封闭井口。

8. 施工现场宜选用低噪声、低振动的设备。

◆ **考法：施工现场环境保护的技术措施**

【例题1·2021年真题·单选题】根据《建设工程施工现场环境与卫生标准》JGJ 146—2013，下列施工单位采取的防止环境污染技术措施中，正确的是（　　）。

A. 施工现场的主要道路进行硬化处理

B. 施工污水有组织地直接排入市政污水管网

C. 采取防火措施后在现场焚烧包装废弃物

D. 废弃的降水井及时用建筑废弃物回填

【答案】A

【解析】B选项错误，施工现场应设置排水管及沉淀池，施工污水应经沉淀处理达到排放标准后方可排入市政污水管网；C选项错误，施工现场严禁焚烧各类废弃物；D选项错误，废弃的降水井应及时回填，并应封闭井口，防止污染地下水。

【例题2·2020年真题·单选题】下列施工现场的环境保护措施中，正确的是（　　）。

A. 使用密封的圆筒处理高空废弃物

B. 在施工现场围挡内焚烧沥青

C. 将有害废弃物作深层土方回填

D. 将泥浆水直接有组织排入城市排水设施

【答案】A

【解析】选项A正确，建筑物内垃圾应采用容器或搭设专用封闭式垃圾道的方式清运，严禁凌空抛掷。选项B错误，施工现场严禁焚烧各类废弃物。选项C错误，禁止将有毒有害废弃物作土方回填，避免污染水源。选项D错误，施工现场搅拌站的污水、水磨石的污水等须经排水沟排放和沉淀池沉淀后再排入城市污水管道或河流，污水未经处理不得直接排入城市污水管道或河流。

【例题3·2017年真题·单选题】下列施工现场作业行为中，符合环境保护技术措施和要求的是（　　　）。

    A. 将未经处理的泥浆水直接排入城市排水设施

    B. 在大门口铺设一定距离的石子路

    C. 在施工现场露天熔融沥青或者焚烧油毡

    D. 将有害废弃物用作深层土回填

【答案】B

【解析】A 选项，未经处理的泥浆水、污水不得直接排入城市污水管道或河流。C 选项，在施工现场不得在露天熔融沥青或者焚烧油毡。D 选项，禁止将有毒有害废弃物用作土方回填。

核心考点二：施工现场环境污染的处理措施

1. 大气污染

（1）垃圾采用定制带盖铁桶吊运或利用永久性垃圾道，严禁凌空随意抛撒。

（2）易飞扬材料入库密闭存放或覆盖存放。如水泥、白灰、珍珠岩等易飞扬的细颗粒散体材料，应入库存放。

（3）在城区、郊区城镇和居民稠密区等，严禁使用敞口锅熬制沥青。凡进行沥青防水作业时，要使用密闭和带有烟尘处理装置的加热设备。

2. 水污染

（1）污水须经排水沟排放、沉淀池沉淀后再排入污水管道或河流，未经处理不得直接排入。

（2）禁止将有毒有害废弃物作土方回填。

（3）施工现场存放油料、化学溶剂，对库房地面和高 250mm 墙面进行防渗处理。

（4）100 人以上的临时食堂，设隔油池。

（5）化粪池采取防渗措施。

（6）化学药品、外加剂妥善入库保存。

3. 噪声污染

（1）人口密集区，一般避开晚 10 时到次日早 6 时强噪声作业。

（2）施工现场不得高声喊叫和乱吹哨、不得无故甩打模板等，严禁使用高音喇叭。

（3）施工现场超噪声值的声源，应降低噪声或转移声源：

①尽量选用低噪声设备，降低噪声。

②在声源处安装消声器，降低噪声。

③加工作业，尽量放在工厂车间，转移声源。

（4）传播途径上，采取吸声、隔声等方法，降低噪声。

（5）建筑施工场界噪声限值，昼间不超过 70dB、夜间不超过 55dB。夜间最大声级超过限值不高于 15dB。

4. 固体废物污染

（1）施工现场设立专门的固体废弃物贮存场所，废弃物分类存放，对可能造成二次污染的废弃物必须单独贮存，设置标识。

（2）固体废弃物的运输应采取分类、密封、覆盖，避免泄漏、遗漏。

5. 光污染

（1）施工现场照明器具不照射居民区，并利用隔离屏障。

（2）电气焊应尽量远离居民区或设置蔽光屏障。

◆ 考法 1：大气污染防治措施

【例题 1·2019 年真题·单选题】下列施工现场环境保护措施中，属于大气污染防治处理措施的是（   ）。

A. 工地临时厕所，化粪池采取防渗漏措施

B. 易扬尘处采用密目式安全网封闭

C. 禁止将有毒、有害废弃物用于土方回填

D. 机械设备安装消声器

【答案】B

【解析】A 选项、C 选项属于水污染的处理，D 选项属于噪声污染的处理。

【例题 2·2017 年真题·单选题】某施工现场存放水泥、白灰、珍珠岩等易飞扬的细颗粒散体材料，应采取的合理措施是（   ）。

A. 入库密闭存放或覆盖存放

B. 洒水覆膜封闭或表面临时固化或植草

C. 周围采用密目式安全网或草帘搭设屏障

D. 安装除尘器

【答案】A

【解析】A 选项正确，易飞扬材料入库密闭存放或覆盖存放。B 选项错误，现场存放堆土才需洒水覆膜封闭或表面临时固化或植草。C 选项错误，拆除既有建筑物时才使用密目式安全网或草帘搭设屏障。D 选项错误，现场搅拌站在进料仓上方安装除尘器。

◆ 考法 2：各种环境污染的处理措施

【例题·2015 年真题·单选题】下列施工现场环境污染的处理措施中，正确的是（   ）。

A. 固体废弃物必须单独储存

B. 电气焊必须在工作面设置光屏障

C. 存放油料库的地面和高 250mm 墙面必须进行防渗处理

D. 在人口密集区进行较强噪声施工时，一般避开晚 12：00 至次日早 6：00 时段

【答案】C

【解析】本题考查的是施工现场环境污染的处理。A 选项，对有可能造成二次污染的废弃物必须单独储存。B 选项，电气焊应在工作面设置光屏障，不是必须。C 选项，存放油料库的地面和高 250mm 墙面必须进行防渗处理。D 选项，在人口密集区进行较强噪声施工时，一般避开晚 10：00 至次日早 6：00 时段。

本章经典真题回顾

一、单项选择题（每题 1 分，每题的备选项中，只有 1 个符合题意）

1.【2021 年真题】施工企业最基本的安全管理制度是（　　）。

A. 安全生产检查制度　　　　　　　B. 安全生产责任制度

C. 安全生产许可证制度　　　　　　D. 安全生产教育培训制度

【答案】B

【解析】安全生产责任制是最基本的安全管理制度，是所有安全生产管理制度的核心。

2.【2020 年真题】根据《环境管理体系　要求及使用指南》GB/T 24001—2016，下列环境因素中，属于外部存在的是（　　）。

A. 影响人类生存的各类自然因素　　B. 组织的全体职工

C. 组织的管理团队　　　　　　　　D. 静态组织结构

【答案】A

【解析】《环境管理体系　要求及使用指南》GB/T 24001—2016 中，认为环境是指"组织运行活动的外部存在，包括空气、水、土地、自然资源、植物、动物、人，以及它（他）们之间的相互关系"。这个定义是以组织运行活动为主体，其外部存在主要是指人类认识到的、直接或间接影响人类生存的各种自然因素及它（他）们之间的相互关系。

3.【2019 年真题】下列施工现场环境保护措施中，属于大气污染防治处理措施的是（　　）。

A. 工地临时厕所，化粪池采取防渗漏措施

B. 易扬尘处采用密目式安全网封闭

C. 禁止将有毒、有害废弃物用于土方回填

D. 机械设备安装消声器

【答案】B

【解析】A 选项、C 选项属于水污染的处理，D 选项属于噪声污染的处理。

4.【2019 年真题】下列施工职业健康安全与环境管理体系的运行、维持活动中，属于管理体系运行的是（　　）。

A. 管理评审　　　　　　　　　　　B. 内部审核

C. 合规性评价　　　　　　　　　　D. 文件管理

【答案】D

【解析】管理体系的运行是指按照已建立体系的要求实施，其实施的重点是围绕培训意识和能力，信息交流，文件管理，执行控制程序，监测，不符合、纠正和预防措施，记录等活动推进体系的运行工作。A、B、C 选项均属于施工职业健康安全与环境管理体系的维持。

5.【2019 年真题】工程施工职业健康安全管理工作包括：① 确定职业健康安全目

标；② 识别并评价危险源及风险；③ 持续改进相关措施和绩效；④ 编制并实施项目职业健康安全技术措施计划；⑤ 职业健康安全技术措施计划实施结果验证。正确的程序是（   ）。

A. ①②④⑤③
B. ①②③④⑤
C. ②①④⑤③
D. ②①③④⑤

【答案】C

【解析】工程施工职业健康安全管理应遵循下列程序：（1）识别并评价危险源及风险；（2）确定职业健康安全目标；（3）编制并实施项目职业健康安全技术措施计划；（4）职业健康安全技术措施计划实施结果验证；（5）持续改进相关措施和绩效。

6.【2018年真题】根据《环境管理体系 要求及使用指南》GB/T 24001—2016，PDCA循环中"A"环节指的是（   ）。

A. 策划
B. 支持和运行
C. 改进
D. 绩效评价

【答案】C

【解析】环境管理体系的结构系统，采用的是PDCA动态循环、不断上升的螺旋式管理运行模式，即由"策划—支持与运行—绩效评价—改进"。

7.【2018年真题】关于职业健康安全与环境管理体系中管理评审的说法，正确的是（   ）。

A. 管理评审是施工企业接受政府监督的一种机制

B. 管理评审是施工企业最高管理者对管理体系的系统评价

C. 管理评审是管理体系自我保证和自我监督的一种机制

D. 管理评审是对管理体系运行中执行相关法律情况进行的评价

【答案】B

【解析】A选项，管理评审与政府监督无关；C选项，内部审核是管理体系自我保证和自我监督的一种机制；D选项，合规性评价是对管理体系运行中执行相关法律情况进行的评价。

8.【2018年真题】下列风险控制方法中，适用于第一类风险源控制的是（   ）。

A. 提高各类施工设施的可靠性
B. 隔离危险物质
C. 设置安全监控系统
D. 改善作业环境

【答案】B

【解析】第一类危险源控制可以采取消除危险源、限制能量和隔离危险物质、个体防护、应急救援等方法。

9.【2018年真题】根据《生产安全事故报告和调查处理条例》，下列建设工程施工生产安全事故中，属于重大事故的是（   ）。

A. 某基坑发生透水事件，造成直接经济损失5000万元，没有人员伤亡

B. 某拆除工程安全事故，造成直接经济损失1000万元，45人重伤

C. 某建设工程脚手架倒塌，造成直接经济损失960万元，8人重伤

D. 某建设工程提前拆模导致结构坍塌，造成 35 人死亡，直接经济损失 4500 万元

【答案】A

【解析】重大事故，是指造成 10 人以上 30 人以下死亡，或者 50 人以上 100 人以下重伤，或者 5000 万元以上 1 亿元以下直接经济损失的事故。

10.【2018 年真题】关于建设工程施工现场文明施工措施的说法，正确的是（   ）。

A. 施工现场要设置半封闭的围挡

B. 施工现场设置的围挡高度不得低于 1.5m

C. 施工现场主要场地应硬化

D. 专职安全员为现场文明施工的第一责任人

【答案】C

【解析】A 选项错误，围挡封闭是创建文明工地的重要组成部分。工地四周设置连续、密闭的砖砌围墙，外界隔绝进行封闭施工。B 选项错误，围墙高度按不同地段的要求进行砌筑，市区主要路段和其他涉及市容景观路段的工地设置围挡的高度不低于 2.5m，其他工地的围挡高度不低于 1.8m，围挡材料要求坚固、稳定、统一、整洁、美观。D 选项错误，应确立项目经理为现场文明施工的第一责任人。

11.【2018 年真题】根据建设工程文明工地标准，施工现场必须设置"五牌一图"，其中"一图"是指（   ）。

A. 施工进度横道图   B. 大型机械布置位置图

C. 施工现场交通组织图   D. 施工现场平面布置图

【答案】D

【解析】"五牌一图"包括工程概况牌、管理人员名单及监督电话牌、消防保卫牌、安全生产牌、文明施工牌和施工现场平面图。

12.【2017 年真题】职业健康安全管理体系与环境管理体系的管理评审，应由施工企业的（   ）进行。

A. 最高管理者   B. 项目经理

C. 技术负责人   D. 专职安全员

【答案】A

【解析】管理评审是由施工企业最高管理者对管理体系的系统评价。

13.【2017 年真题】施工安全隐患处理的单项隐患综合处理原则指的是（   ）。

A. 人、机、料、法、环境任一环节的安全隐患，都要从五者匹配的角度考虑处理

B. 在处理安全隐患时应考虑设置多道防线

C. 既对人机环境系统进行安全治理，又需治理安全管理措施

D. 既要减少肇发事故的可能性，又要对事故减灾做充分准备

【答案】A

【解析】单项隐患综合治理原则：人、机、料、法、环境五者任一个环节产生安全事故隐患，都要从五者安全匹配的角度考虑，调整匹配的方法，提高匹配的可靠性。

二、多项选择题（每题 2 分，每题的备选项中，有 2 个或 2 个以上符合题意，至少有 1 个错项。错选，本题不得分；少选，所选的每个选项得 0.5 分）

1.【2021 年真题】下列施工的形式中属于经常性安全教育的有（　　）。

A. 事故现场会

B. 安全生产会议

C. 上岗前三级安全教育

D. 变换岗位时的安全教育

E. 安全活动日

【答案】A、B、E

【解析】经常性安全教育的形式有：每天的班前班后会上说明安全注意事项；安全活动日；安全生产会议；事故现场会；张贴安全生产招贴画、宣传标语及标志等。

2.【2020 年真题】对施工特种作业人员安全教育的管理要求有（　　）。

A. 特种作业操作证每 5 年复审一次

B. 上岗作业前必须进行专业的安全技术培训

C. 培训考核合格取得操作证后才可独立作业

D. 培训和考核的重点是安全技术基础知识

E. 特种作业操作证的复审时间可有条件延长至 6 年一次

【答案】B、C、E

【解析】特种作业操作证每 3 年复审 1 次。特种作业人员在特种作业操作证有效期内，连续从事本工种 10 年以上，严格遵守有关安全生产法律法规的，经原考核发证机关或者从业所在地考核发证机关同意，特种作业操作证的复审时间可以延长至每 6 年 1 次。特种作业人员上岗作业前，必须进行专门的安全技术和操作技能的培训教育。重点放在提高其安全操作技术和预防事故的实际能力上。培训后，经考核合格方可取得操作证，并准许独立作业。

3.【2019 年真题】职业健康安全管理体系文件包括（　　）。

A. 管理手册

B. 程序文件

C. 管理方案

D. 初始状态评审文件

E. 作业文件

【答案】A、B、E

【解析】体系文件包括管理手册、程序文件、作业文件三个层次。

4.【2019 年真题】根据《建设工程安全生产管理条例》，应组织专家进行专项施工方案论证、审查的分部分项工程有（　　）。

A. 起重吊装工程

B. 深基坑工程

C. 拆除工程

D. 地下暗挖工程

E. 高大模板工程

【答案】B、D、E

【解析】专项施工方案专家论证制度。对所列工程中涉及深基坑工程、地下暗挖工程、高大模板工程的专项施工方案，施工单位还应当组织专家进行论证、审查。

5.【2018 年真题】根据《建设工程安全生产管理条例》，对达到一定规模的危险性较大的分部分项工程，正确的安全管理做法有（　　）。

A. 所有专项施工方案均应组织专家进行论证，审查

B. 施工单位应当编制专项施工方案，并附具安全验算结果

C. 专项施工方案有专职安全生产管理人员进行现场监督

D. 专项施工方案经现场监理工程师签字后即可实施

E. 专项施工方案应由企业法定代表人审批

【答案】B、C

【解析】依据《建设工程安全生产管理条例》规定：对下列达到一定规模的危险性较大的分部分项工程编制专项施工方案，并附具安全验算结果，经施工单位技术负责人、总监理工程师签字后实施，由专职安全生产管理人员进行现场监督，包括基坑支护与降水工程；土方开挖工程；模板工程；起重吊装工程；脚手架工程；拆除、爆破工程；国务院建设行政主管部门或者其他有关部门规定的其他危险性较大的工程。对上述所列工程中涉及深基坑工程、地下暗挖工程、高大模板工程的专项施工方案，施工单位还应当组织专家进行论证、审查。

6.【2017 年真题】根据《生产安全事故报告和调查条例》，对事故发生单位处 100 万元以上 500 万元以下罚款的情形有（　　）。

A. 谎报或者隐瞒事故 　　　　　　B. 伪造事故现场

C. 迟报或者漏报事故 　　　　　　D. 在事故调查期间擅离职守

E. 事故发生后逃匿

【答案】A、B、E

【解析】本题主要考查安全事故的法律责任：

（1）不立即抢救、事故调查处理期间擅离职守、迟报或漏报，事故单位主要负责人处上年收入 40%～80% 罚款。

（2）谎报或瞒报，伪造故意破坏、销毁证据、拒绝接受调查、逃逸等，事故单位处 100 万元～500 万元罚款、主要负责人处上年收入 60%～100% 罚款。

本章模拟强化练习

2Z105010　职业健康安全管理体系与环境管理体系

1. 下列关于施工职业健康安全管理的基本要求的说法，错误的是（　　）。

A. 项目负责人是安全生产的第一负责人

B. 在工程设计阶段，设计单位对涉及施工安全的重点部分和环节在设计文件中应进行注明，并对防范生产安全事故提出指导意见

C. 建设工程实行总承包的，由总承包单位对施工现场的安全生产负总责并自行完成工程主体结构的施工

D. 分包单位不服从管理导致生产安全事故的，由分包单位承担主要责任，总承包和

分包单位对分包工程的安全生产承担连带责任

2. 职业健康安全管理体系的构成要素中不包括（　　　）。

A. 支持和运行　　　　　　　　　　B. 策划

C. 实施与运行　　　　　　　　　　D. 检查和纠正措施

3. 下列关于职业健康安全管理体系与环境管理体系文件的说法，正确的是（　　　）。

A. 管理手册是管理体系的支持性文件　　B. 程序文件可按"4W1H"的顺序来编写

C. 作业文件的内容包含在管理手册中　　D. 作业文件不包括程序文件引用的表格

4. 下列关于施工职业健康安全与环境管理的要求的说法，正确的是（　　　）。

A. 坚持安全第一、预防为主和防消结合的方针

B. 项目经理是安全生产的第一负责人，企业的法定代表人是施工项目生产的主要负责人

C. 分包单位不服从管理导致生产安全事故的，由分包单位承担全部责任，总承包和分包单位对分包工程的安全生产不承担连带责任

D. 应建立职业健康安全管理体系，并持续改进职业健康安全管理工作

5. 下列关于职业健康安全管理体系与环境管理体系的建立和运行的说法，正确的是（　　　）。

A. 体系文件包括质量手册、程序文件、作业文件三个层次

B. 作业文件是指管理手册、程序文件之外引用的文件，一般包括作业指导书（操作规程）、管理规定、检测活动准则及程序文件引用的表格

C. 管理体系的维持不包括内部审核

D. 管理评审是管理体系自我保证和自我监督的一种机制

6. 下列选项中，不属于环境管理体系的实施特点和基本要求的有（　　　）。

A. 体系的基本要求应满足坚持"安全第一、预防为主和防治结合"的方针

B. 体系的实施需要强调法规和制度的贯彻执行并强调以人为本

C. 体系的实施需要注重体系的科学性、完整性和灵活性

D. 体系要求项目中的防治污染设施，必须满足"三同时"原则

E. 体系需要具有与其他管理体系的兼容性

7. 职业健康安全与环境管理体系的作业文件一般包括（　　　）。

A. 作业指导书　　　　　　　　　　B. 监测活动准则

C. 程序文件　　　　　　　　　　　D. 管理规定

E. 管理手册

2Z105020　施工安全生产管理

1. 现阶段正在执行的主要安全生产管理制度中，最基本也是所有制度核心的是（　　　）。

A. 安全生产教育培训制度　　　　　　B. 安全生产责任制度

C. 工伤和意外伤害保险制度　　　　　D. "三同时"制度

2. 下列关于企业员工安全教育的说法，正确的是（　　　）。

A. 对建设工程来说，新员工上岗前的三级安全教育，指企业、项目、车间三级

B. 改变工艺和变换岗位时，企业必须进行相应的安全技术培训和教育

C. 因放长假离岗半年以上重新上岗，企业必须进行相应的安全技术培训和教育

D. 企业新上岗的从业人员，岗前培训时间不得少于48学时

3. 下列关于特种作业人员安全教育的说法，正确的是（　　）。

A. 关于特种作业人员的年龄，年满18周岁即可

B. 危险化学品特种作业人员要求初中以上文化程度

C. 离开特种作业岗位6个月以上的特种作业人员，应当重新进行实际操作考核，经确认合格后方可上岗作业

D. 特种作业操作证有效期一律为3年

4. 编制安全技术措施计划包括以下工作：① 工作活动分类；② 风险评价；③ 危险源识别；④ 制定安全技术措施计划；⑤ 风险确定。正确的编制步骤是（　　）。

A. ①－②－③－④－⑤　　　　　　B. ③－①－②－④－⑤

C. ①－③－⑤－②－④　　　　　　D. ①－③－②－④－⑤

5. 下列专项施工方案中，不需要施工单位还应当组织专家进行论证、审查的是（　　）。

A. 深基坑工程　　　　　　　　　　B. 起重吊装工程

C. 高大模板工程　　　　　　　　　D. 地下暗挖工程

6. 关于风险控制方法，下列选项中属于第二类危险源的控制方法的是（　　）。

A. 消除危险源　　　　　　　　　　B. 限制能量和隔离危险物质

C. 个体防护　　　　　　　　　　　D. 设置安全监控系统

7. 道路上有一个坑，既要设防护栏及警示牌，又要设照明及夜间警示红灯，这符合建设安全事故隐患处理中的（　　）。

A. 单项隐患综合治理原则　　　　　B. 冗余安全度治理原则

C. 事故直接隐患与间接隐患并治原则　D. 预防与减灾并重治理原则

8. 下列情况中，属于冗余安全度处理原则的是（　　）。

A. 道路上有一个坑，既要设防护栏及警示牌，又要设照明及夜间警示红灯

B. 对人机环境系统进行安全治理，同时还需治理安全管理措施

C. 某工地发生触电事故，一方面要进行人的安全用电操作教育，同时现场也要设置漏电开关，对配电箱、用电电路进行防护改造，也要严禁非专业电工乱拉乱接电线

D. 发电厂指定及时切断供料及切断能源的操作方法并定期组织训练和演习，使该生产环境中每名干部及工人都真正掌握这些减灾技术

9. 施工单位对自升式架设设施登记时应提交的生产方面的资料包括（　　）。

A. 设计文件　　　　　　　　　　　B. 使用情况

C. 制造质量证明书　　　　　　　　D. 作业人员的情况

E. 安装证明

10. 危险化学品特种作业人员应具备的条件是（　　）。

A. 具有高中或相当于高中及以上文化程度

B. 经社区以上医疗机构体检健康合格

C. 年满 18 周岁

D. 曾经有过从事特种作业的工作经验

E. 具备一些的安全技术知识和技能

2Z105030 生产安全事故应急预案和事故处理

1. 施工单位应当制定本单位的应急预案演练计划，根据本单位的事故预防重点，每年至少组织（　　）综合应急预案演练或者专项应急预案演练。

A. 一次　　　　　　　　　　　　B. 二次

C. 三次　　　　　　　　　　　　D. 四次

2. 事故报告后出现新情况，以及自事故发生之日起（　　）日内伤亡人数发生变化的，应当及时补报。

A. 7　　　　　　　　　　　　　　B. 15

C. 30　　　　　　　　　　　　　D. 45

3. 根据《生产安全事故报告和调查处理条例》，某基坑支护工程在施工期间，基坑坍塌，造成了 1 人死亡，15 人重伤的事故，直接经济损失 4000 万元，间接经济损失 1000 万元，该事故属于（　　）事故。

A. 重大　　　　　　　　　　　　B. 较大

C. 特别重大　　　　　　　　　　D. 一般

4. 下列关于生产安全事故应急预案管理的说法，正确的是（　　）。

A. 地方各级人民政府其他负有安全生产监督管理职责的部门的应急预案，应当报同级人民政府备案，同时抄送上一级人民政府应急管理部门，并依法向社会公布

B. 建设工程生产安全事故应急预案的管理包括应急预案的评审、实施、备案和公布

C. 综合应急预案、专项应急预案演练至少每年两次

D. 属于中央企业的，其总部的应急预案，报国务院主管的负有安全生产监督管理职责的部门备案，并抄送应急管理部

5. 下列情形中，施工企业不需要及时修订应急预案的是（　　）。

A. 预案中的其他重要信息发生变化的　　B. 周围环境已经发生重大变化

C. 应急指挥机构及其职责发生调整的　　D. 重要应急资源发生重大变化的

6. 根据《生产安全事故报告和调查处理条例》的规定，某建设工程发生安全事故，死亡 74 人，重伤 1 人，应当逐级上报至（　　）。

A. 国务院建设主管部门

B. 国务院应急管理部门

C. 省、自治区、直辖市人民政府建设主管部门

D. 县级人民政府建设主管部门

7. 下列关于施工安全事故处理的说法，正确的是（　　）。

A. 施工项目一旦发生安全事故，必须实施"四不放过"的原则

B. 生产事故发生后，施工单位负责人接到报告后，应在 2 小时内向事故发生地县级以上人民政府建设主管部门和有关部门报告

C. 较大事故逐级上报至省、自治区、直辖市人民政府建设主管部门

D. 建设主管部门不得越级上报事故

8. 下列情形中，施工单位需要将修订后的应急预案重新备案的有（   ）。

A. 组织指挥体系与职责变更   B. 重要应急资源已经变更

C. 应急处置程序已经变更   D. 预案中的其他重要信息已经变更

E. 应急响应分级已经变更

9. 下列选项中，属于安全生产事故调查处理的原则有（   ）。

A. 事故原因未查清不放过   B. 责任人员没有受到处理不放过

C. 整改措施没有落实不放过   D. 有关人员没有受到教育不放过

E. 事故没有上报不放过

10. 下列选项中属于安全事故调查报告的内容有（   ）。

A. 事故发生经过和事故救援情况   B. 事故的简要经过

C. 事故的初步原因   D. 事故发生的原因和事故性质

E. 事故发生后采取的措施及事故控制情况

11. 事故报告和调查处理的违法行为中，对事故发生单位主要负责人处上一年年收入 40%～80% 的罚款的有（   ）。

A. 销毁有关证据资料   B. 不立即组织事故抢救

C. 在事故调查处理期间擅离职守   D. 迟报或者漏报事故

E. 谎报或者瞒报事故

2Z105040 施工现场文明施工和环境保护的要求

1. 关于施工现场环境保护的说法，正确的是（   ）。

A. 清理多、高层建筑物的施工垃圾时，采用定制带盖铁桶吊运或利用永久性垃圾道，严禁凌空随意抛撒属于固体废弃物污染的防治

B. 施工现场 80 人以上的临时食堂，可设置简易的隔油池

C. 在人口稠密区进行强噪声作业时，一般晚 10 点到次日早 8 点之间停止强噪声作业。噪声排放限值，昼间 70dB（A），夜间 55dB（A）

D. 固体废弃物应分类存放，对有可能造成二次污染的废弃物必须单独贮存

2. 下列关于对噪声污染进行处理的说法，正确的是（   ）。

A. 在施工现场噪声周围设立隔音玻璃板属于转移声源降低噪声的措施

B. 在鼓风机进出风管处设置阻性消声器属于在传播途径上降低噪声的措施

C. 用电动空压机代替柴油机属于转移声源，消除噪声的措施

D. 强噪声作业应避免在晚 10 点到次日早 6 点之间进行作业

3. 下列属于施工现场文明施工的组织措施的是（   ）。

A. 建立文明施工岗位责任制

B. 市区主要路段的围挡高度为 2.5m

C. 集体宿舍人均床铺面积不小于 2m²

D. 原材料应按施工平面布置图划定的位置堆放

4. 下列选项中，属于对大气污染的处理是（　　　）。

A. 禁止将有毒有害废弃物作土方回填

B. 施工现场搅拌站的污水、水磨石的污水等须经排水沟排放和沉淀池沉淀后再排入城市污水管道或河流

C. 在声源处安装消声器消声降低噪声

D. 清理多、高层建筑物的施工垃圾时，采用定制带盖铁桶吊运或利用永久性垃圾道，严禁凌空随意抛撒

5. 固体废物污染的处理中，对有可能造成二次污染的废弃物（　　　）。

A. 必须单独贮存、设置安全防范措施且有醒目标识

B. 必须分散贮存、设置安全防范措施且有醒目标识

C. 必须填埋处理

D. 必须焚烧处理

6. 下列关于水污染处理的说法，错误的是（　　　）。

A. 对于现场气焊用的乙炔发生罐产生的污水严禁随地倾倒，要求专用容器集中存放，并倒入城市污水管道

B. 禁止将有毒有害废弃物作土方回填，避免污染水源

C. 污水未经处理不得直接排入城市污水管道或河流

D. 施工现场 100 人以上的临时食堂，可设置简易的隔油池

★★模拟强化练习答案及解析★★

2Z105010　职业健康安全管理体系与环境管理体系

1.【答案】A

【解析】企业的法定代表人是安全生产的第一负责人，项目负责人是施工项目生产的主要负责人

2.【答案】A

【解析】职业健康安全管理体系构成要素：职业健康安全方针—策划—实施与运行—检查和纠正措施—管理评审。环境管理体系构成要素：策划—支持和运行—绩效评价—改进。

3.【答案】B

【解析】A 选项说法错误，正确的说法应为：管理手册是管理体系的纲领性文件。C选项说法错误，正确的说法应为：作业文件是指管理手册、程序文件之外引用的文件。D

选项说法错误，正确的说法应为：作业文件一般包括作业指导书（操作规程）、管理规定、检测活动准则及程序文件引用的表格。

4.【答案】D

【解析】A选项错误，坚持"安全第一、预防为主和防治结合"的方针。B选项错误，企业的法定代表人是安全生产的第一负责人，项目经理是施工项目生产的主要负责人。C选项错误，分包单位不服从管理导致生产安全事故的，由分包单位承担主要责任，总承包和分包单位对分包工程的安全生产承担连带责任。

5.【答案】B

【解析】A选项错误，体系文件包括管理手册、程序文件、作业文件三个层次。C选项错误，管理体系的维持包括内部审核、管理评审、合规性评价。D选项错误，管理评审是由施工企业最高管理者对管理体系的系统评价。

6.【答案】A、B

【解析】环境管理体系：实施特点：强调与环境保护等法律法规的符合性；注重体系的科学性、完整性和灵活性；具有与其他管理体系的兼容性。基本要求：建设工程项目中防治污染的设施，必须满足"三同时"原则；防治污染的设施必须经原审批环境影响报告书的环境保护行政部门验收合格后，该建设工程项目方可投入生产或者使用。任何单位不得将产生严重污染的生产设备转移给没有污染防治能力的单位使用。A、B选项属于职业健康安全管理体系。

7.【答案】A、B、D

【解析】作业文件是指管理手册、程序文件之外引用的文件，一般包括作业指导书（操作规程）、管理规定、监测活动准则及程序文件引用的表格。

2Z105020　施工安全生产管理

1.【答案】B

【解析】安全生产责任制是最基本的安全管理制度，是所有安全生产管理制度的核心。

2.【答案】B

【解析】A选项错误，新员工上岗前的三级安全教育，通常是指进厂、进车间、进班组三级，对建设工程来说，具体指企业（公司）、项目（或工区、工程处、施工队）、班组三级。C选项错误，因放长假离岗一年以上重新上岗，企业必须进行相应的安全技术培训和教育；D选项错误，企业新上岗的从业人员，岗前培训时间不得少于24学时。

3.【答案】C

【解析】A选项错误，特种作业人员的年龄要求是年满18周岁，且不超过国家法定退休年龄。B选项错误，危险化学品特种作业人员要求应当具备高中或相当于高中及以上文化程度。D选项错误，特种作业人员在特种作业操作证有效期内，连续从事本工种10年以上，严格遵守有关安全生产法律法规的，经原考核发证机关或者从业所在地考核发证机关同意，特种作业操作证的复审时间可以延长至每6年1次。

4.【答案】C

【解析】编制安全技术措施计划的一般步骤：工作活动分类→危险源识别→风险确定→风险评价→制定安全技术措施计划→评价安全技术措施计划的充分性。

5.【答案】B

【解析】对涉及深基坑工程、地下暗挖工程、高大模板工程的专项施工方案，施工单位还应当组织专家进行论证、审查。

6.【答案】D

【解析】（1）第一类危险源控制方法：可以采取消除危险源、限制能量和隔离危险物质、个体防护、应急救援等方法。（2）第二类危险源控制方法：提高各类设施的可靠性以消除或减少故障、增加安全系数、设置安全监控系统、改善作业环境等。最重要的是加强员工的安全意识培训和教育。

7.【答案】B

【解析】冗余安全度处理原则：道路上一个坑，既要设防护栏及警示牌，又要设照明及夜间警示红灯。

8.【答案】A

【解析】B选项属于直接隐患与间接隐患并治原则，C选项属于单项隐患综合处理原则，D选项属于预防与减灾并重处理原则。

9.【答案】A、C、E

【解析】施工单位应当自设施验收合格之日起30日内登记，登记时应提交的资料：（1）生产方面的资料：设计文件、制造质量证明书、检验证书、使用说明书、安装证明。（2）使用的有关情况资料：本机械的管理制度和措施、使用情况、作业人员的情况。

10.【答案】A、B

【解析】特种作业人员应具备的条件是：（1）年满18周岁，且不超过国家法定退休年龄；（2）经社区或者县级以上医疗机构体检健康合格；（3）具有初中及以上文化程度；（4）具备必要的安全技术知识和技能；（5）相应特种作业规定的其他条件。危险化学品特种作业人员除符合前款第（1）（2）（4）（5）项的规定外，应当具有高中或相当于高中及以上文化程度。

2Z105030　生产安全事故应急预案和事故处理

1.【答案】A

【解析】施工单位应当制定本单位的应急预案演练计划，根据本单位的事故预防重点，每年至少组织一次综合应急预案演练或者专项应急预案演练，每半年至少组织一次现场处置方案演练。

2.【答案】C

【解析】事故报告后出现新情况，以及事故发生之日起30日内伤亡人数发生变化的，应当及时补报。

3.【答案】B

【解析】按照生产安全事故造成的人员伤亡或直接经济损失分类。

事故等级	伤亡人数		直接经济损失（万元）
	死亡	重伤	
特别重大	$X \geqslant 30$	$X \geqslant 100$	$X \geqslant 10000$
重大	$10 \leqslant X < 30$	$50 \leqslant X < 100$	$5000 \leqslant X < 10000$
较大	$3 \leqslant X < 10$	$10 \leqslant X < 50$	$1000 \leqslant X < 5000$
一般	$X < 3$	$X < 10$	$X < 1000$

4.【答案】D

【解析】A选项错误，地方各级人民政府其他负有安全生产监督管理职责的部门的应急预案，应当抄送同级人民政府应急管理部门。B选项错误，建设工程生产安全事故应急预案的管理包括应急预案的评审、公布、备案、实施和监督管理。C选项错误，综合应急预案、专项应急预案演练至少每年1次；现场处置方案演练至少每半年组织一次。

5.【答案】B

【解析】有下列情形之一的，应急预案应当及时修订并归档：（1）依据的法律、法规、规章、标准及上位预案中的有关规定发生重大变化的；（2）应急指挥机构及其职责发生调整的；（3）面临的事故风险发生重大变化的；（4）重要应急资源发生重大变化的；（5）预案中的其他重要信息发生变化的；（6）在应急演练和事故应急救援中发现问题需要修订的；（7）编制单位认为应当修订的其他情况。

6.【答案】A

【解析】较大事故、重大事故及特别重大事故逐级上报至国务院建设主管部门。一般事故逐级上报至省、自治区、直辖市人民政府建设主管部门。建设主管部门依照规定上报事故情况时，应当同时报告本级人民政府。国务院建设主管部门接到重大事故和特别重大事故的报告后，应当立即报告国务院。

7.【答案】A

【解析】B选项错误，生产事故发生后，施工单位负责人接到报告后，应在1小时内向事故发生地县级以上人民政府建设主管部门和有关部门报告。C选项错误，一般事故逐级上报至省、自治区、直辖市人民政府建设主管部门。较大事故、重大事故及特别重大事故逐级上报至国务院建设主管部门。D选项错误，必要时，建设主管部门可以越级上报事故情况。

8.【答案】A、C、E

【解析】施工单位应急预案修订涉及组织指挥体系与职责、应急处置程序、主要处置措施、应急响应分级等内容变更的修订完成后重新备案。

9.【答案】A、B、C、D

【解析】施工项目一旦发生安全事故，必须实施"四不放过"原则：事故原因未查清不放过；责任人员没有受到处理不放过；整改措施没有落实不放过；有关人员没有受到教育不放过。

10.【答案】A、D

【解析】事故调查报告的内容应包括：（1）事故发生单位概况；（2）事故发生经过和事故救援情况；（3）事故造成的人员伤亡和直接经济损失；（4）事故发生的原因和事故性质；（5）事故责任的认定和对事故责任者的处理建议；（6）事故防范和整改措施。

11.【答案】B、C、D

【解析】事故报告和调查处理的违法行为，对事故发生单位主要负责人处上一年年收入40%～80%的罚款：（1）不立即组织事故抢救；（2）在事故调查处理期间擅离职守；（3）迟报或者漏报事故。

2Z105040 施工现场文明施工和环境保护的要求

1.【答案】D

【解析】

大气	清理多、高层建筑物的施工垃圾时，采用定制带盖铁桶吊运或利用永久性垃圾道，严禁凌空随意抛撒。易飞扬材料入库密闭存放或覆盖存放。不得在施工现场熔融沥青或焚烧油毡、油漆以及其他会产生有毒有害烟尘和恶臭气体的物质。使用密封式的圈筒处理高空废弃物
水	施工现场存放油料、化学溶剂等设有专门的库房，对库房地面和高250mm墙面进行防渗处理。施工现场100人以上的临时食堂，可设置简易的隔油池
噪声	在人口稠密区进行强噪声作业时，一般晚10点到次早6点之间停止强噪声作业。噪声排放限值，昼间70dB（A），夜间55dB（A）。夜间噪声最大声级超过限值的幅度不得高于15dB（A）
固体废弃物	固体废弃物应分类存放，对有可能造成二次污染的废弃物必须单独贮存

2.【答案】D

【解析】A选项属于是在施工现场噪声的传播途径上，采取吸声、隔声等声学处理的方法来降低噪声；B、C选项均属于采取方法，降低噪声的措施。

3.【答案】A

【解析】施工现场文明施工的措施

（1）组织措施：项目经理为现场文明施工的第一责任人，建立文明施工岗位责任制。

（2）管理措施：现场围挡设计（2.5m，1.8m）；现场工程标志牌设计（五牌一图）。

（3）临设布置（2m²）；成品、半成品、原材料堆放（按施组的平面布置图）。

4.【答案】D

【解析】大气污染的处理：清理多、高层建筑物的施工垃圾时，采用定制带盖铁桶吊运或利用永久性垃圾道，严禁凌空随意抛撒。A、B选项属于对水污染的处理。C选项属于噪声污染的处理。

5.【答案】A

【解析】固体废物污染的处理中，对有可能造成二次污染的废弃物必须单独贮存、设置安全防范措施且有醒目标识。

6.【答案】A

【解析】A选项错误，对于现场气焊用的乙炔发生罐产生的污水严禁随地倾倒，要求专用容器集中存放，并倒入沉淀池处理，以免污染环境。

2Z106000 施工合同管理

微信扫一扫
查看更多考点视频

本章考情分析

近3年核心考点及分值分布 表2Z106000

2Z106000	本章条目		2020年		2021年		2022年	
			单选	多选	单选	多选	单选	多选
2Z106010	2Z106011	施工发承包的主要类型	1	2	1		2	
	2Z106012	施工招标与投标	1		1	2		2
	2Z106013	施工总包与分包						
2Z106020	2Z106021	施工承包合同的主要内容	4	2	1	2	4	2
	2Z106022	施工专业分包合同的内容			1			2
	2Z106023	施工劳务分包合同的内容	1		1	2	1	
	2Z106024	物资采购合同的主要内容				2	1	
2Z106030	2Z106031	单价合同	1			2	1	
	2Z106032	总价合同		2		2		2
	2Z106033	成本加酬金合同	1				1	
2Z106040	2Z106041	施工合同跟踪与控制						
	2Z106042	施工合同变更管理	1	2	1	2	1	2
2Z106050	2Z106051	施工合同索赔的依据和证据	1		1		1	
	2Z106052	施工合同索赔的程序	1	2	1		1	
2Z106060	2Z106061	施工合同风险管理	1		1			
	2Z106062	工程保险					1	
	2Z106063	工程担保			1		1	
合　计			13	10	12	12	15	10
			23		24		25	

280

2Z106010　施工发承包模式

核心考点提纲

2Z106010　施工发承包模式
- 2Z106011　施工发承包的主要类型
- 2Z106012　施工招标与投标
- 2Z106013　施工总包与分包

核心考点剖析

2Z106011　施工发承包的主要类型

核心考点一：三种发承包模式的特点比较——对业主而言

模式	投资控制	进度控制	质量控制	合同管理	组织协调
施工总承包	早控有利、总造价不利	长（不好）	依赖总包（不好）	唯一（好）	唯一（好）
施工总承包管理	早控不利、总造价有利	短（好）	他人控制（好）	量大（不好）	由总管负责（好）
施工平行发承包	早控不利、总造价有利	短（好）	他人控制（好）	量大（不好）	量大（不好）

◆ **考法 1：施工总承包模式的特点**

【例题·2018 年真题·单选题】与平行发包模式相比，施工总承包模式对业主不利的方面是（　　）。

A. 合同管理工作量增大

B. 组织协调工作量增大

C. 建设周期比较长，对项目总进度控制不利

D. 开工前合同价不明确，不利于对总造价的早期控制

【答案】C

【解析】施工总承包模式要等施工图设计全部结束后，才能进行施工总承包的招标，开工日期较迟，建设周期势必较长，对项目总进度控制不利。

◆ **考法 2：施工总承包管理模式特点**

【例题 1·2021 年真题·单选题】关于施工总承包管理模式特点的说法，正确的是（　　）。

A. 总承包管理单位的招标依赖于完整的施工图

B. 业主负责项目总进度计划的编制、控制和协调

C. 业主负责所有分包合同交界面的定义

D. 各分包单位的各种款项必须通过总承包管理单位支付

【答案】B

【解析】A选项错误，而施工总承包管理模式，对施工总承包管理单位的招标可以不依赖完整的施工图。C选项错误，各分包合同交界面的定义由施工总承包管理单位负责，减轻了业主方的工作量。D选项错误，各分包单位的各种款项可以由总承包管理单位支付和业主直接支付。

【例题2·2019年真题·单选题】关于施工总承包管理模式特点的说法，正确的是（　　）。

A. 分包单位的质量控制主要由施工总承包管理单位进行

B. 支付给分包单位的款项由业主直接支付，不经过总承包管理单位

C. 业主对分包单位的选择没有控制权

D. 施工总包管理单位除了收取管理费以外，还可赚总包与分包之间的差价

【答案】A

【解析】B选项错误，正确表述为，对各个分包单位的各种款项可以通过施工总承包管理单位支付，也可以由业主直接支付。C选项错误，正确表述为，业主对分包单位的选择具有控制权。D选项错误，正确表述为，施工总承包管理单位只收取管理费，不赚取总包与分包之间的差价。

◆ **考法3：施工平行发承包模式**

【例题1·2020年真题·单选题】某地铁工程项目，发包人将14座车站的土建工程分别发包给14个土建施工单位，对应的机电安装工程分别发包给14个机电安装单位，该发包模式属于（　　）。

A. 施工总承包　　　　　　　　　B. 施工总承包管理

C. 施工平行发包　　　　　　　　D. 项目总承包

【答案】C

【解析】施工平行发承包，是指发包方将建设工程项目按照一定的原则分解，将其施工任务分别发包给不同的施工单位，各个施工单位分别与发包方签订施工承包合同。

【例题2·2021年真题·单选题】发包方将建设工程项目合理划分标段后，将各标段分别发包给不同的施工单位，并与之签订施工承包合同，此发承包模式属于（　　）。

A. 平行发承包　　　　　　　　　B. 施工总承包

C. 施工总承包管理　　　　　　　D. 设计施工总承包

【答案】A

【解析】同上题。

核心考点二：施工总承包管理与施工总承包模式的比较

1. 工作开展程序不同

施工总包：施工图设计全部完成后再招标投标，然后施工，竣工验收。

施工总管：施工图设计部分完成后再招标投标，然后施工，竣工验收。

2. 合同关系不同

施工总包：一般先业主与施工总包签订合同，再施工总包与分包单位签订合同。

施工总管：一般业主与分包单位直接签订合同，也可由施工总管与分包单位签订合同。

3. 对分包单位的选择和认可不同

施工总包：分包单位由施工总承包单位选择，由业主认可。

施工总管：分包单位由业主选择，由施工总承包管理单位认可。

4. 对分包单位的付款不同：与合同关系一致。

5. 合同价格不同

施工总包：确定工程款。

施工总管：一般只确定总承包管理费。

6. 对分包单位的管理和服务相同

两者承担相同的管理责任，对分包单位的管理和服务。在国内，普遍对施工总承包管理模式存在误解，认为总承包管理单位仅仅做管理与协调工作，而对项目目标控制不承担责任。

◆ **考法：施工总承包管理与施工总承包模式的比较**

【例题 1 · 2021 年真题 · 多选题】施工总承包管理模式下，项目各参与方可能存在的合同关系包括（　　）。

A. 业主与分包单位直接签订合同

B. 监理单位与施工总承包管理单位签订合同

C. 施工总承包管理单位与分包单位签订合同

D. 施工总承包管理单位与施工总承包单位签订合同

E. 监理单位与分包单位签订合同

【答案】A、C

【解析】一般业主与分包单位直接签订合同，也可由施工总承包管理单位与分包单位签订合同。

【例题 2 · 2020 年真题 · 多选题】施工总承包管理模式与施工总承包模式相同的方面有（　　）。

A. 工作开展程序　　　　　　　　B. 总包单位承担的责任和义务

C. 对分包单位的管理和服务　　　D. 合同关系

E. 合同计价方式

【答案】B、C

【解析】两者承担相同的管理责任，对分包单位的管理和服务。

核心考点三：施工总承包管理模式的优点

施工总承包管理模式与施工总承包模式相比较，具有以下优点：

（1）合同总价不是一次确定，某一部分施工图设计完成以后，再进行该部分工程的施工招标，确定该部分工程的合同价，因此整个项目的合同总额的确定较有依据。

（2）所有分包合同和分供货合同的发包，都通过招标获得有竞争力的投标报价，对业主方节约投资有利。

（3）施工总承包管理单位只收取总包管理费，不赚总包与分包之间的差价。

（4）业主对分包单位的选择具有控制权。

（5）每完成一部分施工图设计，就可以进行该部分工程的施工招标，可以边设计边施工，可以提前开工，缩短建设周期，有利于进度控制。

◆ **考法：施工总承包管理模式的优点**

【例题·2017年真题·单选题】与施工总承包模式相比，施工总承包管理模式的优点有（　　　）。

A. 整个项目的合同总额确定较有依据

B. 通过招标确定施工承包单位，有利于业主节约投资

C. 施工总承包管理单位只赚取总包与分包之间的差价

D. 业主对分包单位的选择具有控制权

E. 一般在施工图设计全部结束后，才能进行施工总承包管理的招标

【答案】A、D

【解析】施工总承包管理模式与施工总承包模式相比，在合同价方面有以下优点：

（1）合同总价不是一次确定，某一部分施工图设计完成以后，再进行该部分施工招标，确定该部分合同价，因此整个建设项目的合同总额的确定较有依据。

（2）所有分包都通过招标获得有竞争力的投标报价，对业主方节约投资有利。

（3）施工总承包管理单位只收取总包管理费，不赚取总包与分包之间的差价。

（4）业主对分包单位的选择具有控制权。

（5）每完成一部分施工图设计，就可以进行该部分工程的施工招标，可以边设计边施工，以提前开工，缩短建设周期，有利于进度控制。

2Z106012　施工招标与投标

核心考点一：施工招标

1. 招标应具备的条件

（1）招标人已经依法成立；（2）初步设计及概算已经批准；（3）招标范围、招标方式和招标组织形式已经核准；（4）有相应资金或资金来源已经落实；（5）有招标所需的设计图纸及技术资料。

2. 招标方式的确定

招标分公开招标和邀请招标两种方式。

采用邀请招标方式，应当向三个以上具备承担招标项目的能力的法人发出投标邀请书。

3. 招标信息的发布与修正

（1）招标信息的发布

依法必须招标项目的招标公告和公示信息应当在"中国招标投标公共服务平台"或者项目所在地省电子招标投标公共服务平台发布。

招标人或其委托的招标代理机构应当保证招标公告内容的真实、准确和完整。

拟发布的招标公告和公示信息文本应当由招标人或其招标代理机构盖章，并由主要负责人或其授权的项目负责人签名。

依法必须招标项目的招标公告和公示信息除在发布媒介发布外，招标人或其招标代理机构也可以同步在其他媒介公开，并确保内容一致。其他媒介可以依法全文转载依法必须招标项目的招标公告和公示信息，但不得改变其内容，同时必须注明信息来源。

自招标文件或资格预审文件出售之日起至停止出售之日止，最短不得少于5日。

（2）招标信息的修正

时限：招标人对已发出的招标文件进行必要的澄清或者修改，应当在招标文件要求提交投标文件截止时间至少15日前发出。

形式：所有澄清文件必须以书面形式进行。

全面：所有澄清文件必须直接通知所有招标文件收受人。

4. 标前会议

标前会议是招标人按投标须知在规定的时间、地点召开的会议。会议结束后，招标人应将会议纪要用书面通知形式发给每个招标文件收受人。会议纪要和答复函件形成招标文件的补充文件。

招标人对问题的答复不需要注明问题来源。当补充文件与招标文件内容不一致时，应以补充文件为准。招标人可以根据实际情况在标签会议上确定延长投标截止时间。

5. 评标

评标分为评标准备、初步评审、详细评审、编写评标报告等过程。

初步评审主要是进行符合性审查，重点审查投标书是否实质上响应了招标文件的要求。审查内容：投标资格、投标文件完整性、投标担保有效性、与招标文件是否有显著差异和保留、报价计算正确性。如计算有误，处理方法：大小写不一致，大写为准；单价与数量乘积之和与总价不一致，单价为准；正本副本不一致，正本为准。

详细评审是评标的核心，是对标书进行实质性审查，包括技术评审和商务评审。评标结束后，评标委员会推荐的中标候选人限定在1～3人。

◆ 考法1：招标信息的发布与修正

【例题1·2021年真题·多选题】关于工程招标信息发布的说法，正确的有（　　　）。

A. 依法必须招标项目的招标信息只能发布在项目所在地市级电子招标公共服务平台

B. 招标人或招标代理机构应保证招标公告内容的真实、准确和完整

C. 必须招标项目的招标信息，在其他媒体转载时不需注明信息来源

D. 发布的招标信息应当由招标人或招标代理机构盖章，并由主要负责人签名

E. 招标信息的修改或澄清的时限是招标文件要求交招标文件截止时间的5日前

【答案】B、D

【解析】依法必须招标项目的招标公告和公示信息应当在"中国招标投标公共服务平台"或者项目所在地省电子招标投标公共服务平台发布，A选项错误。其他媒介可以依法全文转载依法必须招标项目的招标公告和公示信息，但不得改变其内容，同时必须注明信息来源，C选项错误。招标人对已发出的招标文件进行必要的澄清或者修改，应当在招标

文件要求交招标文件截止时间至少 15 日前发出，E 选项错误。

【例题 2·2020 年真题·单选题】施工招标过程中，若招标人在招标文件发布后，发现有问题需要进一步澄清和修改，正确的做法是（   ）。

A. 在招标文件要求的提交投标文件截止时间至少 10 天前发出通知

B. 可以用间接方式通知所有招标文件收受人

C. 所有澄清文件必须以书面形式进行

D. 所有澄清和修改文件必须公示

【答案】C

【解析】A 选项错误，招标人对已发出的招标文件进行必要的澄清或者修改，应当在招标文件要求提交投标文件截止时间至少 15 日前发出。B、D 选项错误，所有澄清文件必须直接通知所有招标文件收受人。

◆ 考法 2：标前会议

【例题 1·2021 年真题·单选题】关于标前会议文件的说法，正确的是（   ）。

A. 与招标文件内容不一致时，以补充文件为准

B. 不能作为招标文件的组成部分

C. 其法律效力仅次于招标文件

D. 与招标文件内容不一致时，以招标文件为准

【答案】A

【解析】会议纪要和答复函件形成招标文件的补充文件，都是招标文件的有效组成部分。与招标文件具有同等法律效力。当补充文件与招标文件内容不一致时，应以补充文件为准。

【例题 2·2019 年真题·多选题】关于建设工程施工招标标前会议的说法，正确的有（   ）。

A. 标前会议是投标人按投标须知在规定的时间、地点召开的会议

B. 招标人对问题的答复函件须注明问题来源

C. 招标人可以根据实际情况在标签会议上确定延长投标截止时间

D. 标前会议纪要与招标文件内容不一致时，应以招标文件为准

E. 标前会议结束后，招标人应将会议纪要用书面通知形式发给每个招标文件收受人

【答案】C、E

【解析】A 选项错误，标前会议是招标人按投标须知在规定的时间、地点召开的会议。B 选项错误，招标人无需注明问题来源。D 选项错误，会议纲要和答复函件形成招标文件的补充文件，当补充文件与招标文件内容不一致时，以补充文件为准。

◆ 考法 3：评标的相关规定

【例题·2019 年真题·单选题】关于建设工程施工招标中评标的说法，正确的是（   ）。

A. 投标单价与数量的乘积之和所报的总价不一致时，将作无效标处理

B. 投标书正本、副本不一致时，将作无效标处理

C. 初步评审是对投标书进行实质性审查，包括技术评审和商务评审

D. 评标委员会推荐的中标候选人应当限定在 1～3 人

【答案】D

【解析】A 选项错误，单价与数量的乘积之和与所报的总价不一致的应以单价为准。B 选项错误，标书正本和副本不一致的，则以正本为准。C 选项错误，详细评审是评标的核心，是对标书进行实质性审查。包括技术评审和商务评审。

核心考点二：施工投标

1. 研究招标文件

投标人须知中应注意：

（1）投标人需要注意招标工程的详细内容和范围，避免遗漏或多报。

（2）特别注意投标文件的组成，避免提供的资料不全。

（3）注意招标答疑时间、投标截止时间等重要时间安排，避免遗忘或迟到。

2. 复核工程量

（1）对于单价合同，当发现实测与图纸相差较大时，投标人要求招标人澄清。

（2）对于总价合同，如果业主在投标前对争议工程量不予更正，而且是对投标者不利的情况，投标者应按实际工程量调整报价。

3. 选择施工方案

施工方案应由投标人的技术负责人主持制定。

4. 正式投标

（1）注意投标截止日期

投标人在招标截止日之前所提交的投标是有效的，超过该日期之后就会被视为无效投标。在招标文件要求提交投标文件的截止时间后送达的投标文件，招标人拒收。

（2）注意投标文件完备性

投标文件应当对招标文件提出的实质性要求和条件作出响应。投标不完备或投标没有达到招标人的要求，在招标范围以外提出新的要求，均被视为对于招标文件的否定。

（3）注意标书标准

标书提交的要求：签章、密封。如果不密封或密封不满足要求，无效投标。投标书需要盖有企业公章以及法人名章。由项目经理部组织投标的，需要提交企业法定代表人对项目经理的授权委托书。

（4）注意投标担保

通常投标需要提交投标担保。

◆ 考法：正式投标

【例题 1·2021 年真题·单选题】关于投标人正式投标时投标文件和程序要求的说法，正确的是（　　　）。

A. 提交投标保证金的最后期限为招标人规定的投标截止日

B. 标书的提交可按投标人的内部控制标准

C. 投标文件应对招标文件提出的实质性要求和条件作出响应

D. 投标的担保截止日为提交标书最后的期限

【答案】C

【解析】A、D选项错误，按照招标人规定的最后期限才是投标保证金和投标担保的最后期限；B选项错误，标书必须按照招标人的要求进行编制，应当对招标文件提出的实质性要求和条件作出响应。

【例题2·2017年真题·单选题】关于施工投标的说法，正确的是（   ）。

A. 投标人在投标截止时间后送达的投标文件，招标委员会应移交评标委员会处理

B. 投标书在招标范围以外提出新的要求，可视为对投标文件的补充，由评标委员会进行评定

C. 投标书中采用不平衡报价时，应视为对招标文件的否定

D. 投标书需要盖有投标企业公章和企业法人的名章（签字）并进行密封，密封不满足要求的按无效标处理

【答案】D

【解析】在招标文件要求提交投标文件的截止时间后送达的投标文件，招标人可以拒收，A选项错误。投标书在招标范围以外提出新的要求，将作无效标处理，B选项错误。投标书中可以采用不平衡报价，C选项错误。

2Z106020　施工合同与物资采购合同

核 心 考 点 提 纲

2Z106020　施工合同与物资采购合同
- 2Z106021　施工承包合同的主要内容
- 2Z106022　施工专业分包合同的内容
- 2Z106023　施工劳务分包合同的内容
- 2Z106024　物资采购合同的主要内容

核 心 考 点 剖 析

2Z106021　施工承包合同的主要内容

核心考点一：发包人和承包人的责任义务

1. 发包人的责任义务

（1）负责办理取得出入施工场地的道路的通行权及需修建场外设施的权利。

（2）向承包人提供地质勘探资料、水文气象资料、测量基准点、基准线和水准点及其书面资料，并对其真实性、准确性、完整性负责。

（3）发包人应与当地公安部门协商，在现场建立治安管理机构或联防组织。

（4）发出开工通知。

（5）提供施工场地。

（6）组织设计交底。

（7）支付合同价款。

（8）组织竣工验收。

2. 发包人违约的情形

（1）发包人未能按合同约定支付预付款或合同价款，或拖延、拒绝批准付款申请和支付凭证，导致付款延误的。

（2）发包人原因造成停工的。

（3）监理人无正当理由没有在约定期限内发出复工指示，导致承包人无法复工的。

（4）发包人无法继续履行或明确表示不履行或实质上已停止履行合同的。

3. 承包人的责任义务

（1）实施、完成全部工程，并修补工程中的任何缺陷。

（2）采取施工安全措施，确保工程、人员、材料、设备和设施的安全。

（3）负责施工场地及其周边环境与生态的保护工作。

（4）不得侵害发包人与他人使用公用道路、水源、市政管网等公共设施的权利。

（5）工程接收证书颁发前，承包人应负责照管和维护工程。

（6）承包人不得将工程主体、关键性工作分包给第三人。

（7）承包人应在接到开工通知后 28 天内，向监理人提交承包人在施工场地的管理机构以及人员安排的报告。

（8）对周围环境进行勘查，收集有关地质、水文、气象条件、交通条件、风俗习惯以及其他为完成合同工作有关的当地资料。

◆ 考法 1：发包人的责任义务

【例题 1·2021 年真题·单选题】根据《标准施工招标文件》，关于发包人提供资料的说法，正确的是（　　　）。

A. 发包人只提供基础资料，不对其真实性和完整性负责，承包人自行解读内容

B. 发包人应通过监理人向承包人提供测量基准点、基准线和水准点及书面资料

C. 发包人提供资料有误使承包人受损时，只承担增加的费用和工期延误

D. 发包人提供的资料使承包人推断失误，承担相关费用和利润

【答案】B

【解析】A 选项错误，发包人应按专用合同条款约定向承包人提供施工场地，以及施工场地内地下管线和地下设施等有关资料，并保证资料的真实、准确、完整。B 选项正确，发包人应在专用合同条款约定的期限内，通过监理人向承包人提供测量基准点、基准线和水准点及其书面资料。C、D 选项错误，发包人提供上述基准资料错误导致承包人测量放线工作的返工或造成工程损失的，发包人应当承担由此增加的费用和（或）工期延误，并向承包人支付合理利润。

【例题 2·2020 年真题·单选题】根据《标准施工招标文件》，与当地公安部门协商，在施工现场建立联防组织的主体是（　　　）。

A. 承包人

B. 监理人

C. 发包人

D. 项目所在地街道

【答案】C

【解析】发包人应与当地公安部门协商，在现场建立治安管理机构或联防组织。

◆ **考法2：发包人违约**

【例题·2016年真题·单选题】下列合同履约情形中，属于发包人违约的情形是（　　　）。

A. 发包人提供的测量资料错误导致承包人工程返工的

B. 监理人无正当理由未在约定期内发出复工指示，导致承包人无法复工的

C. 因地震造成工程停工的

D. 发包人支付合同进度款后，承包人未及时发放给民工的

【答案】B

【解析】（1）发包人未能按合同约定支付预付款或合同价款，或拖延、拒绝批准付款申请和支付凭证，导致付款延误的。（2）发包人原因造成停工的。（3）监理人无正当理由没有在约定期限内发出复工指示，导致承包人无法复工的。（4）发包人无法继续履行或明确表示不履行或实质上已停止履行合同的。

核心考点二：进度控制和质量控制的主要条款

1. 开工日期与工期

监理人应在开工日期7天前向承包人发出开工通知。

2. 工期调整

（1）发包人下列原因造成工期延误的，承包人有权要求发包人延长工期和（或）增加费用，并支付合理利润：① 增加合同工作内容；② 改变合同中任何一项工作的质量要求或其他特性；③ 发包人迟延提供材料、工程设备或变更交货地点的；④ 因发包人原因导致的暂停施工；⑤ 提供图纸延误；⑥ 未按合同约定及时支付预付款、进度款。

（2）出现专用合同条款规定的异常恶劣气候的条件导致工期延误的，承包人有权要求发包人延长工期。

（3）承包人工期延误，或监理人认为承包人的施工进度不能满足合同工期要求，承包人应采取措施加快进度，并承担增加的费用。承包人支付逾期竣工违约金，不免除完成工程和修补缺陷的义务。

（4）发包人要求承包人提前竣工，或承包人提前竣工的建议被采纳的，应由监理人与承包人共同协商采取加快工程进度的措施和修订合同进度计划。发包人应承担承包人由此增加的费用，并向承包人支付专用合同条款约定的相应奖金。

3. 暂停施工

（1）承包人暂停施工

因下列原因暂停施工增加的费用和（或）工期延误由承包人承担：① 承包人违约引起的暂停施工；② 由于承包人原因为工程合理施工和安全保障所必需的暂停施工；③ 承包人擅自暂停施工；④ 承包人其他原因引起的暂停施工。

（2）发包人暂停施工

由于发包人原因引起的暂停施工造成工期延误的，承包人有权要求发包人延长工期和（或）增加费用，并支付合理利润。

（3）监理人暂停施工

① 监理人做出暂停施工的指示，承包人应暂停施工，并妥善保护工程，提供安全保障。

② 发包人原因发生暂停施工的紧急情况，承包人可先暂停施工，并及时通知监理人。监理应在接到通知后 24 小时内答复，否则视为同意。

（4）暂停施工后的复工

① 暂停施工后，监理人应与发包人和承包人协商，采取有效措施积极消除暂停施工的影响。当工程具备复工条件时，监理人应立即向承包人发出复工通知。承包人收到复工通知后，应在监理人指定的期限内复工。

② 承包人无故拖延和拒绝复工的，由此增加的费用和工期延误由承包人承担。因发包人原因无法按时复工的，承包人有权要求发包人延长工期和（或）增加费用，并支付合理利润。

（5）暂停施工持续 56 天以上

① 非承包人责任，监理人 56 天内未发出复工通知，承包人可提交书面通知，要求 28 天内准许继续施工，逾期不批准，视为可取消工作。影响到整个工程，视为发包人违约。

② 承包人责任，承包人 56 天内不复工，造成工期延误，视为承包人违约。

4. 隐蔽工程检查

（1）监理人检查合格后覆盖，不合格返工。

（2）监理人未按约定时间检查，承包人可自行覆盖。

（3）监理人对质量有疑问，可要求重新检查，承包人应遵照执行。经检查，合格，发包人承担费用、工期、利润；不合格，承包人承担费用、工期。

（4）承包人私自覆盖，无论检查是否合格，费用、工期均由承包人承担。

◆ **考法 1：工期调整**

【例题 1·2020 年真题·多选题】根据《标准施工招标文件》，关于工期调整的说法，正确的有（　　　）。

A. 监理人认为承包人的施工进度不能满足合同工期要求，承包人应采取措施，增加的费用由发包人承担

B. 出现合同条款规定的异常恶劣气候导致工期延误，承包人有权要求发包人延长工期

C. 发包人要求承包人提前竣工，应承担由此增加的费用，并根据合同条款约定支付奖金

D. 承包人提前竣工建议被采纳的，由承包人自行采取加快施工进度的措施，发包人承担相应费用

E. 在合同履行过程中，发包人改变某项工作的质量特性，承包人有权要求延长工期

【答案】B、C、E

【解析】A 选项错误，由于承包人原因，未能按合同进度计划完成工作，或监理人认为承包人施工进度不能满足合同工期要求的，承包人应采取措施加快进度，并承担加快进度所增加的费用。D 选项错误，发包人要求承包人提前竣工，或承包人提出提前竣工的建

议能够给发包人带来效益的，应由监理人与承包人共同协商采取加快工程进度的措施和修订合同进度计划。发包人应承担承包人由此增加的费用，并向承包人支付专用合同条款约定的相应奖金。

【例题 2·2020 年真题·单选题】某工程项目施工合同约定竣工日期为 2020 年 6 月 30 日，在施工中因持续下雨导致甲供材料未能及时到货，使工程延误至 2020 年 7 月 30 日竣工。由于 2020 年 7 月 1 日起当地计价政策调整，导致承包人额外支付了 30 万元工人工资。关于增加的 30 万元责任承担的说法，正确的是（　　　）。

　　A. 发包人原因导致的工期延误，因此政策变化增加的 30 万元由发包人承担

　　B. 持续下雨属于不可抗力，造成工期延误，增加的 30 万元由承包人承担

　　C. 增加的 30 万元因政策变化造成，属于承包人的责任，由承包人承担

　　D. 工期延误是承包人原因，增加的 30 万元是政策变化造成，由双方共同承担

【答案】A

【解析】在施工中因持续下雨导致甲供材料未能及时到货，使工程延误属于发包人的原因导致的，因此，增加的 30 万元由发包人承担。

【例题 3·2017 年真题·单选题】某工程项目施工合同约定竣工时间为 2016 年 12 月 30 日，合同实施过程中，因承包人施工质量不合格返工导致总工期延误了 2 个月；2017 年 1 月，项目所在地政府出台了新政策，直接导致承包人计入总造价的税金增加 20 万元。关于增加的 20 万元税金责任承担的说法，正确的是（　　　）。

　　A. 由承包人和发包人共同承担，理由是国家政策变化，非承包人的责任

　　B. 由发包人承担，理由是国家政策变化，承包人没有义务承担

　　C. 由承包人承担，理由是承包人责任导致延期，进而导致税金增加

　　D. 由发包人承担，理由是承包人承担质量问题责任，发包人承担政策变化责任

【答案】C

【解析】因为承包人原因引起工期延误和增加的费用由承包人承担。

◆ 考法 2：暂停施工

【例题 1·2019 年真题·单选题】根据《标准施工指标文件》，关于暂停施工的说法，正确的是（　　　）。

　　A. 发包人原因造成暂停施工，承包人可不负责暂停施工期间工程的保护

　　B. 因发包人原因发生暂停施工的紧急情况时，承包人可以先暂停施工，并及时向监理人提出暂停施工的书面请求

　　C. 施工中出现意外情况需要暂停施工的所有责任由发包人承担

　　D. 由于发包人原因引起的暂停施工，承包人有权要求延长工期和（或）增加费用，但不得要求补偿利润

【答案】B

【解析】A 选项错误，发包人原因造成暂停施工，承包人应负责暂停施工期间工程的保护。C 选项错误，施工中出现意外情况需要暂停施工的所有责任由责任方承担。D 选项错误，由于发包人原因引起的暂停施工，承包人有权要求延长工期和（或）增加费用，并

要求补偿利润。

【例题2·2021年真题·单选题】根据《标准施工招标文件》，监理人向承包人作出暂停施工的指示，则暂停施工期间负责保护工程并提供安全保障的主体为（　　）。

A. 监理人 　　　　　　　　　　B. 承包人

C. 发包人 　　　　　　　　　　D. 项目管理公司

【答案】B

【解析】监理人认为有必要时，可向承包人作出暂停施工的指示，承包人应按监理人指示暂停施工。不论由于何种原因引起的暂停施工，暂停施工期间承包人应负责妥善保护工程并提供安全保障。

【例题3·2021年真题·多选题】根据《标准施工招标文件》，关于暂停施工后复工的说法正确的是（　　）。

A. 承包人收到复工通知后，应在发包人进行经济补偿后复工

B. 暂停施工后，监理人、发包人、承包人应协调采取有效措施消除影响

C. 具备复工条件时，监理人应立即向承包人发出复工通知

D. 承包人无故拖延的，应承担由此增加的费用延误的工期

E. 因发包人原因无法按时复工，应承担由此增加的费用，延误的工期和合理的利润

【答案】B、C、D、E

【解析】暂停施工后的复工：（1）暂停施工后，监理人应与发包人和承包人协商，采取有效措施积极消除暂停施工的影响。当工程具备复工条件时，监理人应立即向承包人发出复工通知。承包人收到复工通知后，应在监理人指定的期限内复工。（2）承包人无故拖延和拒绝复工的，由此增加的费用和工期延误由承包人承担。因发包人原因无法按时复工的，承包人有权要求发包人延长工期和（或）增加费用，并支付合理利润。

【例题4·2018年真题·多选题】某建设工程因发包人提出设计图纸变更，监理人向承包人发出暂停施工指令，60天后，仍未向承包人发出复工通知，则承包人正确的做法有（　　）。

A. 向监理人提交书面通知，要求监理人在接到书面通知后28天内准许已暂停的工程继续施工

B. 不受设计变更影响的部分工程，不论监理人是否同意，承包人都可进行施工

C. 如监理人逾期不予批准承包人的书面通知，则承包人可以通知监理人，将工程受影响部分视为变更的可取消工作

D. 如暂停施工影响到整个工程，可视为发包人违约

E. 要求发包人延长工期，支付合理利润

【答案】A、C、D、E

【解析】由于发包人原因引起的暂停施工造成工期延误的，承包人有权要求发包人延长工期和（或）增加费用，并支付合理利润。监理人发出暂停施工指示后56天内未向承包人发出复工通知，除了该项停工属于由于承包人暂停施工的责任的情况外，承包人可向监理人提交书面通知，要求监理人在收到书面通知后28天内准许已暂停施工的工程或其

中一部分工程继续施工。如监理人逾期不予批准，则承包人可以通知监理人，将工程受影响的部分视为可取消工作。如暂停施工影响到整个工程，可视为发包人违约。

◆ **考法 3：隐蔽工程检查**

【例题·2017年真题·单选题】根据九部委《标准施工招标文件》，监理人对隐蔽工程重新检查，经检验证明工程质量符合合同要求的，发包人应补偿承包人（ ）。

A. 工期和费用　　　　　　　　　　B. 工期、费用和利润

C. 费用和利润　　　　　　　　　　D. 工期和利润

【答案】B

【解析】隐蔽工程重新检查：（1）合格，发包人承担费用、工期和利润。（2）不合格，承包人承担费用和工期。

核心考点三：工程进度付款的规定

1. 监理人在收到承包人进度付款申请单以及相应的支持性证明文件后的 14 天内完成核查，提出发包人到期应支付给承包人的金额以及相应的支持性材料，经发包人审查同意后，由监理人向承包人出具经发包人签认的进度付款证书。监理人有权扣发承包人未能按照合同要求履行任何工作或义务的相应金额。

2. 发包人应在监理人收到进度付款申请单后的 28 天内，将进度应付款支付给承包人。发包人不按期支付的，按专用合同条款的约定支付逾期付款违约金。

3. 监理人出具进度付款证书，不应视为监理人已同意、批准或接受了承包人完成的该部分工作。

◆ **考法：工程进度付款的规定**

【例题·2016年真题·多选题】根据《标准施工招标文件》通用合同条款，关于工程进度款支付的说法，正确的有（ ）。

A. 承包人应在每个付款周期末，向监理人提交进度付款申请单及相应的支持性证明文件

B. 监理人应在收到进度付款申请单和证明文件的 7 天内完成核查，并经发包人同意后，出具经发包人签认的进度付款证书

C. 监理人出具进度付款证书，不应视为监理人已同意、接受承包人完成的该部分工作

D. 监理人无权扣发承包人未按合同要求履行的工作的相应金额，应提交发包人进行裁决

E. 发包人应在签发进度付款证书后的 28 天内，将进度应付款支付给承包人

【答案】A、C

【解析】B 选项错误，监理人应在收到进度付款申请单和证明文件的 14 天内完成核查。D 选项错误，监理人有权扣发承包人未按合同要求履行的工作的相应金额。E 选项错误，发包人应在监理人收到进度付款申请单后的 28 天内，将进度应付款支付给承包人。

核心考点四：竣工验收、缺陷责任与保修责任

1. 竣工验收申请报告

当工程具备以下条件时，承包人即可向监理人报送竣工验收申请报告：

（1）除监理人同意列入缺陷责任期内完成的尾工（甩项）工程和缺陷修补工作外，合同范围内的全部单位工程以及有关工作，包括合同要求的试验、试运行以及检验和验收均已完成，并符合合同要求。

（2）已按合同约定的内容和份数备齐了符合要求的竣工资料。

（3）已按监理人的要求编制了在缺陷责任期内完成的尾工（甩项）工程和缺陷修补工作清单以及相应施工计划。

（4）监理人要求在竣工验收前应完成的其他工作。

（5）监理人要求提交的竣工验收资料清单。

2. 竣工验收

（1）监理人认为不具备竣工验收条件，应在收到竣工验收申请报告后28天内通知承包人。

（2）监理人认为已具备竣工验收条件，应在收到竣工验收申请报告后28天内提请发包人验收。

（3）发包人验收后同意接受工程的，应在收到竣工验收申请报告56天内验收并出具工程接收证书。

（4）除合同条款另有约定外，经验收合格工程的实际竣工日期，以提交竣工验收申请报告的日期为准。

（5）发包人根据合同进度计划安排，在全部工程竣工前需要使用已经竣工的单位工程时，或承包人提出经发包人同意时，可进行单位工程验收。

3. 竣工清场费用由承包人承担。

4. 缺陷责任期

（1）缺陷责任期自实际竣工日期起计算。在全部工程竣工验收前，发包人提前验收的单位工程，其缺陷责任期的起算日期相应提前。

（2）缺陷责任期自实际竣工日期起算，最长不超过2年。

（3）缺陷责任期内，承包人对已交付使用的工程承担缺陷责任。

（4）缺陷责任期内，发包人对已接收使用的工程承担日常维护工作。

（5）监理人和承包人应共同查清工程产生缺陷和（或）损坏的原因。

（6）承包人不能在合理时间内修复缺陷的，发包人可自行修复或委托其他人修复，所需费用和利润的承担，根据缺陷和（或）损坏原因处理。

（7）缺陷责任期终止后14天内，退还剩余的质量保证金。

5. 保修期

保修期自工程竣工验收合格之日起计算。已经发包人提前验收的单位工程，保修期起算日期相应提前。

◆ **考法1：工程竣工验收应具备的条件**

【例题·2021年真题·多选题】根据《标准施工招标文件》，承包人向监理人报送竣工验收申请报告时，工程应具备的条件有（ ）。

A. 已按合同约定的内容和份数备齐符合要求的竣工资料

B. 已经完成合同内的全部单位工程及有关工作，并符合合同要求

C. 已按监理人要求编制了缺陷责任期内完成的甩项工程及缺陷修补工作

D. 工程项目的试运行完成并形成完整的资料清单

E. 已按监理人要求编制了缺陷责任期内的修补工作清单及施工计划

【答案】A、B、D

【解析】（1）全部单位工程以及有关工作都已完成且符合合同要求。（2）已按合同约定的内容和份数备齐了符合要求的竣工资料。（3）已按监理人的要求编制了在缺陷责任期内完成的尾工（甩项）工程和缺陷修补工作清单以及相应施工计划。（4）监理人要求在竣工验收前应完成的其他工作。（5）监理人要求提交的竣工验收资料清单。

◆ 考法 2：实际竣工日期

【例题·2016 年真题·单选题】某工程项目承包人于 2010 年 7 月 12 日向发包人提交了竣工验收报告，于 2010 年 8 月 5 日组织竣工验收，参加验收各方于 2010 年 8 月 10 日签署有关竣工验收合格的文件，发包人于 2010 年 8 月 20 日按照有关规定办理了竣工验收备案手续，本项目的实际竣工日期为（   ）。

A. 2010 年 7 月 12 日   B. 2010 年 8 月 5 日

C. 2010 年 8 月 10 日   D. 2010 年 8 月 20 日

【答案】A

【解析】经验收合格工程的实际竣工日期，以提交竣工验收申请报告的日期为准并在工程接收证书中写明。

◆ 考法 3：竣工清场

【例题·2017 年真题·单选题】根据《标准施工招标文件》，工程接收证书颁发后发生的竣工清场费用由（   ）承担。

A. 承包人   B. 发包人

C. 监理人   D. 主管部门

【答案】A

【解析】承包人应按照要求对施工场地进行清理，竣工清场费用由承包人承担。

◆ 考法 4：缺陷责任和保修责任

【例题 1·2020 年真题·单选题】根据《标准施工招标文件》，缺陷责任期最长不超过（   ）年。

A. 1   B. 2

C. 3   D. 4

【答案】B

【解析】缺陷责任期最长不超过 2 年。

【例题 2·2017 年真题·单选题】关于《标准施工招标文件》中缺陷责任期的说法，正确的有（   ）。

A. 发包人提前验收的单位工程，缺陷责任期按全部工程竣工日期起计算

B. 缺陷责任期内，承包人对已验收使用的工程承担日常维护工作

C. 承包人应在缺陷责任期内对已交付使用的工程承担缺陷责任

D. 承包人不能在合理时间内修复缺陷，发包人自行修复，承包人承担一切费用

E. 监理人和承包人应共同查清工程产生缺陷和（或）损坏的原因

【答案】C、E

【解析】A选项错误，发包人提前验收的单位工程，其缺陷责任期的起算时间也相应提前。B选项错误，缺陷责任期内，由发包人对已接收使用的工程负责日常维护工作。D选项错误，承包人不能在合理时间内修复缺陷的，发包人可自行修复或委托其他人修复，所需费用和利润的承担，根据缺陷和损坏原因处理。

2Z106022　施工专业分包合同的内容

核心考点：专业分包合同的内容

1. 承包人责任义务

（1）类似承包合同的发包人：承包人给专业分包人提供场地、图纸、办证、协调、治安、交通、交底、验收、付款。

（2）承包人提供总包合同（价格内容除外）供分包人查阅。

2. 专业分包人责任义务

（1）类似承包合同的承包人：专业分包人向承包人确保工程质量、安全、文明、环保、工期、保修、保险、工资、归档。

（2）分包人与发包人的关系

未经承包人允许，分包人不得与发包人或工程师发生直接工作联系，不得直接致函发包人或工程师，不得直接接受发包人或工程师指令。

（3）就分包工程范围内的有关工作，承包人随时可以向分包人发指令。

（4）分包人的工作

①按照分包合同约定，对分包工程进行设计、施工、竣工和保修。

②完成合同规定的设计内容，报承包人确认后在分包工程中使用，承包人承担费用。

③向承包人提供进度计划、进度统计报表和施工组织设计。

④按规定办理交通、噪声、环保、安全、文明等手续，承包人承担费用。

⑤已竣工工程未交付承包人之前，分包人应负责已完分包工程的成品保护工作。

3. 合同价款及支付

（1）分包工程合同价款可采用固定价格、可调价格或成本加酬金的一种。

（2）分包工程合同价款与总包合同相应部分价款无任何连带关系。

（3）承包人应在收到分包工程竣工结算报告及结算资料后28天内支付竣工结算价款。

◆ **考法1：专业分包人的责任义务**

【例题1·2019年真题·单选题】根据《建设工程施工专业分包合同（示范文本）》GF—2003—0213，关于专业工程分包人做法，正确的是（　　）。

A. 须服从监理人直接发出的与专业分包工程有关的指令

B. 可直接致函监理人，要求对相关指令进行澄清

C. 不能以任何理由直接致函给发包人

D. 在接到监理人指令后，可不执行承包人的指令

【答案】C

【解析】A 选项、B 选项错误，未经承包人允许，分包人不得以任何理由与发包人或工程师发生直接工作联系，分包人不得直接致函发包人或工程师，也不得直接接受发包人或工程师的指令。D 选项错误，就分包工程范围内的有关工作，承包人随时可以向分包人发出指令，分包人应执行承包人根据分包合同所发出的所有指令。

【例题 2·2019 年真题·单选题】根据《建设工程施工专业分包合同（示范文本）》GF—2003—0213，关于专业分包的说法，正确的是（　　　）。

A. 分包工程合同不能采用固定价格合同

B. 分包工程合同价款与总包合同相应部分价款没有连带关系

C. 专业分包人应按规定办理有关施工噪声排放的手续，并承担由此发生的费用

D. 专业分包人只有在收到承包人的指令后，才能允许发包人授权的人员在工作时间内进入分包工程施工场地

【答案】B

【解析】A 选项错误，分包工程合同可以采用固定价格合同。C 选项错误，专业分包人应按规定办理有关施工噪声排放的手续，并由承包人承担由此发生的费用。D 选项错误，分包人应允许承包人、发包人、工程师及其三方中任何一方授权的人员在工作时间内，合理进入分包工程施工场地或材料存放的地点，以及施工场地以外与分包合同有关的分包人的任何工作或准备的地点，分包人应提供方便。

【例题 3·2021 年真题·多选题】根据《建设工程施工专业分包合同（示范文本）》GF—2003—0213，下列工作中，分包人的工作有（　　　）。

A. 对分包工程进行深化设计、施工、竣工和保修

B. 负责已完分包工程的成品保护工作

C. 向监理人提供进度计划及进度统计报表

D. 向承包人提交详细的施工组织设计

E. 直接履行监理工程师的工作指令

【答案】A、D

【解析】本题考查专业分包人的工作。

◆ 考法 2：合同价款及支付

【例题·2021 年真题·单选题】根据《建设工程施工专业分包合同（示范文本）》GF—2003—0213，承包人应在收到分包工程竣工结算报告及结算资料后（　　　）天内支付竣工结算款。

A. 28　　　　　　　　　　　　　　B. 7

C. 14　　　　　　　　　　　　　　D. 56

【答案】A

【解析】承包人应在收到分包工程竣工结算报告及资料后 28 天内支付竣工结算价款。

2Z106023　施工劳务分包合同的内容

核心考点：劳务分包合同的内容

1. 承包人的主要义务（除了干活外的全部事情）

（1）组建项目管理班子，组织实施施工管理的各项工作，对工期和质量向发包人负责。

（2）向劳务分包人提供具备开工条件的施工场地、道路、工程资料、临时设施。

（3）负责编制施工组织设计，组织编制年、季、月施工计划、物资需用量计划表。

（4）负责测量定位、沉降观测、技术交底，组织图纸会审，统一安排技术档案资料收集整理及交工验收。

（5）按时提供图纸。

（6）按合同约定，向劳务分包人支付劳动报酬。

（7）负责与各单位联系协调。

2. 劳务分包人的主要义务（只负责干活）

（1）对劳务分包范围内的工程质量向工程承包人负责，组织具有相应资格证书的熟练工人投入工作。

（2）严格按照设计图纸、施工验收规范、有关技术要求及施工组织设计精心组织施工，确保工程质量达到约定的标准。科学安排作业计划，投入足够的人力、物力，保证工期。

（3）自觉接受工程承包人及有关部门的管理、监督和检查。

（4）劳务分包人须服从工程承包人转发的发包人及工程师（监理人）的指令。

（5）除非合同另有约定，劳务分包人应对其作业内容的实施、完工负责。

3. 保险

（1）劳务分包人施工开始前，工程承包人应获得发包人为施工场地内的自有人员及第三方人员生命财产办理的保险，且不需劳务分包人支付保险费用。

（2）运至施工场地用于劳务施工的材料和待安装设备，由工程承包人办理或获得保险，且不需劳务分包人支付保险费用。

（3）工程承包人必须为租赁或提供给劳务分包人使用的施工机械设备办理保险，并支付保险费用。

（4）劳务分包人必须为从事危险作业的职工办理意外伤害保险，并为施工场地内自有人员生命财产和施工机械设备办理保险，支付保险费用。

（5）保险事故发生时，劳务分包人和工程承包人有责任采取必要的措施，防止或减少损失。

4. 工时及工程量的确认

（1）采用固定劳务报酬方式的，施工过程中不计算工时和工程量。

（2）采用按确定的工时计算劳务报酬的，由劳务分包人每日将提供劳务人数报工程承包人，由工程承包人确认。

（3）采用按确认的工程量计算劳务报酬的，由劳务分包人按月（或旬、日）将完成的工程量报工程承包人，由工程承包人确认。对劳务分包人未经工程承包人认可、超出设计图纸范围和因劳务分包人原因造成返工的工程量，工程承包人不予计量。

5. 劳务报酬最终支付

（1）全部工作完成，承包人认可后 14 天内，劳务分包人向承包人递交完整的结算资料。

（2）承包人收到劳务分包人递交的结算资料后 14 天内核实，确认结算资料后 14 天内向劳务分包人支付劳务报酬尾款。

◆ **考法 1：劳务分包人的义务**

【例题 1·2020 年真题·单选题】根据《建设工程施工劳务分包公司（示范文本）》GF—2003—0214，下列合同规定的相关义务中，属于劳务分包人义务的是（　　）。

A. 组建项目管理班子
B. 负责编制施工组织设计
C. 负责工程测量定位和沉降观测
D. 投入人力和物力，科学安排作业计划

【答案】D

【解析】选项 A、B、C 属于承包人的义务。

【例题 2·2019 年真题·多选题】根据《建设工程施工劳务分包合同（示范文本）》GF—2003—0214，关于劳务分包人应承担义务的说法，正确的有（　　）。

A. 负责组织实施施工管理的各项工作，对工期和质量向发包人负责
B. 须服从工程承包人转发的发包人及工程师的指令
C. 自觉接受工程承包人及有关部门的管理、监督和检查
D. 未经工程承包人授权或许可，不得擅自与发包人建立工作联系
E. 应按时提交有关技术经济资料，配合工程承包人办理竣工验收

【答案】B、C、D

【解析】A 选项为承包人的义务。劳务分包人只负责干活，E 选项错误。

◆ **考法 2：保险责任**

【例题 1·2019 年真题·单选题】根据《建设工程施工劳务分包合同（示范文本）》GF—2003—0214，必须由劳务分包人办理并支付保险费用的是（　　）。

A. 为租赁使用的施工机械设备办理保险
B. 为运至施工场地用于劳务施工的材料办理保险
C. 为施工场地内的自有人员及第三方人员生命财产办理保险
D. 为从事危险作业的职工办理意外伤害险

【答案】D

【解析】原则：是谁的人、是谁的设备、是谁的材料，就谁负责办保险。

【例题 2·2018 年真题·单选题】根据《建设工程施工劳务分包合同（示范文本）》GF—2003—0214，关于保险办理的说法，正确的是（　　）。

A. 劳务分包人施工开始前，应由工程承包人为施工场地内自有人员及第三人人员生命财产办理保险

B. 工程承包人提供给劳务分包人使用的施工机械由劳务分包人办理保险并支付费用

C. 工程承包人需为从事危险作业的劳务人员办理意外伤害险并支付费用

D. 运至施工场地用于劳务施工的材料，由工程承包人办理保险并支付费用

【答案】D

【解析】选项 A，劳务分包人施工开始前，应由工程发包人为施工场地内自有人员及第三人人员生命财产办理保险。选项 B，工程承包人提供给劳务分包人使用的施工机械设备由工程承包人办理保险并支付费用。选项 C，劳务分包人需为从事危险作业的劳务人员办理意外伤害险并支付费用。

【例题 3·2021 年真题·多选题】根据《标准施工招标文件》，发包人应负责赔偿第三者人身伤亡和财产损失的情况有（　　　）。

A. 发包人现场管理人员的工伤事故

B. 工程施工过程中承包人发生安全事故

C. 工地附近小孩进入工地场区引起的意外伤害

D. 施工围挡倒塌导致路过行人的伤害

E. 政府相关人员进入施工现场检查时的意外伤害

【答案】C、D、E

【解析】发包人为施工场地内的自有人员及第三方人员生命财产办理的保险。

◆ 考法 3：劳务报酬最终支付

【例题·2012 年真题·单选题】根据《建设工程施工劳务分包合同（示范文本）》GF—2003—0214，全部分包工作完成，经工程承包人认可后（　　　）日内，劳务分包人向工程承包人递交完整的结算资料，按照合同约定进行劳务报酬的最终支付。

A. 7　　　　　　　　　　　　　B. 14

C. 28　　　　　　　　　　　　D. 42

【答案】B

【解析】全部工作完成，经工程承包人认可后 14 天内，劳务分包人向工程承包人递交完整的结算资料，双方按照本合同约定的计价方式，进行劳务报酬的最终支付。

2Z106024　物资采购合同的主要内容

核心考点：物资采购合同的主要内容

1. 约定质量标准的原则

（1）按颁布的国家标准执行。

（2）没有国家标准而有行业标准的则按照行业标准执行。

（3）没有国家标准和行业标准为依据时，可按照企业标准执行。

（4）没有上述标准或虽有上述标准但采购方有特殊要求，按照双方在合同中约定的技术条件、样品或补充的技术要求执行。

2. 验收方式

（1）驻厂验收：在制造时期，由采购方派人在供应的生产厂家进行材质检验；（2）提

运验收；（3）接运验收；（4）入库验收：是广泛采用的正式的验收方法。

3. 交货期限

（1）供货方负责送货的，以采购方收货戳记的日期为准。

（2）采购方提货的，以供货方按合同规定通知的提货日期为准。

（3）凡委托运输部门或单位运输、送货或代运的产品，一般以供货方发运产品时承运单位签发的日期为准。

4. 价格

（1）有国家定价，按国家定价。

（2）由国家定价但尚无定价，报请物价主管部门。

（3）不属于国家定价，双方协商。

5. 违约责任：原则是只承担违约部分的责任。

6. 设备采购合同

采用固定总价合同，合同价包括税费、运杂费、保险费。价款支付方式有：

（1）制造前，10% 预付款。

（2）货物送达交货地点，80% 设备款。

（3）剩余 10% 作为设备保证金。

◆ 考法 1：约定质量标准的原则

【例题·2021 年真题·多选题】建筑材料采购合同中，约定质量标准的一般原则有（　　　）。

A. 按颁布的国家标准执行

B. 没有任何标准的，按第三方提供标准执行

C. 没有国家标准而有行业标准的，按行业标准执行

D. 没有国家标准和行业标准的，按企业标准执行

E. 对于采购方有特殊要求的，按合同中约定技术条件、样品或补充的要求执行

【答案】A、C、D

【解析】本题考查约定质量标准的一般原则。

◆ 考法 2：验收方式

【例题·2012 年真题·单选题】按验收方式划分，建设工程采购方在所购物资制造时就派人在供应厂家进行检验的验收方式，属于（　　　）。

A. 驻厂验收　　　　　　　　　　　B. 提运验收

C. 接运验收　　　　　　　　　　　D. 入库验收

【答案】A

【解析】本题考查驻厂验收的概念。

◆ 考法 3：交货期限

【例题 1·2021 年真题·单选题】由采购方负责提货的建筑材料，其交货期限应以（　　　）。

A. 采购方收货戳记的日期

B. 采购方向承运单位提出申请的日期为准

C. 供货方发运产品时承运单位签发的日期

D. 供货方按照合同规定通知的提货日期

【答案】D

【解析】供货方负责送货，以采购方收货戳记日期为准；采购方提货，按合同规定的提货日期为准；委托运输，以承运单位签发的日期为准。

【例题2·2018年真题·单选题】由采购方负责提货的建筑材料，交货期限应以（　　）为准。

A. 采购方收货戳记的日期

B. 供货方按照合同规定通知的提货日期

C. 供货方发运产品时承运单位签发的日期

D. 采购方向承运单位提出申请的日期

【答案】B

【解析】供货方负责送货，以采购方收货戳记日期为准；采购方提货，按合同规定的提货日期为准；委托运输，以承运单位签发的日期为准。

2Z106030　施工合同计价方式

核 心 考 点 提 纲

$$
2Z106030 \quad 施工合同计价方式 \begin{cases} 2Z106031 \quad 单价合同 \\ 2Z106032 \quad 总价合同 \\ 2Z106033 \quad 成本加酬金合同 \end{cases}
$$

核 心 考 点 剖 析

2Z106031　单价合同

核心考点：单价合同

1. 实际支付的工程款＝实际完成的工程量 × 合同单价。

2. 单价合同的特点是单价优先。对于投标书中的数字计算错误，业主有权先修改再评标，当总价和单价的计算结果不一致时，以单价为准调整总价。

3. 单价合同允许随工程量变化调整工程总价，业主和承包商都不存在工程量方面的风险。

4. 固定单价合同条件下，无论发生哪些影响价格的因素都不对单价进行调整，因而对承包商风险较大。适用于工期较短、工程量变化幅度不会太大的项目。

5. 采用变动单价合同时，合同双方可以约定一个估计的工程量，当实际工程量发生较大变化、通货膨胀达到一定水平、国家政策发生变化时可以调整单价。承包商风险相对较小。

◆ **考法 1：单价合同价款的计算**

【例题·2020 年真题·单选题】某已标价工程量清单中钢筋混凝土工程的工程量是 1000m³，综合单价是 600 元/m³，该分部工程招标控制价为 70 万元，实际施工完成工程量为 1500m³，则固定单价合同下钢筋混凝土工程价款为（　　）万元。

A. 60　　　　　　　　　　　　　　B. 65

C. 90　　　　　　　　　　　　　　D. 70

【答案】C

【解析】固定单价合同下钢筋混凝土工程价款为 1500m³×600 元/m³＝90 万元。

◆ **考法 2：单价合同的相关规定**

【例题 1·2021 年真题·单选题】某招标工程采用单价合同，如投标书中出现明显的总价和单价的计算结果不一致时，正确的做法是（　　）。

A. 分别调整单价和总价　　　　　　B. 以单价为准调整总价

C. 按市场价调整单价　　　　　　　D. 以总价为准调整单价

【答案】B

【解析】当总价和单价的计算结果不一致时，以单价为准调整总价。

【例题 2·2019 年真题·单选题】关于单价合同的说法，正确的是（　　）。

A. 实际工程款的支付按照估算工程量乘以合同单价进行计算

B. 单价合同又分为固定单价合同、变动单价合同、成本补偿合同

C. 变动单价合同允许随工程量变化而调整工程单价，业主承担风险较小

D. 固定单价合同适用于工期较短、工程量变化幅度不会太大的项目

【答案】D

【解析】A 选项错误，实际工程款的支付按实际完成的工程量乘以合同单价进行计算。B 选项错误，单价合同分为固定单价合同和变动单价合同。C 选项错误，对于变动单价合同，当工程量发生较大变化时可以对单价进行调整，承包商承担风险相对较小。

【例题 3·2017 年真题·单选题】关于单价合同的说法，正确的是（　　）。

A. 对于投标书中出现明显数字计算错误时，评标委员会有权先做修改再评标

B. 单价合同允许随工程量变化而调整工程单位，业主承担工程量方面的风险

C. 单价合同分为固定单价合同、变动单价合同、成本补偿合同

D. 实际工程款的支付按照估算工程量乘以合同单价进行

【答案】A

【解析】B 选项错误，由于单价合同允许随工程量变化而调整工程总价，业主和承包商都不存在工程量方面的风险；C 选项错误，单价合同又分为固定单价合同和变动单价合同。D 选项错误，实际工程款的支付按实际完成的工程量乘以合同单价进行计算。

◆ **考法 3：单价合同适用的情形**

【例题·2014 年真题·多选题】当采用变动单价时，合同中可以约定合同单价调整的情况有（　　）。

A. 工程量发生较大的变化　　　　　B. 承包商自身根本发生较大的变化

C. 通货膨胀达到一定水平 　　　　　D. 国家相关政策发生变化

E. 业主资金不到位

【答案】A、C、D

【解析】变动单价合同适用的情形有三种：实际工程量发生较大变化、通货膨胀达到一定水平、国家政策发生变化。

2Z106032　总价合同

核心考点：总价合同

1. 固定总价合同

（1）合同总价一次包死，固定不变。当然，还可以约定，在发生重大工程变更、累计工程变更超过一定幅度或其他特殊条件下可以对合同价格进行调整。这种合同在国际上被广泛采用。

（2）该合同承包商承担了全部的工程量和价格的风险。

① 价格风险：报价计算错误、漏报项目、物价和人工费上涨。

② 工作量风险：工程量计算错误、工程范围不确定、工程变更、设计深度不够造成误差。

（3）固定总价合同适用于以下情况：

① 工程量小、工期短，估计在施工过程中环境因素变化小，工程条件稳定并合理。

② 工程设计详细，图纸完整、清楚，工程任务和范围明确。

③ 工程结构和技术简单，风险小。

④ 投标期相对宽裕，承包商可以有充足的时间详细考察现场，复核工程量，分析招标文件，拟订施工计划。

⑤ 合同条件中双方的权利和义务十分清楚，合同条件完备。

2. 变动总价合同

《建设工程施工合同（示范文本）》GF—2017—0201约定，以下条件可对合同价款进行调整：

（1）法律、法规、政策发生变化。

（2）工程造价部门公布的价格调整。

（3）一周内非承包人原因停水停电停气造成停工累计超过8小时。

施工期限一年左右的项目一般实行固定总价合同。建设周期一年半以上的项目，应考虑下列因素引起的价格变化：

（1）劳务工资、材料费上涨。

（2）运输费、燃料费、电力等价格变化。

（3）外汇汇率不稳定。

（4）国家立法改变引起工程费用上涨。

◆ **考法1：固定总价合同的特点**

【例题1·2019年真题·单选题】在固定总价合同模式下，承包人承担的风险是（　　　）。

A. 全部价格的风险，不包括工作量的风险

B. 全部工作量和价格的风险

C. 全部工作量的风险，不包括价格的风险

D. 工程变更的风险，不包括工程量和价格的风险

【答案】B

【解析】固定总价合同承包商承担了全部的工作量和价格的风险。

【例题2·2017年真题·单选题】固定总价合同中，承包商承担的价格风险是（　　）。

A. 工程量计算错误　　　　　　　　B. 工程范围不确定

C. 漏报项目　　　　　　　　　　　D. 工程变更

【答案】C

【解析】采用固定总价合同，承包商的风险主要有两个方面：一是价格风险，二是工作量风险。价格风险有报价计算错误、漏报项目、物价和人工费上涨等；工作量风险有工程量计算错误、工程范围不确定、工程变更或者由于设计深度不够所造成的误差等。

【例题3·2018年真题·多选题】若建设工程采用固定总价合同，承包商承担的风险主要有（　　）。

A. 报价计算错误的风险　　　　　　B. 物价、人工费上涨的风险

C. 工程变更的风险　　　　　　　　D. 设计深度不够导致误差的风险

E. 投资失控的风险

【答案】A、B、C、D

【解析】同上题。

【例题4·2021年真题·多选题】一般情况下，固定总价合同适用的情形有（　　）。

A. 抢险、救灾工程

B. 工程结构简单，风险小

C. 工程内容和工程量一时不能明确

D. 工程量小、工期短，工程条件稳定

E. 工程设计详细、图纸完整、清楚，工程任务和范围明确

【答案】B、D、E

【解析】本题考查固定总价合同适用的情况。

◆ **考法 2：变动总价合同的特点**

【例题1·2017/2019年真题·多选题】根据《建设工程施工合同（示范文本）》GF—2017—0201，采用变动总价合同时，一般可对合同价款进行调整的情形有（　　）。

A. 承包方承担的损失超过其承受能力

B. 法律、行政法规和国家有关政策变化影响合同价款

C. 一周内非承包商原因停电造成的停工累计达到7小时

D. 工程造价管理部门公布的价格调整

E. 外汇汇率变化影响合同价款

【答案】B、D

【解析】根据《建设工程施工合同（示范文本）》GF—2017—0201，合同双方可约定，在以下条件下可对合同价款进行调整：（1）法律、行政法规和国家有关政策变化影响合同价款。（2）工程造价管理部门公布的价格调整。（3）一周内非承包人原因停水、停电、停气造成的停工累计超过 8 小时。

【例题 2·2020 年真题·多选题】采用变动总价合同时，对于建设周期两年以上的工程项目，需考虑引起价格变化的因素有（　　　）。

A. 劳务工资以及材料费用的上涨　　　B. 承包人用工制度的变化

C. 燃料费及电力价格的变化　　　　　D. 外汇汇率的波动

E. 法规变化引起的工程费用上涨

【答案】A、C、D、E

【解析】对建设周期一年半以上的工程项目，则应考虑下列因素引起的价格变化问题：（1）劳务工资以及材料费用的上涨。（2）其他影响工程造价的因素，如运输费、燃料费、电力等价格的变化。（3）外汇汇率的不稳定。（4）国家或者省、市立法的改变引起的工程费用的上涨。

◆ 考法 3：总价合同与单价合同综合计算

【例题·2021 年真题·单选题】某土石方工程实行混合计价，其中土方工程实行总价包干，包干价 14 万元；石方工程实行单价合同，相关的工程量和价格资料见下表，则该工程结算价款为（　　　）。

	估计工程量（m³）	实际工程量（m³）	承包单价（元 /m³）
土方	4000	4200	
石方	2800	3000	120

A. 50.0　　　　　　　　　　　　　B. 47.6

C. 48.3　　　　　　　　　　　　　D. 50.7

【答案】A

【解析】土方工程实行总价包干，按照包干价 14 万元结算；石方工程实行单价合同，按照实际工程量乘以合同单价结算，因此，结算价款为 140000 ＋ 3000×120 ＝ 50 万元。

2Z106033　成本加酬金合同

核心考点：成本加酬金合同

1. 成本加酬金合同的含义

承包商不承担任何价格变化或工程量变化的风险，这些风险主要由业主承担，对业主的投资控制很不利。

2. 成本加酬金合同的适用条件

（1）工程特别复杂，工程技术、结构方案不能预先确定，或者尽管可以确定不能进行竞争性招标，如研究开发项目。

（2）时间特别紧迫，如抢险、救灾工程。

3. 成本加酬金合同的对业主的优点

（1）可以通过分段施工缩短工期。

（2）可以减少承包商的对立情绪。

（3）可以利用承包商的施工技术专家，帮助改进或弥补设计中的不足。

（4）业主可以根据自身力量和需要，较深入地介入和控制工程施工和管理。

（5）可以通过确定最大保证价格约束工程成本不超过某一限值，从而转移一部分风险。

4. 成本加酬金的主要形式

形式	概念 / 特点	适用条件
成本加固定费用	直接成本实报实销，确定一笔固定的报酬，固定报酬也要变化	工程总成本一开始估计不准，可能变化不大的情况
成本加固定比例费用	直接费加一定比例的报酬费。不利于缩短工期和降低成本	工程初期、工期紧迫
成本加奖金	底点（60%～75%）和顶点（110%～135%）	招标时准备不充分，仅能制定估算指标
最大成本加费用	工程成本总价加一个固定的酬金（包括各项管理费、风险费和利润）	设计深度达到可以报总价。CM 模式采用该合同

◆ **考法 1：成本加酬金合同的含义**

【例题 1·2021 年真题·单选题】关于成本加酬金合同的说法，正确的是（　　）。

A. 对业主来说，成本加酬金合同风险较小

B. 需等待所有施工图完成后才开始招标和施工

C. 采用该合同方式对业主的投资控制很不利

D. 对承包人来说，风险比固定总价合同的高，利润无保证

【答案】C

【解析】采用这种合同，承包商不承担任何价格变化或工程量变化的风险，这些风险主要由业主承担，对业主的投资控制很不利。

【例题 2·2018 年真题·单选题】下列合同计价方式中，对承包商来说风险最小的是（　　）。

A. 单价合同　　　　　　　　　B. 成本加酬金合同

C. 固定总价合同　　　　　　　D. 变动总价合同

【答案】B

【解析】同上题。

◆ **考法 2：成本加酬金合同的适用情况**

【例题·2016 年真题·单选题】下列工程项目中，宜采用成本加酬金合同的是（　　）。

A. 工程结构和技术简单的工程项目

B. 工程设计详细，图纸完整、清楚，工作任务和范围明确的工程项目

C. 时间特别紧迫的抢救、救灾工程项目

D. 工程量暂不确定的工程项目

【答案】C

【解析】成本加酬金合同通常用于如下情况：（1）工程特别复杂，工程技术、结构方案不能预先确定，或者尽管可以确定但不可能进行竞争性的招标的工程，如研究开发性质的工程项目；（2）时间特别紧迫，如抢险、救灾工程。

◆ **考法3：成本加酬金合同的优点**

【例题·2018年真题·单选题】对于业主而言成本加酬金合同的优点是（   ）。

A. 有利于控制投资   B. 可通过分段施工缩减工期

C. 不承担工程量变化的风险   D. 不需介入工程施工的管理

【答案】B

【解析】承包商不承担任何价格变化和风险量变化风险，对业主的投资控制很不利，选项A和选项C错误。选项D，业主可以根据自身力量和需要，较深入地介入和控制工程施工和管理。

◆ **考法4：成本加酬金合同的形式**

【例题·2020年真题·单选题】发承包双方在合同中约定直接成本实报实销，发包方再额外支付一笔报酬，若发生设计变更或增加新项目，当直接费超过原估算成本的10%时，固定的报酬也要增加，此合同属于成本加酬金合同中的（   ）。

A. 成本加固定比例合同   B. 成本加奖金合同

C. 最大成本加费用合同   D. 成本加固定费用合同

【答案】D

【解析】成本加固定费用合同：确定一笔固定数目的报酬金额作为管理费及利润，对人工、材料、机械台班等直接成本则实报实销。如果设计变更或增加新项目，当直接费超过原估算成本的一定比例（如10%）时，固定的报酬也要增加。

◆ **考法5：三种不同计价方式的特点对比**

【例题·2021年真题·多选题】关于施工合同计价方式的说法，正确的有（   ）。

A. 单价合同风险由承发包双方分担

B. 总价合同主要适用于紧急工程、保密工程

C. 总价合同风险主要由发包人承担

D. 成本加酬金合同风险主要由业主承担

E. 成本加酬金合同主要适用于工程量不确定的工程

【答案】A、D

【解析】B选项错误，总价合同适用于工程量小、工期短等。C选项错误，总价合同风险主要由承包人承担。E选项错误，单价合同适用于工程量不确定的工程。

2Z106040　施工合同执行过程的管理

核心考点提纲

2Z106040　施工合同执行过程的管理 { 2Z106041　施工合同跟踪与控制　2Z106042　施工合同变更管理

2Z106041 施工合同跟踪与控制

核心考点：施工合同跟踪与控制

1. 合同跟踪

（1）合同跟踪依据

合同跟踪的重要依据是合同、计划文件、各种实际工程文件、现场情况。

（2）跟踪对象

① 承包的任务：施工质量、进度、成本、数量。

② 工程小组或分包人的工程和工作：施工质量、进度、成本、数量。

③ 业主和工程师的工作：是否及时提供施工条件、是否及时指令答复、是否及时付清工程款。

2. 合同实施偏差分析

（1）合同实施原因分析；

（2）合同实施责任分析；

（3）合同实施趋势分析：① 最终的工程状况：总工期延误、总成本超支、质量标准等。② 承包商后果：被罚款、被清算、被起诉等。③ 最终经济效益。

3. 合同实施偏差处理

（1）组织措施，如增加人员投入，调整人员安排，调整工作流程和工作计划等。

（2）技术措施，如变更技术方案，采用新的高效率的施工方案等。

（3）经济措施，如增加投入，采取经济激励措施等。

（4）合同措施，如进行合同变更，签订附加协议，采取索赔手段等。

◆ **考法 1：合同跟踪的对象**

【例题·2017年真题·多选题】下列工程任务或工作中，可作为施工合同跟踪对象的有（　　）。

A. 工程施工质量　　　　　　　　B. 工程施工进度

C. 业主工程款项支付　　　　　　D. 施工成本的增加和减少

E. 政府质量监督部门的质量检查

【答案】A、B、C、D

【解析】合同跟踪的对象：承包的任务、工程小组或分包人的工程和工作、业主和其委托的工程师的工作。

◆ **考法 2：合同实施偏差分析**

【例题·2018年真题·多选题】下列工作内容中属于合同实施偏差分析的有（　　）。

A. 产生偏差的原因分析　　　　　B. 实施偏差的责任分析

C. 合同实施趋势分析　　　　　　D. 实施偏差的费用分析

E. 合同终止的原因分析

【答案】A、B、C

【解析】合同实施的偏差分析：（1）产生偏差的原因分析；（2）合同实施偏差的责任分析；（3）合同实施趋势分析。

◆ 考法3：合同实施偏差处理

【例题1·2019年真题·单选题】下列合同实施偏差的调整措施中，属于组织措施的是（　　）。

A. 增加资金投入

B. 采取索赔手段

C. 增加人员投入

D. 变更合同条款

【答案】C

【解析】A选项属于经济措施，B、D选项属于合同措施。

【例题2·2021年真题·多选题】下列施工合同实施偏差的处理措施中，属于组织措施的有（　　）。

A. 调整人员安排

B. 调整施工方案

C. 调整工作流程

D. 调整工作计划

E. 进行合同变更

【答案】A、C、D

【解析】B选项属于技术措施，E选项属于合同措施。

2Z106042　施工合同变更管理

核心考点：施工合同变更管理

1. 合同变更的概念

合同变更是指合同成立以后和履行完毕以前由双方当事人依法对合同的内容所进行的修改，包括合同价款、工程内容、工程的数量、质量要求和标准、实施程序等的一切改变都属于合同变更。

2. 工程变更的原因

（1）业主新的变更指令，对建筑的新要求。

（2）由于设计人员、监理方人员、承包商事先没有很好地理解业主的意图，或设计的错误，导致图纸修改。

（3）工程环境的变化，预定的工程条件不准确，要求实施方案或实施计划变更。

（4）由于产生新技术和知识，有必要改变原设计、原实施方案或实施计划，或由于业主指令及业主责任的原因造成承包商施工方案的改变。

（5）政府部门对工程新的要求。

（6）由于合同实施出现问题，必须调整合同目标或修改合同条款。

3. 变更的范围

（1）取消合同中任何一项工作，但不能转由他人实施；

（2）改变合同中任何一项工作的质量标准、特性、基线、标高、位置、尺寸、施工时间、施工工艺、施工顺序；

（3）追加额外的工作。

4. 变更权

在履行合同过程中，经发包人同意，监理人可按合同约定向承包人作出变更指示。没有监理人的变更指示，承包人不得擅自变更。

5. 变更程序

（1）变更的提出

① 在履行合同过程中，可能发生变更，监理人可向承包人发出变更意向书。变更意向书应要求承包人提交包括拟实施变更工作的计划、措施和竣工时间等内容的实施方案。

② 在履行合同过程中，已经发生变更，监理人可向承包人发出变更指示。

③ 承包人可向监理人提出书面变更建议，监理人收到书面变更建议后，确认存在变更的，收到书面变更建议后 14 天内作出变更指示。

④ 若承包人认为难以实施，应立即通知监理人。

（2）变更指示

变更指示只能由监理人发出。变更指示应说明变更的目的、范围、内容、工程量、进度技术要求。

6. 变更估价

（1）承包人应在收到变更指示或变更意向书后 14 天内，向监理人提交变更报价书。

（2）监理人收到变更报价书后 14 天内，根据合同约定的估价原则，按照总监理工程师与合同当事人商定或确定变更价格。

7. 变更估价原则

（1）已标价工程量清单中有适用于变更工作子目的，采用该子目的单价。

（2）已标价工程量清单中无适用于变更工作的子目，但有类似子目的，参照类似子目的单价，由监理人按总监理工程师与合同当事人商定或确定变更工作的单价。

（3）已标价工程量清单中无适用或类似子目的单价，可按照成本加利润的原则，由监理人按总监理工程师与合同当事人商定或确定变更工作的单价。

◆ 考法 1：合同变更的含义

【例题·2021 年真题·单选题】施工合同变更是指（　　）由双方当事人依法对合同内容所进行的修改。

A. 合同成立以后和工程竣工以前　　　　B. 工程开工以后和履行完毕以前

C. 合同成立以后和履行完毕以前　　　　D. 合同签字以后和支付完毕以前

【答案】C

【解析】合同变更是指合同成立以后和履行完毕以前由双方当事人依法对合同的内容所进行的修改，包括合同价款、工程内容、工程的数量、质量要求和标准、实施程序等的一切改变都属于合同变更。

◆ 考法 2：工程变更的原因

【例题·2020 年真题·多选题】在施工过程中，引起工程变更的原因有（　　）。

A. 发包人修改项目计划　　　　　　　B. 设计错误导致图纸修改

C. 总承包人改变施工方案　　　　　　　D. 工程环境变化

E. 政府部门提出新的环保要求

【答案】A、B、D、E

【解析】本题考查工程变更的原因。

◆ 考法 3：变更的范围

【例题·2019 年真题·多选题】根据《标准施工招标文件》在合同履行中可以进行变更的有（　　　）。

A. 改变合同工程的标高　　　　　　B. 改变合同中某项工作的施工时间

C. 取消合同中某项工作，转由发包人施工　D. 为完成工程需要追加的额外工作

E. 改变合同中某项工作的质量标准

【答案】A、B、D、E

【解析】工程变更的范围和内容：

（1）取消合同中任何一项工作，但不能转由他人实施；

（2）改变合同中任何一项工作的质量标准、特性、基线、标高、位置、尺寸、施工时间、施工工艺、施工顺序；

（3）追加额外的工作。

◆ 考法 4：变更权

【例题·2020 年真题·单选题】根据《标准施工招标文件》，关于变更权的说法，正确的是（　　　）。

A. 设计人可根据项目实际情况自行向承包人作出变更指示

B. 没有监理人的变更指示，承包人不得擅自变更

C. 监理人可根据项目实际情况按合同约定自行向承包人作出变更指示

D. 总承包人可根据项目实际情况按合同约定自行向分包人作出变更指示

【答案】B

【解析】在履行合同过程中，经发包人同意，监理人可按合同约定的变更程序向承包人作出变更指示，承包人应遵照执行。没有监理人的变更指示，承包人不得擅自变更。

◆ 考法 5：变更程序

【例题·2019 年真题·单选题】根据《标准施工招标文件》，关于施工合同变更权和变更程序的说法，正确的是（　　　）。

A. 发包人可以直接向承包人发出变更意向书

B. 承包人根据合同约定，可以向监理人提出书面变更建议

C. 承包人书面报告发包人后，可根据实际情况对工程进行变更

D. 监理人应在收到承包人书面建议后 30 天内作出变更指示

【答案】B

【解析】A 选项、C 选项错误，经发包人同意，监理人可按合同约定的变更程序向承包人作出变更指示，没有监理人的变更指示，承包人不得擅自变更。D 选项错误，监理人应在收到承包人书面建议后 14 天内作出变更指示。

◆ **考法 6：变更估价**

【例题 1·2021 年真题·单选题】根据《标准施工招标文件》，监理人在收到承包人提出的书面变更建议后，确认存在变更的，应在（　　）天内作出变更指示。

A. 14　　　　　　　　　　　　B. 5

C. 7　　　　　　　　　　　　D. 28

【答案】A

【解析】监理人收到承包人书面建议后，确认存在变更的，应在收到承包人书面建议后的 14 天内作出变更指示。经研究后不同意变更的，应由监理人书面答复承包人。

【例题 2·2018 年真题·单选题】根据《标准施工招标文件》通用合同条款，承包人应该在收到变更指示最多不超过（　　）天内，向监理人提交变更估价申请。

A. 14　　　　　　　　　　　　B. 7

C. 28　　　　　　　　　　　　D. 30

【答案】A

【解析】承包人应在收到变更指示后 14 天内，向监理人提交变更估价申请。

◆ **考法 7：变更估价的原则**

【例题·2017 年真题·单选题】根据九部委《标准施工招标文件》，对于施工合同变更的估价，已标价工程量清单中无适用项目的单价，监理工程师确定承包商提出的变更工作单价时，应按照（　　）原则。

A. 固定总价　　　　　　　　　　B. 固定单价

C. 可调单价　　　　　　　　　　D. 成本加利润

【答案】D

【解析】已标价工程量清单中无适用或类似子目的单价，可按照成本加利润的原则，由监理人商定或确定变更工作的单价。

2Z106050　施工合同的索赔

核心考点提纲

2Z106050　施工合同的索赔 { 2Z106051　施工合同索赔的依据和证据
2Z106052　施工合同索赔的程序

核心考点剖析

2Z106051　施工合同索赔的依据和证据

核心考点一：索赔的证据及其基本要求

1. 索赔的提出

在建设工程施工承包合同执行过程中，业主可以向承包商提出索赔要求，承包商也可以向业主提出索赔要求，即合同的双方都可以向对方提出索赔要求。当一方向另一方提出索赔要求，被索赔方应采取适当的反驳、应对和防范措施，这称为反索赔。

2. 常见的索赔证据

（1）各种合同文件，包括施工合同协议书及其附件、中标通知书、投标书、标准和技术规范、图纸、工程量清单、工程报价单或者预算书、有关技术资料和要求、施工过程中的补充协议等。

（2）经过发包人或者工程师批准的承包人的施工进度计划、施工方案、施工组织设计和现场实施情况记录；工程各种往来函件、通知、答复等。

（3）施工现场记录，包括有关设计交底、设计变更、施工变更指令，工程材料和机械设备的采购、验收与使用等方面的凭证及材料供应清单、合格证书，工程现场水、电、道路等开通、封闭的记录，停水、停电等各种干扰事件的时间和影响记录等。

（4）工程有关照片和录像等。

（5）备忘录，对工程师（监理人）或业主的口头指示和电话应随时用书面记录，并请给予书面确认。

（6）发包人或者工程师签认的签证。

（7）工程各种往来函件、通知、答复等。

（8）工程各项会议纪要。

（9）发包人或者工程师发布的各种书面指令和确认书，以及承包人的要求、请求、通知书等。

（10）气象报告和资料，如有关温度、风力、雨雪的资料；施工日记、备忘录等。

（11）投标前发包人提供的参考资料和现场资料。

（12）各种验收报告和技术鉴定等。

（13）工程核算资料、财务报告、财务凭证等。

（14）其他，如官方发布的物价指数、汇率、规定等。

3. 索赔证据的基本要求

索赔证据应该具有真实性、及时性、全面性、关联性、有效性。

◆ 考法 1：索赔的提出

【例题·2021 年真题·单选题】关于工程索赔的说法，正确的是（　　）。

A. 承包人可以向发包人提出索赔，发包人也可以向承包人提出索赔

B. 承包人可以向发包人提出索赔，发包人不可以向承包人提出索赔

C. 非分包人的原因导致工期拖延时，分包人可以向发包人提出索赔

D. 承包人根据工程师指示指令分包人加速施工，分包人可以向发包人提出索赔

【答案】A

【解析】在建设工程施工承包合同执行过程中，业主可以向承包商提出索赔要求，承包商也可以向业主提出索赔要求，即合同的双方都可以向对方提出索赔要求。

◆ 考法 2：索赔的证据

【例题·2017 年真题·多选题】下列信息和资料中，可以作为施工合同索赔证据的有（　　）。

A. 施工合同文件　　　　　　　　　　B. 工程各项会议纪要

C. 监理工程师的口头指示　　　　　　D. 施工日记和现场记录

E. 相关法律法规

【答案】A、B、D

【解析】索赔证据主要包括各种合同文件、施工标准、技术规范、施工进度计划、施工方案、施工组织设计、施工日记、现场记录、照片录像、备忘录、现场签证、函件通知答复、会议纪要、书面指令、气象报告、现场资料、验收报告、核算资料、物价指数。

◆ **考法3：索赔证据的基本要求**

【例题·2011年真题·单选题】根据《建设工程施工合同（示范文本）》GF—1999—0201，承包人未在索赔事件发生后28天内发出索赔意向通知，将失去请求补偿的索赔权利，说明施工索赔具有（　　　）。

A. 真实性　　　　　　　　　　　　　B. 时效性

C. 关联性　　　　　　　　　　　　　D. 有效性

【答案】D

【解析】索赔证据应该具有真实性、及时性、全面性、关联性、有效性。承包人未在索赔事件发生后28天内发出索赔意向通知，将失去请求补偿的索赔权利，说明施工索赔具有有效性。

核心考点二：承包商可以提起索赔的事件

1. 发包人违反合同给承包人造成时间、费用的损失。

2. 因工程变更（含设计变更、发包人提出的工程变更、监理工程师提出的工程变更，以及承包人提出并经监理工程师批准的变更）造成的时间、费用损失。

3. 由于监理工程师对合同文件的歧义解释、技术资料不确切，或由于不可抗力导致施工条件的改变，造成了时间、费用的增加。

4. 发包人提出提前完成项目或缩短工期而造成承包人的费用增加。

5. 因发包人延误支付期限造成承包人的损失。

6. 合同规定以外的项目进行检验，且检验合格，或非承包人的原因导致项目缺陷的修复所发生的损失或费用。

7. 非承包人的原因导致工程暂时停工。

8. 物价上涨，法规变化及其他。

◆ **考法：承包商可以提起索赔的事件**

【例题1·2017年真题·单选题】承包商可以向业主提起索赔的情形是（　　　）。

A. 承包商为确保质量而增加的措施费

B. 监理工程师提出的工程变更造成费用的增加

C. 分包商因返工造成费用增加、工期顺延

D. 承包商自行采购材料的质量有问题造成费用增加、工期顺延

【答案】B

【解析】本题考查承包商可以向发包人提起索赔的事件。

【例题2·2020年真题·单选题】施工合同履行过程中发生如下事件，承包人可以据此提出施工索赔的是（　　　）。

　　A. 工程实际进展与合同预计的情况不符的所有事件

　　B. 实际情况与承包人预测情况不一致最终引起工期和费用变化的事件

　　C. 实际情况与合同约定不符且最终引起工期和费用变化的事件

　　D. 仅限于发包人原因引起承包人工期和费用变化的事件

【答案】C

【解析】本题考查承包商可以向发包人提起索赔的事件。

核心考点三：索赔成立的前提条件

索赔的成立，应该同时具备以下三个前提条件：

1. 与合同对照，事件已造成了承包人工程项目成本的额外支出，或直接工期损失。

2. 造成费用增加或工期损失的原因，按合同约定不属于承包人的行为责任或风险责任。

3. 承包人按合同规定的程序和时间提交索赔意向通知和索赔报告。

◆ 考法：索赔成立的前提条件

【例题1·2021年真题·单选题】关于建设工程索赔的说法，正确的是（　　　）。

A. 导致索赔的事件必须是对方的过错，索赔才能成立

B. 只要对方存在过错，不管是否造成损失，索赔都能成立

C. 未按照合同规定的程序提交索赔报告，索赔不能成立

D. 只要索赔事件的事实存在，在合同有效期内任何时候提出索赔都能成立

【答案】C

【解析】索赔成立的前提条件：（1）事件已造成了承包人工程项目成本的额外支出，或直接工期损失。（2）按合同约定不属于承包人的行为责任或风险责任。（3）承包人按合同规定的程序和时间提交索赔意向通知和索赔报告。

【例题2·2019年真题·多选题】建设工程施工合同索赔成立的前提条件有（　　　）。

A. 与合同对照，事件已造成了承包人工程项目成本的额外支出或直接工期损失

B. 造成费用增加或工期损失的原因，按合同约定不属于承包人的行为责任或风险责任

C. 造成工程费用的增加，已经超出承包人所能承受的范围

D. 造成工期损失的时间，已经超出承包人所能承受的范围

E. 承包人按合同规定的程序和时间提交索赔意向通知和索赔报告

【答案】A、B、E

【解析】本题考查索赔成立的前提条件。

2Z106052　施工合同索赔的程序

核心考点：施工合同索赔的程序

1. 索赔的第一步

在工程实施过程中发生索赔事件以后，或者承包人发现索赔机会，首先要提出索赔意向，即向对方表明索赔愿望、要求或者声明保留索赔权利，这是索赔工作程序的第一步。

2. 索赔程序

（1）承包人应在知道或应当知道索赔事件发生后 28 天内，向监理人递交索赔意向通知书，并说明发生索赔事件的事由。承包人未在前述 28 天内发出索赔意向通知书的，丧失要求追加付款和（或）延长工期的权利。

（2）承包人应在发出索赔意向通知书后 28 天内，向监理人正式递交索赔通知书。索赔通知书应详细说明索赔理由以及要求追加的付款金额和（或）延长的工期，并附必要的记录和证明材料。

（3）干扰事件具有连续影响的，承包人应按合理时间间隔继续递交延续索赔通知，说明连续影响的实际情况和记录，列出累计的追加付款金额和（或）工期延长天数。

（4）在干扰事件影响结束后的 28 天内，承包人应向监理人递交最终索赔通知书，说明最终要求索赔的追加付款金额和延长的工期，并附必要的记录和证明材料。

3. 索赔文件的内容

（1）总述部分；

（2）论证部分：是索赔报告的关键部分；

（3）索赔款项（或工期）计算部分；

（4）证据部分。

4. 索赔文件的审核

（1）索赔文件应该交由工程师（监理人）审核。

（2）索赔处理程序

① 监理人收到索赔通知书后，及时审查，必要时可要求承包人提交原始记录副本。

② 监理人按总监与合同当事人商定或确定追加的付款和（或）延长的工期，在收到索赔通知书后 42 天内，将索赔处理结果答复承包人。

③ 承包人接受处理结果的，发包人在做出答复后 28 天内完成赔付。承包人不接受处理结果的，按合同约定的争议解决办法处理。

5. 承包人提出索赔的期限

（1）承包人按合同约定接受了竣工付款证书后，应被认为已无权再提出在合同工程接收证书颁发前所发生的任何索赔。

（2）承包人按合同约定提交的最终结清申请单中，只限于提出工程接收证书颁发后发生的索赔。提出索赔的期限自接受最终结清证书时终止。

6. 反索赔的基本内容

反索赔包括两个方面：一是防止对方提出索赔；二是反击或反驳对方的索赔要求。

◆ 考法 1：索赔的第一步

【例题 1·2020 年真题·单选题】施工承包人向发包人索赔的第一步工作是（　　）。

A. 向发包人递交索赔报告　　　　　　B. 将索赔报告报监理工程师审查

C. 向监理人递交索赔意向通知书　　　　D. 分析确定索赔额

【答案】C

【解析】在工程实施过程中发生索赔事件以后，或者承包人发现索赔机会，首先要提出索赔意向，向对方表明索赔愿望、要求或者声明保留索赔权利，这是索赔工作程序的第一步。

【例题 2·2019 年真题·单选题】在工程实施过程中发生索赔事件后，承包人首先应做的工作是在合同规定的时间内（　　　）。

A. 向工程项目建设行政主管部门报告　　B. 向造价工程师提交正式索赔报告

C. 收集完善索赔证据　　　　　　　　　D. 向发包人发出书面索赔意向通知

【答案】D

【解析】在工程实施过程中发生索赔事件以后，或者承包人发现索赔机会，首先要提出索赔意向，向对方表明索赔愿望、要求或者声明保留索赔权利，这是索赔工作程序的第一步。

◆ 考法 2：索赔程序

【例题 1·2021 年真题·单选题】根据《建设工程施工合同（示范文本）》GF—2017—0201，承包人应在发出索赔意向通知书后（　　　）天内向监理人正式递交索赔报告。

A. 7　　　　　　　　　　　　　　　　B. 28

C. 14　　　　　　　　　　　　　　　　D. 21

【答案】B

【解析】承包人应在发出索赔意向通知书后 28 天内，向监理人正式递交索赔通知书。

【例题 2·2020 年真题·多选题】根据《标准施工招标文件》，关于承包人索赔程序的说法，正确的有（　　　）。

A. 应在索赔事件发生后 28 天内，向监理人递交索赔意向通知书

B. 应在发出索赔意向通知书 28 天内，向监理人正式递交索赔通知书

C. 索赔事件有连续影响的，应按合理时间间隔继续递交延续索赔通知

D. 有连续影响的，应在递交延续索赔通知书 28 天内与发包人谈判确定当期索赔的额度

E. 有连续影响的，应在索赔事件影响结束后的 28 天内，向监理人递交最终索赔通知书

【答案】A、B、C、E

【解析】本题考查索赔程序。

◆ 考法 3：索赔文件的审核

【例题·2019 年真题·单选题】根据《标准施工招标文件》，对承包人提出索赔的处理程序，正确的是（　　　）。

A. 发包人应在作出索赔处理答复后 28 天内完成赔付

B. 监理人收到承包人递交的索赔通知书后，发现资料缺失，应及时现场取证

C. 监理人答复承包人处理结果的期限是收到索赔通知书后 28 天内

D. 发包人在承包人接受竣工付款证书后不再接受任何索赔通知书

【答案】A

【解析】B 选项错误，监理人收到承包人提交的索赔通知书后，应及时审查索赔通知书的内容、查验承包人的记录和证明材料，必要时监理人可要求承包人提交全部原始记录副本。C 选项错误，监理人答复承包人处理结果的期限是收到索赔通知书后 42 天内。D 选项错误，承包人按合同约定接受了竣工付款证书后，应被认为已无权再提出在合同工程接收证书颁发前所发生的任何索赔。

◆ 考法 4：承包人提出索赔的期限

【例题·2016 年真题·单选题】关于施工合同索赔的说法，正确的是（　　）。

A. 承包人可以直接向业主提出索赔要求

B. 业主必须通过监理单位向承包人提出索赔要求

C. 承包人接受竣工付款证书后，仍有权提出在证书颁发前发生的任何索赔

D. 承包人提出索赔要求时，业主可以进行追加处罚

【答案】A

【解析】B 选项，业主不一定通过监理单位向承包人提出索赔要求，可以直接提出。C 选项，承包人接受竣工付款证书后，无权提出在证书颁发前发生的任何索赔。D 选项，承包人提出索赔要求时，业主也可以进行反索赔.

◆ 考法 5：反索赔的基本内容

【例题·2018 年真题·单选题】下列工作内容中，属于反索赔工作内容的是（　　）。

A. 收集准备索赔资料　　　　　　　B. 编写法律诉讼文件

C. 防止对方提出索赔　　　　　　　D. 发出最终索赔通知

【答案】C

【解析】反索赔包括两个方面：防止对方提出索赔和反击或反驳对方的索赔要求。

2Z106060　建设工程施工合同风险管理、工程保险和工程担保

核心考点提纲

2Z106060　建设工程施工合同风险管理、工程保险和工程担保

- 2Z106061　施工合同风险管理
- 2Z106062　工程保险
- 2Z106063　工程担保

核心考点剖析

2Z106061　施工合同风险管理

核心考点：施工合同风险管理

1. 合同风险的分类

（1）按合同风险产生的原因分

① 合同工程风险：由于客观原因和非主观故意导致的。如工程进展过程中发生不利的地质条件变化、工程变更、物价上涨、不可抗力等。

② 合同信用风险：由于主观故意原因导致的。表现为合同双方的机会主义行为，如业主拖欠工程款，承包商层层转包、非法分包、偷工减料、以次充好、知假买假等。

（2）按合同的不同阶段分，可以将合同风险分为合同订立风险和合同履约风险。

2. 合同风险的类型

（1）项目外界环境风险——某某发生变化

① 政治环境的变化，如发生战争、禁运、罢工、社会动乱等造成工程施工中断或终止。

② 经济环境的变化，如通货膨胀、汇率调整、工资和物价上涨。物价和货币风险在工程中经常出现，而且影响非常大。

③ 法律环境的变化，如新的法律颁布，国家调整税率或增加新税种等。

④ 自然环境的变化，如百年不遇的洪水、地震、台风等，以及工程水文、地质条件存在不确定性。

（2）项目组织成员资信能力风险——做人有问题

① 业主资信能力风险，如业主经营状况恶化，苛刻刁难承包商，经常改变主意（改变设计、施工方案），不能完成合同责任。

② 承包商（分包商、供货商）资信和能力风险。主要包括承包商的技术能力、施工力量、装备水平和管理能力不足，财务状况恶化，设计单位设计错误。

③ 政府机关工作人员、城市公共供应部门的干预，周边居民、单位的干预抗议等。

（3）管理风险——做事有问题

① 对环境调查预测的风险。

② 合同条款不严密，工程范围和标准不确定性。

③ 承包商投标策略错误。

④ 承包商技术设计、施工方案计划、组织措施有漏洞。

⑤ 实施过程的风险，如合作伙伴争执、责任不明，缺乏有效措施保证进度、安全、质量，分包层次太多等。

◆ 考法 1：合同风险的分类

【例题 1·2021 年真题·单选题】下列风险产生的原因中，可能导致合同信用风险的是（　　）。

A. 不利的地质条件变化　　　　　　B. 物价上涨

C. 不可抗力　　　　　　　　　　　D. 承包人层层转包

【答案】D

【解析】合同信用风险是指主观故意原因导致的，表现为合同双方的机会主义行为，如业主拖欠工程款、承包商层层转包、非法分包、偷工减料、以次充好、知假买假等。

【例题 2·2020 年真题·单选题】施工合同履行过程中，发包人恶意拖欠工程款所造成的风险属于施工合同风险类型中的（　　）。

A. 项目外界环境风险　　　　　　B. 合同信用风险

C. 管理风险　　　　　　　　　　D. 合同工程风险

【答案】B

【解析】按合同风险产生的原因分，可以分为合同工程风险和合同信用风险。合同工程风险是由于客观原因和非主观故意导致的。如工程进展过程中发生不利的地质条件变化、工程变更、物价上涨、不可抗力等。合同信用风险是由于主观故意原因导致的。表现为合同双方的机会主义行为，如业主拖欠工程款，承包商层层转包、非法分包、偷工减料、以次充好、知假买假等。

【例题3·2019年真题·单选题】下列施工工程合同风险产生的原因中，属于合同工程风险的是（　　　）。

A. 物价上涨　　　　　　　　　　B. 非法分包

C. 偷工减料　　　　　　　　　　D. 恶意拖欠

【答案】A

【解析】合同工程风险是由于客观原因和非主观故意导致的。如工程进展过程中发生不利的地质条件变化、工程变更、物价上涨、不可抗力等。

◆ 考法2：合同风险的类型

【例题·2021年真题·单选题】下列施工合同风险中，属于管理类的是（　　　）。

A. 合同主体的资信和能力风险

B. 对现场环境调查和预测的风险

C. 项目周边居民或单位的干预、抗议风险

D. 合同依据的法律环境变化的风险

【答案】B

【解析】管理风险：（1）对环境调查和预测的风险；（2）合同条款不严密、错误、二义性，工程范围和标准存在不确定性；（3）承包商投标策略错误；（4）承包商的技术设计、施工方案、施工计划和组织措施存在缺陷和漏洞；（5）实施控制过程中的风险。

2Z106062　工程保险

核心考点：工程保险

1. 保险标的

保险标的是保险保障的目标和实体。

2. 保险金额

简称保额，是保险人承担赔偿或给付保险金责任的最高限额。

3. 保险费

简称保费，投保人为转嫁风险支付给保险人的与保险责任相应的价金。

4. 保险责任

保险责任划分为基本责任和特约责任。基本责任是指保险人承担赔偿或给付的直接和间接责任。特约责任属于除外责任的范围，除外责任属于免赔责任。除外责任一般有以下

几项：

（1）投保人故意行为所造成的损失；

（2）因被保险人不忠实履行约定义务所造成的损失；

（3）战争或军事行为所造成的损失；

（4）保险责任范围以外，其他原因所造成的损失。

5. 工程保险种类

（1）工程一切险

包括建筑工程一切险、安装工程一切险两类，投保人办理保险时以双方名义共同投标。国内工程由项目法人办理，国际工程由承包人办理。

（2）第三者责任险

指由于施工原因导致项目法人和承包人以外的第三人受到财产损失或人身伤害的赔偿。被保险人是项目法人和承包人，一般附加在工程一切险中。

（3）人身意外伤害险

此项保险分别由发包人、承包人负责对本方参与现场施工人员投保。

（4）承包人设备保险

（5）执业责任险

（6）CIP保险

也称"一揽子保险"。由业主或承包购买，保障范围包括业主、承包人和所有分包人，内容包括：劳工赔偿、雇主责任险、一般责任险、建筑工程一切险、安装工程一切险。

CIP保险的优点：① 以最优的价格提供最佳的保障范围；② 能实施有效的风险管理；③ 降低赔付率，降低保险费率；④ 避免诉讼，便于索赔。

◆ 考法1：工程保险的概念

【例题·单选题】在一份保险合同中，保险人承担或给付保险金责任的最高额度是该份保险合同的（　　）。

A. 标的价值　　　　　　　　　　B. 保险金额

C. 保险费　　　　　　　　　　　D. 实际赔付额

【答案】B

【解析】保险金额简称保额，是保险人承担赔偿或给付保险金责任的最高限额。

◆ 考法2：除外责任的范围

【例题·多选题】下列损失中，属于建设工程人身意外伤害险中除外责任范围的有（　　）。

A. 被保险人不忠实履行约定义务造成的损失

B. 项目建设人员由于施工原因而受到人身伤害的损失

C. 战争或军事行为等所造成的损失

D. 投标人故意行为所造成的损失

E. 项目法人和承包人以外的第三人由于施工原因受到财产损失

【答案】A、C、D

【解析】本题考查除外责任的范围。

◆ **考法3：工程保险的种类**

【例题1·单选题】按照我国保险制度，建筑工程一切险（   ）。

A. 由承包人投保　　　　　　　　　　B. 包含职业责任险

C. 包含人身意外伤害险　　　　　　　D. 投保人应对双方名义共同投保

【答案】D

【解析】工程一切险包括建筑工程一切险、安装工程一切险两类，投保人办理保险时以双方名义共同投标。国内工程由项目法人办理，国际工程由承包人办理。

【例题2·单选题】根据我国保险制度，关于建设工程第三者责任险的说法，正确的是（   ）。

A. 被保险人是项目法人和承包人以外的第三人

B. 赔偿范围包括承包商在工地的财产损失

C. 被保险人是项目法人和承包人

D. 赔偿范围包括承包商在现场从事与工作有关的职工伤亡

【答案】C

【解析】第三者责任险指由于施工原因导致项目法人和承包人以外的第三人受到财产损失或人身伤害的赔偿。被保险人是项目法人和承包人，一般附加在工程一切险中。

【例题3·单选题】关于"一揽子保险"（CIP）的说法，正确的是（   ）。

A. 内容不包括一般责任险　　　　　　B. 不能实施有效的风险管理

C. 保障范围覆盖业主、承包商及分包商　D. 不便于索赔

【答案】C

【解析】CIP保险保障范围包括业主、承包人和所有分包人，内容包括劳工赔偿、雇主责任险、一般责任险、建筑工程一切险、安装工程一切险。CIP保险的优点：（1）以最优的价格提供最佳的保障范围；（2）能实施有效的风险管理；（3）降低赔付率，降低保险费率；（4）避免诉讼，便于索赔。

2Z106063　工程担保

核心考点：工程担保

1. 担保的方式

我国常用的担保方式有五种：保证、抵押、质押、留置和定金。

2. 工程担保的种类

工程担保中大量采用的是第三方担保，即保证担保。

建设工程中经常采用的担保种类有：投标担保、履约担保、支付担保、预付款担保、工程保修担保等。

种类	保护谁	形式	特点	作用
投标担保	发包人	银行保函、担保公司担保书、同业担保书、投标保证金	≤2%且≤80万	保证投标人中标一定签合同

种类	保护谁	形式	特点	作用
履约担保	发包人	银行保函、同业担保书、履约担保书、履约保证金、质量保证金	≤合同额的10%	促使承包商履行合同约定
预付款担保	发包人	银行保函、担保公司担保书、抵押	＝预付款 逐月减少	保证偿还发包人的预付款
支付担保	承包人	银行保函、担保公司担保书、履约保证金	分段滚动，合同总额20%~25%	确保工程款支付到位

履约担保的重点语句：

（1）履约担保是最重要、担保金额最大的工程担保。

（2）履约担保有效期从开工之日到竣工交付之日或保修期满之日。

（3）发包人要求承包人提供履约担保的，发包人应当向承包人提供支付担保。

（4）质量保证金：不得超过工程价款结算总额的3%。

◆ **考法 1：投标担保**

【例题·2021年真题·单选题】根据《招标投标法实施条例》，投标保证金的数额不得超过招标项目估算价的（　　）。

A. 2%

B. 1%

C. 3%

D. 5%

【答案】A

【解析】根据《招标投标法实施条例》，投标保证金不得超过招标项目估算价的2%。投标保证金有效期应当与投标有效期一致。

◆ **考法 2：预付款担保**

【例题·2021年真题·单选题】根据《建设工程施工合同（示范文本）》GF—2017—0201，担保金额在担保有效期内随着工程款支付可以逐期减少的担保是（　　）。

A. 投标担保

B. 履约担保

C. 预付款担保

D. 支付担保

【答案】C

【解析】预付款一般逐月从工程付款中扣除，预付款担保的担保金额也相应逐月减少。

◆ **考法 3：支付担保**

【例题·2019年真题·单选题】根据《建设工程施工合同（示范文本）》GF—2017—0201，招标人要求中标人提供履约担保时，招标人应同时向中标人提供的担保是（　　）。

A. 履约担保

B. 工程款支付担保

C. 预付款担保

D. 资金来源证明

【答案】B

【解析】支付担保是中标人要求招标人提供的保证工程款支付义务的担保。

本章经典真题回顾

一、单项选择题（每题1分，每题的备选项中，只有1个符合题意）

1.【2021年真题】发包方将建设工程项目合理划分标段后，将各标段分别发包给不同的施工单位，并与之签订施工承包合同，此发承包模式属于（　　）。

A. 平行发承包
B. 施工总承包
C. 施工总承包管理
D. 设计施工总承包

【答案】A

【解析】施工平行发承包，是指发包方将建设工程项目按照一定的原则分解，将其施工任务分别发包给不同的施工单位，各个施工单位分别与发包方签订施工承包合同。

2.【2021年真题】关于标前会议文件的说法，正确的是（　　）。

A. 与招标文件内容不一致时，以补充文件为准

B. 不能作为招标文件的组成部分

C. 其法律效力仅次于招标文件

D. 与招标文件内容不一致时，以招标文件为准

【答案】A

【解析】会议纪要和答复函件形成招标文件的补充文件，都是招标文件的有效组成部分。与招标文件具有同等法律效力。当补充文件与招标文件内容不一致时，应以补充文件为准。

3.【2020年真题】某工程项目施工合同约定竣工日期为2020年6月30日，在施工中因持续下雨导致甲供材料未能及时到货，使工程延误至2020年7月30日竣工。由于2020年7月1日起当地计价政策调整，导致承包人额外支付了30万元工人工资。关于增加的30万元责任承担的说法，正确的是（　　）。

A. 发包人原因导致的工期延误，因此政策变化增加的30万元由发包人承担

B. 持续下雨属于不可抗力，造成工期延误，增加的30万元由承包人承担

C. 增加的30万元因政策变化造成，属于承包人的责任，由承包人承担

D. 工期延误是承包人原因，增加的30万元是政策变化造成，由双方共同承担

【答案】A

【解析】在履行合同过程中，由于发包人的原因造成工期延误的，承包人有权要求发包人延长工期和（或）增加费用，并支付合理利润。在施工中因持续下雨导致甲供材料未能及时到货，使工程延误属于发包人的原因导致的，因此政策变化增加的30万元由发包人承担。

4.【2019年真题】在工程实施过程中发生索赔事件后，承包人首先应做的工作是在合同规定的时间内（　　）。

A. 向工程项目建设行政主管部门报告
B. 向造价工程师提交正式索赔报告

C. 收集完善索赔证据
D. 向发包人发出书面索赔意向通知

【答案】D

【解析】在工程实施过程中发生索赔事件，或者承包人发现索赔机会，首先要提出索赔意向，即向对方表明索赔愿望、要求或者声明保留索赔权利，这是索赔工作程序的第一步。

5.【2019年真题】在固定总价合同模式下，承包人承担的风险是（   ）。

A. 全部价格的风险，不包括工作量的风险

B. 全部工作量和价格的风险

C. 全部工作量的风险，不包括价格的风险

D. 工程变更的风险，不包括工程量和价格的风险

【答案】B

【解析】合同总价一次包死，固定不变，即不再因为环境的变化和工程量的增减而变化。在这类合同中承包商承担了全部的工作量和价格的风险。

6.【2019年真题】根据《建设工程施工合同（示范文本）》GF—2017—0201，招标人要求中标人提供履约担保时，招标人应同时向中标人提供的担保是（   ）。

A. 履约担保   B. 工程款支付担保

C. 预付款担保   D. 资金来源证明

【答案】B

【解析】支付担保是中标人要求招标人提供的保证工程款支付义务的担保。

7.【2019年真题】关于施工总承包管理模式特点的说法，正确的是（   ）。

A. 分包单位的质量控制主要由施工总承包管理单位进行

B. 支付给分包单位的款项由业主直接支付，不经过总承包管理单位

C. 业主对分包单位的选择没有控制权

D. 施工总包管理单位除了收取管理费以外，还可赚总包与分包之间的差价

【答案】A

【解析】B选项错误，对各个分包单位的各种款项可以通过施工总承包管理单位支付，也可以由业主直接支付。C选项错误，业主对分包单位的选择具有控制权。D选项错误，施工总承包管理单位只收取管理费，不赚取总包与分包之间的差价。

8.【2018年真题】由采购方负责提货的建筑材料，交货期限应以（   ）为准。

A. 采购方收货戳记的日期

B. 供货方按照合同规定通知的提货日期

C. 供货方发运产品时承运单位签发的日期

D. 采购方向承运单位提出申请的日期

【答案】B

【解析】交货日期的规定如下：（1）供货方负责送货的，以采购方收货戳记的日期为准。（2）采购方提货的，以供货方按合同规定通知的提货日期为准。（3）凡委托运输部门或单位运输、送货或代运的产品，一般以供货方发运产品时承运单位签发的日期为准。

9.【2018年真题】对于业主而言成本加酬金合同的优点是（   ）。

A. 有利于控制投资　　　　　　　　B. 可通过分段施工缩减工期

C. 不承担工程量变化的风险　　　　D. 不需介入工程施工的管理

【答案】B

【解析】承包商不承担任何价格变化和风险量变化风险，对业主的投资控制很不利，选项 A、C 错误；选项 D，业主可以较深入地介入和控制工程施工和管理。

10.【2018 年真题】根据《标准施工招标文件》通用合同条款，承包人应该在收到变更指示最多不超过（　　　）天内，向监理人提交变更估价申请。

A. 14　　　　　　　　　　　　　　B. 7

C. 28　　　　　　　　　　　　　　D. 30

【答案】A

【解析】承包人应在收到变更指示后 14 天内，向监理人提交变更估价申请。

11.【2018 年真题】与平行发包模式相比，施工总承包模式对业主不利的方面是（　　　）。

A. 合同管理工作量增大

B. 组织协调工作量增大

C. 建设周期比较长，对项目总进度控制不利

D. 开工前合同价不明确，不利于对总造价的早期控制

【答案】C

【解析】施工总承包模式要等施工图设计全部结束后，才能进行施工总承包的招标，开工日期较迟，建设周期势必较长，对项目总进度控制不利。

12.【2017 年真题】施工平行发承包模式的特点是（　　　）。

A. 对每部分施工任务的发包，都以施工图设计为基础，有利于投资的早期控制

B. 由于要进行多次招标，业主用于招标的时间多，建设工期会加长

C. 业主不直接控制所有工程的发包，但是决定所有工程的承包商

D. 业主招标工作量大，对业主不利

【答案】D

【解析】

模式	投资控制	进度控制	质量控制	合同管理	组织协调
施工总承包	早控有利、总造价不利	长（不好）	依赖总包（不好）	唯一（好）	唯一（好）
施工总承包管理	早控不利、总造价有利	短（好）	他人控制（好）	量大（不好）	由总管负责（好）
施工平行发承包	早控不利、总造价有利	短（好）	他人控制（好）	量大（不好）	量大（不好）

13.【2017 年真题】根据《标准施工招标文件》，对于施工合同变更的估价，已标价工程量清单中无适用项目的单价，监理工程师确定承包商提出的变更工作单价时，应按照（　　　）原则。

A. 固定总价　　　　　　　　　　　B. 固定单价

C. 可调单价   D. 成本加利润

【答案】D

【解析】已标价工程量清单中无适用或类似子目的单价，可按照成本加利润的原则，由监理人商定或确定变更工作的单价。

14.【2017年真题】根据《建设工程施工专业分包合同（示范文本）》GF—2003—2013，关于施工专业分包的说法，正确的是（   ）。

A. 专业分包人应按规定办理有关施工噪声排放的手续，并承担由此发生的费用

B. 专业分包人只有在承包人发出指令后，允许发包人授权的人员在工作时间内进入分包工程施工场地

C. 分包工程合同价款与总包合同相应部分价款没有连带关系

D. 分包工程合同不能采用固定价格合同

【答案】C

【解析】A选项错误，专业分包人应按规定办理有关施工噪音排放的手续，应由承包人承担由此发生的费用。B选项错误，分包人应允许承包人、发包人、工程师及其三方中任何一方授权的人员在工作时间内，合理进入分包工程施工场地或材料存放的地点，以及施工场地以外与分包合同有关的分包人的任何工作或准备的地点，分包人应提供方便。C选项正确，分包工程合同价款与总包合同相应部分价款没有连带关系。D选项错误，分包工程合同可以采用固定价格、可调价格、成本加酬金合同。

15.【2017年真题】根据《建设工程施工专业分包合同（示范文本）》GF—2003—0213，关于分包人与项目相关方关系的说法，正确的是（   ）。

A. 就分包工程可与发包人发生直接工作联系

B. 就分包工程可与监理人发生直接工作联系

C. 须服从承包人转发的监理人与分包工程有关的指令

D. 就分包工程可直接致函给发包人或监理人

【答案】C

【解析】分包人需服从承包人转发的发包人或工程师与分包工程有关的指令。未经承包人允许，分包人不得以任何理由与发包人或工程师发生直接工作联系，分包人不得直接致函发包或工程师，也不得直接接受发包人或工程师的指令。

二、**多项选择题**（每题2分，每题的备选项中，有2个或2个以上符合题意，至少有1个错项。错选，本题不得分；少选，所选的每个选项得0.5分）

1.【2021年真题】根据《标准施工招标文件》，关于暂停施工后复工的说正确的是（   ）。

A. 承包人收到复工通知后，应在发包人进行经济补偿后复工

B. 暂停施工后，监理人、发包人、承包人应协调采取有效措施消除影响

C. 具备复工条件时，监理人应立即向承包人发出复工通知

D. 承包人无故拖延的，应承担由此增加的费用延误的工期

E. 因发包人原因无法按时复工，应承担由此增加的费用，延误的工期和合理的利润

【答案】B、C、D、E

【解析】（1）暂停施工后，监理人应与发包人和承包人协商，采取有效措施积极消除暂停施工的影响。当工程具备复工条件时，监理人应立即向承包人发出复工通知。承包人收到复工通知后，应在监理人指定的期限内复工。（2）承包人无故拖延和拒绝复工的，由此增加的费用和工期延误由承包人承担。因发包人原因无法按时复工的，承包人有权要求发包人延长工期和（或）增加费用，并支付合理利润。

2.【2020年真题】采用变动总价合同时，对于建设周期两年以上的工程项目，需考虑引起价格变化的因素有（　　　）。

  A. 劳务工资以及材料费用的上涨   B. 承包人用工制度的变化

  C. 燃料费及电力价格的变化   D. 外汇汇率的波动

  E. 法规变化引起的工程费用上涨

【答案】A、C、D、E

【解析】对建设周期一年半以上的工程项目，则应考虑下列因素引起的价格变化问题：（1）劳务工资以及材料费用的上涨。（2）其他影响工程造价的因素，如运输费、燃料费、电力等价格的变化。（3）外汇汇率的不稳定。（4）国家或者省、市立法的改变引起的工程费用的上涨。

3.【2019年真题】根据《建设工程施工合同（示范文本）》GF—2017—0201，采用变动总价合同时，双方约定可对合同价款进行调整的情形有（　　　）。

  A. 承包人承担的损失超过其承受能力

  B. 一周内非承包人原因停电造成的停工累计达到 7 小时

  C. 外汇汇率变化影响合同价款

  D. 工程造价管理部门公布的价格调整

  E. 法律、行政法规和国家有关政策变化影响合同价款

【答案】D、E

【解析】根据《建设工程施工合同（示范文本）》GF—2017—0201，合同双方可约定，在以下条件下可对合同价款进行调整：（1）法律、行政法规和国家有关政策变化影响合同价款。（2）工程造价管理部门公布的价格调整；（3）一周内非承包人原因停水、停电、停气造成的停工累计超过8小时。

4.【2019年真题】根据《标准施工招标文件》，在合同履行中可以进行变更的有（　　　）。

  A. 改变合同工程的标高

  B. 改变合同中某项工作的施工时间

  C. 取消合同中某项工作，转由发包人施工

  D. 为完成工程需要追加的额外工作

  E. 改变合同中某项工作的质量标准

【答案】A、B、D、E

【解析】变更的范围和内容：（1）取消合同中任何一项工作，但被取消的工作不能由发包人或其他人实施；（2）改变合同中任何一项工作的质量或其他特性；（3）改变合同工

程的基线、标高、位置、尺寸；（4）改变合同中任何一项工作的施工时间或改变施工工艺和施工顺序；（5）为完成工程需要追加的额外工作。

5.【2018年真题】下列工作内容中属于合同实施偏差分析的有（　　　）。

A. 产生偏差的原因分析　　　　　　　　B. 实施偏差的责任分析

C. 合同实施趋势分析　　　　　　　　　D. 实施偏差的费用分析

E. 合同终止的原因分析

【答案】A、B、C

【解析】合同实施的偏差分析：（1）产生偏差的原因分析；（2）合同实施偏差的责任分析；（3）合同实施趋势分析。

6.【2017年真题】关于《标准施工招标文件》中缺陷责任期的说法，正确的有（　　　）。

A. 发包人提前验收的单位工程，缺陷责任期按全部工程竣工日期起计算

B. 缺陷责任期内，承包人对已验收使用的工程承担日常维护工作

C. 承包人应在缺陷责任期内对已交付使用的工程承担缺陷责任

D. 承包人不能在合理时间内修复缺陷，发包人自行修复，承包人承担一切费用

E. 监理人和承包人应共同查清工程产生缺陷和（或）损坏的原因

【答案】C、E

【解析】A选项，发包人提前验收的单位工程，其缺陷责任期的起算时间也相应提前。B选项，缺陷责任期内，由发包人对已接收使用的工程负责日常维护工作。D选项，承包人不能在合理时间内修复缺陷的，发包人可自行修复或委托其他人修复，所需费用和利润的承担，根据缺陷和损坏原因处理。

本章模拟强化练习

2Z106010　施工发承包模式

1. 下列关于施工招标的说法，正确的是（　　　）。

A. 投标人对已发出的投标文件进行必要的澄清或者修改，应当在招标文件要求提交投标文件截止时间至少5日前发出

B. 会议纪要和答复函件形成招标文件的补充文件，都是招标文件的有效组成部分

C. 澄清文件应当向社会公开

D. 当补充文件与招标文件不一致时，以招标文件为准

2. 下列关于施工正式投标的说法，正确的是（　　　）。

A. 投标书应按照要求签章，投标书需要盖有投标企业公章以及项目经理的名章（或签字）

B. 招标人所规定的投标截止日期就是提交标书最后的期限

C. 投标文件应当对招标文件提出的要求和条件作出响应，不限制提出新的要求

D. 通常由招标人提交投标担保

3. 下列关于评标的说法，正确的是（　　）。

A. 初步评审是进行实质性审查，即重点审查投标书是否实质上响应了招标文件的要求

B. 详细评审是评标的核心，包括技术评审和商务评审

C. 单价与数量的乘积之和与所报的总价不一致的应以总价为准

D. 评标委员会推荐的中标候选人应当限定在1～5人

4. 下列关于施工投标的说法，错误的是（　　）。

A. 投标人在招标截止日之前所提交的投标是有效的，超过该日期之后提交需要得到专家的同意

B. 在招标范围以外提出新的要求，视为对于招标文件的否定

C. 不密封或密封不满足要求，投标无效

D. 如果由项目经理部组织投标，需要提交企业法人的授权委托书

5. 建设工程施工招标应该具备的条件，不包括（　　）。

A. 已经明确的选择了发承包模式

B. 初步设计及概算应当履行审批手续的，已经批准

C. 项目所需相应资金或资金来源已经落实

D. 有招标所需的设计图纸及技术资料

6. 关于施工总承包管理模式的说法，正确的是（　　）。

A. 施工总承包管理单位不参与具体工程的施工

B. 分包工程任务符合质量控制的"他人控制"原则

C. 由施工总承包管理单位负责对所有分包人的管理及组织协调

D. 业主方的招标及合同管理工作量较大

E. 开工日期不可能太早，建设周期会较长

7. 对业主方而言，施工总承包管理模式与施工总承包模式相比具有的优点有（　　）。

A. 施工总承包管理模式对分包单位进行更加完善的管理

B. 合同总价不是一次确定，整个建设项目的合同总额的确定较有依据

C. 可以边设计边施工，可以提前开工，缩短建设周期，有利于进度控制

D. 所有分包都通过招标获得有竞争力的投标报价，对业主方节约投资有利

E. 施工总承包管理单位只收取总包管理费，不赚取总包与分包之间的差价

2Z106020　施工合同与物资采购合同

1. 下列关于工程隐蔽部位覆盖前的检查的说法，错误的是（　　）。

A. 经监理人检查确认质量符合隐蔽要求，并在检查记录上签字后，承包人才能进行覆盖

B. 监理人未按约定的时间进行检查的，除监理人另有指示外，承包人可自行完成覆盖工作，监理人事后对检查记录有疑问的，可按约定重新检查

C. 承包人未通知监理人到场检查，私自将工程隐蔽部位覆盖的，监理人有权指示承

包人钻孔探测或揭开检查，若检查结果合格，由此增加的费用和（或）工期延误由发包人承担

D. 监理人检查确认质量不合格的，承包人应在监理人指示的时间内修整返工后，由监理人重新检查

2. 在施工承包合同中，关于进度和质量控制主要条款的说法，正确的是（　　）。

A. 征得发包人同意，监理人应在工程开工日期 14 天前向承包人发出开工通知

B. 由于承包人原因导致进度延误，承包人应采取措施加快进度，由发包人承担加快进度所增加的费用

C. 隐蔽部位覆盖的检查，承包人应事先通知监理人，监理人确认并签字后方可覆盖

D. 若工程覆盖后，监理人对质量有疑问的，提出重新检验，不管检查结果合格与否，费用（或）工期延误由发包人承担，并支付承包人合理利润

3. 根据《建设工程施工专业分包合同（示范文本）》GF—2003—2013，关于施工专业分包人的主要责任与义务，下列说法错误的是（　　）。

A. 分包人须服从承包人转发的发包人或工程师（监理人）与分包工程有关的指令

B. 分包人不得直接致函发包人或工程师（监理人），需要接受发包人或工程师（监理人）的指令

C. 分包合同价款与总包合同相应部分价款无任何连带关系

D. 就分包工程范围内的有关工作，承包人随时可以向分包人发出指令，分包人应执行承包人根据分包合同所发出的所有指令

4. 根据《建设工程施工劳务分包合同（示范文本）》GF—2003—0214，由承包人办理并支付保险费用的是（　　）。

A. 施工场地内分包单位的人员生命财产和施工机械设备办理保险

B. 为运至施工场地用于劳务施工的材料办理保险

C. 为施工场地内的第三方人员生命财产办理保险

D. 为从事危险作业的分包人职工办理意外伤害险

5. 建筑材料采购合同中，广泛采用的正式的货物验收方法是（　　）。

A. 驻厂验收　　　　　　　　　　　B. 提运验收

C. 接运验收　　　　　　　　　　　D. 入库验收

6. 下列关于物资采购合同的规定的说法，正确的是（　　）。

A. 在制造时期，由采购方派人在供应的生产厂家进行材质检验属于提运验收

B. 接运验收是广泛采用的正式的验收方法

C. 供货方负责送货的，以送货单位装车上路的日期为准

D. 采购方提货的，以供货方按合同规定通知的提货日期为准

7. 在建设工程施工承包合同中，属于承包人的义务有（　　）。

A. 治安保卫的责任

B. 应对其提供的测量基准点、基准线和水准点及其书面资料的真实性、准确性和完整性负责

C. 对施工作业和施工方法的完备性负责

D. 负责施工场地及其周边环境与生态的保护工作

E. 避免施工对公众与他人的利益造成损害

8. 在施工承包合同中，下列关于竣工验收以及缺陷责任的说法，正确的有（　　）。

A. 经验收合格工程的实际竣工日期，以验收合格的日期为准，并在工程接收证书中写明

B. 发包人在收到承包人竣工验收申请报告48天后未进行验收的，视为验收合格，实际竣工日期以提交竣工验收申请报告的日期为准，但发包人由于不可抗力不能进行验收的除外

C. 缺陷责任期在全部工程竣工验收前，已经发包人提前验收的单位工程，其缺陷责任期的起算日期相应提前

D. 缺陷责任期自实际竣工日起算，最长不超过2年

E. 缺陷责任期内，发包人对已接收使用的工程负责日常维护工作

2Z106030　施工合同计价方式

1. 工程总成本一开始估计不准，可能变化不大，宜采用的成本加酬金合同形式是（　　）。

A. 成本加固定费用　　　　　　　　　　B. 成本加固定比例费用

C. 成本加奖金　　　　　　　　　　　　D. 最大成本加费用

2. 下列选项中，不属于成本加酬金合同优点的是（　　）。

A. 可以通过分段施工缩短工期

B. 可以利用承包商的施工技术专家，帮助改进或弥补设计中的不足

C. 业主可以根据自身力量和需要，较深入地介入和控制工程施工和管理

D. 也可以通过确定最大保证价格约束工程成本不超过某一限值，从而转移全部风险

3. 在固定总价合同模式下，承包人承担的价格风险是（　　）。

A. 工程量计算错误　　　　　　　　　　B. 工程范围不正确

C. 报价计算错误　　　　　　　　　　　D. 设计深度不够所造成的误差

4. 下列关于固定总价合同的说法，正确的是（　　）。

A. 固定总价合同的适用前提是设计详细，工程量明确

B. 固定总价合同承包商承担全部的量和价的风险

C. 固定总价合同对于承包商来说风险比较小

D. 固定总价合同中任何情况下都不能进行合同价格调整

5. 下列关于成本加酬金合同的说法，正确的是（　　）。

A. 业主不承担任何价格变化或工程量变化的风险，这些风险主要由承包商承担

B. 一般是抢险、救灾工程，来不及进行详细的计划和商谈的工程采用

C. 成本加固定费用合同适用于工程初期很难描述工作范围和性质，或工期紧迫

D. 在非代理型（风险型）CM模式的合同中采用成本加奖金合同

6. 下列关于单价合同计价方式的说法，正确的有（   ）。

A. 实际支付时则根据实际完成的工程量乘以实际单价计算应付的工程款

B. 业主和承包商都不存在工程量方面的风险

C. 在招标前，发包单位无需对工程范围做出完整、详尽的规定，从而可以缩短招标准备时间

D. 采用单价合同对业主来说协调工作量小，对投资控制有利

E. 固定单价合同适用于工期较短、工程量变化幅度不会太大的项目

7. 采用固定总价合同要考虑适用的情况，包括（   ）。

A. 工程量大、工期短

B. 工程设计应详细，图纸完整、清楚，工程任务和范围可以不明确

C. 投标期相对紧迫

D. 工程结构和技术简单，风险小

E. 合同条件中双方的权利和义务十分清楚，合同条件完备

2Z106040   施工合同执行过程的管理

1. 下列关于工程变更及其程序的说法，正确的是（   ）。

A. 取消合同中任何一项工作，但被取消的工作转由其他人实施属于变更

B. 变更指示只能由监理人发出

C. 除专用合同条款对期限另有约定外，承包人应在收到变更指示或变更意向书后的7天内，向监理人提交变更报价书

D. 除专用合同条款对期限另有约定外，监理人收到承包人变更报价书后的28天内，根据合同约定的估价原则，按照总监理工程师与合同当事人商定或确定变更价格

2. 下列合同实施偏差的调整措施中，属于经济措施的是（   ）。

A. 采取索赔手段   B. 采取激励措施

C. 变更技术方案   D. 调整人员安排

3. 下列施工合同变更管理的说法，正确的是（   ）。

A. 承包人对发包人提供的图纸上的错误提出书面变更指示

B. 变更指示只能由监理人发出并应包括变更的目的、内容、工程量及其进度和技术要求

C. 承包人应在收到变更指示或变更意向书后的28天内，向监理人提交变更报价书

D. 发包人收到承包人变更报价书后的14天内根据变更估价原则，双方商定变更价格

4. 下列选项中，属于合同变更的范围有（   ）。

A. 取消合同中任何一项工作

B. 将某项工作转由发包人或其他人实施

C. 改变合同工程的基线、标高、位置、尺寸

D. 改变施工工艺和施工顺序

E. 为完成工程需要追加的额外工作

5. 下列合同跟踪的对象中，属于承包的任务有（　　　）。

A. 工程施工的质量　　　　　　　　B. 工程小组或分包人的工程和工作

C. 工程进度　　　　　　　　　　　D. 工程数量

E. 业主和其委托的工程师的工作

2Z106050　施工合同的索赔

1. 下列关于施工合同索赔的说法，正确的是（　　　）。

A. 在工程实施过程中发生索赔事件以后，或者承包人发现索赔机会，首先要提出索赔意向，这是索赔工作程序的第一步

B. 索赔意向通知涉及索赔内容及索赔金额

C. 监理人应按总监理工程师与合同当事人商定或确定追加的付款和（或）延长的工期，并在收到索赔通知书或有关索赔的进一步证明材料后的28天内，将索赔处理结果答复承包人

D. 证据部分是索赔报告的关键部分

2. 下列关于索赔文件中所列内容的说法，正确的是（　　　）。

A. 索赔文件中包括论证、索赔款项（或工期）计算部分、证据部分

B. 索赔款项（或工期）计算部分是索赔报告的关键部分

C. 索赔款项（或工期）计算部分是定量的部分

D. 对重要的证据资料必须附以确认件的形式证明其可信度

3. 下列选项中，不属于索赔依据的是（　　　）。

A. 合同文件　　　　　　　　　　　B. 各种验收报告

C. 工程建设惯例　　　　　　　　　D. 法律、法规

4. 在工程实施过程中，要不断地跟踪、监督索赔事件，就可以不断地发现索赔机会。下列选项中，承包商不可以提起索赔的事件是（　　　）。

A. 发包人提出提前完成项目或缩短工期而造成承包人的费用增加

B. 由于监理工程师对合同文件的歧义解释、技术资料不确切造成了时间、费用的增加

C. 承包人的原因导致项目缺陷的修复所发生的费用

D. 发包人延误支付期限造成承包人的损失

5. 下列关于承包人提出索赔期限的说法，正确的是（　　　）。

A. 承包人按合同约定接受了合同工程接收证书后，应被认为已无权再提出在竣工付款证书颁发前所发生的任何索赔

B. 承包人按合同约定提交的最终结清申请单中，只限于提出竣工付款证书颁发后发生的索赔

C. 承包人按合同约定提交的最终结清申请单中，只限于提出工程接收证书颁发前发生的索赔

D. 承包人按合同约定接受了竣工付款证书后，应被认为已无权再提出在合同工程接收证书颁发前所发生的任何索赔

2Z106060　建设工程施工合同风险管理、工程保险和工程担保

1. 下列关于工程保险的说法，正确的是（　　）。

A. 工程一切险以承包人和项目法人双方名义共同投保

B. 工程一切险国内由承包人办理保险，国际一般要求项目法人办理保险

C. 第三者责任险的被保险人是项目法人和承包人以外的第三人

D. 人身意外伤害险由发包人负责投保

2. 下列损失中，不属于建设工程合同保险中常见的除外责任范围的是（　　）。

A. 因被保险人不忠实履行约定义务造成的损失

B. 战争或军事行为所造成的损失

C. 投标人故意行为所造成的损失

D. 设计错误引起的损失和费用

3. 下列选项中，不属于 CIP 保险优点的是（　　）。

A. 避免诉讼，便于索赔　　　　　　　B. 降低赔付率，进而降低保险费率

C. 以最优的价格提供最佳的保障范围　D. 有利于业主的进度控制

4. 下列关于各种常见的工程担保的说法，正确的是（　　）。

A. 投标担保可以使用银行保函、担保公司担保、同业担保的形式

B. 投标保证金最多不超过 10 万元人民币

C. 履约担保的有效期始于开工报告领取之日，止于工程缺陷责任期之后

D. 支付担保是承包人给发包人关于专款专用的一种担保险形式

5. 下列关于工程担保的说法，正确的是（　　）。

A. 根据《工程建设项目施工招标投标办法》规定，施工投标保证金的数额一般不得超过投标总价的 2%

B. 履约担保的有效期始于工程开工之日，终止日期则可以约定为工程竣工交付之日或者保修期满之日

C. 预付款担保的担保金额通常与发包人的预付款是不相等的

D. 支付担保的额度为工程合同总额的 10% 左右

★★模拟强化练习答案及解析★★

2Z106010　施工发承包模式

1.【答案】B

【解析】A 选项错误，招标人对已发出的招标文件进行必要的澄清或者修改，应当在招标文件要求提交投标文件截止时间至少 15 日前发出。C 选项错误，所有澄清文件必须直接通知所有招标文件收受人。D 选项错误，当补充文件与招标文件不一致时，以补充文件为准。

2.【答案】B

【解析】A 选项错误，标书的提交要有固定的要求，基本内容是：签章、密封。投标书还需要按照要求签章，投标书需要盖有投标企业公章以及企业法人的名章（或签字）。C 选项错误，投标文件应当对招标文件提出的实质性要求和条件作出响应。在招标范围以外提出新的要求，均被视为对于招标文件的否定。D 选项错误，通常投标需要提交投标担保。

3.【答案】B

【解析】A 选项错误，初步评审主要是进行符合性审查，即重点审查投标书是否实质上响应了招标文件的要求。C 选项错误，单价与数量的乘积之和与所报的总价不一致的应以单价为准。D 选项错误，评标委员会推荐的中标候选人应当限定在 1～3 人。

4.【答案】A

【解析】A 选项错误，投标人在招标截止日之前所提交的投标是有效的，超过该日期之后就会被视为无效投标。

5.【答案】A

【解析】建设工程施工招标应该具备的条件包括以下几项：（1）招标人已经依法成立；（2）初步设计及概算应当履行审批手续的，已经批准；（3）招标范围、招标方式和招标组织形式等应当履行核准手续的，已经核准；（4）有相应资金或资金来源已经落实；（5）有招标所需的设计图纸及技术资料。

6.【答案】B、C、D

【解析】A 选项错误，一般情况下，施工总承包管理单位不参与具体工程的施工，但如施工总承包管理单位也想承担部分工程的施工，它也可以参加该部分工程的投标，通过竞争取得施工任务。E 选项错误，施工总承包管理模式，不需要等待施工图设计完成后再进行施工总承包管理的招标，分包合同招标也可以提前，这样就有利于提前开工，有利于缩短建设周期。

7.【答案】B、C、D、E

【解析】施工总承包管理模式与施工总承包模式，对分包承担相同的总体管理和协调责任，对分包单位提供相同的服务。

2Z106020 施工合同与物资采购合同

1.【答案】C

【解析】承包人未通知监理人到场检查，私自将工程隐蔽部位覆盖的，监理人有权指示承包人钻孔探测或揭开检查，由此增加的费用和（或）工期延误由承包人承担。

2.【答案】C

【解析】A 选项错误，征得发包人同意，监理人应在工程开工日期 7 天前向承包人发出开工通知。开工日期指的是开工通知书载明的日期。B 选项错误，由于承包人原因，承包人应采取措施加快进度，并承担加快进度所增加的费用。D 选项错误，若监理人未按约定到场检查，后又提出重新检验，承包人应遵守，检查质量合格，费用（或）工期延误由发包人承担，并支付承包人合理利润；若不合格，费用或工期延误由承包人承担。

3.【答案】B

【解析】B选项错误，未经承包人允许，分包人不得以任何理由与发包人或工程师（监理人）发生直接工作联系，分包人不得直接致函发包人或工程师（监理人），也不得直接接受发包人或工程师（监理人）的指令。

4.【答案】B

【解析】C选项，劳务分包人施工开始前，工程承包人应获得发包人为施工场地内的自有人员及第三方人员生命财产办理的保险，且不需劳务分包人支付保险费用。A、D选项劳务分包人必须为从事危险作业的职工办理意外伤害保险，并为施工场地内自有人员生命财产和施工机械设备办理保险，支付保险费用。

5.【答案】D

【解析】验收方式有驻厂验收、提运验收、接运验收和入库验收等方式。入库验收是广泛采用的正式的验收方法，由仓库管理人员负责数量和外观检验。

6.【答案】D

【解析】A选项说法错误，正确的说法应为，在制造时期，由采购方派人在供应的生产厂家进行材质检验属于驻厂验收。B选项说法错误，正确的说法应为，入库验收是广泛采用的正式的验收方法，由仓库管理人员负责数量和外观检验。C选项说法错误，正确的说法应为，供货方负责送货的，以采购方收货戳记的日期为准。

7.【答案】C、D、E

【解析】A、B选项属于发包人的责任。

8.【答案】C、D、E

【解析】A选项错误，经验收合格工程的实际竣工日期，以提交竣工验收申请报告的日期为准，并在工程接收证书中写明。B选项错误，发包人在收到承包人竣工验收申请报告56天后未进行验收的，视为验收合格，实际竣工日期以提交竣工验收申请报告的日期为准，但发包人由于不可抗力不能进行验收的除外。

2Z106030　施工合同计价方式

1.【答案】A

【解析】

形式	概念/特点	适用条件
成本加固定费用	直接成本实报实销，确定一笔固定的报酬	工程总成本一开始估计不准，可能变化不大的情况
成本加固定比例费用	直接费加一定比例的报酬费。 不利于缩短工期和降低成本	工程初期、工期紧迫
成本加奖金	底点（60%~75%）和顶点（110%~135%）	招标时准备不充分，仅能制定估算指标
最大成本加费用	工程成本总价加一个固定的酬金（包括各项管理费、风险费和利润）	设计深度达到可以报总价。 CM模式采用该合同

2. 【答案】D

【解析】成本加酬金的优点：（1）可以通过分段施工缩短工期。（2）可以减少承包商的对立情绪。（3）可以利用承包商的施工技术专家，帮助改进或弥补设计中的不足。（4）业主可以根据自身力量和需要，较深入地介入和控制工程施工和管理。（5）也可以通过确定最大保证价格约束工程成本不超过某一限值，从而转移一部分风险。

3. 【答案】C

【解析】固定总价合同承包商的风险主要有两个方面：（1）价格风险：报价计算错误、漏报项目、物价和人工费上涨等。（2）工作量风险：工程量计算错误、工程范围不正确、工程变更或者由于设计深度不够所造成的误差等。

4. 【答案】B

【解析】A选项说法错误，正确的说法应为，固定总价合同适用于以下情况：（1）工程量小、工期短；（2）工程设计详细，图纸完整、清楚，工程任务和范围明确；（3）工程结构和技术简单，风险小；（4）投标期相对宽裕；（5）合同条件完备。C选项说法错误，固定总价合同对于承包商来说风险比较大，因为承包商承担了全部的量和价的风险。D选项说法错误，固定总价合同中可以约定，发生重大变更、累计工程变更超过一定幅度或者其他特殊条件下，可以对价格进行调整，但需要明确定义前提条件和调整方法。

5. 【答案】B

【解析】A选项错误，承包商不承担任何价格变化或工程量变化的风险，这些风险主要由业主承担。C选项错误，成本加固定比例费用合同：适用于一般在工程初期很难描述工作范围和性质，或工期紧迫。这种模式不利于缩短工期和降低成本。D选项错误，最大成本加费用合同：（1）投标人会报一个工程成本总价和一个固定的酬金（包括各项管理费、风险费和利润）。（2）在非代理型（风险型）CM模式的合同中就采用这种方式。

6. 【答案】B、C、E

【解析】A选项错误，实际支付时则根据实际完成的工程量乘以合同单价计算应付的工程款。D选项错误，采用单价合同对业主的不足之处是，业主需要安排专门力量来核实已经完成的工程量，需要在施工过程中花费不少精力，协调工作量大，即实际投资容易超过计划投资，对投资控制不利。

7. 【答案】D、E

【解析】固定总价合同适用于以下情况：（1）工程量小、工期短；（2）工程设计详细，图纸完整、清楚，工程任务和范围明确；（3）工程结构和技术简单，风险小；（4）投标期相对宽裕；（5）合同条件完备。

2Z106040 施工合同执行过程的管理

1. 【答案】B

【解析】A选项错误，取消合同中任何一项工作，但被取消的工作不能转由发包人或其他人实施属于变更。C选项错误，除专用合同条款对期限另有约定外，承包人应在收到变更指示或变更意向书后的14天内，向监理人提交变更报价书。D选项错误，除专用合同条款对期限另有约定外，监理人收到承包人变更报价书后的 14 天内，根据合同约定的估价原则，按照总监理工程师与合同当事人商定或确定变更价格。

2.【答案】B

【解析】组织措施：如增加人员投入，调整人员安排，调整工作流程和工作计划等；技术措施：如变更技术方案，采用新的高效率的施工方案等；经济措施：如增加投入，采取经济激励措施等；合同措施：如进行合同变更，签订附加协议，采取索赔手段等。

3.【答案】B

【解析】A 选项说法错误，正确的说法应为，在合同履行过程中，承包人对发包人提供的图纸可提出书面变更建议。C 选项说法错误，正确的说法应为，承包人应在收到变更指示或变更意向书后的 14 天内，向监理人提交变更报价书。D 选项说法错误，正确的说法应为，监理人收到承包人变更报价书后的 14 天内，根据合同约定的估价原则，按照总监理工程师与合同当事人商定或确定变更价格。

4.【答案】A、C、D、E

【解析】合同变更的范围：（1）取消合同中任何一项工作，但被取消的工作不能由发包人或其他人实施；（2）改变合同中任何一项工作的质量或其他特性；（3）改变合同工程的基线、标高、位置、尺寸；（4）改变施工工艺和施工顺序；（5）为完成工程需要追加的额外工作。

5.【答案】A、C、D

【解析】合同跟踪的对象：（1）承包的任务：① 工程施工的质量；② 工程进度；③ 工程数量；④ 成本的增加和减少。（2）工程小组或分包人的工程和工作。（3）业主和其委托的工程师的工作。

2Z106050　施工合同的索赔

1.【答案】A

【解析】B 选项错误，一般索赔意向通知仅仅表明索赔的意向，应该尽量简明扼要，涉及索赔内容，但不涉及索赔金额。C 选项错误，监理人应按总监理工程师与合同当事人商定或确定追加的付款和（或）延长的工期，并在收到上述索赔通知书或有关索赔的进一步证明材料后的 42 天内，将索赔处理结果答复承包人。D 选项错误，论证部分是索赔报告的关键部分，其目的是说明自己有索赔权，是索赔能否成立的关键。

2.【答案】C

【解析】A 选项说法错误，正确的说法应为，索赔文件的主要内容包括以下几个方面：总述部分；论证部分；索赔款项（或工期）计算部分；证据部分。B 选项说法错误，正确的说法应为，论证部分是索赔报告的关键部分。D 选项说法错误，正确的说法应为，对重要的证据资料最好附以文字说明，或附以确认件。

3.【答案】B

【解析】索赔的依据主要有：合同文件；法律、法规；工程建设惯例。

4.【答案】C

【解析】C选项，承包人的原因导致项目缺陷的修复所发生的费用，属于承包人自身问题造成的问题，有承包人自己承担，不可索赔。

5.【答案】D

【解析】A选项错误，承包人按合同约定接受了竣工付款证书后，应被认为已无权再提出在合同工程接收证书颁发前所发生的任何索赔。B选项错误，承包人按合同约定提交的最终结清申请单中，只限于提出工程接收证书颁发后发生的索赔。C选项错误，承包人按合同约定提交的最终结清申请单中，只限于提出工程接收证书颁发后发生的索赔，提出索赔的期限自接受最终结清证书时终止。

2Z106060 建设工程施工合同风险管理、工程保险和工程担保

1.【答案】A

【解析】B选项错误，工程一切险国内由项目法人办理保险，国际一般要求承包人办理保险。C选项错误，第三者责任险被保险人也应是项目法人和承包人。D选项错误，人身意外伤害险由发包人、承包人负责对本方参与现场施工的人员投保。

2.【答案】D

【解析】各类保险合同由于标的差异，除外责任不尽相同，但比较一致的有以下几项：（1）投保人故意行为所造成的损失；（2）因被保险人不忠实履行约定义务所造成的损失；（3）战争或军事行为所造成的损失；（4）保险责任范围以外，其他原因所造成的损失。

3.【答案】D

【解析】CIP保险（一揽子保险）的优点是：（1）以最优的价格提供最佳的保障范围；（2）能实施有效的风险管理；（3）降低赔付率，进而降低保险费率；（4）避免诉讼，便于索赔。

4.【答案】A

【解析】B选项说法错误，正确的说法应为《工程建设项目勘察设计招标投标办法》规定，招标文件要求投标人提交投标保证金的，保证金数额一般不超过勘察设计费投标报价的2%，最多不超过10万元人民币。C选项说法错误，正确的说法应为，履约担保的有效期始于工程开工之日，终止日期则可以约定为工程竣工交付之日或者保修期满之日。D选项说法错误，正确的说法应为，支付担保是中标人要求招标人提供的保证履行合同中约定的工程款支付义务的担保。

5.【答案】B

【解析】A选项错误，根据《工程建设项目施工招标投标办法》规定，施工投标保证金的数额一般不得超过投标总价的2%，但最高不得超过80万元人民币。C选项错误，预付款担保的担保金额通常与发包人的预付款是等值的。D选项错误，支付担保的额度为工程合同总额的20%~25%。

2Z107000　施工信息管理

微信扫一扫
查看更多考点视频

本章考情分析

近3年核心考点及分值分布　　　　　表 2Z107000

2Z107000	本章条目	2020 年		2021 年		2022 年	
		单选	多选	单选	多选	单选	多选
2Z107010	2Z107011　施工信息管理的任务					1	
	2Z107012　施工信息管理的方法	1		1			
2Z107020	2Z107021　施工文件归档管理的主要内容		2	1			
	2Z107022　施工文件的立卷					1	
	2Z107023　施工文件的归档						
合　计		1	2	2	0	2	0
		3		2		2	

2Z107010　施工信息管理的任务和方法

核心考点提纲

2Z107010　施工信息管理的任务和方法 { 2Z107011　施工信息管理的任务
2Z107012　施工信息管理的方法

核心考点剖析

2Z107011　施工信息管理的任务

核心考点：施工信息管理的任务

1. 建设工程项目信息管理的目的旨在通过有效的项目信息传输的组织和控制为项目建设增值服务。

2. 施工项目相关的信息

（1）公共信息

包括：法律、法规和部门规章信息，市场信息以及自然条件信息。

（2）工程总体信息

包括：工程名称、工程编号、建筑面积、总造价、建设单位、设计单位、施工单位、监理单位、主体工程、设备安装工程等。

（3）施工信息

施工信息包括：施工记录信息，施工技术资料信息等。

施工记录信息包括：施工日志、质量检查记录、材料设备进场记录、用工记录表等。

施工技术资料信息包括：主要原材料、成品、半成品、构配件、设备出厂质量证明和试（检）验报告，施工试验记录，预检记录，隐蔽工程验收记录，基础、主体结构验收记录，设备安装工程记录，施工组织设计，技术交底资料，工程质量检验评定资料，竣工验收资料，设计变更洽商记录，竣工图等。

（4）项目管理信息

① 项目进度控制信息：施工进度计划表、资源计划表、资源表、完成工作分析表等。

② 项目成本信息要通过责任目标成本表、实际成本表、降低成本计划和成本分析等来管理和控制成本的相关信息。

③ 项目安全控制信息：安全交底、安全设施验收、安全教育、安全措施、安全处罚、安全事故、安全检查、复查整改记录等。

④ 项目竣工验收信息：施工项目质量合格证书、单位工程交工质量核定表、交工验收证明书、施工技术资料移交表、施工项目结算、回访与保修书等。

3. 信息管理手册的主要内容

（1）确定信息管理的任务。

（2）确定信息管理的任务分工表和管理职能分工表。

（3）确定信息的分类。

（4）确定信息的编码体系和编码。

（5）绘制信息输入输出模型。

（6）绘制各项信息管理工作的工作流程图。

（7）绘制信息处理的流程图。

（8）确定信息处理的工作平台及明确其使用规定。

（9）确定各种报表和报告的格式，以及报告周期。

（10）确定项目进展的月度报告、季度报告、年度报告和工程总报告的内容及其编制原则和方法。

（11）确定工程档案管理制度。

（12）确定信息管理的保密制度，以及与信息管理有关的制度。

在当今的信息时代，在国际工程管理领域产生了信息管理手册，它是信息管理的核心指导文件。

◆ **考法 1：施工记录信息文件**

【例题 1·2019 年真题·单选题】下列建设工程施工信息内容中，属于施工记录信息的是（　　）。

A. 施工试验记录　　　　　　　　B. 隐蔽工程验收记录

C. 材料设备进场记录　　　　　　D. 主体结构验收记录

【答案】C

【解析】施工记录信息：施工日志、质量检查记录、材料设备进场记录、用工记录表等。

【例题2·2021年真题·单选题】下列施工项目相关的信息中，属于施工记录信息的是（　　）。

A. 施工合同信息　　　　　　　　B. 施工日志

C. 自然条件信息　　　　　　　　D. 材料管理信息

【答案】B

【解析】施工记录信息：施工日志、质量检查记录、材料设备进场记录、用工记录表等。

◆ 考法2：项目管理信息

【例题·2012年真题·单选题】施工项目信息管理工作中，在项目施工过程中形成的安全检查记录属于（　　）信息。

A. 施工记录　　　　　　　　　　B. 施工技术资料

C. 项目管理　　　　　　　　　　D. 工程总体

【答案】C

【解析】项目管理信息中的项目安全控制信息主要包括：安全交底、安全设施验收、安全教育、安全措施、安全处罚、安全事故、安全检查、复查整改记录等。

◆ 考法3：信息管理手册

【例题·2016年真题·单选题】国际工程管理领域中，信息管理的核心指导文件是（　　）。

A. 技术标准　　　　　　　　　　B. 工程档案管理制度

C. 信息编码体系　　　　　　　　D. 信息管理手册

【答案】D

【解析】信息管理手册是信息管理的核心指导文件。

2Z107012　施工信息管理的方法

核心考点：工程管理信息化

1. 施工方信息管理手段的核心是实现工程管理信息化。

2. 工程管理的信息资源：

（1）组织类工程信息，如建筑业的组织信息、项目参与方的组织信息、与建筑业有关的组织信息和专家信息等。

（2）管理类工程信息，如与投资控制、进度控制、质量控制、合同管理和信息管理有关的信息等。

（3）经济类工程信息，如建设物资的市场信息、项目融资的信息等。

（4）技术类工程信息，如与设计、施工和物资有关的技术信息等。

（5）法规类信息等。

3. 在当今的时代应重视利用信息技术的手段进行信息管理，其核心的技术是基于网络的信息处理平台。

4. 中国未来建筑信息化发展将形成以建筑信息模型（BIM）为核心的产业革命。《工程质量安全提升行动方案》指出，要加快推进建筑信息模型（BIM）技术在规划、勘察、设计、施工和运营维护全过程的集成应用。

5. 《国家信息化发展战略纲要》是规范和指导未来 10 年国家信息化发展的纲领性文件，是国家战略体系的重要组成部分，是信息化领域规划、政策制定的重要依据。

6. 信息技术在工程管理中开发和应用的意义：

（1）信息存储数字化和存储相对集中有利于项目信息的检索和查询，有利于数据和文件版本的统一，并有利于项目的文档管理。

（2）信息处理和变换的程序化有利于提高数据处理的准确性，并可提高数据处理的效率。

（3）信息传输的数字化和电子化可提高数据传输的抗干扰能力、使数据传输不受距离限制并可提高数据传输的保真度和保密性。

（4）信息获取便捷、信息透明度提高以及信息流扁平化有利于项目参与方之间的信息交流和协同工作。

7. 工程管理信息化有利于提高建设工程项目的经济效益和社会效益，达到为项目建设增值的目的。

◆ **考法 1：施工信息管理的核心手段**

【例题·2013 年真题·单选题】施工方信息管理手段的核心是（　　　）。

A. 实现工程管理信息化　　　　　　B. 编制信息管理手册

C. 建立基于互联网的信息处理平台　D. 实现办公自动化

【答案】A

【解析】施工方信息管理手段的核心是实现工程管理信息化。

◆ **考法 2：工程管理的信息资源**

【例题·2017 年真题·单选题】下列工程管理信息资源中，属于管理类工程信息的是（　　　）。

A. 与建筑业有关的专家信息　　　　B. 建设物资的市场信息

C. 与合同有关的信息　　　　　　　D. 与施工有关的技术信息

【答案】C

【解析】管理类工程信息，如投资、进度、质量、合同和信息管理等。

◆ **考法 3：BIM 技术应用**

【例题·2020 年真题·单选题】下列工作内容中，不属于 BIM 技术应用方面的是（　　　）。

A. 进行企业人力资源管理　　　　　B. 进行管线碰撞模拟

C. 进行正向设计　　　　　　　　　D. 进行可视化演示

【答案】A

【解析】B、C、D 选项都属于 BIM 技术的应用，A 选项错误。

◆ **考法 4：信息技术在工程管理中开发和应用的意义**

【例题·2021 年真题·单选题】可提高工程管理数据传输的抗干扰能力，使数据传输不受距离限制，并可提高数据传输的保真度和保密性，这一功能可通过信息技术的（　　）来实现。

A. 信息储存数字化和集中化
B. 信息传输的数字化和电子化
C. 信息处理和变换的程序化
D. 信息获取的便捷性和信息流扁平化

【答案】B

【解析】"信息传输的数字化和电子化"可提高数据传输的抗干扰能力、使数据传输不受距离限制并可提高数据传输的保真度和保密性。

2Z107020 施工文件归档管理

核心考点提纲

$$
2Z107020\quad 施工文件归档管理
\begin{cases}
2Z107021 & 施工文件归档管理的主要内容 \\
2Z107022 & 施工文件的立卷 \\
2Z107023 & 施工文件的归档
\end{cases}
$$

核心考点剖析

2Z107021　施工文件归档管理的主要内容

核心考点一：施工单位在建设工程档案管理中的职责

1. 建设工程文件包括工程准备阶段文件、监理文件、施工文件、竣工图和竣工验收文件，也可简称为工程文件。

2. 施工单位在建设工程档案管理中的职责

（1）实行技术负责人负责制，逐级建立健全施工文件管理岗位责任制。配备专职档案管理员，负责施工资料的管理工作。

（2）建设工程实行施工总承包的，由施工总承包单位负责收集、汇总各分包单位形成的工程档案。由几个单位承包的，各承包单位负责收集、整理、立卷其承包项目的工程文件。

（3）可以按照施工合同的约定，接受建设单位的委托进行工程档案的组织和编制。

（4）按要求在竣工前将施工文件整理汇总完毕，再移交建设单位进行工程竣工验收。

（5）负责编制的施工文件的套数不得少于地方城建档案管理部门要求，但应有完整的施工文件移交建设单位及自行保存。

◆ **考法 1：建设工程文件**

【例题·2021 年真题·单选题】根据《建设工程文件归档规范》GB/T 50328—2014，

建设工程文件应包括（　　　）。

  A. 工程准备阶段文件　　　　　　B. 监理文件

  C. 前期投资策划文件　　　　　　D. 施工文件

  E. 竣工图和竣工验收文件

【答案】A、B、D、E

【解析】建设工程文件包括工程准备阶段文件、监理文件、施工文件、竣工图和竣工验收文件，也可简称为工程文件。

◆ **考法 2：建设工程档案管理**

【例题·2013年真题·多选题】施工单位在建设工程档案管理中的职责包括（　　　）。

  A. 配备专职档案管理员，负责施工资料的管理工作

  B. 按照施工合同的约定，接受建设单位的委托进行工程档案的组织和编制工作

  C. 按要求在竣工前将施工文件整理汇总完毕

  D. 竣工预验收以后，及时将档案资料移交城建档案部门

  E. 及时将施工要案资料移交建设单位

【答案】A、B、C、E

【解析】本题考查施工单位在建设工程档案管理中的职责。

核心考点二：施工文件档案管理的主要内容

施工文件档案管理的内容主要包括：工程施工技术管理资料、工程质量控制资料、工程施工质量验收资料、竣工图四大部分。

1. 工程施工技术管理资料

（1）图纸会审记录文件；（2）工程开工报告相关资料；（3）技术、安全交底记录文件；（4）施工组织设计（项目管理规划）文件；（5）施工日志记录文件；（6）设计变更文件；（7）工程洽商记录文件；（8）工程测量记录文件；（9）施工记录文件；（10）工程质量事故记录文件；（11）工程竣工文件。

2. 工程质量控制资料

（1）出厂合格证及进场检（试）验报告；（2）施工试验记录和见证检测报告；（3）隐蔽工程验收记录文件；（4）交接检查记录。

3. 工程施工质量验收资料

（1）施工现场质量管理检查记录；（2）单位（子单位）工程质量竣工验收记录；（3）分部（子分部）工程质量验收记录文件；（4）分项工程质量验收记录文件；（5）检验批质量验收记录文件。

4. 竣工图

竣工图编制要求如下：

（1）各项新建、扩建、改建、技术改造、技术引进项目，在项目竣工时要编制竣工图。项目竣工图应由施工单位负责编制。如行业主管部门规定设计单位编制或施工单位委托设计单位编制竣工图的，应明确规定施工单位和监理单位的审核和签认责任。

（2）竣工图应完整、准确、清晰、规范，修改到位，真实反映项目竣工验收时的实际

情况。

（3）如果按施工图施工没有变动，由竣工图编制单位在施工图上加盖并签署竣工图章。

（4）一般性图纸变更及符合杠改或划改要求的变更，可在原图上更改，加盖并签署竣工图章。

（5）涉及结构形式、工艺、平面布置、项目等重大改变及图面变更面积超过35%的，应重新绘制竣工图。重绘图按原图编号，末尾加注"竣"字，或在新图图标内注明"竣工阶段"并签署竣工图章。

（6）同一建筑物、构筑物重复的标准图、通用图可不编入竣工图中，但应在图纸目录中列出图号，指明该图所在位置并在编制说明中注明。不同建筑物、构筑物应分别编制。

◆ **考法 1：工程质量控制资料**

【例题 1·2021 年真题·多选题】下列施工文件档案资料中，属于工程质量控制资料的有（　　）。

A. 施工测量放线报验表
B. 检验质量验收质量表
C. 竣工验收证明书
D. 水泥见证检测报告
E. 交接检查记录

【答案】D、E

【解析】选项 A、C 属于工程施工技术管理资料，选项 B 属于工程施工质量验收资料，故 A、B、C 错误。选项 D、E 属于工程质量控制资料，故选 D、E。

【例题 2·2017 年真题·多选题】下列施工文件档案中，属于工程质量控制资料的有（　　）。

A. 工程项目原材料检验报告
B. 施工试验记录
C. 隐蔽工程验收检查记录文件
D. 工程质量事故记录文件
E. 交接检查记录

【答案】A、B、C、E

【解析】工程质量控制资料包括出厂合格证及进场检（试）验报告、施工试验记录和见证检测报告、隐蔽工程验收记录文件、交接检查记录。

◆ **考法 2：竣工图编制要求**

【例题·2021 年真题·单选题】关于竣工图编制要求的说法，正确的是（　　）。

A. 竣工图不能委托设计单位编制
B. 一般性图纸变更及符合杠改或划改要求的，可不编制竣工图
C. 同一建筑物重复的标准图也必须编入竣工图中
D. 重大变更及图面变更面积超过35%的，应当重新绘制竣工图

【答案】D

【解析】本题考查竣工图编制要求。

2Z107022　施工文件的立卷

核心考点：施工文件的立卷

1. 一个建设工程由多个单位工程组成时，工程文件按单位工程立卷。

2. 卷内资料排列顺序一般为封面、目录、文件部分、备考表、封底。

3. 施工文件按单位工程、分部工程、专业、阶段组卷，竣工验收文件、竣工图按单位工程、专业组卷。

4. 案卷厚度不超过 40mm，不同载体文件一般应分别组卷。

5. 卷内文件按批复在前、请示在后，印本在前、定稿在后，主件在前、附件在后，文字材料排前，图纸排后的顺序排列。

6. 卷内目录排列在文件首页之前，卷内备考表排列在文件的尾页之后。

7. 保管期限分为永久、长期、短期三种。

（1）永久是指工程档案需永久保存。

（2）长期是指工程档案的保存期限等于该工程的使用寿命。

（3）短期是指工程档案保存 20 年以下。

（4）同一案卷内有不同保管期限的文件，该案卷保管期限应从长。

8. 密级分为绝密、机密、秘密三种。同一案卷不同密级，以高密级为准。

2Z107023　施工文件的归档

核心考点：施工文件的归档

1. 归档文件的质量要求

（1）归档文件应为原件。

（2）应采用耐久性强的书写材料，如碳素墨水、蓝黑墨水。

（3）工程文件应字迹清楚，图样清晰，图表整洁，签字盖章手续完备。

（4）文字材料幅面宜为 A4 幅面，图纸宜采用国家标准图幅。

（5）竣工图应是新蓝图。所有竣工图均应加盖竣工图章，竣工图章尺寸 50mm×80mm。

（6）利用施工图改绘竣工图，必须标明变更修改依据。变更超过图面 1/3，应重新绘制竣工图。

2. 施工文件归档时间和相关要求

（1）归档可以分阶段分期进行，也可以在单位或分部工程通过竣工验收后进行。

（2）施工单位在竣工验收前向建设单位归档。

（3）施工单位在收齐工程文件整理立卷后，建设单位、监理单位应根据城建档案管理机构的要求进行审查，审查合格后向建设单位移交。

（4）工程档案一般不少于两套，一套由建设单位保管，一套（原件）移交当地城建档案馆。

◆ **考法 1：归档文件的质量要求**

【例题 1·2018 年真题·单选题】关于建设工程施工文件归档质量要求的说法，正确的是（　　）。

A. 归档文件用原件和复印件均可

B. 工程文件文字材料幅面尺寸规格宜为 A4 幅面

C. 工程文件应签字手续完备，是否盖章不做要求

D. 利用施工图改绘竣工图，有重大改变时，不必重新绘制

【答案】B

【解析】A 选项错误，归档必须原件。C 选项错误，工程文件应签字盖章。D 选项错误，变更超过图面 1/3，应重新绘制竣工图。

【例题 2·2019 年真题·多选题】下列施工归档文件的质量要求中，正确的有（　　）。

A. 归档文件应为原件

B. 工程文件文字材料尺寸宜为 A4 幅面，图纸采用国家标准图幅

C. 竣工图章尺寸为 60mm×80mm

D. 所有竣工图均应加盖竣工图章

E. 利用施工图改绘竣工图，必须标明变更修改依据

【答案】A、B、D、E

【解析】本题考查施工归档文件的质量要求。

◆ 考法 2：施工文件归档的相关要求

【例题·2021 年真题·单选题】关于施工文件归档的说法，正确的是（　　）。

A. 可以采用纯蓝墨水书写的文件

B. 根据建设程序和工程特点，归档可分阶段分期进行

C. 归档图纸可以使用计算机出图的复印件

D. 利用施工图改绘竣工图，可以不标明变更修改依据，但图面必须清晰整洁

【答案】B

【解析】A 选项错误，工程文件应采用耐久性强的书写材料，如碳素墨水、蓝黑墨水，不得使用易褪色的书写材料，如：红色墨水、纯蓝墨水、圆珠笔、复写纸、铅笔等。C 选项错误，归档的文件应为原件。D 选项错误，利用施工图改绘竣工图，必须标明变更修改依据。

本章经典真题回顾

一、单项选择题（每题 1 分，每题的备选项中，只有 1 个符合题意）

1. 【2021 年真题】可提高工程管理数据传输的抗干扰能力，使数据传输不受距离限制，并可提高数据传输的保真度和保密性，这一功能可通过信息技术的（　　）来实现。

A. 信息储存数字化和集中化　　　　B. 信息传输的数字化和电子化

C. 信息处理和变换的程序化　　　　D. 信息获取的便捷性和信息流扁平化

【答案】B

【解析】"信息传输的数字化和电子化"可提高数据传输的抗干扰能力、使数据传输不

受距离限制并可提高数据传输的保真度和保密性。

2.【2021年真题】下列施工项目相关的信息中，属于施工记录信息的是（　　）。

A. 施工合同信息　　　　　　　　　　B. 施工日志

C. 自然条件信息　　　　　　　　　　D. 材料管理信息

【答案】B

【解析】施工记录信息包括：施工日志、质量检查记录、材料设备进场记录、用工记录表等。

3.【2020年真题】下列工作内容中，不属于BIM技术应用方面的是（　　）。

A. 进行企业人力资源管理　　　　　　B. 进行管线碰撞模拟

C. 进行正向设计　　　　　　　　　　D. 进行可视化演示

【答案】A

【解析】B、C、D选项都属于BIM技术的应用，A选项错误。

4.【2018年真题】关于建设工程施工文件归档质量要求的说法，正确的是（　　）。

A. 归档文件用原件和复印件均可

B. 工程文件文字材料幅面尺寸规格宜为A4幅面

C. 工程文件应签字手续完备，是否盖章不做要求

D. 利用施工图改绘竣工图，有重大改变时，不必重新绘制

【答案】B

【解析】A选项错误，归档必须原件。C选项错误，工程文件应签字盖章。D选项错误，变更超过图面1/3，应重新绘制竣工图。

5.【2017年真题】下列工程管理信息资源中，属于管理类工程信息的是（　　）。

A. 与建筑业有关的专家信息　　　　　B. 建设物资的市场信息

C. 与合同有关的信息　　　　　　　　D. 与施工有关的技术信息

【答案】C

【解析】管理类工程信息，如投资、进度、质量、合同和信息管理有关的信息等。

二、多项选择题（每题2分，每题的备选项中，有2个或2个以上符合题意，至少有1个错项。错选，本题不得分；少选，所选的每个选项得0.5分）

1.【2018年真题】根据建设工程施工文件档案管理的要求，项目竣工组应（　　）。

A. 按规范要求统一折叠　　　　　　　B. 由建设单位负责编制

C. 制定总说明及专业说明　　　　　　D. 有一般性变更时必须重新绘制

E. 真实反映项目竣工验收时实际情况

【答案】A、C、E

【解析】B选项错误，工程施工档案由施工单位负责编制。D选项错误，一般性图纸变更可在原图上更改，加盖并签署竣工图章。当重大改变及图面变更面积超过35%的，应重新绘制竣工图。

本章模拟强化练习

2Z107010 施工信息管理的任务和方法

1. 信息管理部门是专门从事信息管理的工作部门，下列选项中，不属于信息管理部门任务的是（　　）。

A. 负责主持编制信息管理手册

B. 负责控制工程成本

C. 负责信息处理工作平台的建立和运行维护

D. 负责工程档案管理

2. 关于施工信息，下列选项中属于施工技术资料信息的是（　　）。

A. 质量检查记录　　　　　　　　　B. 材料设备进场记录

C. 施工日志　　　　　　　　　　　D. 施工试验记录

3. 下列信息中属于经济类信息的有（　　）。

A. 专家信息　　　　　　　　　　　B. 质量控制的信息

C. 建设物资的市场信息　　　　　　D. 项目融资的信息

E. 与设计有关的技术信息

2Z107020 施工文件归档管理

1. 下列关于施工文件的立卷的说法，正确的是（　　）。

A. 施工文件应按单位工程、专业组卷

B. 竣工图可按单位工程、专业等进行组卷

C. 不同载体的文件也可以合并组卷

D. 卷内文件的排列应符合请示在前、批复在后的顺序

2. 下列关于施工文件归档的说法，正确的是（　　）。

A. 归档的文件应为复印件

B. 竣工图均应加盖竣工图章

C. 变更部分超过图面1/5的，应当重新绘制竣工图

D. 施工单位应当在工程竣工验收前，将形成的有关工程档案向城建档案馆归档

3. 下列选项中，施工文件档案管理的内容主要包括（　　）。

A. 工程施工技术管理资料　　　　　B. 竣工图

C. 工程施工质量验收资料　　　　　D. 工程索赔资料

E. 工程质量控制资料

4. 下列关于施工文件中，属于质量控制资料的有（　　）。

A. 出厂合格证及进场试（检）验报告　B. 施工试验记录

C. 见证检测报告　　　　　　　　　D. 隐蔽工程验收记录文件

E. 检验批质量验收记录文件

★★模拟强化练习答案及解析★★

2Z107010　施工信息管理的任务和方法

1.【答案】B

【解析】信息管理部门是专门从事信息管理的工作部门，其主要工作任务是：

（1）负责主持编制信息管理手册，在项目实施过程中进行必要的修改和补充。

（2）负责协调和组织项目管理班子中各个工作部门的信息处理工作。

（3）负责信息处理工作平台的建立和运行维护。

（4）与其他工作部门协同组织收集信息、处理信息和形成各种反映项目进展和项目目标控制的报表和报告。

（5）负责工程档案管理等。

2.【答案】D

【解析】施工信息内容包括：施工记录信息，施工技术资料信息等。

施工记录信息包括：施工日志、质量检查记录、材料设备进场记录、用工记录表等。

施工技术资料信息包括：主要原材料、成品、半成品、构配件、设备出厂质量证明和试（检）验报告，施工试验记录，预检记录，隐蔽工程验收记录，基础、主体结构验收记录，设备安装工程记录，施工组织设计，技术交底资料，工程质量检验评定资料，竣工验收资料，设计变更洽商记录，竣工图等。

3.【答案】C、D

【解析】A选项属于组织类工程信息，B选项属于管理类工程信息，E选项属于技术类工程信息。

2Z107020　施工文件归档管理

1.【答案】B

【解析】A选项说法错误，正确的说法应为，施工文件可按单位工程、分部工程、专业、阶段等组卷，竣工验收文件按单位工程、专业组卷。C选项说法错误，正确的说法应为，案卷内不应有重份文件，不同载体的文件一般应分别组卷。D选项说法错误，正确的说法应为，卷内文件的排列——确定的在前，不确定的在后；批复在前、请示在后；印本在前、定稿在后；主件在前附件在后；文字材料排前，图纸排后。

2.【答案】B

【解析】A选项错误，归档的文件应为原件。C选项错误，变更部分超过图面1/3的，应当重新绘制竣工图。D选项错误，施工单位应当在工程竣工验收前，将形成的有关工程档案向建设单位归档。

3.【答案】A、B、C、E

【解析】施工文件档案管理的内容主要包括：工程施工技术管理资料、工程质量控制资料、工程施工质量验收资料、竣工图四大部分。

4.【答案】A、B、C、D

【解析】工程质量控制资料：出厂合格证及进场试（检）验报告，施工试验记录及见证检测报告，隐蔽工程验收记录文件，交接检查记录。E选项属于施工质量验收资料。

近年真题篇

2022年度全国二级建造师
执业资格考试试卷

一、单项选择题（共70题，每题1分。每题的备选项中，只有1个最符合题意）

1. 建设项目管理过程中，负责施工的总体管理和协调，也可按业主要求负责整个施工招标和发包工作的主体是（　　）。

A. 施工总承包方
B. 工程监理方
C. 施工总承包管理方
D. 设计方

2. 施工企业采用矩阵式组织结构，若纵向工作部门是工程计划、人事管理、设备管理等部门，则横向工作部门可以是（　　）。

A. 技术管理部门
B. 施工项目部
C. 合同管理部门
D. 财务管理部

3. 关于项目工作流程图的说法，正确的是（　　）。

A. 项目各参与方应形成统一的工作流程图
B. 工作流程图反映组织系统中各工作间的逻辑关系
C. 工程流程图中用菱形框表示工作和工作的执行者
D. 工作流程图中用双向箭线表示工作间的逻辑关系

4. 编制施工组织总设计时，编制资源需求量计划前必须完成的工作是（　　）。

A. 编制施工总进度计划
B. 绘制施工总平面图
C. 编制施工准备工作计划
D. 计算技术经济指标

5. 某工程项目施工中，针对实际施工进度滞后的状况，施工单位改进了施工工艺。该做法表明施工单位采取了（　　）措施进行项目目标动态控制。

A. 技术
B. 管理
C. 经济
D. 组织

6. 项目施工成本动态控制过程中，对成本的实际值和计划值进行比较时，若将工程合同价作为计划值，则可作为实际值的是（　　）。

A. 投标报价值
B. 设计概算
C. 最高投标限价
D. 施工成本的规划值

7. 根据《建设工程项目管理规范》，下列工作内容中，属于施工方项目经理权限的是（　　）。

A. 主持项目的投标工作
B. 组建工程项目经理部

C. 制定项目管理机构管理制度　　　　D. 主持制定项目管理目标责任书

8. 下列责任内容中，应由施工项目经理承担的是（　　　）。

A. 施工安全、质量责任　　　　B. 企业市场经营责任

C. 项目投标责任　　　　D. 企业总部管理责任

9. 施工风险管理工作包括：① 施工风险应对；② 施工风险评估；③ 施工风险识别；④ 施工风险监控。其正确的流程是（　　　）。

A. ③—②—④—①　　　　B. ②—③—④—①

C. ①—③—②—④　　　　D. ③—②—①—④

10. 根据《建设工程监理规范》GB/T 50319—2013，项目监理机构在召开第一次工地会议前应将工程建设监理规划报送（　　　）。

A. 建设主管部门　　　　B. 建设单位

C. 施工单位　　　　D. 设计单位

11. 项目竣工验收前，施工企业按照合同规定对已完工程和设备采取必要的保护措施所发生的费用应计入（　　　）。

A. 总承包管理费　　　　B. 措施项目费

C. 企业管理费　　　　D. 其他项目费

12. 工程造价管理机构在确定计价定额人工费时，采用的人工日工资单价应按照（　　　）确定。

A. 施工企业平均技术熟练程度工人在每工作日按规定从事施工作业的日工资总额

B. 本地区领先的施工企业平均技术熟练程度工人的每工作日应得的日工资总额

C. 施工企业最熟练的技术工人每工作日按规定从事施工作业应得的日工资总额

D. 本领域大多数施工企业一般熟练技术程度工人每工作日实际得到的工资总额

13. 关于预算定额的说法，正确的是（　　　）。

A. 预算定额以工序为对象进行编制

B. 预算定额可以直接用于施工企业作业计划的编制

C. 预算定额是编制施工定额的依据

D. 预算定额是编制概算定额的基础

14. 对于产品规格多、工序重复、工作量小的施工过程，以同类型工序或同类型产品的实耗工时为标准制定人工定额的方法是（　　　）。

A. 经验估价法　　　　B. 统计分析法

C. 比较类推法　　　　D. 技术测定法

15. 根据《建设工程工程量清单计价规范》GB 50500—2013，编制投标文件时，招标文件中已提供暂估单价的某种材料，在确定相关分部分项工程综合单价时，该材料单价应根据（　　　）计算。

A. 政府建设主管部门公布的信息价　　B. 投标人自主确定的材料价格

C. 投标时当地该材料的市场平均价格　　D. 招标文件提供的材料暂估单价

16. 关于清单项目和定额子目关系的说法，正确的是（　　　）。

A. 清单项目的工程量和定额子目的工程量完全一致

B. 清单项目的工程量和定额子目的工程量可能不一致

C. 清单工程量与定额工程量的计算规则是一致的

D. 清单工程量可以直接用于合同实施过程中的计价

17. 关于按工程实施阶段编制施工成本计划的说法，正确的是（　　）。

A. 施工成本应按时间进行分解，分解得越细越好

B. 首先要将总成本分解到单项工程和单位工程中

C. 首先要将成本分解为人工费、材料费和施工机具使用费

D. 可在控制施工进度的网络图基础上进一步扩充得到施工成本计划

18. 与曲线法相比，采用横道图方法进行施工项目费用进度综合偏差分析的优点是（　　）。

A. 可以准确表达出费用的绝对偏差　　　　B. 比较直观地反映出费用偏差变化趋势

C. 比较容易表达出进度的相对偏差　　　　D. 比较容易预测进度偏差

19. 建设工程项目总进度目标论证的核心工作是（　　）。

A. 编制项目总进度计划

B. 编制项目总进度纲要

C. 通过编制项目总进度计划论证进度目标控制措施的有效性

D. 通过编制总进度纲要论证总进度目标实现的可能性

20. 下列与施工进度有关的计划中，属于施工企业生产计划的是（　　）。

A. 项目施工进度计划　　　　　　　　　　B. 供货工作进度计划

C. 施工总进度计划　　　　　　　　　　　D. 生产资源调配计划

21. 关于网络计划中关键线路的说法，正确的是（　　）。

A. 一个网络计划只能有一条关键线路

B. 全部由关键工作组成的线路是关键线路

C. 全部由关键节点组成的线路是关键线路

D. 总持续时间最长的线路是关键线路

22. 若工作 A 持续 4 天，最早第 2 天开始，有两个紧后工作：工作 B 持续 1 天，最迟第 10 天开始，总时差 2 天；工作 C 持续 2 天，最早第 9 天完成。则工作 A 的自由时差是（　　）天。

A. 0　　　　　　　　　　　　　　　　　B. 1

C. 2　　　　　　　　　　　　　　　　　D. 3

23. 关于单代号网络计划绘制要求的说法，正确的是（　　）。

A. 所有时间参数都应标注在节点内　　　B. 所有逻辑关系均用箭线表示

C. 工作间的间隔时间用波形线表示　　　D. 节点编号必须连续

24. 某单代号网络图如下图所示，其逻辑关系表述正确的是（　　）。

A. 工作 B 完成后，即可进行工作 E

B. 工作 C 完成后，即可进行工作 G

C. 工作 B、C 均完成后，才能进行工作 E

D. 工作 E、D 均完成后，才能进行工作 G

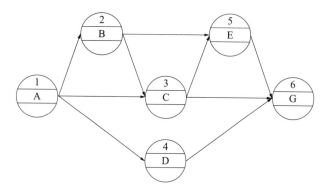

25. 某项目网络计划如下图所示（时间单位：天），关于工作 D 的说法，正确的是（　　）。

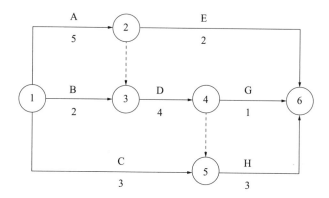

A. 工作 D 只能出现在关键线路上　　　　B. 工作 D 可以出现在非关键线路上

C. 工作 D 只能出现在非关键线路上　　　D. 工作 D 总时差不为零

26. 关于横道图进度计划中有关时间表示的说法，正确的是（　　）。

A. 最小的时间单位是天　　　　　　　　B. 时间单位可以是工作日

C. 横道图不能表示出停工时间　　　　　D. 横道可表示工作最迟开始时间

27. 下列施工方进度控制的工作中，首先应进行的工作是（　　）。

A. 编制施工进度计划　　　　　　　　　B. 进行施工进度计划交底

C. 编制资源需求计划　　　　　　　　　D. 进行施工进度检查和调整

28. 建设工程项目实施过程中，对资源需求计划进行分析的目的是（　　）。

A. 落实加快工程进度所需的资金　　　　B. 优化资源消耗

C. 落实经济激励措施　　　　　　　　　D. 验证进度计划实现的可能性

29. 根据《建筑工程五方责任主体项目负责人质量终身责任追究暂行办法》，项目负责人承担工程质量终身责任的时间期限是（　　）。

A. 工程设计使用年限　　　　　　　　　B. 工程经济寿命

C. 工程缺陷责任期　　　　　　　　　　D. 工程保修年限

30. 根据《建筑工程五方责任主体项目负责人质量终身责任追究暂行办法》，对工程质量承担全面责任的是（　　）。

　　A. 建设单位项目负责人　　　　　　　B. 设计单位项目负责人

　　C. 施工单位项目负责人　　　　　　　D. 监理单位项目负责人

31. 下列施工企业质量管理体系文件中，包含企业质量目标的是（　　）。

　　A. 质量手册　　　　　　　　　　　　B. 程序文件

　　C. 质量计划　　　　　　　　　　　　D. 质量方针

32. 施工企业质量管理体系获准认证的有效期是（　　）年。

　　A. 二　　　　　　　　　　　　　　　B. 三

　　C. 五　　　　　　　　　　　　　　　D. 六

33. 下列施工现场质量检查方法中，属于理化试验方法的是（　　）。

　　A. 基桩静载试验　　　　　　　　　　B. 超声波焊缝探伤

　　C. 门窗口对角线直尺检查　　　　　　D. 混凝土构件标高测量

34. 质量控制点的设置应选择施工过程中的重点部位、重点工序和（　　）。

　　A. 重点流程　　　　　　　　　　　　B. 重点结果

　　C. 重点质量因素　　　　　　　　　　D. 重点质检手段

35. 在建筑工程施工过程中，隐蔽工程在隐蔽前应通知（　　）进行验收，并形成验收文件。

　　A. 施工单位质检部门　　　　　　　　B. 设计单位

　　C. 政府质量监督站　　　　　　　　　D. 监理单位

36.《住宅质量分户验收表》应由（　　）出具。

　　A. 施工单位　　　　　　　　　　　　B. 建设单位

　　C. 监理单位　　　　　　　　　　　　D. 政府质量监督机构

37. 根据《质量管理体系　基础和术语》GB/T 19000—2016，凡工程产品未满足质量要求就称为（　　）。

　　A. 质量问题　　　　　　　　　　　　B. 质量缺陷

　　C. 质量事故　　　　　　　　　　　　D. 质量不合格

38. 某工程混凝土结构出现了宽度大于 0.3mm 的裂缝，经分析研究其不影响结构的安全和使用，可采取的处理方法是（　　）。

　　A. 返修处理　　　　　　　　　　　　B. 返工处理

　　C. 限制使用　　　　　　　　　　　　D. 不作处理

39. 建设工程质量监督档案归档时，应由（　　）签字。

　　A. 质量监督机构负责人　　　　　　　B. 总监理工程师

　　C. 建设单位项目负责人　　　　　　　D. 建设行政主管部门负责人

40. 工程项目基础部位的质量验收证明应由（　　）报送质量监督机构备案。

　　A. 勘察单位　　　　　　　　　　　　B. 监理单位

　　C. 建设单位　　　　　　　　　　　　D. 施工单位

41. 建设工程实行施工总承包的，对施工现场安全生产负总责的单位是（　　　）。

A. 总承包单位
B. 建设单位
C. 监理单位
D. 咨询单位

42. 关于《环境管理体系　要求及使用指南》GB/T 24001—2016 体系标准应用原则的说法，正确的是（　　　）。

A. 该标准的实施强调自愿性原则

B. 着眼于各部门自己制定的管理措施

C. 是一个独立的系统，不纳入其他管理体系中

D. 强调组织最高管理者的承诺而非全员参与

43. 根据《建设工程安全生产管理条例》，施工单位对达到一定规模的危险性较大的分部分项工程应当编制专项施工方案，并经施工单位技术负责人和（　　　）签字后实施。

A. 项目经理
B. 项目技术负责人
C. 专业监理工程师
D. 总监理工程师

44. 根据企业安全技术措施计划的编制步骤，工作活动分类后紧接着应进行的工作是（　　　）。

A. 风险确定
B. 危险源识别
C. 风险评价
D. 安全技术措施计划论证

45. 根据《特种作业人员安全技术培训考核管理规定》，特种作业人员离开特种岗位达（　　　）个月以上，应当重新进行实际操作考核，合格后方可上岗作业。

A. 2
B. 3
C. 5
D. 6

46. 工程项目实施过程中，施工单位为确保安全，在处理安全隐患时，设置了多道防线，体现了对安全隐患处理的（　　　）。

A. 冗余安全度处理原则
B. 单项隐患综合处理原则
C. 防灾与减灾并重处理原则
D. 重点处理原则

47. 落实施工生产安全事故报告和调查处理"四不放过"原则的核心环节是（　　　）。

A. 事故报告
B. 事故调查
C. 事故处理
D. 事故问责

48. 某施工生产安全事故，造成 2 人死亡、11 人重伤，直接经济损失 5500 万元，则该事故属于（　　　）。

A. 特别重大事故
B. 重大事故
C. 较大事故
D. 一般事故

49. "五牌一图"指的是工程概况牌、管理人员名单及监督电话牌、消防保卫牌以及（　　　）。

A. 危险源标示牌、文明施工牌、建筑效果图

B. 安全生产牌、文明施工牌、施工现场平面图

C. 安全生产牌、施工人员现场出入牌、建筑效果图

D. 施工人员现场出入牌、危险源标示牌、施工现场平面图

50. 下列施工现场防治水污染的做法中，正确的是（   ）。

A. 将有毒有害废弃物做土方回填，避免污染水源

B. 乙炔发生罐产生的污水，用专用容器集中存放，然后倒入沉淀池处理

C. 化学药品采用封闭容器，集中露天存放

D. 100 人以上的临时食堂，污水经排水沟直接排入城市污水管

51. 发包方将全部施工任务委托一个施工单位或由多个施工单位组成的施工联合体完成，该项目的施工任务委托模式是（   ）。

A. 施工平行发承包　　　　　　　　　　B. 施工总承包

C. 施工总承包管理　　　　　　　　　　D. 工程总承包

52. 关于施工总承包管理方责任的说法，正确的是（   ）。

A. 与分包单位签订分包合同

B. 承担项目施工任务并对其工程质量负责

C. 组织和指挥施工总承包单位的施工

D. 负责对所有分包单位的管理及组织协调

53. 不能激励承包人努力降低成本和缩短工期的合同形式是（   ）。

A. 成本加奖金合同　　　　　　　　　　B. 成本加固定费用合同

C. 最大成本加费用合同　　　　　　　　D. 成本加固定比例费用合同

54. 采用单价合同形式的工程，其工程价款是根据（   ）计算确定的。

A. 发包人提供的工程量清单量及承包人所填报的单价

B. 发包人提供的工程量清单量及承包人实际发生的单价

C. 实际完成并经工程师计量的工程量及合同单价

D. 实际完成并经工程师计量的工程量及承包人实际发生的单价

55. 根据《标准施工招标文件》，不属于工程变更范围的是（   ）。

A. 为完成工程需要追加的额外工作

B. 改变合同工程的基线、标高、位置或尺寸

C. 改变合同中任何一项工作的质量或其他特性

D. 取消合同中任何一项工作，并将该工作转由其他人实施

56. 关于索赔成立条件的说法，错误的是（   ）。

A. 造成费用增加或工期损失额度巨大，超出了承包人正常的承受范围

B. 承包人按合同规定的程序和时间递交索赔意向通知和索赔报告

C. 与合同对照，事件已造成了承包人工程成本额外支出或直接工期损失

D. 造成费用增加或工期损失的原因，按合同约定不属于承包人的行为责任或风险责任

57. 根据《标准施工招标文件》，关于承包人提出索赔期限的说法，正确的是（   ）。

A. 按照合同约定接受竣工付款证书后，仍有权提出工程接收证书颁发前发生的索赔

B. 按照合同约定接受竣工验收证书后，无权提出工程接收证书颁发后发生的索赔

C. 按照合同约定提交的最终结清申请书中，只限于提出工程接收证书颁发前发生的索赔

D. 按照合同约定提交的最终结清申请书中，只限于提出工程接收证书颁发后发生的索赔

58. 下列工程保险的险种中，以工程发包人和承包人双方名义共同投保的是（　　）。

A. 建筑工程一切险　　　　　　　　B. 工伤保险

C. 人身意外伤害险　　　　　　　　D. 执业责任险

59. 根据《标准施工招标文件》，建设工程施工合同履约担保的有效期是（　　）。

A. 从收到招标通知书到工程保修期结束

B. 从合同生效之日至发包人签发工程接收证书之日

C. 从签订施工合同之日到工程竣工交付之日

D. 从收到工程预付款之日到工程保修期结束

60. 下列项目管理相关资料中，能够反映项目竣工验收信息的是（　　）。

A. 项目成本偏差分析表　　　　　　B. 单位工程交工质量核定表

C. 施工安全设施验收记录表　　　　D. 年度完成工作分析表

61. 根据《建设工程文件归档规范》，关于施工文件立卷的说法，正确的是（　　）。

A. 声像资料应与纸质文件在案卷设置上一致

B. 专业分包的分部工程，应并入相应单位工程立卷

C. 文字材料按事项、专业顺序排列

D. 卷内既有文字材料又有图纸资料时，图纸排列在前

62. 某工程根据《建设工程施工合同（示范文本）》GF—2017—0201 订立了承包合同，约定措施项目费为 300 万元。工程实施过程中，由于工程变更引起施工方案改变，项目经理部编制的变更施工方案经本单位技术负责人审批后即组织实施。工程完成后，承包人提出由于施工方案改变应增加措施项目费 30 万元的索赔，其中按单价计算的 18 万元，按总价计算的 12 万元。则应结算的措施项目费为（　　）万元。

A. 300　　　　　　　　　　　　　　B. 312

C. 318　　　　　　　　　　　　　　D. 330

63. 根据《建设工程施工合同（示范文本）》GF—2017—0201，因不可抗力导致合同无法履行连续超过 84 天时，关于施工合同解除的说法，正确的是（　　）。

A. 仅发包人有权提出解除合同　　　B. 仅承包人有权提出解除合同

C. 发包人和承包人均无权提出解除合同　D. 发包人和承包人均有权提出解除合同

64. 下列施工成本管理措施中，属于组织措施的是（　　）。

A. 明确各级成本管理人员的任务和责任

B. 编制合理的资金使用计划，节约资金成本

C. 选用满足功能要求且成本低的施工机械

D. 通过代用、使用外加剂等方法减少材料消耗量

65. 在施工过程中对影响成本的因素加强管理，采取各种有效措施保证消耗和支出不

超过成本计划，该做法属于成本管理任务中（   ）的工作内容。

A. 成本控制

B. 成本核算

C. 成本分析

D. 成本考核

66. 通过计算材料成本及其占总成本的比重以判定材料成本的合理性，该成本分析方法是（   ）。

A. 相关比率法

B. 指标对比分析法

C. 动态比率法

D. 构成比率法

67. 建设工程设备采购合同通常采用的计价方式是（   ）。

A. 可调总价合同

B. 固定单价合同

C. 固定总价合同

D. 成本加酬金合同

68. 根据《建设工程施工劳务分包合同（示范文本）》，运至施工场地用于劳务施工的待安装设备，由（   ）负责办理或获得保险。

A. 发包人

B. 工程承包人

C. 劳务分包人

D. 设备生产厂

69. 根据《标准施工招标文件》，竣工付款申请单的提交时间为（   ）。

A. 承包人提交竣工验收报告时

B. 发包人组织竣工验收时

C. 工程接收证书颁发后

D. 工程保修期满后

70. 根据《标准施工招标文件》，承包人自检确认的工程隐蔽部位具备覆盖条件后，监理人未按与承包人约定的时间进行检查且没有其他指示，承包人正确的做法是（   ）。

A. 自行完成覆盖工作，并将相应记录报送监理人签字确认

B. 自行完成覆盖工作，并拒绝监理人重新检查的要求

C. 自行完成覆盖工作，并向监理人进行索赔

D. 报告政府质量监督机构后自行完成覆盖工作

二、多项选择题（共25题，每题2分。每题的备选项中，有2个或2个以上符合题意，至少有1个错项。错选，本题不得分；少选，所选的每个选项得0.5分）

71. 关于项目管理任务分工表的说法，正确的有（   ）。

A. 项目管理任务分工表确定后在项目进展过程中不得进行调整

B. 每个建设项目都应编制项目管理任务分工表

C. 编制项目管理任务分工表前需对项目实施各阶段的任务进行分解

D. 项目管理任务分工表中需明确每项任务的负责部门和配合部门

E. 项目管理任务分工表是项目组织设计文件的一部分

72. 单位工程施工组织设计中，反映组织施工水平的技术经济指标有（   ）。

A. 项目施工工期

B. 机械设备利用程度

C. 项目施工成本降低率

D. 劳动生产率

E. 建筑面积

73. 根据《建设工程施工合同（示范文本）》GF—2017—0201，关于项目经理的说法，正确的有（   ）。

A. 项目经理因特殊情况需授权其下属人员履行某项工作职责的，应提前 3 天将被授权人员的相关信息书面通知监理人

B. 承包人需更换项目经理的，应提前 7 天书面通知发包人和监理人，并征得发包人书面同意

C. 发包人有权要求更换不称职的项目经理，承包人应在接到更换通知后 14 天内向发包人提出书面的改进报告

D. 发包人收到承包人的书面改进报告后仍要求更换项目经理的，承包人应在接到第二次更换通知的 28 天内进行更换

E. 紧急情况下为确保施工安全，项目经理采取必要措施后，应在 48 小时内向发包人代表和监理工程师提交书面报告

74. 建设工程监理的工作性质包括（　　　）。

A. 服务性　　　　　　　　　　　B. 创造性

C. 科学性　　　　　　　　　　　D. 独立性

E. 公平性

75. 下列新建小学办公楼的组成中，属于分部工程的有（　　　）。

A. 办公楼的基础工程　　　　　　B. 办公楼的屋面工程

C. 办公楼的装饰装修工程　　　　D. 办公楼的土建工程

E. 办公楼的室外绿化工程

76. 按生产要素内容分类，建设工程定额可以分为（　　　）。

A. 人工定额　　　　　　　　　　B. 材料消耗定额

C. 施工机械台班使用定额　　　　D. 建筑工程定额

E. 设备安装工程定额

77. 在项目的实施阶段，项目总进度包括施工进度和（　　　）。

A. 设计工作进度　　　　　　　　B. 招标工作进度

C. 项目试运转工作进度　　　　　D. 物资采购工作进度

E. 项目动用前的准备工作进度

78. 由不同功能的计划所构成的建设工程进度计划系统一般包括（　　　）。

A. 设计进度计划　　　　　　　　B. 操作性进度计划

C. 指导性进度规划　　　　　　　D. 总进度规划

E. 单项工程进度计划

79. 关于工程网络计划中工作最迟完成时间计算的说法，正确的有（　　　）。

A. 等于其所有紧后工作最迟开始时间的最小值

B. 等于其完成节点的最迟时间

C. 等于其最早完成时间与总时差的和

D. 等于其所有紧后工作最迟完成时间的最小值

E. 等于其所有紧后工作间隔时间的最小值

80. 下列建设工程项目施工进度控制的措施中，属于组织措施的有（　　　）。

A. 进度控制工作流程的制订

B. 进度控制会议的组织设计

C. 项目施工资源需求计划的编制

D. 专门控制部门和人员的设置

E. 进度控制任务分工表和管理职能分工表的编制

81. 根据《建筑工程五方责任主体项目负责人质量终身责任追究暂行办法》，应当依法追究质量终身责任的个人有（　　　）。

　A. 建设单位项目负责人　　　　　　B. 监理单位总监理工程师

　C. 施工单位项目经理　　　　　　　D. 设计单位项目负责人

　E. 检测单位项目负责人

82. 施工质量保证体系运行包括的环节有（　　　）。

　A. 计划　　　　　　　　　　　　　B. 实施

　C. 检查　　　　　　　　　　　　　D. 处理

　E. 评价

83. 施工质量事故处理的基本要求有（　　　）。

　A. 正确选择处理的人数和处罚方式　　B. 确保事故处理期间的安全

　C. 加强事故处理的检查验收工作　　　D. 重视消除造成事故的原因

　E. 优先采用节约成本的技术措施

84. 工程开工前，质量监督机构第一次监督检查的主要内容有（　　　）。

　A. 检查建设各方的质量保证体系建立情况

　B. 审查施工单位的工程经营资质证书

　C. 审查总监理工程师的执业资格证书

　D. 抽查主要建筑材料的采购计划

　E. 检查质量控制资料的完成情况

85. 根据《建设工程安全生产管理条例》和《职业健康安全管理体系　要求及使用指南》GB/T 45001—2020，关于建设工程施工职业健康安全管理的基本要求的说法，正确的有（　　　）。

　A. 施工企业必须对本企业的安全生产负全面责任

　B. 工程设计阶段，设计单位应编制职业健康安全施工生产技术措施计划

　C. 施工项目负责人和专职安全生产管理人员应持证上岗

　D. 施工企业应按规定为从事危险作业的人员在现场工作期间办理意外伤害保险

　E. 实行总承包的工程，分包单位应接受总承包单位的安全生产管理

86. 企业安全技术措施计划的范围应包括（　　　）。

　A. 安全教育形式　　　　　　　　　B. 安全管理制度

　C. 改善劳动条件　　　　　　　　　D. 防止事故发生

　E. 预防职业病和职业中毒

87. 下列违法行为中，对施工生产安全事故发生单位主要负责人处上一年年收入

40%～80% 罚款的情形有（　　）。

    A. 故意破坏事故现场　　　　　　　　B. 不立即组织事故抢救

    C. 事故调查期间擅离职守　　　　　　D. 迟报或漏报事故

    E. 谎报或瞒报事故

88. 施工现场环境保护的要求包括（　　）。

    A. 健全施工组织机构，明确岗位权责分工

    B. 施工前应进行现场环境调查

    C. 施工组织设计中应有防治扬尘和噪声等有效措施

    D. 施工现场应建立环境保护管理体系

    E. 定期对职工进行环保法规知识的培训和考核

89. 阅读招标文件"投标人须知"时，投标人应重点关注的信息有（　　）。

    A. 招标工程的详细范围和内容　　　　B. 投标文件的组成

    C. 重要的时间安排　　　　　　　　　D. 合同条款

    E. 施工技术说明

90. 采用固定总价合同的工程，承包人承担的价格风险有（　　）。

    A. 工程变更　　　　　　　　　　　　B. 报价计算错误

    C. 漏报项目　　　　　　　　　　　　D. 工程范围不确定

    E. 人工费上涨

91. 根据《标准施工招标文件》，关于施工合同变更管理的说法，正确的有（　　）。

    A. 在合同履行过程中，监理人可随时向承包人发出变更指令

    B. 承包人应在收到变更指示后的 14 天内向监理人提交变更报价书

    C. 在合同履行过程中，承包人对发包人提供的图纸可提出合理化的书面变更建议

    D. 承包人在接到监理人作出变更指示后，应按变更指示实施变更工作

    E. 采用计日工计价的任何一项变更工作，按合同约定列入措施项目清单结算款中

92. 根据《建设工程施工合同（示范文本）》GF—2017—0201，施工承包人实施按计日工计价的某项工作时，应报送监理人审查的资料有（　　）。

    A. 工作名称、内容和数量

    B. 实施该工作的全部流程

    C. 投入该工作的所有人员的姓名、专业、工种、级别和耗用工时

    D. 投入该工作的材料类别和数量

    E. 投入该工作的施工设备型号、台数和耗用台时

93. 编制施工成本计划应遵循的原则有（　　）。

    A. 应与生产进度计划相结合

    B. 应具有绝对的刚性

    C. 应以先进的技术经济指标为依据编制

    D. 编制工作应统一领导、分级管理

    E. 成本降低率既要积极可靠又要切实可行

94. 根据《标准施工招标文件》，承包人应在接到开工通知后 28 天内，向监理人提交施工场地的管理机构以及人员安排的报告，其内容应包括（　　　）。

A. 质量监督机构人员组成及其分工　　　　B. 各工种技术工人的安排状况

C. 发包人现场代表的组成　　　　D. 主要岗位技术和管理人员的资格

E. 主要岗位技术和管理人员名单

95. 根据《建设工程施工专业分包合同（示范文本）》GF—2019—0213，属于承包人工作的有（　　　）。

A. 编制分包工程详细的施工组织设计　　　　B. 提供分包工程施工所需的施工场地

C. 向分包人进行设计图纸交底　　　　D. 编制分包工程年、季、月工程进度计划

E. 与项目监理人进行直接工作联系

参 考 答 案

一、单项选择题

1. C	2. B	3. B	4. A	5. A
6. D	7. C	8. A	9. D	10. B
11. B	12. A	13. D	14. C	15. D
16. B	17. D	18. A	19. D	20. D
21. D	22. B	23. B	24. C	25. B
26. B	27. A	28. D	29. A	30. A
31. A	32. B	33. A	34. C	35. D
36. B	37. D	38. A	39. A	40. C
41. A	42. A	43. D	44. B	45. D
46. A	47. C	48. B	49. B	50. B
51. B	52. D	53. D	54. C	55. D
56. A	57. D	58. A	59. B	60. B
61. C	62. A	63. D	64. A	65. A
66. D	67. C	68. B	69. C	70. A

二、多项选择题

71. B、C、D、E	72. A、B、C、D	73. C、D	74. A、C、D、E	75. A、B、C
76. A、B、C	77. A、B、D、E	78. B、C	79. A、B、C	80. A、B、D、E
81. A、B、C、D	82. A、B、C、D	83. B、C、D	84. A、B、C	85. A、C、D、E
86. C、D、E	87. B、C、D	88. B、C、D、E	89. A、B、C	90. B、C、E
91. B、C、D	92. A、C、D、E	93. A、C、D、E	94. B、D、E	95. B、C、E

2021年度全国二级建造师执业资格考试试卷

一、单项选择题（共70题，每题1分。每题的备选项中，只有1个最符合题意）

1. 下列建设工程项目管理的类型中，属于施工方项目管理的是（　　）。

A. 投资方的项目管理
B. 开发方的项目管理
C. 分包方的项目管理
D. 供货方的项目管理

2. 影响建设工程项目目标实现的决定性因素是（　　）。

A. 组织
B. 资源
C. 方法
D. 工具

3. 项目结构图反映的是组成该项目的（　　）。

A. 各子系统之间的关系
B. 各部门的职责分工
C. 各参与方之间的关系
D. 所有工作任务

4. 能够反映一个组织系统中各工作部门之间指令关系的组织工具是（　　）。

A. 组织结构图
B. 项目结构图
C. 合同结构图
D. 工作流程图

5. 根据施工组织总设计的编制程序，编制施工总进度计划前应完成的工作是（　　）。

A. 施工总平面图设计
B. 编制资源需求量计划
C. 编制施工准备工作计划
D. 拟订施工方案

6. 在项目管理中，定期进行项目目标的计划值和实际值的比较，属于项目目标控制中的（　　）。

A. 事前控制
B. 动态控制
C. 事后控制
D. 专项控制

7. 在对施工成本目标进行动态跟踪和控制过程中，如工程合同价为计划值，则相对的实际值可以是（　　）。

A. 工程概算
B. 工程预算
C. 投标报价
D. 施工成本规划值

8. 关于建造师与施工项目经理的说法，正确的是（　　）。

A. 取得建造师注册证书的人员就是施工项目经理
B. 建造师是管理岗位，施工项目经理是技术岗位
C. 施工项目经理必须由取得建造师注册证书的人员担任

D. 建造师执业资格制度可以替代施工项目经理岗位责任制

9. 某施工企业在项目实施过程中，因部分管理人员缺乏施工经验而造成的风险属于（　　）。

A. 组织风险

B. 经济与管理风险

C. 工程环境风险

D. 技术风险

10. 根据《建设工程安全生产管理条例》，工程监理单位发现安全事故隐患未及时要求施工单位整改，则建设行政主管部门一般采取的处罚是（　　）。

A. 降低资质等级

B. 停业整顿

C. 处以 10 万元以上 30 万元以下的罚款

D. 限期改正

11. 下列建筑安装工程费用项目中，在投标报价时不得作为竞争性费用的是（　　）。

A. 企业管理费

B. 社会保险费

C. 机械使用费

D. 其他项目费

12. 按造价形成划分，脚手架工程费属于建筑安装工程费用构成中的（　　）。

A. 规费

B. 其他项目费

C. 措施项目费

D. 分部分项工程费

13. 下列建设工程定额中，分项最细、子目最多的定额是（　　）。

A. 费用定额

B. 概算定额

C. 预算定额

D. 施工定额

14. 编制材料消耗定额时，材料消耗量包括直接使用在工程上的材料净用量和（　　）。

A. 在施工现场内运输及保管过程中不可避免的损耗

B. 在施工现场内运输及操作过程中不可避免的废料和损耗

C. 从供应地运输到施工现场及操作过程中不可避免的废料和损耗

D. 从供应地运输到施工现场过程中不可避免的损耗

15. 采用定额组价方法计算分部分项工程的综合单价时，第一步的工作是（　　）。

A. 确定组合定额子目

B. 测算人、料、机消耗量

C. 计算定额子目工程量

D. 确定人、料、机单价

16. 关于工程合同价款约定及其内容的说法，正确的是（　　）。

A. 对安全文明施工费应约定支付计划、使用要求

B. 可以根据发包人的补充要求调整工程造价

C. 应约定质量保证金的总额为工程价款结算总额的 5%

D. 不实行招标的工程应按承包人最低成本价签订合同

17. 关于建筑安装工程费用中暂列金额的说法，正确的是（　　）。

A. 已签约合同价中的暂列金额由承包人掌握使用

B. 发包人按照合同约定做出支付后，如有剩余归发包人所有

C. 暂列金额不得用于招标人给出暂估价的材料采购

D. 暂列金额不得用于施工可能发生的现场签证费用

18. 某招标工程的招标控制价为 1.6 亿，某投标人报价为 1.55 亿，经修正计算性错误后以 1.45 亿元的报价中标，则该承包人的报价浮动率为（　　　）。

A. 3.125%

B. 9.355%

C. 9.375%

D. 9.677%

19. 根据《建设工程施工合同（示范文本）》GF—2017—0201，发包人应在开工后 28 天内预付安全文明施工费总额的（　　　）。

A. 30%

B. 40%

C. 50%

D. 60%

20. 根据《建设工程施工合同（示范文本）》GF—2017—0201，发包人明确表示或者以其行为表明不履行合同主要义务的，承包人有权解除合同，发包人应承担（　　　）。

A. 由此增加的费用，但不包括利润

B. 承包人已订购但未支付的材料费用

C. 由此增加的费用并支付承包人合理的利润

D. 由此支出的直接成本，不包括管理费

21. 施工成本管理中最根本和最重要的基础工作是（　　　）。

A. 科学设计成本核算账册体系

B. 建立企业内部施工定额并保持其适应性

C. 建立生产资料市场价格信息的收集网络

D. 建立成本管理责任体系

22. 下列施工成本管理措施中，属于组织措施的是（　　　）。

A. 确定合理的施工机械、设备使用方案

B. 对成本管理目标进行风险分析，并制定防范对策

C. 选择适合于工程规模、性质和特点的合同结构模式

D. 编制成本控制计划，确定合理的工作流程

23. 某施工总承包项目实施过程中，因国家消防设计规范变化导致出现费用偏差，从偏差产生原因来看属于（　　　）。

A. 设计原因

B. 客观原因

C. 施工原因

D. 业主原因

24. 关于施工图预算与施工预算区别的说法，正确的是（　　　）。

A. 施工图预算的编制以施工定额为依据，施工预算的编制以预算定额为依据

B. 施工图预算只能由造价咨询机构编制，施工预算只能由施工企业编制

C. 施工图预算适用于发包人和承包人，施工预算适用于施工企业的内部管理

D. 施工图预算和施工预算都可作为投标报价的主要依据，但施工预算更为详细

25. 施工项目成本分析时，可用于分析某项成本指标发展方向和发展速度的方法是（　　　）。

A. 环比指数法

B. 构成比率法

C. 因素分析法
D. 差额计算法

26. 下列施工成本计划的指标中，属于效益指标的是（　　　）。

A. 责任目标成本计划降低率
B. 设计预算成本计划降低率
C. 责任目标总成本计划降低额
D. 按子项汇总的计划总成本指标

27. 建设工程项目总进度目标论证的主要工作有：① 进行项目结构分析；② 确定项目工作编码；③ 编制总进度计划；④ 进行进度计划系统的结构分析；⑤ 编制各层进度计划。正确的工作顺序是（　　　）。

A. ②－①－③－④－⑤
B. ②－①－③－⑤－④
C. ①－④－②－③－⑤
D. ①－④－②－⑤－③

28. 关于施工进度计划类型的说法，正确的是（　　　）。

A. 项目施工总进度方案是企业计划，单位工程施工进度计划是项目计划
B. 施工企业的施工生产计划和工程项目进度计划属于不同项目参与方
C. 施工企业的施工生产计划和工程项目进度计划都与施工进度有关
D. 施工企业的施工生产计划和工程项目进度计划是相同系统的计划

29. 关于横道图进度计划的说法，正确的是（　　　）。

A. 每行只能容纳一项工作
B. 可以表达工作间的逻辑关系
C. 可以表示工作的时差
D. 可以直接表达出关键线路

30. 关于双代号网络计划关键线路的说法，正确的是（　　　）。

A. 一个网络计划可能有几条关键线路
B. 在网络计划执行中，关键线路始终不会改变
C. 关键线路是总的工作持续时间最短的线路
D. 关键线路上的工作总时差为零

31. 关于双代号网络图中节点编号的说法，正确的是（　　　）。

A. 起点节点的编号为 0
B. 箭头节点编号要小于箭尾节点编号
C. 每一个节点都必须编号
D. 各节点应连续编号

32. 某双代号网络计划如下图所示（时间单位：天），存在的绘图错误是（　　　）。

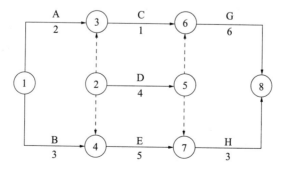

A. 有多个起点节点
B. 工作标识不一致
C. 节点编号不连续
D. 时间参数有多余

33. 某双代号网络计划如下图所示（时间单位：天），计算工期是（　　　）天。

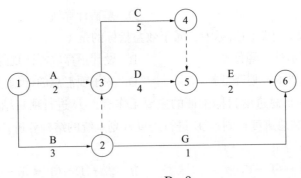

A. 8   B. 9

C. 10   D. 11

34. 某单代号网络计划中，相邻两项工作的部分时间参数如下图所示（时间单位：天），此两项工作的间隔时间（$LAG_{i,j}$）是（   ）天。

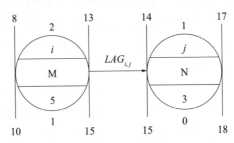

A. 0   B. 1

C. 2   D. 3

35. 某项工作计划最早第 15 天开始，持续时间为 25 天，总时差为 2 天，每天完成的工程量相同。第 20 天结束时，检查发现该工作仅完成 20%。关于该项工作进度计划检查与调整的说法，正确的是（   ）。

A. 实际进度超前，可以适当减缓工作进度

B. 实际进度和计划保持一致，各时间参数均未发生变化

C. 实际进度滞后，但对总工期没有影响，加强关注即可

D. 实际进度滞后，且影响总工期 1 天，须采取措施赶工

36. 某建设工程施工由甲施工单位总承包，甲依法将其中的空调安装工程分包给乙施工单位，空调由建设单位采购，因空调安装质量不合格返工导致工程不能按时完工给建设单位造成损失，该质量责任及损失应由（   ）承担。

A. 建设单位   B. 空调供应商

C. 乙施工单位   D. 甲和乙施工单位

37. 下列项目施工质量成本中，属于外部质量保证成本的是（   ）。

A. 编写项目施工质量工作计划发生的费用

B. 根据业主要求进行的特殊质量检测试验的费用

C. 例行的重要工序试验、检验的费用

D. 为运行质量体系达到规定的质量水平所支付的费用

38. 在合同环境中，施工质量保证体系的作用是（　　）。

A. 向项目监理机构证明所完成工程满足设计和验收标准要求

B. 向业主证明施工单位资质满足完成工程项目的要求

C. 向业主证明施工单位具有足够的管理和技术上的能力

D. 向项目监理机构证明隐蔽工程质量符合要求

39. 根据《质量管理体系 基础和术语》GB/T 19000—2016，循证决策原则要求施工企业质量管理时应基于（　　）做出相关决策。

A. 与相关方的关系　　　　　　　　B. 满足顾客的要求

C. 数据和信息的分析和评价　　　　D. 功能连贯的过程组成的体系

40. 特殊施工过程的质量控制中，专业技术人员编制的作业指导书应经（　　）审批后方可执行。

A. 项目技术负责人　　　　　　　　B. 企业技术负责人

C. 项目经理　　　　　　　　　　　D. 监理工程师

41. 为保证施工质量，在项目开工前，应由（　　）向分包人进行书面技术交底。

A. 施工企业技术负责人　　　　　　B. 施工项目经理

C. 项目技术负责人　　　　　　　　D. 总监理工程师

42. 对建筑材料密度的测定属于现场质量检查方法中的（　　）。

A. 目测法　　　　　　　　　　　　B. 试验法

C. 实测法　　　　　　　　　　　　D. 无损检测法

43. 关于施工机械设备质量控制的说法，正确的是（　　）。

A. 机械设备选型应首先考虑经济性，其次是适应性和可靠性

B. 要明确机械操作人员的岗位职责，在使用中严格遵守操作规程

C. 机械设备选择主要是选型，性能参数不作为选择依据

D. 机械操作人员应持证上岗，可根据工作需要操作同类机械

44. 应由建设单位组织的施工质量验收项目是（　　）。

A. 分部工程　　　　　　　　　　　B. 分项工程

C. 单位工程　　　　　　　　　　　D. 工序

45. 下列工程质量事故中，属于技术原因引发的质量事故是（　　）。

A. 采用了不适宜的施工工艺引发的质量事故

B. 检测仪器设备管理不善而失准引起的质量事故

C. 质量管理措施落实不力引起的质量事故

D. 设备事故导致连带发生的质量事故

46. 根据《关于做好房屋建筑和市政基础设施工程质量事故报告和调查处理工作的通知》，工程建设单位负责人接到施工质量事故发生报告后，向事故发生地县级以上人民政府住房和城乡建设主管部门及有关部门报告应在（　　）小时内。

A. 1　　　　　　　　　　　　　　B. 2

C. 3　　　　　　　　　　　　　　D. 6

47. 工程质量监督机构对违反有关规定、造成工程质量事故和严重质量问题的单位和个人依法严肃查处，对查实的问题可签发（　　　）。

    A. 吊销企业资质证书通知单
    B. 吊销建造师执业资格证书通知单
    C. 质量问题罚款通知单
    D. 质量问题整改通知单

48. 将各方签字的分部工程质量验收证明报送工程质量监督机构备案的责任主体是（　　　）。

    A. 施工单位
    B. 建设单位
    C. 监理单位
    D. 质量检测单位

49. 根据《职业健康安全管理体系 要求及使用指南》GB/T 45001—2020 的总体结构，属于运行要求的内容是（　　　）。

    A. 应急准备和响应
    B. 持续改进
    C. 事件、不符合的纠正和预防
    D. 绩效测量和监视

50. 工程施工职业健康安全管理工作包括：① 确定职业健康安全目标；② 识别并评价危险源及风险；③ 持续改进相关措施和绩效；④ 编制并实施项目职业健康安全技术措施计划；⑤ 职业健康安全技术措施计划实施结果验证。正确的程序是（　　　）。

    A. ①－②－④－⑤－③
    B. ①－②－⑤－④－③
    C. ②－①－④－⑤－③
    D. ②－①－④－③－⑤

51. 施工企业最基本的安全管理制度是（　　　）。

    A. 安全生产检查制度
    B. 安全生产许可证制度
    C. 安全生产责任制度
    D. 安全生产教育培训制度

52. 某施工项目部对工人进行安全用电操作教育，同时对现场的配电箱、用电电路进行防护改造，严禁非专业电工乱接乱拉电线。这体现了施工安全隐患处理原则中的（　　　）。

    A. 直接隐患与间接隐患并治原则
    B. 单项隐患综合处理原则
    C. 重点处理原则
    D. 动态处理原则

53. 根据《生产安全事故应急预案管理办法》，施工单位应当制定本企业的应急预案演练计划，每年至少组织综合应急预案演练（　　　）次。

    A. 1
    B. 2
    C. 3
    D. 4

54. 根据生产安全事故应急预案的体系构成，深基坑开挖施工的应急预案属于（　　　）。

    A. 专项应急预案
    B. 专项施工方案
    C. 现场处置方案
    D. 危大工程预案

55. 关于施工现场文明施工措施的说法，正确的是（　　　）。

    A. 市区主要路段设置高度不低于 2m 的封闭围挡
    B. 项目经理任命专职安全员作为现场文明施工第一责任人
    C. 现场施工人员均佩戴胸卡，按工种统一编号管理
    D. 建筑垃圾和生活垃圾集中一起堆放，并及时清运

56. 施工现场使用的水泥、白灰、珍珠岩等易飞扬的细颗粒散体材料，最适宜的存放

方式是（　　　）。

 A. 表面临时固化   B. 搭设草帘屏障

 C. 入库密闭   D. 用密目式安全网遮盖

57. 发包方将建设工程项目合理划分标段后，将各标段分别发包给不同的施工单位，并与之签订施工承包合同，此发承包模式属于（　　　）。

 A. 平行发承包   B. 施工总承包

 C. 施工总承包管理   D. 设计施工总承包

58. 关于投标人正式投标时投标文件和程序要求的说法，正确的是（　　　）。

 A. 提交投标保证金的最后期限为招标人规定的投标截止日

 B. 投标文件应对招标文件提出的实质性要求和条件作出响应

 C. 标书的提交可按投标人的内部控制标准

 D. 投标的担保截止日为提交标书最后的期限

59. 根据《标准施工招标文件》，关于发包人提供资料的说法，正确的是（　　　）。

 A. 发包人应通过监理人向承包人提供测量基准点、基准线和水准点及书面资料

 B. 发包人只提供基础资料，不对其真实性和完整性负责，承包人自行解读内容

 C. 发包人提供资料有误使承包人受损时，只承担增加的费用和工期延误

 D. 发包人提供的资料使承包人推断失误，承担相关费用和利润

60. 由采购方负责提货的建筑材料，其交货期限应以（　　　）为准。

 A. 采购方收货戳记的日期   B. 采购方向承运单位提出申请的日期

 C. 供货方按照合同规定通知的提货日期 D. 供货方发运产品时承运单位签发的日期

61. 根据《标准施工招标文件》，关于合同进度计划的说法，正确的是（　　　）。

 A. 监理人应编制施工进度计划和施工方案说明并报发包人

 B. 实际进度与合同进度不符时，承包人应提交修订合同进度计划申请报告等资料，报监理人审批

 C. 监理人不能直接向承包人作出修订合同进度计划的指示

 D. 监理人无需获得发包人的同意，可以直接在合同约定期限内批复修订的合同进度计划

62. 某招标工程采用单价合同，当投标书中出现明显的总价和单价计算结果不一致时，正确的做法是（　　　）。

 A. 以单价为准调整总价   B. 以总价为准调整单价

 C. 同时调整单价和总价   D. 以市场价为依据调整单价

63. 关于成本加酬金合同的说法，正确的是（　　　）。

 A. 采用该合同方式对业主的投资控制很不利

 B. 对业主来说，成本加酬金合同风险较小

 C. 需等待所有施工图完成后才开始招标和施工

 D. 对承包人来说，风险比固定总价合同的高，利润无保证

64. 施工合同变更是指（　　　）由双方当事人依法对合同内容所进行的修改。

A. 合同成立以后和工程竣工以前　　　　B. 工程开工以后和履行完毕以前

C. 合同签字以后和支付完毕以前　　　　D. 合同成立以后和履行完毕以前

65. 关于工程索赔的说法，正确的是（　　　）。

A. 承包人可以向发包人提出索赔，发包人不可以向承包人提出索赔

B. 承包人可以向发包人提出索赔，发包人也可以向承包人提出索赔

C. 非分包人的原因导致工期拖延时，分包人可以向发包人提出索赔

D. 承包人根据工程师指示指令分包人加速施工，分包人可以向发包人提出索赔

66. 根据《建设工程施工合同（示范文本）》GF—2017—0201，承包人应在发出索赔意向通知书后（　　　）天内向监理人正式递交索赔报告。

A. 7　　　　　　　　　　　　　　　　B. 14

C. 21　　　　　　　　　　　　　　　D. 28

67. 下列风险产生的原因中，可能导致合同信用风险的是（　　　）。

A. 承包人层层转包　　　　　　　　　　B. 不利的地质条件变化

C. 物价上涨　　　　　　　　　　　　　D. 不可抗力

68. 根据《招标投标法实施条例》，投标保证金的数额不得超过招标项目估算价的（　　　）。

A. 1%　　　　　　　　　　　　　　　B. 2%

C. 3%　　　　　　　　　　　　　　　D. 5%

69. 下列施工项目相关的信息中，属于施工记录信息的是（　　　）。

A. 施工合同信息　　　　　　　　　　　B. 自然条件信息

C. 施工日志　　　　　　　　　　　　　D. 材料管理信息

70. 关于施工文件归档的说法，正确的是（　　　）。

A. 可以采用纯蓝墨水书写的文件

B. 归档图纸可以使用计算机出图的复印件

C. 利用施工图改绘竣工图，可以不标明变更修改依据，但图面必须清晰整洁

D. 根据建设程序和工程特点，归档可分阶段分期进行

二、多项选择题（共25题，每题2分。每题的备选项中，有2个或2个以上符合题意，至少有1个错项。错选，本题不得分；少选，所选的每个选项得0.5分）

71. 施工项目部采用线性组织结构模式如下图所示，图中A、B、C表示不同级别的工作部门，关于下达工作指令的说法，正确的有（　　　）。

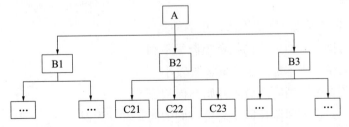

A. 部门 B2 可以对部门 C21 下达指令　　　B. 部门 A 可以对部门 C21 下达指令

C. 部门 A 可以对部门 B3 下达指令   D. 部门 B3 可以对部门 C23 下达指令

E. 部门 B2 可以对部门 C23 下达指令

72. 根据编制广度、深度和作用的不同，施工组织设计可分为（　　）。

A. 施工组织总设计   B. 单项施工组织设计

C. 单位工程施工组织设计   D. 危大工程施工组织设计

E. 分部（分项）工程施工组织设计

73. 根据《建设工程项目管理规范》GB/T 50326—2017，施工项目经理应履行的职责有（　　）。

A. 组织或参与编制项目管理规划大纲   B. 主持编制项目管理目标责任书

C. 对各类资源进行质量管控和动态管理   D. 组织或参与评价项目管理绩效

E. 进行授权范围内的利益分配

74. 根据《建设工程监理规范》GB/T 50319—2013，关于监理实施细则编制的说法，正确的有（　　）。

A. 危险性较大的分部分项工程应编制监理实施细则

B. 所有的分部分项工程均应编制监理实施细则

C. 编制依据包括施工组织设计和专项施工方案等

D. 编制时间应在相应工程施工开始前

E. 由专业监理工程师编制，并报总监理工程师审批

75. 施工企业投标报价时，企业管理费的计算基础可以为（　　）。

A. 分部分项工程费   B. 人工费和机械费合计

C. 人工费   D. 材料费

E. 规费

76. 根据材料使用性质、用途和用量大小划分，材料消耗定额指标的组成有（　　）。

A. 废弃材料   B. 主要材料

C. 辅助材料   D. 周转性材料

E. 零星材料

77. 关于单价合同工程计量的说法，正确的有（　　）。

A. 承包人已完成的质量合格的全部工程都应予以计量

B. 监理工程师计量的工程量应等于承包人实际施工量

C. 单价合同应按照招标工程量清单中的工程量计量

D. 招标工程量清单缺项的，应按承包人履行合同义务中完成的工程量计量

E. 监理人对已完工程量有异议的，有权要求承包人进行共同复核或抽样复测

78. 下列施工成本管理措施中，属于组织措施的有（　　）。

A. 利用施工组织设计降低材料的库存成本

B. 确定合理详细的成本管理工作流程

C. 加强施工任务单管理

D. 编制成本控制工作计划

E. 确定施工设备使用方案

79. 下列建设工程项目进度控制的任务中，属于施工方进度控制任务的有（　　）。

A. 论证项目进度总目标　　　　　　　B. 估算施工资源投入

C. 编制总进度纲要　　　　　　　　　D. 调整施工进度计划

E. 协调作业班组的进度

80. 编制控制性施工进度计划的主要目的有（　　）。

A. 对施工进度目标进行分解　　　　　B. 分析项目实施工作的逻辑关系

C. 确定施工的总体部署　　　　　　　D. 确定施工作业的资源投入

E. 确定里程碑事件的进度目标

81. 在工程网络计划中，工作的自由时差等于其（　　）。

A. 与所有紧后工作之间间隔时间的最小值

B. 所有紧后工作最早开始时间的最小值减去本工作的最早完成时间

C. 完成节点最早时间减去开始节点最早时间减去本工作持续时间

D. 在不影响其紧后工作最早开始时间的前提下可以利用的机动时间

E. 最迟开始时间与最早开始时间的差值

82. 下列施工方进度控制措施中，属于管理措施的有（　　）。

A. 健全进度控制管理的组织体系　　　B. 推广采用工程网络计划技术

C. 选择合理的工程合同结构　　　　　D. 重视信息技术在进度控制中的应用

E. 制定并落实加快进度的经济激励政策

83. 影响建设工程施工质量的环境因素包括（　　）。

A. 施工现场自然环境　　　　　　　　B. 施工所在地政策环境

C. 施工所在地市场环境　　　　　　　D. 施工质量管理环境

E. 施工作业环境

84. 施工企业质量管理体系运行阶段的工作内容包括（　　）。

A. 编制详细作业文件

B. 持续改进质量管理体系

C. 生产和服务按质量管理体系的规定操作

D. 监测管理体系运行的有效性

E. 编制质量手册

85. 下列施工质量事故发生的原因中，属于施工失误的有（　　）。

A. 边勘察、边设计、边施工

B. 违反相关规范施工

C. 非法承包，偷工减料

D. 使用不合格的工程材料、半成品、构配件

E. 忽视安全生产施工，发生安全事故

86. 根据《建设工程质量管理条例》，建设行政主管部门在实施工程质量监督检查时，有权采取的措施包括（　　）。

A. 要求被检查单位提供有关工程质量的资料

B. 依法对违法违规行为进行经济处罚

C. 进入被检查单位施工现场进行检查

D. 发现有影响工程质量的问题时，责令整改

E. 要求被检查单位随时停工配合检查

87. 施工职业健康安全管理体系文件包括（　　　）。

A. 管理手册　　　　　　　　　　　B. 程序文件

C. 管理方案　　　　　　　　　　　D. 初始状态评审文件

E. 作业文件

88. 下列施工现场的危险源中，属于第二类危险源的有（　　　）。

A. 现场存放的燃油　　　　　　　　B. 焊工焊接操作不规范

C. 洞口临边缺少防护设施　　　　　D. 机械设备缺乏维护保养

E. 现场管理措施缺失

89. 根据《生产安全事故报告和调查处理条例》，发生下列违法行为时，可以对事故发生单位主要负责人处上一年年收入 40%～80% 罚款的情形有（　　　）。

A. 不立即组织事故抢救　　　　　　B. 谎报或者瞒报事故

C. 迟报或者漏报事故　　　　　　　D. 在事故调查处理期间擅离职守

E. 伪造或者故意破坏事故现场

90. 施工总承包管理模式下，项目各参与方可能存在的合同关系包括（　　　）。

A. 监理单位与施工总承包管理单位签订合同

B. 监理单位与分包单位签订合同

C. 业主与分包单位直接签订合同

D. 施工总承包管理单位与分包单位签订合同

E. 施工总承包管理单位与施工总承包单位签订合同

91. 根据《标准施工招标文件》，承包人向监理人报送竣工验收申请报告时，工程应具备的条件有（　　　）。

A. 已按合同约定的内容和份数备齐符合要求的竣工资料

B. 已经完成合同内的全部单位工程及有关工作，并符合合同要求

C. 已按监理人要求编制了缺陷责任期内完成的甩项工程及缺陷修补工作

D. 已按监理人要求编制了缺陷责任期内的修补工作清单及施工计划

E. 工程项目的试运行完成并形成完整的资料清单

92. 根据《建设工程施工专业分包合同（示范文本）》GF—2003—0213，下列工作中，属于分包人的工作有（　　　）。

A. 对分包工程进行深化设计、施工、竣工和保修

B. 负责已完分包工程的成品保护工作

C. 向监理人提供进度计划及进度统计报表

D. 向承包人提交详细的施工组织设计

E. 直接履行监理工程师的工作指令

93. 根据《标准施工招标文件》，发包人应负责赔偿第三者人身伤亡和财产损失的情况有（　　）。

A. 发包人现场管理人员的工伤事故

B. 工程施工过程中承包人发生安全事故

C. 工地附近小孩进入工地场区引起的意外伤害

D. 施工围挡倒塌导致路过行人的伤害

E. 政府相关人员进入施工现场检查时的意外伤害

94. 一般情况下，固定总价合同适用的情形有（　　）。

A. 抢险、救灾工程

B. 工程结构简单，风险小

C. 工程量小、工期短，工程条件稳定

D. 工程内容和工程量一时不能明确

E. 工程设计详细、图纸完整、清楚，工程任务和范围明确

95. 下列施工合同实施偏差的处理措施中，属于组织措施的有（　　）。

A. 调整人员安排　　　　　　　　B. 调整工作流程

C. 调整施工方案　　　　　　　　D. 调整工作计划

E. 进行合同变更

参 考 答 案

一、单项选择题

1. C	2. A	3. D	4. A	5. D
6. B	7. D	8. C	9. A	10. D
11. B	12. C	13. D	14. B	15. A
16. A	17. B	18. C	19. C	20. C
21. D	22. D	23. B	24. C	25. A
26. C	27. D	28. C	29. B	30. A
31. C	32. A	33. C	34. B	35. C
36. D	37. B	38. C	39. C	40. A
41. C	42. B	43. B	44. C	45. A
46. A	47. D	48. B	49. A	50. C
51. C	52. B	53. A	54. A	55. C
56. C	57. A	58. B	59. A	60. C
61. B	62. A	63. A	64. D	65. B
66. D	67. A	68. B	69. C	70. D

二、多项选择题

71. A、C、E	72. A、C、E	73. A、C、D、E	74. A、C、D、E	75. A、B、C
76. B、C、D、E	77. D、E	78. B、C、D	79. B、D、E	80. A、C、E
81. A、B、D	82. B、C、D	83. A、D、E	84. B、C、D	85. B、D、E
86. A、C、D	87. A、B、E	88. B、C、D、E	89. A、C、D	90. C、D、E
91. A、B、C、D	92. A、B、D	93. C、D、E	94. B、C、E	95. A、B、D

模拟预测篇

模拟预测试卷一

学习遇上问题?
扫码在线答疑

一、单项选择题（共 70 小题，每题 1 分，每题的备选项中，只有 1 个最符合题意）。

1. 编制可行性研究报告属于建设工程全寿命周期的（　　）的工作。

A. 使用阶段　　　　　　　　　　　　B. 决策阶段

C. 设计阶段　　　　　　　　　　　　D. 实施阶段

2. 关于施工总承包模式与施工总承包管理模式的描述，正确的是（　　）。

A. 一般情况下，施工总承包管理模式由管理单位与分包商签合同

B. 在施工总承包模式下，分包单位由总承包单位选择，业主认可

C. 施工总承包模式与施工总承包管理模式均可在建设单位和分包之间赚取差价

D. 施工总承包模式能为业主提供更好的施工组织协调服务

3. 目标决定了组织的性质，而组织是目标能够实现的决定性因素。下列选项中关于组织论的说法，错误的是（　　）。

A. 组织结构模式反映了组织系统中各子系统之间或各元素（各工作部门或各管理人员）之间的指令关系

B. 工作流程组织则可反映一个组织系统中各项工作之间的逻辑关系

C. 组织结构模式、组织分工和工作流程组织都是一种相对静态的组织关系

D. 组织分工反映了一个组织系统中各子系统或各元素的工作任务分工和管理职能分工

4. 关于管理职能分工表的描述，正确的是（　　）。

A. 管理职能是指管理的环节为"提出问题→检查→筹划→决策→执行"

B. 建设工程项目中，筹划部门的工作任务为提出多个方案，由项目经理进行比较和决策

C. 管理职能分工表只适用于项目管理，不可用于企业管理

D. 管理职能分工表不足以明确管理职能，则辅以管理职能分工描述书

5. 施工组织总设计的编制程序中有以下几项工作：① 拟订施工方案；② 编制资源需求量计划；③ 编制施工总进度计划；④ 确定施工的总体部署；⑤ 收集和熟悉编制施工组织总设计所需的有关资料和图纸；⑥ 计算主要工种工程的工程量。其正确的排列顺序为（　　）。

A. ⑤→⑥→①→③→②→④　　　　　B. ⑤→⑥→④→①→③→②

C. ①→②→③→④→⑤→⑥　　　　　D. ④→①→②→⑤→⑥→③

6. 项目进行动态控制时，收集实际值完成后的下一步工作是（　　）。

A. 进行纠偏措施调控　　　　　　　　B. 确定计划值

C. 实际值与计划值的比较　　　　　　D. 目标分解

7. 下列选项中，关于项目经理的描述，正确的是（　　　）。

A. 项目经理应为合同当事人所确认的人选，并在通用合同条款中明确项目经理的姓名、职称、注册执业证书编号、联系方式及授权范围等事项

B. 承包应向发包提交项目经理的劳动合同及缴纳社会保险的有效证明

C. 紧急情况，项目经理确保安全，可以先停工，24 小时内书面报告总监或发包人

D. 项目经理授权下属时，提前 14 天书面通知监理下属姓名和权限，并征得发包人书面同意

8. 根据《建设工程项目管理规划》GB/T 50326—2017，下列选项中不属于项目管理机构负责人权限的是（　　　）。

A. 决定授权范围内的项目资源使用　　B. 参与选择大宗资源的供应单位

C. 主持项目管理机构工作　　　　　　D. 进行授权范围内的任务分解和利益分配

9. 建设工程施工风险管理的工作程序包括：① 风险监控；② 风险识别；③ 风险应对；④ 风险评估。其正确的工作顺序为（　　　）。

A. ②→③→④→①　　　　　　　　　B. ②→④→③→①

C. ②→④→①→③　　　　　　　　　D. ④→②→③→①

10. 工程监理单位应当选派具备相应资格的总监理工程师和监理工程师进驻施工现场，下列选项中属于总监理工程师权限的是（　　　）。

A. 未经总监理工程师签字建筑材料、建筑构配件不得在工程上使用

B. 未经总监理工程师签字建筑设备不得安装

C. 未经总监理工程师签字施工单位不得进行下一道工序的施工

D. 未经总监理工程师签字建设单位不拨付工程款

11. 下列项目风险管理工作中，属于风险评估的有（　　　）。

A. 确定风险因素　　　　　　　　　　B. 分析风险发生概率

C. 向保险公司投保难以控制的风险　　D. 预测风险，监控并预警

12. 检验试验费是施工企业按照有关标准规定，对建筑以及材料、构件和建筑安装物进行一般鉴定、检查所发生的费用，包括（　　　）。

A. 自设实验室进行试验所耗用的材料　B. 新结构、新材料的试验费

C. 对构件做破坏性试验　　　　　　　D. 建设单位委托检测机构进行检测的费用

13. 根据《建设工程工程量清单计价规范》GB 50500—2013，施工企业在投标报价时，不得作为竞争性费用的是（　　　）。

A. 计日工　　　　　　　　　　　　　B. 夜间施工增加费

C. 安全文明施工费　　　　　　　　　D. 暂列金额

14. 下列选项中，属于预算定额编制对象的是（　　　）。

A. 工序　　　　　　　　　　　　　　B. 分部分项工程

C. 扩大的分部分项工程　　　　　　　D. 整个建筑物和构筑物

15. 下列选项中，不属于风险管理计划内容的是（　　）。

A. 风险管理目标

B. 风险应对策略

C. 可使用的风险管理方法、措施、工具和数据

D. 必须的资源和费用预算

16. 关于综合单价编制步骤排序：① 计算定额子目工程量；② 确定组合定额子目；③ 确定人、材、机单价；④ 测算人、材、机消耗量；⑤ 计算清单项目的直接工程费；⑥ 计算清单项目的综合单价；⑦ 计算清单项目的管理费和利润。下列选项中正确的是（　　）。

A. ①②④③⑤⑦⑥　　　　　　　　　　B. ②①④③⑤⑦⑥

C. ②①④③⑤⑥⑦　　　　　　　　　　D. ②①④⑤③⑦⑥

17. 某混凝土工程招标清单工程量为 200m³，合同约定的综合单价为 600 元/m³，当实际完成并经监理工程师确认的工程量超过清单工程量 15% 时可调整综合单价，调整系数为 0.9，施工过程中，因设计变更导致实际工程量为 250m³，则该混凝土工程的工程价款为（　　）万元。

A. 14.88　　　　　　　　　　　　　　B. 12.00

C. 14.74　　　　　　　　　　　　　　D. 15.00

18. 北京第一实验小学扩建工程公开招标施工，承包人成本价为 500 万元，中标价 800 万元，招标人招标控制价为 1000 万元，则承包人报价浮动率是（　　）。

A. 50%　　　　　　　　　　　　　　　B. 62.5%

C. 80%　　　　　　　　　　　　　　　D. 20%

19. 根据《建设工程工程量清单计价规范》GB 50500—2013，暂列金额可用于支付（　　）。

A. 施工中发生设计变更增加的费用

B. 业主提供了暂估价的材料采购费用

C. 因承包人原因导致隐蔽工程质量不合格的返工费用

D. 因施工缺陷造成的工程维修费用

20. 机关、事业单位从中小企业采购货物、工程、服务，应当自货物、工程、服务交付之日起（　　）日内支付款项；合同另有约定的，付款期限最长不得超过（　　）日。

A. 15，30　　　　　　　　　　　　　　B. 30，60

C. 15，45　　　　　　　　　　　　　　D. 60，90

21. 某工程施工过程中承包人 10 月份支出钢筋工工资 20 万元，混凝土材料费 30 万元，挖掘机司机工资 10 万元，管理人员工资 8 万元，差旅交通费 5 万元，建筑工人五险一金 3 万元，增值税 5 万元，其中直接成本花费（　　）万元。

A. 50　　　　　　　　　　　　　　　　B. 60

C. 68　　　　　　　　　　　　　　　　D. 81

22. 关于施工预算和施工图预算的比较的说法，正确的是（　　）。

A. 施工预算是投标报价的依据，施工图预算是施工企业组织生产的依据

B. 施工图预算既适用于建设单位，也适用于施工单位

C. 施工预算的编制以预算定额为依据，施工图预算的编制以施工定额为依据

D. 编制施工预算依据的定额比编制施工图预算的依据的定额粗略一些

23. 关于施工成本计划的编制方法，下列选项中说法正确的是（   ）。

A. 施工成本计划的编制以成本分析为基础，关键是确定目标成本

B. 施工成本可以按项目组成分解为单项工程、单位工程、分部工程、分项工程

C. 通过调整关键路线上工序项目的开工时间，力争将实际成本支出控制在计划的范围内

D. 所有工作都按最早开始时间开始，对节约资金贷款利息是有利的，但同时也降低了项目按期竣工的保证率

24. 下列有关施工成本控制的程序，正确的是（   ）。

A. 管理行为程序是对成本全过程控制的重点

B. 指标控制程序是对成本进行过程控制的基础

C. 管理行为程序和指标控制程序既相互独立又相互联系，既相互补充又相互制约

D. 成本管理体系的建立是企业自身生存发展的需要，由社会有关组织进行评审和论证

25. 某单位产品 8 月份成本相关参数见下表，用因素分析法计算，单位产品人工消耗量变动对成本的影响是（   ）元。

项目	单位	计划值	实际值
产品产量	件	200	220
单位产品人工消耗量	工日 / 作	13	12
人工单价	元 / 工日	110	120

A. -22000
B. -18000

C. -24200
D. -26400

26. 成本考核的依据包括数量指标、质量指标和效益指标，下列选项中，属于效益指标的是（   ）。

A. 工程项目计划总成本指标
B. 各单位工程计划成本指标

C. 责任目标成本计划降低率
D. 设计预算总成本计划降低额

27. 建设工程项目进度计划按编制深度可分为（   ）。

A. 指导性进度计划、控制性进度计划、实施性进度计划

B. 总进度计划、单项工程进度计划、单位工程进度计划

C. 施工方进度计划、设计方进度计划、采购方进度计划

D. 年度进度计划、季度进度计划、月进度计划

28. 关于双代号网络图绘图规则的说法，正确的是（   ）。

A. 绘制网络图时，箭线不能交叉

B. 双代号网络图中节点应顺箭线方向从小到大，且必须连续

C. 严禁出现循环回路

D. 一般情况下双代号网络图中存在一个起点节点和一个终点节点，特殊情况可存在两个起点

29. 某工程项目根据各项工作之间的逻辑关系及持续时间编制的双代号网络如下图所示（时间单位：周）。则该网络计划的工期为（　　　）周。

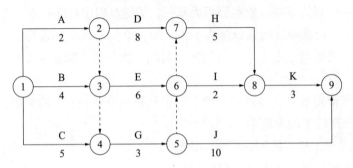

A. 16

B. 18

C. 19

D. 22

30. 某单代号网络计划如下图所示（时间单位：天），工作2的最迟完成时间是（　　　）。

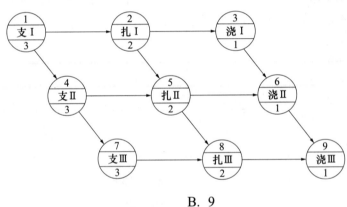

A. 10

B. 9

C. 8

D. 7

31. 双代号网络计划中，某工作最早第3天开始，工作持续时间4天，有且仅有2个紧后工作，紧后工作最早开始时间分别是第8天和第9天，对应总时差是4天和2天。该工作的总时差和自由时差分别是（　　　）。

A. 4天，1天

B. 0天，0天

C. 4天，0天

D. 2天，2天

32. 已知在双代号网络计划中，某工作有2项紧后工作，它们的最迟开始时间分别为第11天和第12天。如果该工作的持续时间为4天，则该工作最迟开始时间为第（　　　）天。

A. 6

B. 7

C. 11

D. 12

33. 下列关于网络计划关键线路的说法，正确的是（　　　）。

A. 一个网络计划只有一条关键线路

B. 持续时间最长的线路是关键线路

C. 关键线路上不允许有虚工作存在

D. 双代号网络图中，由关键节点组成的线路是关键线路

34. 根据网络图的绘图规则，如下所示网络图的编制，一共存在（　　）处错误。

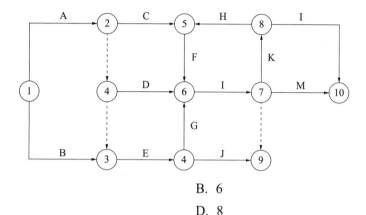

A. 5

B. 6

C. 7

D. 8

35. 某工程双代号网络计划如下图所示（单位：天），第五天检查时发现 B 工作延误 1 天，A、C 工作进度正常，下列说法正确的是（　　）。

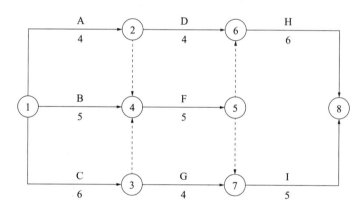

A. 总工期会延误 1 天

B. 影响 F 工作最早开始 1 天

C. 对 H 工作最早开始无影响

D. 影响 I 工作最早开始 1 天

36. 某双代号网络计划如下图所示（时间单位：天），关于工作时间参数的说法，正确的是（　　）。

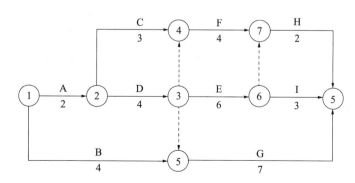

A. 工作 B 的最迟完成时间是第 8 天

B. 工作 C 的最迟开始时间是第 7 天

C. 工作 F 的自由时差是 1 天　　　　　　D. 工作 G 的总时差是 3 天

37. 下列机械设备中，属于工程设备的是（　　　）。

A. 辅助配套的泵机　　　　　　　　　　B. 吊装设备

C. 计量器具　　　　　　　　　　　　　D. 运输设备

38. 下列不属于施工质量控制特点的是（　　　）。

A. 需要控制的工序多　　　　　　　　　B. 控制的难度大

C. 过程控制要求高　　　　　　　　　　D. 终检局限大

39. 下列施工质量控制工作中，属于现场施工准备工作质量控制的是（　　　）。

A. 建立施工测量控制网　　　　　　　　B. 设置质量控制点

C. 图纸会审　　　　　　　　　　　　　D. 设计交底

40. 关于质量管理体系认证与监督的说法，正确的是（　　　）。

A. 企业质量管理体系无需社会组织机构认证

B. 企业质量管理体系认证应按申请、审核、审批与注册发证等程序进行

C. 企业获准认证的有效期为两年

D. 企业获准认证后每半年接受认证机构的监督管理

41. 某建设工程项目使用设计强度等级为 C30 混凝土预制构件，出厂时测试的强度等级为 28MPa，下列对于构件测试结论的描述正确的是（　　　）。

A. 此批构件不得出厂　　　　　　　　　B. 此批构件需返工重做

C. 此批构件可以出厂　　　　　　　　　D. 此批构件需第三方检测合格后才可出厂

42. 下列施工质量保证体系的内容中，属于工作保证体系的是（　　　）。

A. 建立质量检查制度　　　　　　　　　B. 明确施工质量目标

C. 树立"质量第一"的观点　　　　　　D. 建立质量管理组织

43. 下列关于施工过程的质量控制，说法正确的是（　　　）。

A. 项目开工前应由项目经理向承担施工的负责人或分包人进行书面技术交底

B. 施工测量复核结果应报送总监理工程师复验确认

C. 技术交底书应由项目技术负责人编制、审批，再实施

D. 工序质量控制是施工阶段质量控制的基础和核心

44. 由于突发的严重自然灾害等不可抗力造成的质量事故属于（　　　）。

A. 操作责任事故　　　　　　　　　　　B. 自然灾害事故

C. 技术责任事故　　　　　　　　　　　D. 指导责任事故

45. 质量监督机构对在施工过程中发生的质量问题、质量事故进行查处。根据质量监督检查的状况，对查实的问题可签发的文件或措施不包括（　　　）。

A. 质量问题整改通知单　　　　　　　　B. 降低资质证书通知书

C. 局部暂停施工指令单　　　　　　　　D. 临时收缴资质证书通知书

46. 根据《关于做好房屋建筑和市政基础设施工程质量事故报告和调查处理工作通知》的规定，质量事故处理报告的内容中不包括（　　　）。

A. 事故原因分析及论证　　　　　　　　B. 事故处理的结论

C. 事故处理的建议　　　　　　　　　D. 检查验收记录

47. 关于工程项目政府质量监督的说法，正确的是（　　　）。

A. 建设单位应在项目开工后向监督机构申报质量监督手续

B. 政府质量监督的性质属于行政监督行为

C. 监督机构有权进入被检查单位的施工现场进行检查

D. 政府质量监督只能由建设行政主管部门实施

48. 企业的（　　　）是安全生产的第一负责人，（　　　）施工项目生产的主要负责人。

A. 法定代表人、项目经理　　　　　　B. 法定代表人、法定代表人

C. 项目经理、法定代表人　　　　　　D. 项目经理、项目经理

49. 下列关于职业健康安全与环境管理体系的维持和评价的说法，正确的是（　　　）。

A. 合规性评价不能在项目组层次进行

B. 内部审核是管理体系自我保证和自我监督的一种机制

C. 管理评审是组织对管理体系的系统评价

D. 项目组级评价应该每年进行一次

50. 某企业关于其安全生产教育培训的规定中，正确的是（　　　）。

A. 管理人员可不参加安全生产教育培训

B. 本企业的特种作业人员操作证有效期为 3 年，每年复审一次

C. 新上岗的从业人员，岗前培训时间为 24 学时

D. 危险化学品特种作业人员的应具有初中以上文化程度

51. 下列选项中，属于第二类危险源最重要的控制方法是（　　　）。

A. 对已列出的危险源制定应急救援措施　B. 提高各类设施的可靠性

C. 尽可能消除已识别出的危险源　　　　D. 加强员工的安全意识培训和教育

52. 下列关于安全事故应急预案体系的构成的说法，正确的是（　　　）。

A. 综合应急预案和专项应急预案应该各自编写

B. 综合应急预案应针对所有危险源而制定

C. 专项应急预案是综合应急预案的组成部分

D. 现场处置方案不针对现场的岗位

53. 下列情形中，施工企业不需要及时修订应急预案的是（　　　）。

A. 预案中的其他重要信息发生变化的　B. 周围环境已经发生重大变化

C. 应急指挥机构及其职责发生调整的　D. 重要应急资源发生重大变化的

54. 根据《生产安全事故报告和调查处理条例》，下列建设工程施工生产安全事故中，属于一般事故的是（　　　）。

A. 某水泥厂发生安全事故，造成直接经济损失 599 万元，2 人死亡

B. 某化工爆燃事故，造成 5 人死亡，5 人重伤，直接经济损失 1770 万元

C. 某工地发生高处坠落事件，造成 11 人死亡，8 人重伤，直接经济损失约 5000 万元

D. 某化工厂尾气系统发生故障，造成 40 人急性工业中毒

55. 根据《生产安全事故报告和调查处理条例》规定，下列有关建设工程生产安全事

故报告的说法，正确的是（　　　）。

  A. 生产安全事故发生后，应立即向建设单位负责人报告

  B. 施工单位负责人接到报告后应当在 1 小时内上报事故情况

  C. 较大事故应逐级上报至省、自治区、直辖市人民政府建设主管部门

  D. 任何情况下，任何有关部门均不得越级上报事故情况

56. 下列关于建设工程施工现场文明施工措施的说法，正确的是（　　　）。

  A. 施工现场需设置半封闭的临时围挡

  B. 市区主要路段的围挡高度不得低于 1.8m

  C. 集体宿舍人均床铺面积不小于 $2m^2$

  D. 项目技术负责人为现场文明施工的第一责任人

57. 下列施工现场环境保护措施中，说法正确的是（　　　）。

  A. 工地临时厕所，化粪池采取防渗漏措施属于对固体废弃物的防治

  B. 易扬尘处采用密目式安全网封闭属于对水污染的防治

  C. 禁止将有毒有害废弃物用于土方回填属于对大气污染的防治

  D. 机械设备安装消声器属于对噪声污染的防治

58. 下列关于施工投标的说法，错误的是（　　　）。

  A. 在招标文件要求评标时间之前送达的投标文件，招标人拒收

  B. 投标不完备或投标没有达到招标人的要求，在招标范围以外提出新的要求，均被视为对于招标文件的否定

  C. 如果不密封或密封不满足要求，投标是无效的

  D. 如果项目所在地与企业距离较远，由当地项目经理部组织投标，需要提交企业法定代表人对于投标项目经理的授权委托书

59. 根据《标准施工招标文件》的规定，下列说法中，正确的是（　　　）。

  A. 暂停施工持续 56 天以上的，监理人可以书面要求承包人进行一部分暂停的工程继续施工

  B. 监理人对施工工艺、材料、工程设备进行的检查和检验，不免除承包人按合同约定应负的责任

  C. 经验收合格工程的实际竣工日期，实际竣工日期以验收合格之日为准，并在工程接收证书中写明

  D. 缺陷责任期内，承包人和使用人对已接收使用的工程共同负责日常维护工作

60. 根据《建设工程施工专业分包合同（示范文本）》GF—2003—2013，关于施工专业分包的说法，正确的是（　　　）。

  A. 分包人不能接受承包人转发的发包人或监理人的指令

  B. 分包人不负责分包合同中所列部分的设计和施工

  C. 分包工程合同价款与总包合同相应质量部分有连带关系

  D. 分包人与发包人或工程师发生直接工作联系，不承担违约责任

61. 下列关于物资采购合同的规定的说法，正确的是（　　　）。

A. 在制造时期，由采购方派人在供应的生产厂家进行材质检验属于提运验收

B. 接运验收是广泛采用的正式的验收方法

C. 供货方负责送货的，以送货单位装车上路的日期为准

D. 采购方提货的，以供货方按合同规定通知的提货日期为准

62. 在固定总价合同模式下，承包人承担的价格风险是（　　）。

A. 工程量计算错误　　　　　　　　　B. 工程范围不正确

C. 报价计算错误　　　　　　　　　　D. 设计深度不够所造成的误差

63. 在非代理型（风险型）CM 模式中采用的（　　）合同。

A. 成本加奖金　　　　　　　　　　　B. 最大成本加费用

C. 成本加固定比例费用　　　　　　　D. 成本加固定费用

64. 下列合同实施偏差的调整措施中，属于合同措施的是（　　）。

A. 采取索赔手段　　　　　　　　　　B. 采取激励措施

C. 变更技术方案　　　　　　　　　　D. 采用签证错误

65. 以下事件中，承包商可提出索赔的是（　　）。

A. 承包人施工质量不符合要求，返工所造成的时间、费用的损失

B. 承包人提出并经监理工程师批准的工程变更造成的时间、费用的损失

C. 承包人擅自隐蔽，重新检测合格，所造成的时间、费用的损失

D. 承包人未按合同约定完成工作所造成的时间、费用的损失

66. 根据《标准施工招标文件》，关于承包人索赔期限的说法，正确的是（　　）。

A. 承包人在接受竣工付款证书前，可以就竣工付款证书前发生的索赔事宜提出索赔请求

B. 承包人在接受竣工付款证书后，仍可就工程接收证书颁发前发生的索赔事宜提出索赔请求

C. 按照合同约定提交的最终结清申请单中，只限于提出工程接收证书颁发后发生的索赔

D. 提出索赔的最终期限为提交最终结清申请单时

67. 下列关于施工合同索赔的提出及其文件的内容的说法，正确的是（　　）。

A. 向监理工程师提交索赔文件是索赔工作程序的第一步

B. 承包人应在知道或应当知道索赔事件发生后 28 天内，向监理人递交索赔意向通知书

C. 索赔文件的主要内容包括总述部分和索赔款项的计算这两部分

D. 总述部分是索赔报告的关键部分

68. 下列关于工程保险的说法，正确的是（　　）。

A. 工程一切险包括建筑工程一切险、安装工程一切险两类

B. 国内工程通常由承包人办理保险

C. 第三者责任险的被保险人是项目法人和承包人之外的第三人

D. 第三者责任属于独立的商业险种

69. 下列关于各种常见的工程担保的说法，正确的是（ ）。

A. 投标担保可以使用银行保函、担保公司担保、同业担保的形式

B. 投标保证金最多不超过 10 万元人民币

C. 履约担保的有效期始于开工报告领取之日，止于工程缺陷责任期之后

D. 支付担保是承包人给发包人关于专款专用的一种担保形式

70. 下列工程管理信息资源中，属于管理类工程信息的是（ ）。

A. 与投资控制有关的信息　　　　　　B. 与设计有关的技术信息

C. 项目融资的信息　　　　　　　　　D. 项目参与方的组织信息

二、多项选择题（共 25 题，每题 2 分，每题的备选项中，有 2 个或 2 个以上符合题意，至少有 1 个错项。错选，本题不得分；少选，所选的每个选项 0.5 分）

71. 施工总承包管理模式与施工总承包模式相比具有的优点有（ ）。

A. 对业主方早期投资控制有利

B. 施工总承包管理单位只收取总包管理费，不赚总包与分包之间的差价

C. 业主对分包单位的选择具有控制权

D. 可以提前开工，缩短建设周期，有利于进度控制

E. 整个项目的合同总额的确定较有依据

72. 下列选项中，属于分部分项施工组织设计内容的有（ ）。

A. 施工部署及其核心工程的施工方案　　B. 施工方案的选择

C. 各项资源需求量计划　　　　　　　　D. 作业区施工平面布置图设计

E. 主要技术经济指标

73. 关于施工风险类型，下列选项中，属于经济与管理风险的有（ ）。

A. 人身安全控制计划

B. 信息安全控制计划

C. 现场与公用防火设施的可用性及其数量

D. 引起火灾和爆炸的因素

E. 施工机械操作人员的知识、经验和能力

74. 根据《建设工程项目管理规范》GB/T 50326—2017 规定，项目管理机构负责人的权限包括（ ）。

A. 参与组建项目管理机构

B. 参与工程竣工验收

C. 决定授权范围内的项目资源使用

D. 进行授权范围内的任务分解和利益分配

E. 主持制定并落实质量、安全技术措施和专项方案

75. 采用新材料、新工艺、新技术、新设备的工程，以及专业性较强、危险性较大的分部分项工程，应编制监理实施细则。监理实施细则主要内容包括（ ）。

A. 专业工程特点　　　　　　　　　　B. 监理工作流程

C. 监理工作要点　　　　　　　　　　D. 项目监理机构的组织形式

E. 监理工作方法及措施

76. 根据《建筑安装工程费用项目组成》(建标〔2013〕44号),按建造形成划分,属于措施项目费的是(   )。

A. 特殊地区施工增加费
B. 暂列金额
C. 大型机械进出场及安拆费
D. 安全文明施工费
E. 计日工

77. 编制砌筑工程的人工定额时,应计入时间定额的有(   )。

A. 领取工具和材料的时间
B. 制备砂浆的时间
C. 修补前一天砌筑工作缺陷的时间
D. 结束工作时清理和返还工具的时间
E. 闲聊和打电话的时间

78. 施工成本分析的基本方法有(   )。

A. 比较法
B. 因素分析法
C. 差额计算法
D. 年度成本分析
E. 分部分项工程成本分析

79. 以下属于单位工程竣工成本分析的是(   )。

A. 竣工成本分析
B. 主要经济效果分析
C. 年度成本分析
D. 主要资源节超对比分析
E. 主要技术节约措施

80. 项目实施性施工进度计划的主要作用有(   )。

A. 确定一个旬的人工需求
B. 确定施工作业的具体安排
C. 确定里程碑事件的进度目标
D. 确定一个旬的施工机械的需求
E. 论证施工总进度目标

81. 某分部工程的单代号网络计划如下图所示(时间单位:天),错误的有(   )。

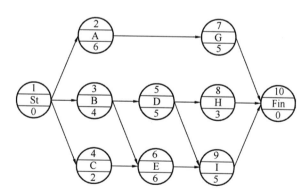

A. 有两条关键线路

B. 计算工期为 15 天

C. 工作 G 的总时差和自由时差均为 4 天

D. 工作 D 自由时差为 1 天

E. 工作 C 的总时差为 1 天

82. 施工进度计划检查后，应编制进度报告，其内容有（　　　　）。

A. 进度计划实施情况的综合描述

B. 实际工程进度与计划进度的比较

C. 前一次进度计划检查提出问题的整改情况

D. 进度计划在实施过程中存在的问题的整改情况

E. 进度的预测

83. 下列进度控制的措施中，属于组织措施的有（　　　　）。

A. 生产要素优化配置　　　　　　　　B. 制定科学和严谨的管理方法

C. 优化设计方案　　　　　　　　　　D. 编制施工进度控制的工作流程

E. 通过资源需求的分析，发现所编制的进度计划实现的可能性

84. 事中控制的关键是坚持质量标准，事中控制的重点是对（　　　　）的控制。

A. 材料质量　　　　　　　　　　　　B. 工序质量

C. 工作质量　　　　　　　　　　　　D. 质量控制点

E. 环境质量

85. 下列关于施工质量保证体系的内容中，说法正确的有（　　　　）。

A. 项目施工质量目标可以从时间角度展开，对实施全过程进行控制

B. 外部质量保证成本包括特殊的和附加的质量保证措施的费用

C. 组织保证体系是项目施工质量保证体系的基础

D. 工作保证体系主要是明确工作任务和建立工作制度

E. 做好成品保护属于施工阶段的质量控制的内容

86. 下列事件中，属于重点控制点中"施工方法与关键操作"内容的有（　　　　）。

A. 预应力张拉力的控制

B. 冷拉的钢筋若不满足先焊接后冷拉的技术，则会失去冷强

C. 混凝土冬期施工受冻临界强度的测试

D. 液压滑模施工时支撑杆稳定问题

E. 对进场的混凝土的原料质量进行检查和复试

87. 建设单位出具的建设工程竣工验收报告中，除了包括工程概况，工程竣工验收时间、程序、内容和组织形式，工程竣工验收意见等内容外，还应包括（　　　　）。

A. 施工许可证　　　　　　　　　　　B. 施工图设计文件审查意见

C. 监理单位出具的质量评估报告　　　D. 设计单位出具的工程质量保修书

E. 进度款付款证书

88. 第一次的监督检查工作的主要内容包括（　　　　）。

A. 检查参与工程项目建设各方的质量保证体系建立情况

B. 审查参与建设各方的工程经营资质证书和相关人员的资格证书

C. 审查按建设程序规定的开工前必须办理的各项建设行政手续是否齐全完备

D. 审查施工组织设计、监理规划等文件以及审批手续

E. 审查质量技术措施是否交底以及其书面记录是否完整

89. 职业健康安全与环境管理体系的作业文件一般包括（　　　）。

A. 作业指导书

B. 监测活动准则

C. 程序文件

D. 管理规定

E. 管理手册

90. 下列关于各类施工中常见保险的描述，正确的有（　　　）。

A. 国内工程一切险通常由承包人办理保险，国际工一般要求项目法人办理

B. 如果承包商不愿投保一切险，也可以就承包商的材料、机具设备、临时工程、已完工程等分别进行保险，但应征得业主的同意

C. 工程一切险投保时应以双方名义共同投保

D. 第三者责任险是指由于施工的原因导致项目法人和承包人以外的第三人受到财产损失或人身伤害的赔偿

E. 第三者责任险的被保险人是由于施工的原因受到损失的第三人

91. 危险化学品特种作业人员应具备的条件是（　　　）。

A. 具有高中或相当于高中及以上文化程度

B. 经社区以上医疗机构体检健康合格

C. 年满 18 周岁

D. 曾经有过从事特种作业的工作经验

E. 具备必要的安全技术知识和技能

92. 下列影响工程进度因素中，属于承包人可以要求合理延长工期的有（　　　）。

A. 发包人增加合同工作内容对工期产生不利影响

B. 发包人迟延提供材料对工期产生不利影响

C. 因进场材料不合格而对工期产生不利影响

D. 因施工操作工艺不规范而对工期产生不利影响

E. 突发的异常恶劣的气候对工期产生不利影响

93. 下列选项中，属于合同执行者进行合同跟踪对象的有（　　　）。

A. 承包单位的合同管理职能部门

B. 成本的增加和减少

C. 分包人的工程和工作

D. 业主和工程师（监理人）是否及时给予了指令、答复和确认

E. 质量监督机构是否及时实施监督管理

94. 下列关于发包人支付担保的说法，正确的有（　　　）。

A. 可由担保公司提供担保

B. 担保的额度为工程合同价总额的 10%

C. 实行分段滚动担保

D. 支付担保的主要作用是确保工程费用及时支付到位

E. 承包人提供履约担保的，承包人应当向发包人提供支付担保

95. 下列关于施工文件归档管理的说法，正确的有（　　　）。

A. 施工单位应逐级建立、健全施工文件管理岗位责任制
B. 工程项目的施工文件应由监理人员负责收集和整理
C. 实行施工总承包的，由总承包单位收集、汇总各分包单位的工程档案
D. 工程项目由几个单位承包的，需由一个单位负责收集、移交文件工作
E. 工程质量控制资料和竣工图管理属于施工文件档案管理的主要内容

参 考 答 案

一、单项选择题

1. B	2. B	3. C	4. D	5. B
6. C	7. B	8. D	9. B	10. D
11. B	12. A	13. C	14. B	15. B
16. B	17. A	18. D	19. A	20. B
21. B	22. B	23. B	24. C	25. C
26. D	27. B	28. C	29. B	30. D
31. A	32. B	33. B	34. C	35. C
36. A	37. A	38. A	39. A	40. B
41. C	42. A	43. D	44. B	45. B
46. C	47. C	48. A	49. B	50. C
51. D	52. C	53. B	54. A	55. B
56. C	57. D	58. A	59. B	60. C
61. D	62. C	63. B	64. A	65. B
66. C	67. B	68. A	69. A	70. A

二、多项选择题

71. B、C、D、E	72. C、D	73. A、B、C	74. A、C	75. A、B、C、E
76. A、C、D	77. A、B、D	78. A、B、C	79. A、B、D、E	80. A、B、D
81. A、D、E	82. A、B、E	83. A、D	84. B、C、D	85. A、B、D
86. A、D	87. A、B、C	88. A、B、C、D	89. A、B、D	90. B、C、D
91. A、B、E	92. A、B、E	93. B、C、D	94. A、C、D	95. A、C、E

模拟预测试卷二

学习遇上问题?
扫码在线答疑

一、单项选择题（共 70 小题，每题 1 分，每题的备选项中，只有 1 个最符合题意）。

1. 关于各方项目管理目标和任务的说法，正确的是（　　）。

A. 业主方的进度目标指项目竣工验收合格的时间目标

B. 设计方的费用控制只需要考虑自身的设计成本

C. 投资控制是业主方项目管理任务中最重要的任务

D. 建设项目工程总承包方作为项目建设的一个参与方，其项目管理主要服务于项目的利益和建设项目总承包方本身的利益

2. 施工的承发包模式大致分为平行发承包、施工总承包管理和施工总承包三种，下列选项中关于施工总承包模式的说法，正确的是（　　）。

A. 施工总承包模式不需要完整的设计图纸即可进行施工等任务，对业主方进度控制有利

B. 施工总承包模式对业主总造价节约有利，早期投资控制不利

C. 施工总承包模式施工方面主要依赖于总承包的管理能力和技术能力，业主方对质量控制不利

D. 施工总承包模式下，业主在施工管理方面的工作量大，施工组织协调方面对业主不利

3. 关于工作任务分工表的说法，正确的是（　　）。

A. 编制任务分工表时应先进行任务分解，然后开始编制工作任务分工表，最后明确各主管部门人员的工作任务

B. 每一个任务，可有多个主办工作部门

C. 工作任务分工表的每一个任务中，都无需存在协办部门和配合部门

D. 运营部和物业开发部在竣工前介入，进行项目的营销和维护工作

4. 关于各类组织结构模式的说法，正确的是（　　）。

A. 线性组织结构，指令源唯一，指令路径长，为了提高信息传递效率可以越级

B. 职能组织结构，多个指令源，信息传递高效，适用于特大型组织结构

C. 矩阵组织结构，两个指令源，适用于大的系统

D. 矩阵组织结构出现矛盾指令时，必须找最高管理者决策

5. 施工组织设计的基本内容包括工程概况、施工部署及施工方案、施工进度计划、施工平面图和主要经济指标，下列选项中属于对施工平面图描述的是（　　）。

A. 合理安排施工顺序，确定主要的施工方案

B. 反映了最佳施工方案在时间上的安排

C. 施工方案及施工进度计划在空间上的全面安排

D. 对施工组织设计文件的技术经济效益进行全面评价

6. 某总承包企业承揽某工厂建设任务，其中针对烟囱工程的深基础施工任务编制的施工组织设计是（　　）。

A. 施工组织总设计　　　　　　　　　B. 单位工程施工组织设计

C. 分部分项施工组织设计　　　　　　D. 专项施工组织设计

7. 下列选项中，关于项目经理的描述，正确的是（　　）。

A. 项目经理是施工企业法定代表人

B. 建造师是专业人士，项目经理是工作岗位

C. 承包人更换项目经理的，承包人提前 7 天书面通知发包人和监理人，并征得发包人书面同意

D. 发包人要求更换项目经理的，承包人接到通知后 14 天内改进，第二次接到更换通知 14 天内更换，提供继任项目经理资料书面通知发包人

8. 若某事件经过风险评估，位于事件风险量区域图中的风险区 A，为改变风险量该项目做了如下措施，正确的是（　　）。

A. 降低发生概率，可使其移位至风险区 C

B. 降低损失量，可使其移位至风险区 B

C. 降低发生概率，可使其移位至风险区 B

D. 降低损失量，可使其移位至风险区 D

9. 编制施工组织总设计时，编制施工总进度计划的紧前工作是（　　）。

A. 拟定施工方案　　　　　　　　　　B. 编制施工总进度计划

C. 施工总平面图设计　　　　　　　　D. 编制施工准备工作计划

10. 关于工程监理，下列选项中说法错误的是（　　）。

A. 工程监理单位应当审查施工组织设计中的安全技术措施或者专项施工方案是否符合工程建设强制性标准

B. 监理工程师发现安全施工存在隐患且情况严重的，当要求施工单位停止施工并报告建设单位

C. 监理工程师发现一般安全隐患的，当要求施工单位整改，施工单位拒不整改的，应报告给建设单位

D. 采取旁站、巡视、平行检验形式实施监理工作

11. 关于监理的工作方法，下列选项中，正确的是（　　）。

A. 工程监理人员认为工程设计不符合规范的，可直接要求设计单位整改

B. 采用新材料、新工艺、新技术、新设备的工程，以及专业性较强、危险性较大的分部分项工程，应编制监理规划

C. 监理规划应由专业监理工程师主持编制

D. 监理规划完成后必须经监理单位技术负责人审核批准，并应在召开第一次工地会

议前报送业主

12. 某施工工程人工费为 80 万元，材料费为 100 万元，施工机具使用费为 50 万元，企业管理费、利润和规费均以人工费为计算基础，分部分项工程费为 150 万元，措施项目费为 30 万元，管理费费率为 20%，利润率为 10%，规费费率为 7%，增值税计税系数为 9%，则该工程的税前造价为（   ）万元。

A. 251.60

B. 259.60

C. 285.56

D. 276.76

13. 关于建筑安装工程费用的描述，正确的是（   ）。

A. 暂列金额在施工过程中由承包人掌握使用，扣除合同价款调整后如有余额，归发包人所有

B. 招投标过程中不得作为竞争性费用的包括规费、税金两类

C. 企业管理费中的检验试验费是指施工企业按规定对建筑以及材料等进行的一般鉴定费用和新结构、新材料的试验费

D. 增值税按一般计税方法计算时，其税率为 9%

14. 已知某挖土机挖土的一个工作循环需 2 分钟，每循环一次挖土 0.5m³，工作班的延续时间为 8 小时，机械利用系数 $K = 0.85$，则其台班产量定额为（   ）。

A. 204m³/ 台班

B. 150m³/ 台班

C. 102m³/ 台班

D. 120m³/ 台班

15. 某建设工程项目，水泥的总消耗量为 800m³，净用量为 600m³，则该材料损耗率为（   ）。

A. 75%

B. 33%

C. 30%

D. 25%

16. 关于分部分项工程量清单项目与定额子目关系的说法，正确的是（   ）。

A. 清单项目与定额子目之间是一一对应的

B. 一个定额子目不能对应多个清单项目

C. 清单项目与定额子目的工程量计算规则是一致的

D. 清单项目组价时，可能需要组合几个定额子目

17. 某建设工程采用《建设工程工程量清单计价规范》GB 50500—2013，招标工程量清单中挖土方工程量为 3000m³。投标人根据地质条件和施工方案计算的挖土方工程量为 4000m³。完成该土方分项工程的人、材、机费用为 160000 元，管理费 14000 元，利润 15000 元，规费 5000 元，税金 6000 元。如不考虑其他因素，投标人报价时的挖土方综合单价为（   ）元 /m³。

A. 63.00

B. 66.67

C. 47.25

D. 50.00

18. 某独立土方工程，招标文件中估计工程量为 80 万 m³，合同中规定：土方工程单价为 10 元 /m³，当实际工程量超过估计工程量 15% 时，调整单价，单价调为 9 元 /m³。工程结束时实际完成土方工程量为 110 万 m³，则土方工程款为（   ）万元。

A. 1100   B. 990

C. 1150   D. 1082

19. 某施工任务需用施工机械（施工单位租赁）一台，台班单价1200元/台班，折旧费500元/台班，租赁费800元/台班，人工日工资单价100元/工日，窝工补贴50元/工日，因建设单位提供的材料延期到场，导致机械停工4个台班，人工窝工8个工日，则施工企业可索赔（   ）元。

A. 0   B. 2400

C. 3600   D. 4000

20. 根据《建设工程施工合同（示范文本）》GF—2017—0201，工程变更引起施工方案改变并使措施项目发生变化时，承包人提出调整措施项目费的，首先应采取的做法是（   ）。

A. 提出措施项目变化后增加费用的估算

B. 将拟实施的方案提交发包人确认并说明变化情况

C. 在该措施项目施工结束后提交增加费用的证据

D. 加快施工尽快完成措施项目

21. 成本管理的任务包括成本计划、成本控制、成本核算、成本分析、成本考核，下列描述中，说法正确的是（   ）。

A. 施工成本计划是建立施工项目成本管理责任制、开展成本控制和核算的基础，它是该项目降低成本的指导文件，是设立目标成本的依据

B. 施工成本控制应贯穿于项目从合同签订开始直至竣工验收的全过程

C. 施工成本核算以单项工程为对象

D. 竣工工程现场成本由企业财务部门进行核算，其目的在于考核企业经营效益

22. 关于施工预算，施工图预算"两算"对比的说法，正确的是（   ）。

A. 施工预算的编制以预算定额为依据，施工图预算的编制以施工定额为依据

B. "两算"对比的方法包括实物对比法

C. 一般情况下，施工图预算的人工数量及人工费比施工预算低

D. 一般情况下，施工图预算的材料消耗量及材料费比施工预算低

23. 在费用、进度控制中引入赢得值可以克服将费用、进度分开控制的缺点，关于赢得法的说法，正确的是（   ）。

A. 用曲线法表示偏差时，最理想状态是已完工作实际费用，计划工作预算费用和已完工作预算三条曲线靠得很近并平稳上升

B. 进度偏差是相对值指标，相对值越大的项目，表明偏离程度越严重

C. 费用偏差通常借助"已完工作预算费用"和"计划工作预算费用"的差值表示

D. 费用（进度）偏差在同一项目和不同项目比较中均可采用

24. 下列关于施工项目成本核算方法的说法，正确的是（   ）。

A. 会计核算法的缺点是难以实现较为科学严密的审核制度，精度不高，覆盖面较小

B. 表格核算法的优点是简便易懂，方便操作，实用性较好

C. 施工项目成本核算的方法主要有表格核算法和会计核算法，须单独使用，综合使用没有意义

D. 项目财务部门一般采用表格核算法

25. 下列关于成本分析依据的说法，正确的是（　　　）。

A. 业务核算主要是价值核算

B. 会计核算可以用货币计算，也可以用实物或劳动量计算

C. 业务核算不但可以核算已经完成的项目是否达到原定的目标、取得预期的效果，而且可以对尚未发生或正在发生的经济活动进行核算

D. 会计核算的计量尺度比统计核算宽

26. 关于综合成本的分析方法，下列描述错误的是（　　　）。

A. 分部分项工程成本分析的方法是进行预算成本、实际成本与目标成本的"三算"对比

B. 分部分项工程成本分析是施工项目成本分析的基础，分析的对象为已完分部分项工程

C. 分部分项工程成本分析的预算成本来自施工预算，目标成本来自施工任务单

D. 年度成本分析的重点是针对下一年度的施工进展情况制定切实可行的成本管理措施

27. 建设工程项目总进度目标论证的工作包括：① 进行项目结构分析；② 调查研究和收集资料；③ 编制各层进度计划；④ 确定项目的工作编码；⑤ 协调各层进度计划的关系和编制总进度计划。其正确的工作步骤是（　　　）。

A. ①→③→⑤→②→④　　　　　　B. ①→⑤→②→④→③

C. ②→③→①→④→⑤　　　　　　D. ②→①→④→③→⑤

28. 下列关于建设工程项目进度控制的任务的说法，错误的是（　　　）。

A. 业主方控制整个项目实施阶段的进度

B. 设计方应使设计进度与招标、施工和采购等工作相协调

C. 施工方进度控制的任务是依据施工任务委托合同对施工进度要求控制施工工作进度

D. 在国际上，设计进度计划主要是确定各阶段设计图纸交底时间

29. 某工程双代号网络计划如下图所示，关于工作间的逻辑关系，说法正确的有（　　　）。

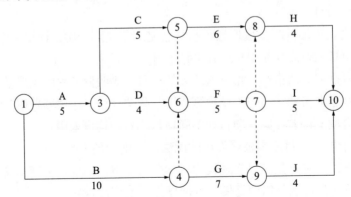

A. 若 C 工作延误，对 J 工作没有任何影响

B. C、D 工作完成后即可开始 F 工作

C. F 工作的紧后工作是 H、I、J 工作

D. G 工作的紧前工作是 B、D 工作

30. 对比以下两个网络图，图中虚箭线的作用是（　　　）。

A. 联系
B. 区分

C. 断路
D. 指向

31. 某分部工程双代号网络计划如下图所示，其关键线路有（　　　）条。

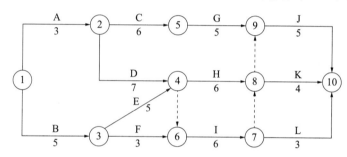

A. 3
B. 4

C. 5
D. 6

32. 某网络计划中，已知工作 M 的持续时间为 5 天，总时差和自由时差分别为 3 天和 1 天；检查中发现该工作实际持续时间为 7 天，则其对工程的影响是（　　　）。

A. 既不影响总工期，也不影响其紧后工作的正常进行

B. 不影响总工期，但使其紧后工作的最早开始时间推迟 1 天

C. 不影响总工期，但使其紧后工作的最早开始时间推迟 2 天

D. 使其紧后工作的最早开始时间推迟 1 天，并使总工期延长 2 天

33. 某网络计划如下图所示（时间单位：月）。则工作 B 的总时差和自由时差分别为（　　　）个月。

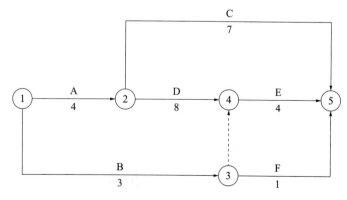

A. 9；0   B. 12；0

C. 9；9   D. 12；9

34. 下列关于横道图的说法，正确的是（   ）。

A. 横道图是一种最简单并运用最广的传统的计划方法

B. 不能清楚的表达工序（工作）之间的逻辑关系

C. 计划调整可借助计算机进行，其工作量较小

D. 通常适应于大的进度计划系统

35. 某工程的进度计划如下图所示（单位：天），则下列各项描述中，正确的是（   ）。

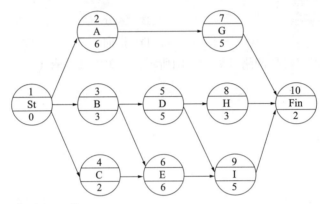

A. 该工程的工期为 14 天

B. 关键线路有 1 条

C. C 工作的自由时差和 D 工作的自由时差相等

D. B 工作的总时差为 1 天

36. 下列选项中，关于关键工作和关键线路的判定，正确的是（   ）。

A. 总时差最小的工作是关键工作

B. 总时差为零的工作就是关键工作

C. 单代号网络图中，均为关键工作的线路是关键线路

D. 双代号网络图中，由关键节点组成的线路是关键线路

37. 建设工程施工活动的施工质量特性主要体现在（   ）方面。

A. 适用性、安全性、耐久性、可靠性、经济性及与环境的协调性

B. 适用性、安全性、耐久性、可靠性、节能性及与环境的协调性

C. 安全性、耐久性、可靠性、经济性、科技性及与环境的协调性

D. 先进性、适用性、安全性、耐久性、经济性及与环境的协调性

38. 下列关于影响施工质量的主要因素的说法，正确的是（   ）。

A. 对人的控制是保证工程质量的重要基础

B. 施工安全设施的控制属于影响施工质量的主要因素中"机械设备的因素"

C. 方法的因素中不包括施工技术措施

D. 环境的因素中包括技术环境因素

39. 下列关于施工质量保证体系的建立的内容中，说法正确的是（   ）。

A. 项目施工质量目标的分解从时间角度展开包括全方位的目标管理

B. 运行质量成本包括特殊的和附加的质量保证措施的费用

C. 建立质量信息系统和确定人员分工任务属于组织保证体系

D. 实行工人实名制管理、实行三检制度属于组织保证体系

40. 关于施工质量控制责任的说法，错误的有（   ）。

A. 项目经理负责组织编制、论证和实施危险性较大分部分项工程专项施工方案

B. 质量终身责任指参与工程建设的项目负责人在工程施工期限内对工程质量承担相应责任

C. 项目经理必须组织对进入现场的建筑材料、构配件、设备、预拌混凝土等进行检验

D. 发生工程质量事故，县级以上地方人民政府住房和城乡建设主管部门应追究项目负责人的质量终身责任

41. 质量手册是质量管理体系的规范，是阐明一个企业的质量政策、质量体系和质量实践的文件，是实施和保持质量体系过程中长期遵循的纲领性文件。下列属于质量手册内容的是（   ）。

A. 体系要素或基本控制程序　　　　　　B. 纠正措施控制程序

C. 内部审核程序　　　　　　　　　　　D. 文件控制程序

42. 下列关于施工过程质量控制的说法，正确的是（   ）。

A. 技术交底应由编制技术交底书的人员负责实施

B. 每一分部工程开工前均应进行技术交底

C. 技术交底书应由项目技术负责人编制、审批，再实施

D. 技术交底的对象不包括分包人

43. 下列关于检验批的质量验收工作的描述中，正确的是（   ）。

A. 检验批是分项工程乃至整个建筑工程质量验收的基础

B. 检验批的合格质量主要取决于施工操作依据、质量检查记录的完整性

C. 检验批的主控项目的质量经抽样检验合格

D. 检验批的一般项目的质量对整个工程质量有决定性影响

44. 某工程施工时主体倒塌，死亡10人，重伤28人，直接、间接经济损失共1亿元，则该起质量事故属于（   ）。

A. 特别重大事故　　　　　　　　　　　B. 重大事故

C. 较大事故　　　　　　　　　　　　　D. 一般事故

45. 根据《关于做好房屋建筑和市政基础设施工程质量事故报告和调查处理工作通知》，施工质量事故发生后，事故现场有关人员应立即向工程（   ）报告。

A. 监理单位负责人　　　　　　　　　　B. 总包单位负责人

C. 建设单位负责人　　　　　　　　　　D. 分包单位负责人

46. 结构受撞击、局部未振实、冻害、火灾、酸类腐蚀、碱集料反应等，当这些损伤仅仅在结构的表面或局部，不影响其使用和外观，可进行（   ）。

A. 加固处理　　　　　　　　　　　　　B. 返工处理

C. 限制使用 D. 返修处理

47. 下列关于施工质量监督管理的实施的说法，正确的是（　　）。

A. 工程质量监督手续可以与施工许可证或者开工报告合并办理

B. 监督机构在收到施工单位的质量监督申报手续后随即应签发质量监督文件

C. 政府质量监督机构在开工前的第一次监督检查工作的重点是工程的主体质量

D. 监督机构按照监督方案对工程项目全过程施工的情况进行定期的检查

48. 职业健康安全管理体系的构成要素中不包括（　　）。

A. 支持和运行 B. 策划

C. 实施与运行 D. 绩效评价

49. 下列关于职业健康安全管理体系与环境管理体系文件的说法，正确的是（　　）。

A. 管理手册是安全及环境管理体系的支持性文件

B. 程序文件可按"4W1H"的顺序来编写

C. 作业文件的内容包含在管理手册中

D. 程序文件引用的表格是管理手册的内容

50. 所有安全生产管理制度的核心制度的是（　　）。

A. 安全生产许可证制度 B. 专项施工方案专家论证制度

C. 安全生产责任制 D. 工伤和意外伤害保险制度

51. 下列关于企业员工安全教育的说法，正确的是（　　）。

A. 对建设工程来说，新员工上岗前的三级安全教育指进厂、进车间、进班组三级

B. 企业新上岗的从业人员，岗前培训时间不得少于 12 学时

C. 经常性安全教育的形式有：每天的班前班后会上说明安全注意事项；安全活动日；安全生产会议等

D. 在经常性安全教育中，安全行为、安全操作的教育最重要

52. 下列情况中，满足单项隐患综合处理的是（　　）。

A. 道路上有一个坑，即要设防护栏及警示牌，又要设照明及夜间警示红灯

B. 对人机环境系统进行安全治理，同时还需治理安全管理措施

C. 某工地发生触电事故，一方面要进行人的安全用电操作教育，同时现场也要设置漏电开关，对配电箱、用电电路进行防护改造，也要严禁非专业电工乱拉乱接电线

D. 发电厂指定及时切断供料及切断能源的操作方法并定期组织训练和演习，使该生产环境中每名干部及工人都真正掌握这些减灾技术

53. 下列关于安全事故应急预案的管理的说法，错误的是（　　）。

A. 建设工程生产安全事故应急预案的管理包括应急预案的评审、公布、备案、实施和监督管理

B. 生产安全事故应急预案的评审应由应急预案的提交部门进行组织

C. 地方各级人民政府应急管理部门的应急预案，应当报同级人民政府备案，同时抄送上一级人民政府应急管理部门，并依法向社会公布

D. 中央企业总部的应急预案应报国务院主管的负有安全生产监督管理职责的部门备案

54. 关于生产安全事故报告和调查处理"四不放过"原则的说法，错误的是（　　）。

A. 事故原因未查清不放过
B. 责任人员未受到处理不放过
C. 整改措施没有落实不放过
D. 事故未及时报告不放过

55. 根据《生产安全事故报告和调查处理条例》规定，某建设工程发生安全事故，死亡74人，重伤1人，则该事故应当上报至（　　）。

A. 设区的市级建设主管部门
B. 国务院建设主管部门
C. 省、自治区、直辖市人民政府建设主管部门
D. 县级人民政府建设主管部门

56. 根据《生产安全事故报告和调查条例》，对事故发生单位主要负责人处上一年年收入40%～80%的罚款的情形不包括（　　）。

A. 不立即组织事故抢救
B. 迟报或者漏报事故
C. 谎报或者隐瞒事故
D. 在事故调查期间擅离职守

57. 下列关于噪声污染的防护的说法，正确的是（　　）。

A. 在人口稠密区进行强噪声作业时，须严格控制作业时间，一般晚12点到次日早6点之间停止强噪声作业
B. 可通过在声源处安装消声器消声降低噪声的方式解决
C. 在昼间，施工场界环境噪声排放限值为55dB（A）
D. 夜间噪声最大声级超过限值的幅度不得高于75dB（A）

58. 施工方案是报价的基础和前提，应由（　　）主持制定。

A. 总监理工程师
B. 招标人的项目负责人
C. 投标人的技术负责人
D. 项目经理

59. 下列关于发、承包人的责任的说法，正确的是（　　）。

A. 承包人应负责办理取得出入场地的专用和临时道路的通行权，以及取得为工程建设所需修建场外设施的权利，并由发包人承担有关费用
B. 发包人提供基准资料错误导致承包人造成工程损失的，发包人应当承担由此增加的费用和（或）工期延误，并支付合理利润
C. 发包人应将其持有的现场地质勘探资料、水文气象资料提供给承包人，提供后即脱离责任
D. 承包人应与当地公安部门协商，在现场建立治安管理机构或联防组织，统一管理施工场地的治安保卫事项，履行合同工程的治安保卫职责

60. 根据《建设工程施工专业分包合同（示范文本）》GF—2003—0213，承包人的工作不包括（　　）。

A. 提供与分包工程相关的各种证件、批件和各种相关资料
B. 提供具备施工条件的施工场地
C. 提供年、季、月度工程进度计划及相应进度统计报表
D. 提供本合同专用条款中约定的设备和设施，并承担因此发生的费用

61. 根据《建设工程施工劳务分包合同（示范文本）》GF—2003—0214 的规定，运至施工场地用于劳务施工的材料和待安装设备，一般由（　　）办理或获得保险。

A. 发包人 　　　　　　　　　　B. 承包人

C. 专业分包人 　　　　　　　　D. 劳务分包人

62. 下列关于单价合同的说法，正确的是（　　）。

A. 实际工程款的支付按照计划工程量乘以合同单价进行计算

B. 业主和承包商都不存在工程量方面的风险，会延长招投标时间

C. 单价合同实际投资容易超过计划投资，对业主的投资控制不利

D. 实际工程量发生较大变化单价合同也不能调整单价

63. 下列关于固定总价合同的说法，正确的是（　　）。

A. 工程复杂，范围不确定时，适用于固定总价合同

B. 固定总价合同中承包商承担全部的量和价的风险

C. 固定总价合同对于承包商来说风险比较小

D. 固定总价合同中任何情况下都不能进行合同价格调整

64. 下列工作内容中，不属于合同实施偏差分析的有（　　）。

A. 实施偏差的结果分析 　　　　B. 实施偏差的责任分析

C. 合同实施趋势分析 　　　　　D. 产生偏差的原因分析

65. 下列施工合同变更管理的说法，正确的是（　　）。

A. 改变合同工作中某项工作的实施者属于工程变更的范围之一

B. 在合同履行过程中，发生通用合同条款中约定情形的，监理人可向承包人发出变更意向书

C. 承包人可向监理人提出书面变更通知

D. 变更指示中可不包括变更的目的

66. 下列关于索赔文件中所列内容的说法，正确的是（　　）。

A. 索赔文件中包括"论证、索赔款项（或工期）计算部分、证据"三部分

B. 索赔款项（或工期）计算部分是索赔报告的关键部分

C. 索赔款项（或工期）计算部分是索赔文件中定量的部分

D. 证据部分的内容注意效力或可信程度即可，无需附文字说明

67. 下列各类工程合同风险产生的原因中，属于管理风险的是（　　）。

A. 政府的干预和需求 　　　　　B. 百年不遇的洪水、地震、台风

C. 国家调整税率 　　　　　　　D. 实施控制过程中的风险

68. 下列财产损失和人身伤害事件中，属于第三者责任险赔偿范围的是（　　）。

A. 项目承包商运抵施工现场的施工机具，材料，设备的损失

B. 项目承包商职员在现场受到的意外伤害的损失

C. 监理人的工作疏漏对业主或承包商带来的损失

D. 项目法人、承包商以外的第三人因施工原因造成的财产损失

69. 下列关于各类工程担保的描述，正确的是（　　）。

A. 投标担保是指投标人向招标人提供的担保，保证投标人一旦中标即按中标通知书、投标文件和招标文件等有关规定与业主签订承包合同

B. 支付担保是工程担保中最重要也是担保金额最大的工程担保

C. 履约担保的有效期始于工程开工之日，终止日期为缺陷责任期满之日

D. 支付担保的提供者为中标的投标人

70. 下列关于施工信息管理的内涵的说法，正确的是（   ）。

A. 建设工程项目信息管理的目的为项目建设和使用增值

B. 信息管理的核心指导文件是信息管理手册

C. 项目各参与方的信息管理任务大致相同，因此可以合并编写

D. 专门从事信息管理的工作部门是合同管理部门

二、多项选择题（共25题，每题2分，每题的备选项中，有2个或2个以上符合题意，至少有1个错项。错选，本题不得分；少选，所选的每个选项0.5分）

71. 项目的全寿命周期可分为决策阶段、实施阶段和使用阶段，下列工作中属于决策阶段的有（   ）。

A. 编制设计任务书   B. 编制可行性研究报告

C. 初步设计   D. 施工图设计

E. 编制项目建议书

72. 工作流程组织可以反映各项工作之间的逻辑关系，下列属于管理工作流程组织的有（   ）。

A. 投资控制流程

B. 与生成月度进度报告有关的数据处理流程

C. 钢结构深化设计工作流程

D. 付款与设计变更流程

E. 弱电工程物资采购工作流程

73. 下列项目目标动态控制措施中，属于管理措施的有（   ）。

A. 强化合同管理   B. 编制资金使用计划和编制资源使用计划

C. 优化组织结构   D. 改进施工工艺

E. 运用网络计划进行进度控制

74. 项目管理目标责任书应在项目实施之前，由法定代表人或其授权人与项目经理协商制定。编制项目管理目标责任书的依据有（   ）。

A. 项目合同文件   B. 组织管理制度

C. 项目管理规划大纲   D. 施工组织设计

E. 项目特点和实施条件与环境

75. 下列建设工程施工风险的因素中，属于经济与管理风险因素的有（   ）。

A. 承包商管理人员和一般技工的知识、经验和能力

B. 现场与公用防火设施的可用性及其数量

C. 工程资金供应条件

D. 引起火灾和爆炸的因素

E. 工程施工方案

76. 建安费按照费用构成划分，下列选项中属于人工费的有（　　　）。

A. 施工现场管理人员的工资

B. 夏季钢筋操作工的高温补贴

C. 挖掘机司机工资

D. 混凝土工人受工伤带薪休假工资

E. 模板工人的养老保险费

77. 影响建设工程周转性材料的消耗的因素有（　　　）。

A. 第一次制造时的材料消耗

B. 每周转使用一次时的材料损耗

C. 施工工艺流程

D. 周转使用次数

E. 周转材料的最终回收和回收折价

78. 成本管理措施包括组织措施、技术措施、经济措施和合同措施，下列选项中属于经济措施的有（　　　）。

A. 控制活劳动和物化劳动的消耗

B. 改进施工方法

C. 分解施工成本管理目标对施工成本管理目标进行风险分析

D. 及时落实业主签证

E. 对合同结构模式进行分析、比较

79. 某土石方工程，1月计划工程量 3000m³，预算单价 25 元 /m³。到月末时已完成工程量 4000m³，实际单价 30 元 /m³。若对该项工作采用赢得值法进行偏差分析，则下列说法正确的是（　　　）。

A. 已完工作实际费用为 10 万元

B. 费用绩效指标 0.83，表明项目运行超出预算费用

C. 进度绩效指标 1.33，表明实际进度比计划进度拖后

D. 费用偏差为 −2 万元

E. 进度偏差为 2.5 万元

80. 大型建设工程项目总进度目标论证的核心工作是通过编制总进度纲要论证总进度目标实现的可能性，建设工程项目总进度纲要的主要内容包括（　　　）。

A. 总进度规划

B. 各子系统进度规划

C. 确定里程碑事件的计划进度目标

D. 施工资源配置计划

E. 总进度目标实现条件和应采取的措施

81. 项目实施性施工进度计划的主要作用有（　　　）。

A. 确定一个旬的人工需求

B. 确定施工作业的具体安排

C. 确定里程碑事件的进度目标

D. 确定一个旬的施工机械的需求

E. 论证施工总进度目标

82. 某双代号网络计划如下图所示（单位：天），下列说法中，正确的有（　　　）。

A. 该网络图关键线路有 3 条

B. 该网络图工期为 18 天

C. I 工作最早开始时间为第 9 天

D. H 工作的总时差为 1 天

E. B 工作的自由时差为 0 天

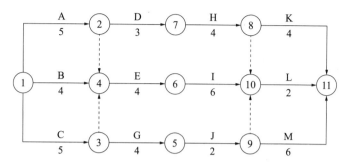

83. 下列双代号网络图中，存在的绘图错误有（　　　）。

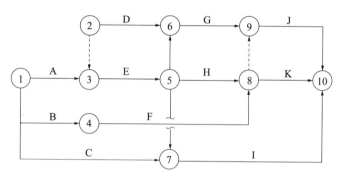

A. 存在多个起点节点

B. 箭线交叉的方式错误

C. 存在相同节点编号的工作

D. A、B、C 工作共用一个开始节点绘图错误

E. 存在多余的虚工作

84. 下列选项中，属于项目施工质量工作计划的内容有（　　　）。

A. 质量目标的具体描述　　　　　　B. 重要工序的检验大纲

C. 运行质量成本　　　　　　　　　D. 质量计划修订程序

E. 特殊的质量评定费用

85. 建筑工程五方责任主体项目负责人包括（　　　）。

A. 建设单位项目负责人　　　　　　B. 监理单位总监理工程师

C. 设计单位项目负责人　　　　　　D. 分包单位项目负责人

E. 检测单位项目负责人

86. 下列选项中，属于分项工程的划分原则的有（　　　）。

A. 主要工种　　　　　　　　　　　B. 楼层

C. 设备类别　　　　　　　　　　　D. 变形缝

E. 施工工艺

87. 下列关于施工项目竣工质量验收程序的说法，正确的有（　　　）。

A. 工程完工并对存在的质量问题整改完毕后，施工单位向建设单位提交工程竣工报告，申请工程竣工验收

B. 对于重大工程和技术复杂工程，根据需要可邀请有关专家参加验收组

C. 建设单位应当在工程竣工验收 15 个工作日前将验收的时间、地点及验收组名单书面通知负责监督该工程的工程质量监督机构

D. 参与工程竣工验收的建设、勘察、设计、施工、监理等各方不能形成一致意见时，应当协商提出解决的方法，待意见一致后，重新组织工程竣工验收

E. 工程竣工验收合格后，建设单位应当及时出具工程竣工报告

88. 下列工程质量问题中，一般可不作处理的情况有（　　）。

A. 试块强度值不满足规范要求，强度不足，但经法定检测单位对混凝土实体强度进行实际检测后，达到规范允许和设计要求

B. 混凝土结构表面的轻微麻面，可通过后续的抹灰、刮涂、喷涂等弥补

C. 公路桥梁工程预应力按规定张拉系数为 1.3，而实际仅为 0.8

D. 混凝土结构出现的裂缝，分析研究后如果不影响结构的安全和使用

E. 混凝土局部出现碱集料反应，不影响其使用和外观的

89. 下列属于第二类危险源控制方法的是（　　）。

A. 改善作业环境　　　　　　　　　　B. 限制能量

C. 增加安全系数　　　　　　　　　　D. 消除危险源

E. 应急救援

90. 根据《建设工程安全生产管理条例》，下列可以不组织专家论证的专项施工方案的有（　　）。

A. 拆除、爆破工程　　　　　　　　　B. 深基坑工程

C. 基坑支护与降水工程　　　　　　　D. 地下暗挖工程

E. 起重吊装工程

91. 关于生产安全事故应急预案管理的说法，正确的有（　　）。

A. 生产经营单位应每半年至少组织一次现场处置方案演练

B. 生产经营单位应每年至少组织一次综合应急预案演练

C. 地方各级人民政府其他负有安全生产监督管理职责的部门的应急预案，应当抄送同级人民政府应急管理部门

D. 评审人员与所评审预案的生产经营单位有利害关系的，应当回避

E. 建设单位应当制定施工单位的应急预案演练计划

92. 下列关于正式投标及投标文件的说法，正确的有（　　）。

A. 标书密封不满足要求，只要内容满足要求，也可视为投标是有效

B. 在招标范围以外提出新的要求，只要招标人同意，不能视为对招标文件的否定

C. 通常情况下投标不需要提交投标担保

D. 在招标文件要求提交的截止时间后送达的投标文件，招标人拒收

E. 标书提交的基本要求是签章、密封

93. 根据《建设工程施工合同（示范文本）》GF—2017—0201，下列工作内容中，属于承包人义务的有（　　）。

A. 组织设计单位进行设计交底

B. 组织工程竣工验收

C. 负责施工场地周边的生态保护工作

D. 工程接收证书颁发前，负责照管和维护工程

E. 按照合同约定及监理人的指示完成全部工作

94. 下列工程担保的作用中，说法正确有（　　　）。

A. 投标担保的主要作用在于保证承包人能够按合同规定进行施工，偿还发包人已支付的全部预付金额

B. 履约担保有利于保护业主的合法权益

C. 预付款担保的主要目的是保护招标人不因中标人不签约而蒙受经济损失

D. 工程款支付担保的作用在于，通过对业主资信状况进行严格审查并落实各项担保措施，确保工程费用及时支付到位

E. 保修担保是保证在工程保修期内出现施工质量缺陷时，承包商应负责维修的担保形式

95. 下列建设工程施工资料中，属于工程质量控制资料的有（　　　）。

A. 见证检测报告　　　　　　　　　B. 施工组织设计

C. 交接检查记录　　　　　　　　　D. 施工测量放线报验表

E. 检验批质量验收记录

参 考 答 案

一、单项选择题

1. D	2. C	3. B	4. C	5. C
6. C	7. B	8. C	9. A	10. C
11. D	12. B	13. D	14. C	15. B
16. D	17. A	18. D	19. C	20. B
21. A	22. B	23. A	24. B	25. C
26. C	27. D	28. D	29. C	30. B
31. B	32. B	33. A	34. A	35. B
36. A	37. A	38. B	39. C	40. B
41. A	42. B	43. A	44. B	45. C
46. D	47. A	48. C	49. B	50. C
51. C	52. C	53. B	54. D	55. B
56. C	57. B	58. C	59. B	60. C
61. B	62. C	63. B	64. A	65. B
66. C	67. D	68. D	69. A	70. B

二、多项选择题

71. B、E	72. A、D	73. A、E	74. A、B、C、E	75. B、C
76. B、D	77. A、B、D、E	78. C、D	79. B、D、E	80. A、B、C、E
81. A、B、D	82. A、C、D	83. A、B、E	84. A、B、D	85. A、B、C
86. A、C、E	87. A、B、D	88. A、B	89. A、C	90. A、C、E
91. A、B、C、D	92. D、E	93. C、D、E	94. B、D、E	95. A、C